毛线球 20
keitodama
传统编织的时尚回归

日本宝库社 编著　风雨花 译

动物饲养员
photograph Toshikatsu Watanabe
styling Terumi Inoue
作品说明文字见111页

河南科学技术出版社
· 郑州 ·

keitodama

目　录

威斯康星（美国）

施展十八般武艺发挥独创性

上／非常受女性欢迎的健康午餐。大家聊天的话题当然是刚买的毛线　下／毛线的旁边是当地的特产和店主手做的杂货

从苏必利尔湖开车2小时，就到达一个仅有800人的村庄Solon Springs。那里有许多热闹的小店，不仅卖毛线，还卖当地特产。村庄最里面隐藏着一家小小的餐馆，午餐备受欢迎，经常客人爆满，许多人在去餐馆的路上会顺便到销售毛线的店里去看一下，也间接拉动了毛线的销量。

在距离这个村庄10分钟车程的地方，有一个仅有650人的村庄Gordon，那里也有经营毛线和特产的商店。“编织作品自不必说，各种手工艺品也应有尽有！”店主手织的披肩、手做的衣服等均有销售。店里卖得最好的是野吕英作毛线，店前还摆着五彩缤纷的花草。商店紧邻高速公路，方便聚拢人气。这些想尽一切办法想要生存下去的小手工店，总让人忍不住想去买点什么来帮助他们。

撰稿／大内泉
The Little Gift House Solon Springs, Wisconsin
Kunert Kreations Gordon, Wisconsin

纽约（美国）

毛线店里有好多皮卡丘

上／收银台上面的玩偶，是这家店的特色　下／在巨大的编织冰淇淋中间，藏着一只皮卡丘

我听说位于纽约十五街的狮牌毛线（Lion Brand Yarn）工作室在卖皮卡丘，这对于不玩游戏的我来说，真是完全摸不着头脑，就特意去问了问。店员也不清楚为什么会卖皮卡丘，但自从开始销售《口袋妖怪GO》系列产品，不会编织的人也开始频频来到店里。

原来是搭顺风车啊！2015年8月以来，店里开始编织《口袋妖怪GO》的相关角色，并放在各个角落展示。如果找到它们，可以以优惠5%的价格购买毛线，店里开展了许多类似的活动。看，橱窗里的冰淇淋里面有个皮卡丘，毛线堆里有个小精灵，对于喜欢口袋妖怪和编织玩偶的人来说，这里真是一个欢乐的天堂。带着孙子一起来的老奶奶对玩偶爱不释手，非缠着他们要编织图解。

这家商店在纽约的商业区，店里总有许多有趣的展示，请一定移步参观。

撰稿／风工房

赫尔辛基（芬兰）

专为女性开办的、温暖的“圣诞集市”

上／在圣诞集市上卖东西的女性　下／夜晚的赫尔辛基大教堂

2017年是芬兰独立100周年。首都赫尔辛基有一个专为女性开办的“圣诞集市”（Naisten Joulumessut），始于1922年，从1949年开始每年举办一届。2016年举办了第85届。

举办圣诞集市的想法，始于芬兰妇女协会两位成员的提议。当时，还衍生出“女性自己做的东西自己卖”这个划时代的理念，获得了巨大的成功。这种精神到现在也没有变。

圣诞集市给从事手工活动的女性提供了取得收入的机会，同时也有利于促进手工艺技术的提高，并增加了芬兰人对手工艺人的关注度。编织、刺绣、陶器、小饰品、皮革、木工、纺织等，各种手工相关产品都会拿出来出售。现在，许多参加圣诞集市的女性创立了自己的手作品牌，掀开了人生的新篇章。

芬兰每年还有一件被视为传统的做法。主办圣诞集市的芬兰女性文化协会的人们会帮助高龄女性销售她们制作的手工艺品，然后在现有销售额的基础上增加一些，以保证她们可以欢度圣诞。不同于普通的简单捐赠，她们选择了这样一种可以实现高龄女性人生价值的方法。这种精神非常有芬兰特色。寒冬里的集市，每个人都可以通过手工艺品感受到一份切实的温暖。

2016年的圣诞集市在12月2日（周五）~6日（周二）举办。来自芬兰各地的370多组女性聚集在一起，为大家提供品质优良的手工艺品。

撰稿／藤原直子、Ayaka Aavolainen
Naisten Joulumessut

左／圣诞集市的咨询台　右／各种美丽的手工艺品

保加利亚

可爱的民族服装和手编毛袜

伊塔野外民族博物馆的传统建筑和穿着民族服装载歌载舞的人们

和手作鞋子“Tsarvuli” 搭配时，色彩斑斓的条纹毛袜非常吸引眼球。20 世纪初期，这是保加利亚民族服装不可缺少的元素，它表现了编织手艺人的创意，编织时的心意时刻温暖着穿着它们的人，不愧为一项富有魅力的手艺。过去，年轻的女子会编织许多毛袜，用作结婚时答谢亲朋的礼品。

毛袜的材质是纤细、结实的手纺羊毛线。在保加利亚，人们非常喜欢厚实、针目密实的毛袜。一方面，毛袜的袜跟采用独特的“鸡冠法” 编织，像旋涡一样，既有较好的强度，又具有装饰性。除了毛袜，衣服上的设计也很有地域特色，每个地方都有它的独创性。另一方面，考虑到和保加利亚的传统鞋子“Tsarvuli” 搭配，各种花样和色彩会延续到毛袜的袜面。保加利亚人认为红色具有神秘的力量，因此经常把它用到毛袜上，根据个人喜好，有时也会使用深棕色和黑色。上面有几何图案，也有植物图案。我还见到左右配色不同的毛袜，好像隐藏着神秘的暗号。

我第一次见到这些毛袜是在保加利亚的伊塔(Etar)野外民族博物馆。博物馆设立于1964 年，位于加布洛沃市郊的巴尔干山脉的山麓，距离首都索菲亚200 千米。在这块自然资源丰富的70 000 平方米面积内，零星分布着各种传统手工工作室。有经营木材、金属、毛皮、羊毛等手工艺的工作室以及香草的工作室，再加上水车驱动的编绳机、缩绒机等，共有大约30 个工作室，手工艺人都在这里勤勉工作。另外，每年还要举行传统的民间庆典，依次开展音乐、舞蹈、民间话剧等活动。从每年 9 月的第一个星期五开始，要举办为期5 天的国际传统手工艺博览会，来自保加利亚各地以及邻邦各国的人们穿着民族服装齐聚一堂。女性会在衣服上绣上有驱邪含义的图案，和手编的毛袜搭配在一起，不寻常的搭配理念让人大开眼界。

在当代生活中，已经很少有人会穿着民族服装出门了。但是，在庆祝夏至的香草节、各种圣人的节日等相关节日，我们还可以遇到许多穿着民族服装的人。在科普里夫什迪察(Koprivshtitsa，距离索菲亚110 千米)，每 5 年举办一次保加利亚民俗节。民俗节上，穿着各地特色服装的人们聚集在一起，带来保加利亚各地的歌曲、舞蹈。可以尽享天空之高远的山丘以及近在眼前的树木，都笼罩在一片节庆的祥和氛围中。

在保加利亚，绵羊和山羊很常见，有时还可以看见来到博物馆附近吃草的羊。山上有丰富的野生香草，绵羊和山羊们吃着营养丰富的天然植被茁壮成长。山羊奶可以做成酸奶或奶酪，羊毛剪下来可以做成羊毛织物，羊皮还可以做成独特的风笛，给保加利亚的人民带来数不尽的恩惠。这些生长在天然环境中的羊，毛发品质优良，编织毛袜所用的毛线就是由它纺成的。这些有光泽、有韧性的毛线，变成了一双双结实、优美的毛袜。

撰稿 / 佐藤千香子(纺织作家)

这双左右脚特意使用不同配色的毛袜是1900 年的宝贝 / 普列文或洛维奇地区

在保加利亚民俗节上，穿着色彩斑斓的毛袜和到脚踝的手作鞋子的人们

科普里夫什迪察的保加利亚民俗节聚集了来自全国各地穿着民族服装的人们

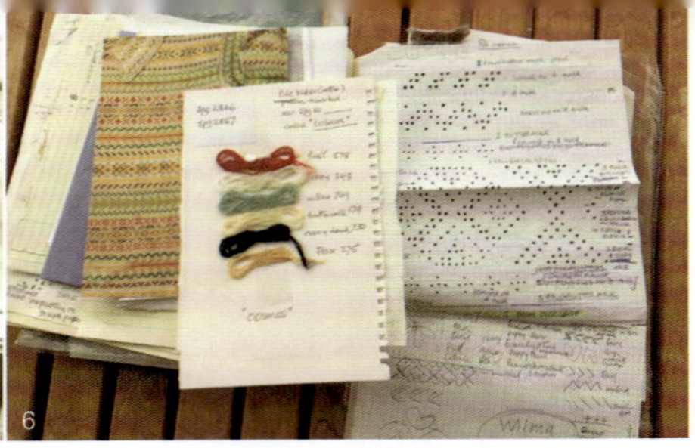

Margaret Stuart A.R.C.A.

玛格丽特·斯图尔特的轨迹

费尔岛的传统与创新

photograph Shigeki Nakashima styling Kuniko Okabe hair & make-up Hitoshi Sakaguchi model Margaret Stuart, dara

将在设得兰群岛诞生的费尔岛编织向全世界传播做出了很大贡献的玛格丽特·斯图尔特，在时尚界也获得了很高的评价。她是拥有著名艺术大学学位的设计师，不但用色细致，而且活用渐变、对比等方法，形成了独特的色彩组合风格。接下来，在回顾她辉煌过往的同时，还会向大家介绍她依旧充满活力的现在。

1/伫立在水边的小屋。在小岛上，大家都知道曾经在那里生活的家族的故事 2/2016年5月刚出生的活蹦乱跳的小羊 3/与英国本土不同，这里没有高大的树木，山丘上遍布的是设得兰群岛独特的苔藓风景 4/与刚出生的矮种马玩耍的玛格丽特 5/做她很喜欢的胡萝卜蛋糕很好吃的咖啡店 6/古老的费尔岛织片和花样 7/在曾经住过的房子前面。现在那里成了旅馆 8/从飞机上看到的设得兰群岛 9/她与15年来一直有交往的编织者们见面 10/燃烧着苔藓的壁炉散发着令人怀念的香气

from Margaret

玛格丽特帕奇开衫

这件开衫被称为帕奇开衫。这是20世纪40年代由挪威传到费尔岛的重复花样，特点是在纵向布局的花样中间配有种子花样（像种子一样的小花样）。在20世纪50年代，有一位非常优秀的编织者编织了这件开衫送给我，我特别喜欢。遍布全身的花样和衣领的设计，都是我非常喜欢的地方。这位编织者在多年前将其作为礼物送给我的时候，我比现在更苗条一些（笑）。

设计／玛格丽特·斯图尔特
编织方法／116页
使用线／芭贝

「回到养育自己的故乡」

玛格丽特·斯图尔特

图、采访、文 / 石川实生（原《毛线球》编辑部成员）

酒店向阳的房间。2016 年 5 月，窗外是一片明媚的葱绿色，但风还有点凉

从我居住的巴黎出发，在伦敦和阿伯丁换乘 2 次飞机后，终于在傍晚到达萨姆堡机场时，天正下着雨。从机场坐大巴到勒威克市区时，或许因为是工作日的傍晚，大巴里坐满了高中生。我觉得设得兰群岛变了。高中生也都紧跟潮流趋势，穿着和巴黎的年轻人类似的衣服。毕竟，这是一个在网上什么都能买到的时代。

终于到了目的地后，我向亲切的司机道谢，下车后发现后面一辆车的车门打开了，迎接我的是熟悉的笑脸，玛格丽特女士给了我一个大大的拥抱。我们乘坐同一辆车，默契十足地聊起同一个话题，车内一片欢声笑语。

“距离我们第一次见面有多少年了？”

“30 年！哈哈！”

是的，我们已经认识 30 年了。在这 30 年中，只要我去设得兰群岛，玛格丽特都会带我去各种地方，还会给我介绍一些与工作相关的人认识。之前，玛格丽特来日本时，我们还一起在青山购物。几年后，她还到了我当时生活的中国香港，我也带着她去了好多地方。那时候，我身边都是些搞音乐的朋友，玛格丽特对流行音乐也了解颇多，她很快和我的朋友打成一片（玛格丽特的亡夫迈克·斯图尔特先生是一位艺术家，曾参与披头士的 *Yellow Submarine*、平克·弗洛伊德的 *The Wall* 的动画制作）。

过去，我和玛格丽特的交谈全靠书信，现在则以邮件、手机为主。虽然时代在变，但玛格丽特依然充满活力，永远不知疲倦，开车也和以前一样很快。

因为这次见面是为《毛线球》做采访，所以我还和玛格丽特聊了家庭情况。她的父亲理查德·卡麦隆·邓尼斯先生是苏格兰人，热爱冒险，19 岁时远赴中国，在当时的汉口工作，生活得很快乐。他酷爱运动，打高尔夫球、狩猎都喜欢。

玛格丽特的母亲玛格丽特·班纳蒂尼·斯图尔特女士是设得兰群岛人，在当地经营药店，有 6 个姐妹、2 个兄弟，是个大家庭。家里很注重教育，他们兄弟姐妹在设得兰群岛接受了高等教育后，还在苏格兰岛上了大学。她在爱丁堡学习家政学，并取得营养师和教师资格，后来收集并整理设得兰群岛的传统烹饪方法，写成 *Cookery for Northern Wives* 一书，现在也是当地的人气烹饪书。她年轻时喜欢旅行，曾造访在美国生活的姐姐，并在美国做了 3 年教师；后来又造访在中国生活的另一位姐姐。在中国，她和当时在中国生活的丈夫相遇、相知。他们二人都喜欢打高尔夫球，可谓情投意合。

旁边放着她非常珍爱的泰迪熊。英国人对泰迪熊有着独特的感情，玛格丽特有时会接到一些知名人士的设计邀请

母亲年轻时便对设得兰群岛的传统手工艺非常感兴趣，看了好多包括费尔岛编织在内的专业书籍。玛格丽特创立“Shetland From Shetland”品牌的灵感，就源自母亲经常阅读的、散落在各处的编织方面的文献。

2012年，我住在玛格丽特家里时享用的下午茶。雅致的茶器体现了她的审美趣味。她的家里还设置了一个小小的博物馆

玛格丽特住在设得兰群岛时，每年夏天，母亲都会过来和她当时的编织朋友相聚。那些朋友自她的外祖父经营药店时便已经和她母亲熟识了。这是只有在小小的私人场合才会聊的话题啊。父亲是个具有冒险气质的商人，母亲是个有才华的女子，或许，正是这种家庭环境的熏陶才培养了玛格丽特超强的行动力。

玛格丽特经过文法学校（英国的大学预科）、艺术学校学习后，进入闻名世界的皇家艺术学院学习。她那时的目标是成为一名画家。以前，我曾经问过玛格丽特一个非常朴素的问题。

“我看过你儿子阿什顿非常熟练地编织费尔岛毛衣的样子，你自己有没有亲自编织过毛衣呢？”

“我编织过织片的样本，但我速度很慢，因为还想着花时间研究各种各样的配色，所以就把编织工作拜托给了专业的编织人士。”

玛格丽特似乎感到有些不好意思。我又问了她回到自己家乡做费尔岛编织工作的契机。

“我想让儿子阿什顿穿上传统花样的毛衣。在找人代为编织的过程中，我惊奇地发现，虽然有很多人做着编织工作，但几乎都不编织传统的费尔岛毛衣。那时候非常流行20世纪70年代的紧身短大衣，比起传统毛衣，设得兰群岛的织女们更倾向于编织需求量大的紧身短大衣。”

玛格丽特回忆了当年的情况。当时，正在担任成衣设计师的弟妹尝试着委托设得兰群岛的织女编织成品毛衣，但因为生产速度过慢，最后还是放弃了。

这个时候，玛格丽特邂逅了在伦敦的科文特花园（Covent Garden）开店不久的时尚商店“Scottish Merchant”的店主迪比特和马德连。

“我给他们送去了一大箱设得兰群岛传统毛衣，并随意地介绍了一下。没想到他们很感兴趣，想在自己的店里销售，并希望我能协助他们。迪比特和马德连完全不懂编织，我自己不仅是个编织的门外汉，对时尚业务也是一窍不通。但我却完全沉醉其中，每天都过得非常快乐。”

玛格丽特和“Scottish Merchant”的业务往来持续了20年之久。后来，在灵活运用费尔岛传统花样的基础上，她充分发挥自己独特、纤细的色彩感，诞生了“Shetland From Shetland”品牌。最鼎盛时期，玛格丽特雇用了150名编织者，自己开着车在岛上来回转，和编织者碰面。她还和其他的成衣品牌合作过。在不懈努力下，她在美国和日本也聚集了一大批粉丝。在日本，包括《毛线球》在内的许多媒体都为她做过专访。

因为介绍过许多玛格丽特设计的作品，所以许多人误以为所有的设得兰毛衣都是这样五颜六色的，对色彩的运用都很细致。确实，传统花样会使用很多颜色，这是费尔岛风情之所在。但是，玛格丽特独特的色彩搭配以及对渐变色、对比色的运用，也是她自身独特风格的体现。或者，这也可以说是学习油画磨炼出来的审美品位。和设得兰群岛的商品里出售的普通毛衣对比一下，就会立刻明白它们的不同之处。

《毛线球》和玛格丽特的交往也有30年之久了。

“第一次遇到《毛线球》时，我就被那些设计精良的作品惊艳到了。我从来没有想过编织的东西也会如此漂亮，也从来没见过如此漂亮的编织书。当时，我能有幸参与《毛线球》里的作品设计，真的很开心。这次，我的费尔岛风情设计能给代表日本的编织设计师们带来灵感，并以这么快乐、美丽的形式呈现在书中，真的很开心。”

这已经是很久以前的事了，当时我还在《毛线球》编辑部工作，也经常耳闻玛格丽特对《毛线球》的赞赏。我和她的儿子阿什顿年龄差不多，我们的交谈也很真诚。不久之后，她准备旅居阿什顿所在的意大利。不过，换个环境给自己补充一下能量后，她可能又要回到养育她的设得兰群岛了。

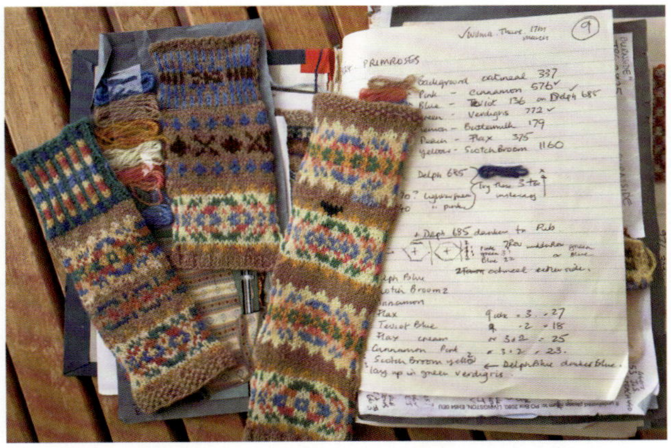

样本织片所用的色号、花样等仔细地记录在笔记本上保管起来。如果没有想象中的颜色，会从别的品牌中选，这些也会记下来

from Margaret

玛格丽特松鸡开衫

这是在20世纪70年代编织的松鸡开衫（Grouse cardigan）。它的灵感来自拥有柔和色调的设得兰群岛的风景和在覆盖地面的植物中筑巢的名为松鸡的一种小鸟的颜色。它是在20世纪七八十年代十分受欢迎的花样。我除了费尔岛毛衣、小物件之外，蕾丝围巾、设得兰群岛披肩等也有松鸡色调的设计。我尝试制作过各种各样的东西哦。

设计／玛格丽特・斯图尔特
编织方法／113页
使用线／芭贝

from Margaret

风工房卡蒂花样开衫

卡蒂花样（Katie' s Pattern）是传统的费尔岛编织巅峰时期的花样。这个独一无二的样品属于母亲的朋友，购于1910年。那家店出售的是1862年以来在设得兰群岛编织的具有深刻意义的东西。花样的名称源自我的编织者凯蒂·威廉姆森。她住在孤岛外斯凯里斯群岛(Out Skerries)，从年轻的时候就喜欢这个花样，一直在编织。为了见到她，必须乘坐直升机飞到外斯凯里斯群岛，越过灯塔降落在泥地上。风工房一直喜欢这个花样，她的解读我认为非常新颖。鼓掌！

设计来源 / 玛格丽特·斯图尔特
设计 / 风工房
编织方法 / 118 页
使用线 / 芭贝

from Margaret

野口光乔安妮花样
开衫

乔安妮花样（Joanne' s Pattern）来源于到102岁去世前一直在编织的乔安妮，她是我认识的人中最有创意的一位编织者。这是她在20世纪50年代编织的花样。野口光的设计，令这件开衫有了更加与众不同的风格。虽说使用了不同的线材，但野口光的配色让原来的花样宝石一般的光辉一览无余。我特别喜欢前门襟的边缘编织。我一直坚信乔安妮的开衫可以变成更加漂亮的作品。

设计来源 / 玛格丽特 · 斯图尔特
设计 / 野口 光　制作 / 胜又富子
编织方法 /122 页
使用线 / 和麻纳卡

from Margaret

风工房罗伯森

花样开衫

这是罗伯森花样（Mr. Robertson's Pattern）。风工房依据这个花样设计了非常时髦的开衫。衣袖与后背都是下针编织，对于第一次挑战费尔岛花样的人来说，应该也不会太困难。如此独特的花样，源于我家人的朋友罗伯森先生在20世纪30年代购于Foula岛的围巾。罗伯森先生去世时并不知道这个花样用自己的名字命名了，非常遗憾。

设计来源 / 玛格丽特・斯图尔特
设计 / 风工房
编织方法 /120 页
使用线 / 芭贝

f r o m　M a r g a r e t

大田真子斯卡洛韦花样半高领毛衫

斯卡洛韦花样（Scalloway Pattern）选自1945年前后我儿童时代的毛衣。带有小花样的儿童毛衣，估计是使用剩下的小毛线团编织而成的。我认为大田真子设计的这件毛衣非常有视觉冲击力，给费尔岛花样带来了新气象。她将费尔岛花样排列在身片内侧，再配以鲜艳的蓝色框架，贯穿整体的条纹、浅米色的底色和纽扣的设计等，我都非常喜欢！

设计来源 / 玛格丽特・斯图尔特
设计 / 大田真子　制作 / 土桥满英
编织方法 / 125 页
使用线 / 芭贝

from Margaret

野口光菱形花样套头衫

水仙花的菱形花样（Daffodil Diamonds Pattern）的灵感来源于我儿童时代的一件毛衣。小小的心形花样，是20世纪40年代到50年代初特别受欢迎的花样。野口光将这个简单的费尔岛花样，通过使用粗线编织带来了新鲜的立体感。带有纽扣的后开口、口袋等细节的设计，给这件衣服树立了独特的风格。穿起来很可爱，编织起来应该也不难吧。

设计来源 / 玛格丽特・斯图尔特
设计 / 野口 光　制作 / 胜又富子
编织方法 /124 页
使用线 / 芭贝

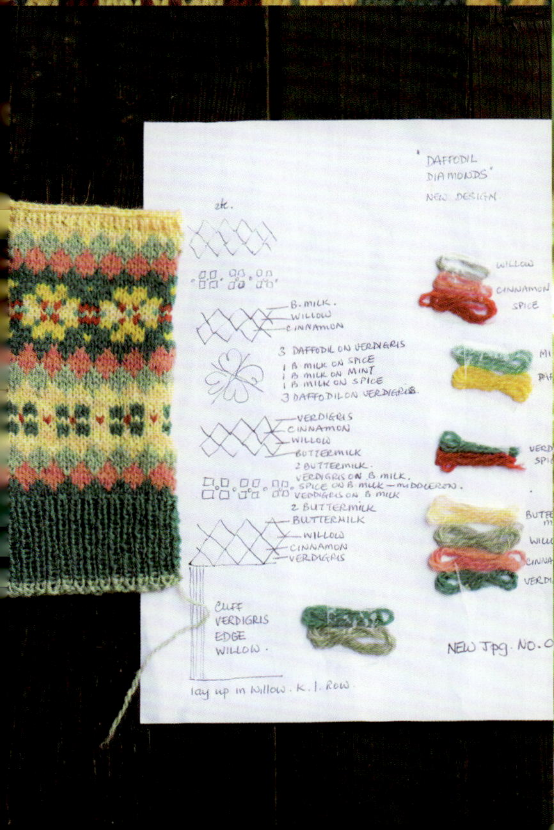

from Margaret

兵头良之子费尔岛花样半身裙

《毛线球》的青木久美子提出费尔岛花样的短裙方案时，其新鲜的想法真的令我瞠目结舌。那样的东西，真的会有吗？是的！兵头良之子就设计出了如此美妙的费尔岛花样短裙，并且由《毛线球》拍摄出了如此时尚的照片。当我看到我的弗罗拉花样（Flora Pattern）有如此新颖的表现时，感到非常高兴。兵头良之子突破了编织的界限。鼓掌！

设计来源 / 玛格丽特 · 斯图尔特
设计 / 兵头良之子　制作 / 矢部久美子
编织方法 /130 页
使用线 / 和麻纳卡

from Margaret

大田真子四月花样V领背心

四月花样（April Pattern）的设计灵感也是来源于1945年前后我儿童时代的一件毛衣。那时候我穿的毛衣变小了，母亲将身片部分再次利用，想制作成茶壶套。样片的形状有点奇怪就是这个原因。估计大家也已经猜到了，最终没有做成，就成了这个样子（笑）。大田真子在细节上下了一些功夫，设计出了这件时髦的背心。这么漂亮的图片，一定能吸引到年轻的编织者。

设计来源 / 玛格丽特·斯图尔特
设计 / 大田真子　制作 / 须藤晃代
编织方法 / 128页
使用线 / 芭贝

from Margaret

SAICHIKA十字绣花样毛袜、手提包

原本这个花样是用于十字绣的，我完全没想到它由十字绣变为费尔岛花样，能有如此卓越的表现！SAICHIKA设计了两款极具魅力的小物件。手提包上的费尔岛花样效果非常好，配以多彩的流苏，变得更加可爱。

设计来源／玛格丽特・斯图尔特
设计／SAICHIKA 制作／德永穗积
编织方法／133页
使用线／芭贝

from Margaret

SAICHIKA帕奇花样围巾

这款费尔岛风格的围巾使用的是帕奇花样（Patsy Pattern）。我非常喜欢20世纪四五十年代的费尔岛花样，特别是如同夏日阳光一般鲜艳色调的小小的心形配色花样。SAICHIKA从中得到灵感，将其融入围巾中，编织出了极具魅力的作品。我非常喜欢费尔岛花样与条纹的组合，缝上去的小球球也特别有感觉，很想在寒冷的冬日戴着这条令人自豪的围巾出门呢！

设计来源 / 玛格丽特·斯图尔特
设计 / SAICHIKA　制作 / 川口康代
编织方法 / 132 页
使用线 / 和麻纳卡

from Margaret

风工房阿什顿花样背心

阿什顿花样（Ashton' s Pattern）是在1970年以后，使用自然色的设得兰群岛毛线编织而成的。我儿子阿什顿特别喜欢这个花样，在他14岁以前，每年都会穿相同花样的新毛衣去上学哦。这个花样的灵感来源于我母亲的一件毛衣。我母亲对设得兰群岛的传统遗产很感兴趣，收集了费尔岛花样的样品。我认为风工房忠实地表现了这个有名又古典的设计。新加入的小小的方形花样，也给整体带来了很好的表现。我对《毛线球》中不夸张也不张扬的摄影风格充满了好感。很完美!

设计来源／玛格丽特·斯图尔特
设计／风工房
编织方法／136页
使用线／芭贝

Point Lesson 袖窿的临时针的剪开方法及线头的处理

摄影/森谷则秋 监修/风工房 摄影协助/CLOVER

编织身片

1
连续编织身片与临时针。肩部从袖窿的临时针开始连续缝合至另一侧袖窿的临时针处。

剪开袖窿的临时针

2
使用锋利的剪刀插入临时针的中央。

3
沿着中央配色线的2针中间，剪开至肩部。

4
将临时针剪开后的样子。

编织袖窿的配色双罗纹针

5
将袖下的休针移至棒针上，在中央的针目处加线，使用比编织罗纹针时细一些的棒针挑取针目。

6
减针部分，在重叠在一起的2针的下侧针目处入针，挑取针目。

7
无加减针的部分，在临时针与身片的中间入针，每1行挑取1针。

8
挑针完成后的样子。

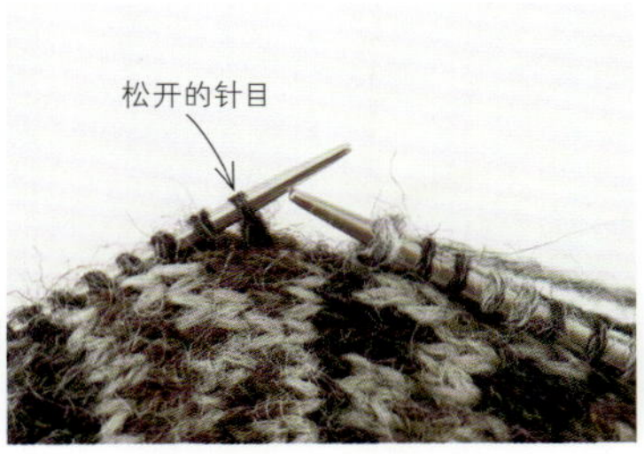

9
从第2行开始使用配色编织。调整针数时，松开挑取的针目。

10
松开1针后的样子。

11
第2行编织完成。编织指定行数后收针。

临时针的线头的处理

12
临时针留出5针，剪开2针的部分。

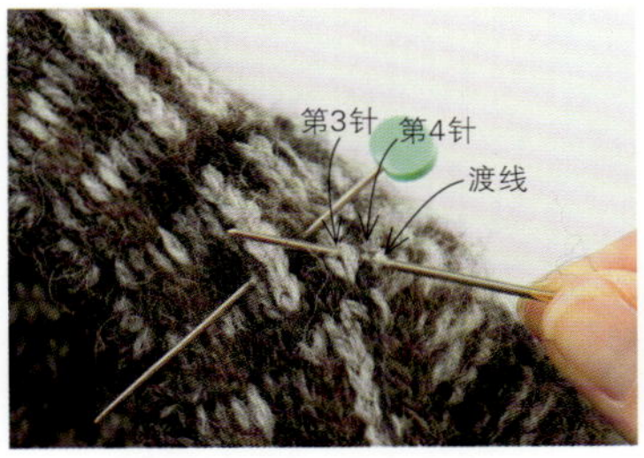

13
将边上的2针向反面折，用珠针固定。挑取身片的渡线和边上第4针的半针及第3针做藏针缝。

14
做藏针缝缝合一周后，再缝起针的部分。

15
临时针的线头处理完成。

16
从正面看到的样子。

REVEL IN THE
Melodies of Life
THIS FESTIVE SEASON
全新超轻铝彩可换头轮针礼盒组 让您轻松享受美妙生活旋律
KnitPro
Melodies of Life
Art No. 47411
季节
限定
SURPRISE
INSIDE
S&C 爱丝绒
EXCEL Needlecraft
专业进口世界毛线
爱丝绒贸易(上海)有限公司
KnitPro™
FOR THOSE WHO LOVE TO KNIT

[新连载]

野口光的织补缝大改造

之所以说是大改造，是因为它并不限于修补，还可用来修饰。织补缝技术是在不断发展的。

野口 光：
创立"hikaru Noguchi"品牌的编织设计师。非常喜欢织补缝，还为此专门制作了独特的蘑菇形工具。

【本期的话题】

「"已经厌倦了一本正经的毛衣"」

before

品质非常好，买的时候想着要穿好多年，但不知不觉就厌倦了它

*织补缝的方法请参照第110页

photograph Shigeki Nakashima styling Kuniko Okabe hair & make-up Peko Kanesaka model holly p special thanks Emiko

织补缝是一种毛衣修补技术。喜欢的毛衣上破了个洞，染了点色，或者磨破了，这些是需要织补缝的三大原因。但是，若穿烦了，也可以成为加入织补缝的原因。因为织补缝也是一种传统的刺绣方法，用途不局限于修补。特别的是，将手头漂亮的毛线运用到编织之外的东西上，效果绝对值得期待。

一说起用毛线在毛衣上做刺绣，一般人都会觉得很难。但是，如果是织补缝，就可以迅速绣出四边形图案，很有成就感。拿着粉笔，在准备做织补缝的地方做个记号，使织补缝的分布恰到好处。一处或多处都行，只要你喜欢。这次，我们用马海毛材质的毛线，给普通的毛衣做了许多处织补缝。使用非常漂亮的毛线，只在零星几处做些织补缝，就可以使一本正经、毫无亮点的老式毛衣变身为一件非常有意思的毛衣，心情也会因此变好。

GO!GO! 编织探险队（19）

队长 / 广濑光治

photograph Yukari Shirai illustration Yosuke Kihara

在本次探险的目的地——上野的东京都美术馆，我邂逅了平田手袋工艺公司制造的包包。包包上面的刺绣细密优雅，古色古香，宛如一件件熠熠生辉的艺术品。之后，在宴会上，我遇到了平田直人社长。“编织的东西不太多，不过……”他还是非常爽快地答应了我的采访要求。

现任社长是公司的第三任社长，他的祖父是第一任社长。他曾经是伞具公司的职员，后来开始制造手袋。那时，日本社会以和服为主流，手袋的需求较大。女人们经常手拿一个珠绣装饰的手袋与和服搭配，尽享时尚之乐。但是，随着时代的发展，西式服装逐渐取代日式和服成为主流服装，人们对高级珠子装饰的精致手袋的需求逐渐减少，这也是无可奈何之事。

曾经在日本东北地区作为副业的刺绣也需要精湛的技艺，花费的时间和获得的收入并不匹配，还不如在附近的小店打零工赚钱快，因此手艺人的数量也在下降。现在，手袋相关的公司也仅剩寥寥几家。

虽然现状并不乐观，但心胸开阔的社长认为：“只要这种精湛的技艺在日本一代代传承下去……”和他一起面对这个问题的未来第四任社长平田纯一先生会认真地把这个公司继承下去，这是非常值得庆幸的。

社长让我目睹了实物作品。那些沿着弯弯曲曲的线条紧密排列的珠子，能让人充分感受到手艺人的心意。女孩子在“七五三”（日本特有的节日，女孩3岁、7岁以及男孩5岁时举行祝贺仪式）时用的手袋和草履是非常重要的，手袋上面的口金也非常精美。材质有象牙、珊瑚、漆树等，还装饰有珍珠等贵重饰品，但产量也在下降。公司还生产皇室御用的手袋，在正式的皇室仪式上穿的礼服所搭配的手袋，提手的长度要正好方便手臂穿过。

为了不让珠绣技艺失传，他们每个月都要开办一次珠绣讲座。这一天正好是上课的日子，从静冈县清水市前来授课的斋藤老师和他是世交。第一次是按照钉线绣的要领，将珠子呈圆形、三角形、四边形、六边形绣在布上，但我很难将角处理平整。“想让年轻人掌握这个技法，我也必须努力。”斋藤先生说。想要根据自己的灵感自由刺绣几百种珠子，需要漫长的时间练习才行，但我还是想将日本的这种传统技艺继承下去。

未来的第四任社长不仅继承了传统技艺，还正在开发流行的设计、崭新的款式，方便年轻人把它作为一种时尚符号拎在手里。古朴中透着优良，优良中透着新颖，传递日本手工技艺的平田手袋工艺公司制作的手袋，深深地打动了志向远大、想要打造传世之作的你、我、他的心。

这是作为一手资料保留下来的串珠编织的束口袋。我的脑中还保留着中学时编织小小的蛙口的记忆

广濑光治：
小时候便对手工很着迷，在水产公司担任经理时用业余时间习得编织。后来来到日本宝库社担任编辑，并作为编织讲师在日本乃至整个亚洲地区普及编织。现任母校霞丘技艺学院院长，是酷爱日本酒的编织男人。著有《广濑光治的优美花样棒针编织》（高桥书店出版）等书。

用绣框将布撑好，可以继续细密的针法了。在从清水市前来授课的斋藤老师（中）的指导下，学员在用心地学

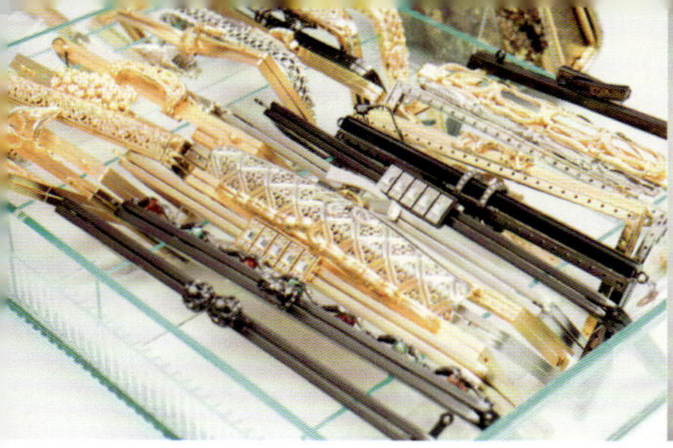

可以和任何手袋相配的华丽口金。工艺精湛的珊瑚口金是镇店之宝

现任营业部长的纯一先生亲手制作的时尚珠绣小物。小物的价格很公道，好评如潮

穿着珠绣装饰的衬衫的现任社长平田先生和未来第四任社长纯一先生

“代代相传的珠绣手袋，从祖母到母亲，从母亲到女儿，日本引以为傲的‘传家宝’足以打动人心”

这要花费多少时间才能做好呢？艺人在逐年减少，为了传统工艺之火绵延不息，平田父子在不懈奋斗

收录平田手袋工艺公司制作的珍贵手袋的图书《和风串珠和观赏知识》似内惠子著 诚文堂新光社出版

东京藏前总公司的展示室中摆满了华丽至极的手袋，让人叹为观止

平田直人：

平田手袋工艺公司董事长。生于1948年。大学期间赴丹麦留学时，重新审视日本的传统手工艺以及手工艺品。1978年，创办“CHERIR”（意思是可爱的、珍贵的）品牌，不仅向全世界输送商品，还输送技艺。商品不限于珠绣手袋，正式手袋也备受好评。

1/在安和卡洛斯圣诞球的袋子中，有很多试做作品　2/以2013年限量销售的圣诞球图案而制作的餐具　3/2015年在日本的讲习课中制作了3种圣诞球

Arne & Carlos

安 & 卡洛斯的庭院 ⑬

text & photograph Setsu Inoue special thanks Nordic Culture Japan
photograph Toshikatsu Watanabe styling Terumi Inoue

安和卡洛斯在1楼和2楼做了节日装饰。
在1楼的树的正上方又放了一棵树，
从外面看起来，好像是同一棵树,这是他们摆放时的小心机。
外面白雪皑皑，应该是一个非常棒的节日吧。
“编织了一个圣诞球之后，就想再编织一个了，
很危险哦。”安和卡洛斯笑着说。
保证让你一旦开始编织，就玩到停不下来。

Arne Nerjordet
安（右）
Carlos Zachrison
卡洛斯（左）

挪威人安和瑞典人卡洛斯相遇后，在2002年组成了设计二人组“安＆卡洛斯（Arne&Carlos）”。在奥斯陆以北180千米的地方，他们改建了一个废旧的车站，作为自己的家兼工作室，进行创作活动。他们设计的特点是从挪威的传统图案以及斯堪的纳维亚半岛的民俗艺术、雄伟的自然中汲取灵感。

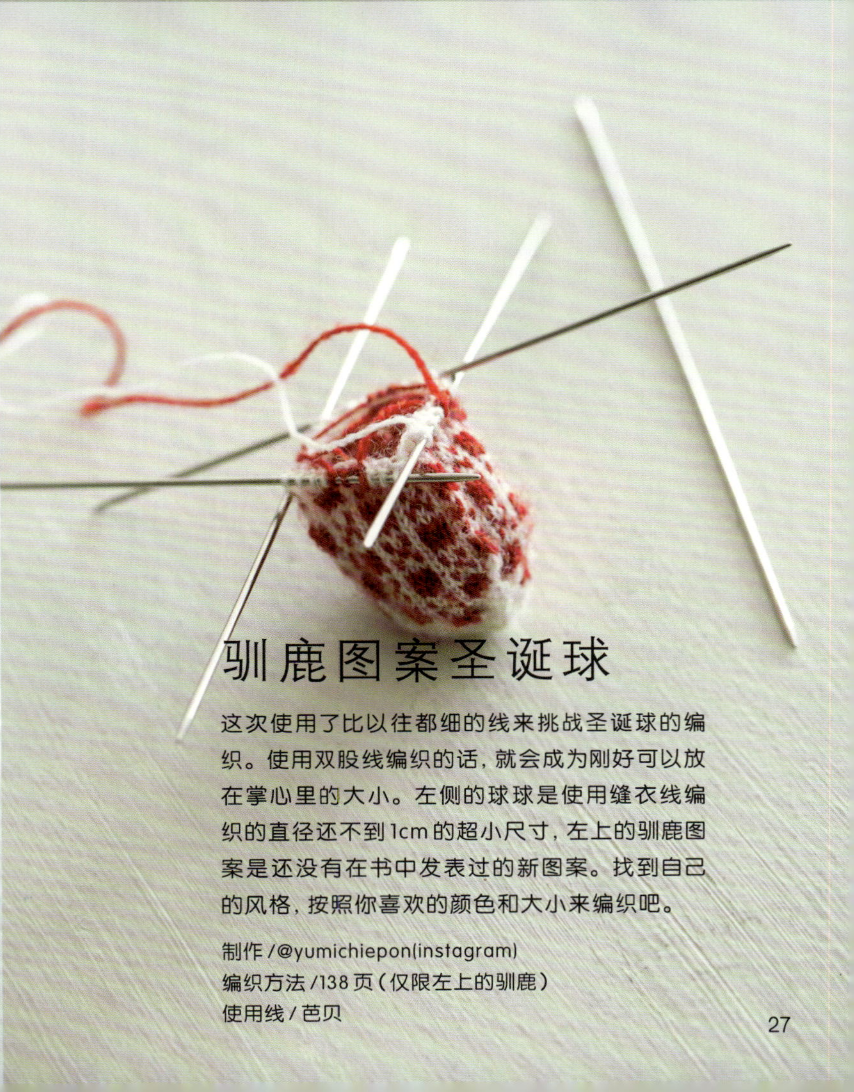

驯鹿图案圣诞球

这次使用了比以往都细的线来挑战圣诞球的编织。使用双股线编织的话，就会成为刚好可以放在掌心里的大小。左侧的球球是使用缝衣线编织的直径还不到1cm的超小尺寸，左上的驯鹿图案是还没有在书中发表过的新图案。找到自己的风格，按照你喜欢的颜色和大小来编织吧。

制作 /@yumichiepon(instagram)
编织方法 /138 页（仅限左上的驯鹿）
使用线 / 芭贝

粗段染线

从领口开始编织的简约毛衣

2016年冬季的流行趋势之一是富有体积感的厚重的毛衣。
在编织的过程中，各种毛线会呈现出细微的差别，给简约的款式增加亮点。
因为是从领口开始编织的，编织终点也很容易处理。

photograph Hironori Handa styling Masayo Akutsu hair & make-up Masayoshi Okudaira model MARINA P

Pullover

兵头良之子经典款V领套头衫

这件套头衫以下针编织为基础，下摆和袖口用起伏针做出厚重感。下摆的开衩使毛衣更方便穿着，也是设计的亮点之一。还可以将两种不同间距的段染线并为1股，调出更加复杂、有趣的颜色，享受超级粗洛皮毛线的编织乐趣。

设计 / 兵头良之子
制作 / 饭田奈津子
编织方法 /139页
使用线 / 和麻纳卡

Pullover

兵头良之子一字领套头衫

清爽别致的一字领套头衫，通过上针编织体现出它独特的轮廓。想最大限度展现段染线的魅力，还是编织款式简单的毛衣最适合。在编织的过程中，还没来得及生厌，就已经编织好了。

设计 / 兵头良之子
制作 / 饭田奈津子
编织方法 /141页
使用线 / 和麻纳卡

Pullover

冈本启子大麻花斗篷式套头衫

麻花花样好像是排列在一起的一个个心形，给这款斗篷样式的套头衫增添了可爱的感觉。看起来有点复杂，但编织起来其实很简单。环形编织至袖口处，麻花花样分成两部分编织胁部。富有冲击力的设计，让人移不开视线。

设计 / 冈本启子
制作 / 宫本宽子
编织方法 /144 页
使用线 / 和麻纳卡

Cardigan

冈本启子插肩袖中长款开衫

育克部分编织起伏针，下针编织的身片中用上针编织的线条营造出富有规律的编织花样。前门襟用纽扣和按扣连接，衣袖采用插肩袖设计。在寒冷的日子里，这种修身的中长款毛衣一定备受欢迎。中长款的设计，可以有效地保护腰臀部位。

设计／冈本启子
制作／中川好子
编织方法／142页
使用线／和麻纳卡

Cardigan

野口智子罗纹边开衫

这款洛皮毛线的段染色调非常柔和，以下针编织为主编织成了一件开衫。人们所穿的衣服，经常会让人联想到他的性格。精选毛衣的颜色、款式，以形成自身的风格。今天的我，看起来稳重又温和。

设计 / 野口智子
制作 / 池上 舞
编织方法 /146 页
使用线 / 芭贝

Pullover

野口智子大领口阔袖套头衫

育克部分做下针编织，身片和袖编织起伏针。大领口、阔袖是这款套头衫的特点。换种线材，即使编织方法相同，编织出来的效果也完全不同，可以享受选择线材的乐趣。这款粒结丰富的毛线编织出来的毛衣非常可爱。

设计 / 野口智子
编织方法 /147 页
使用线 / 芭贝

Snood

Cardigan

河合真弓小立领长开衫、配色围脖

萧瑟的冬季，更要用明媚的颜色装扮自己。粉色和绿色段染的中长款开衫，是今年的流行趋势之一。不停地编织，就会自动形成美丽的线条。色彩鲜亮的围脖，使用的是不同的毛线，但因为它所用的主色是从开衫的色彩中选取的，所以搭配起来很协调。

设计 / 河合真弓
制作 / 掘口美雪
编织方法 / 149 页
使用线 / 芭贝

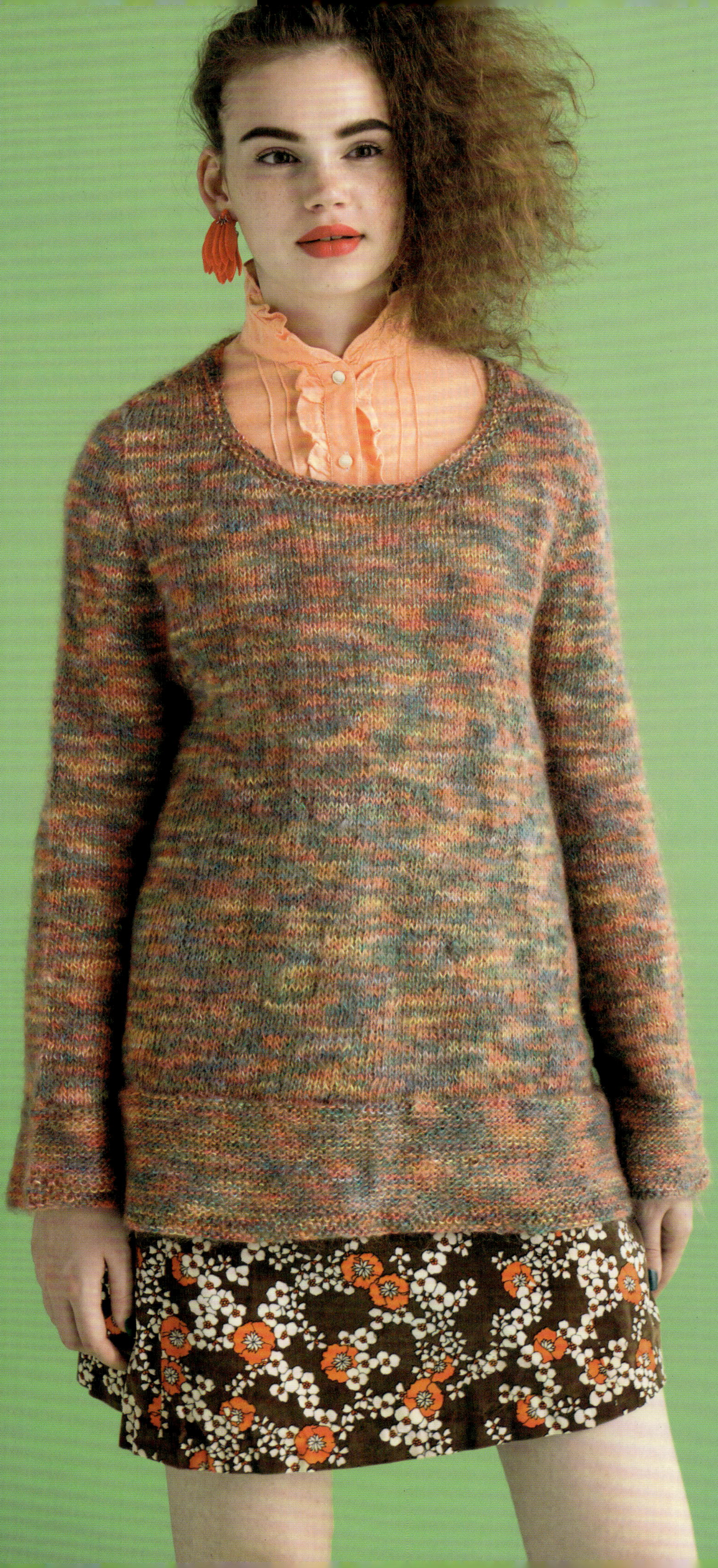

Pullover

河合真弓大圆领A字款套头衫

这是一件轻柔的马海毛材质的套头衫，下摆略宽，适合表现女性的魅力。它以简单的下针编织为主，充分展示了段染线的美。在下摆和袖口做上针编织，最后编织起伏针。略深的领口和略长的款式取得了绝妙的平衡。马海毛材质的粗线，编织成中长款毛衫也不会觉得笨重。

设计 / 河合真弓
制作 / 合田富佐子
编织方法 /150 页
使用线 / 芭贝

Parka

冈真理子插肩袖连帽衫

用段染线编织的带风帽的派克毛衣，简单、休闲又很有新鲜感，令人怦然心动。使用各个毛线生产商都很重视的段染线，从不同的颜色、材质组合成的渐变色中精挑细选，也别有一番乐趣。寻找独特的颜色，是每年都会有的乐趣。

设计 / 冈真理子
制作 / 内海理惠
编织方法 /154 页
使用线 / 内藤商事

Cardigan

冈真理子罗纹边圆领开衫

蓬蓬的极粗圈圈毛线让这款乖乖女风格的开衫焕然一新。用极粗的毛线编织也不会有问题，这是从领口开始编织的妙处之一。衣袖做下针编织，身片用起伏针编织出厚重的感觉，更加保暖。

设计 / 冈真理子
制作 / 内海理惠
编织方法 /152 页
使用线 / 内藤商事

Cardigan

冈本真希子条纹渐变开衫

在简单的织片中加入滑针后，这件普通的开衫变得与众不同。将段染线和单色的平直毛线组合在一起，演绎出张弛有度的效果。配色编织的条纹边缘也给这款开衫锦上添花。无法预测的渐变色给我们带来了无穷的配色乐趣！

设计 / 冈本真希子
编织方法 /158 页
使用线 / 内藤商事

Pullover

冈本真希子锯齿花样蝙蝠衫

和镂空花样组合在一起，渐变色的毛衣呈现出富有韵律感的锯齿花样。这件黑白色调的套头衫让人着实感受到了段染线的乐趣。金银丝线在不规则的锯齿花样中静静地闪烁着光芒，使这款毛衣更加适合成人穿着。去毛线店选择能够彰显自己风格的线吧。

设计 / 冈本真希子
编织方法 /156 页
使用线 / 内藤商事

松本薰的串珠编织

日常使用的包包

闪亮的口金包带着怀旧的感觉，又非常有品位，有着独特的魅力。
本次和大家分享的是三角形花样组合成的日式华美串珠口金包的做法。
为了在特别的日子里拎着它出门，你一定能静下心来认真编织。

Photograph Toshikatsu Watanabe styling Terumi Inoue

松本薰三角形串珠口金手包

在挑战大作品之前，先牛刀小试来一个小口金包吧。使用被命名为“葵”的蕾丝线和三角形的银珠制作，内袋使用了非常漂亮的波点图案的面料（图中没有展示出来）。在他人看不见的地方下足功夫，也是制作小物的乐趣之一。

设计/松本薰
制作方法/162页
使用珠/MIYUKI
使用线/达摩手编线
口金/下田直子设计师口金

松本薰三角形口金手拎包

新年前后，经常要参加各种聚会。串珠包包和优雅的服装是绝配，很有必要收藏一款。提手也编入大号的三角珠，提升了口金包的独特感。沉稳大气的口金，也提升了这款包包的品位。

设计 / 松本薰
制作方法 /162 页
使用珠 / MIYUKI
使用线 / 达摩手编线
口金 / 下田直子设计师口金

Color Palette

调色板 色彩缤纷的室内毛线鞋

色彩缤纷的室内毛线鞋，让居家服饰也时尚感十足。今天的心情是什么颜色呢？

photograph Shigeki Nakashima styling Kuniko Okabe hair & make-up Peko Kanesaka model holly p

巧克力色 23cm

说起毛线鞋，最麻烦的要数鞋底了，因为需要织2片。想织毛线鞋的各位，一定不要错过这款。鞋底四周开孔，易于和鞋身缝合，分米色和棕色2种，内侧使用蓬松柔软的人造毛，保暖性好。

设计（5款）/奥林巴斯设计室
编织方法/160页
使用线/奥林巴斯手编线
使用辅材/奥林巴斯 编织用鞋底

自然色 23cm

以原白色为底色，混入感觉微妙的颜色，看起来浑然天成，在室内穿着既轻便又好看。鞋底可以选择米色的，也可以选择颜色较深的棕色，穿起来更加适合大人。

天蓝色 15cm

这款毛线鞋最适合活泼好动的小孩子。儿童款分蓝色和粉色 2 种颜色。还有适合婴儿的尺寸，在亲朋乔迁之时，送一套亲子鞋给他们也是个好主意。

可爱粉 15cm

小女孩比任何人都适合穿粉红色。鞋身混入了黄色和紫色的毛线，鞋底也用的是粉红色，看起来非常甜美可爱。可爱的粉红色毛线鞋，即使成年女性也会很想穿。

亮绿色 23cm

它既可以穿着去特别的场合，也可以在专属于自己的舒适空间穿着。铺上洁白的床单，整理好床铺，穿上青草色的室内鞋窝在床上放松心情，会不禁感叹：我家才是最棒的！

男人编织 20

宫本记明

小小的编织世界

photograph Yukari Shirai text Hiroko Tagaya

（50岁 一级建筑师）

宫本记明：
现居东京。一级建造师，曾在设计事务所工作，现在建材生厂商从事住宅的抗震保证审查工作。从做模型到织人偶装，他只有5年编织历史。他收集了100多个公司在京都的volks公司制造生产的SD娃娃，每天都在为这些娃娃编织。愈是细致、复杂的作品，愈能燃起他的兴趣，每天的编织成果都会发布在推特（Twitter）上。

本期为大家介绍的宫本记明先生是沉迷于微世界的编织男人。他非常喜爱模型，职业又是一级建造师，可以说，他对比例的把握非常专业。

宫本先生说，他是在一件模型店看到了出售中的人偶，因为她美丽的构造而开始沉浸于人偶的世界，最开始学的是使用洋裁的方法制作人偶装。直到有一天，他在书店偶然看见一本书，叫《优雅的蕾丝物语》，并对封面上的粉色披肩一见钟情：这样精致优美的东西在哪儿都买不到，那我就只有自己做了！就是这样的突发奇想，让他从2011年开始了自己的编织人生。

“高圆寺的咖啡馆有时会举行编织人偶帽的研习会。店长教我们做，不懂的话就问他，慢慢就织好了。”

除此之外，他还通过网络视频学习编织。自学编织这点真是了不起。在研习会上，他先是编织人偶帽，然后挑战编织围巾，接着就开始编织他念念不忘的披肩，半年的时间他就把这些搞定了。45页右上角的图片上就是那件披肩。令人吃惊的是，这件披肩并不是简单地缩小了尺寸，它的针数、行数和我们用的披肩是完全一样的。他调整了编织密度后，按比例将它缩小了，真是细致入微！

“喜欢模型的人会有比例的概念，我看一眼就知道它的尺寸是成人的1/3。制作模型的乐趣是，可以用小号的东西完美再现实物的精巧之处，这一点让我很兴奋。很细微我也不会觉得辛苦。”

宫本先生的职业是一级建造师。现在，用CAD软件制图是很常见的，但宫本先生做建造师时还是手绘图纸的时代。

《优雅的蕾丝物语》和封面上的这款披肩。这本书是他迈入编织世界的契机。后来，从配色花样到设得兰蕾丝，他陆续编织了许多作品

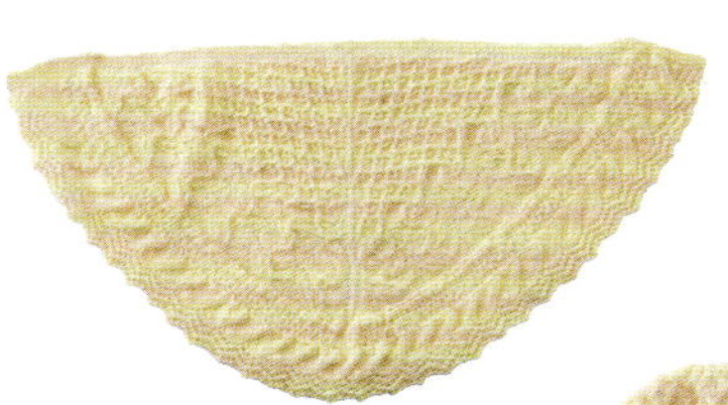

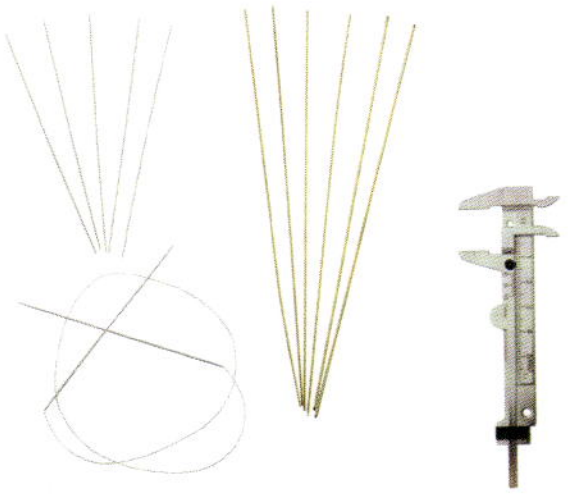

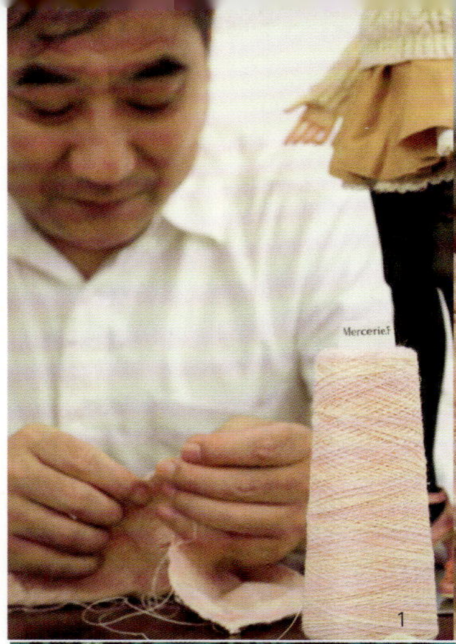

1/寻找适合人偶尺寸的毛线也是非常辛苦的 2/制作玩偶装时要考虑搭配。包包和小物是其他作家制作的 3~6/穿着宫本先生编织的作品的人偶，搭配得非常好。他在摄影方面也投入颇多，光镜头就不止5个 7/编织志田瞳设计的作品是他近期的目标。编织方法很平常，编织起来却很难，这点让他很意外

“给客人看手绘图纸的时候，很容易就干劲十足，细微之处也都认真绘好。或许因为我本来就习惯了细致的工作。”

我还请教他如何挑取花片正中间的针目。

“基本上根据指尖的感觉知道自己是挑针了。我之前一直在做汽车模型，最后的涂饰非常重要，贴签，用手把它削成恰到好处的厚度，和这个时候的指尖感觉类似。”

因为非常细致，还需要寻找极细的线和工具，这很不容易。据说，他的编织针是将黄铜劈开自制的，麻花针是用镊子弯成的。有时也会用日本 Clover 品牌的 14 号、16 号蕾丝针和极细的环形针。

“线是让店里帮忙进口的，因为无论如何都想用高级线，还好是这种小尺寸，奢侈点也无妨（笑）。”

宫本先生不管在哪里都可以编织。平常，他是下班后在咖啡馆度过编织时光。编织到打烊对他来说是最幸福的时刻，有时还会有客人和他搭话。

“编织的时候会让人忘记烦心事。编织时的节奏感就像在打拍子一样，让人心情很好。我本来就喜欢动手做东西，这对我来说真是人生的乐趣。”

我问他眼下的目标时，他给我看了《志田瞳优美花样毛衫编织 1》（本书中文简体版已由河南科学技术出版社出版）。他说还在迷茫今后是继续钻研钩针还是尝试棒针时，邂逅了志田老师的这本书。今后，他准备将志田老师设计的优美的毛衫运用到人偶装上，再将现有的 20 件作品扩充一番以备开办个人作品展。在无比精致的微世界，会诞生怎样的编织之美呢，让我们拭目以待。

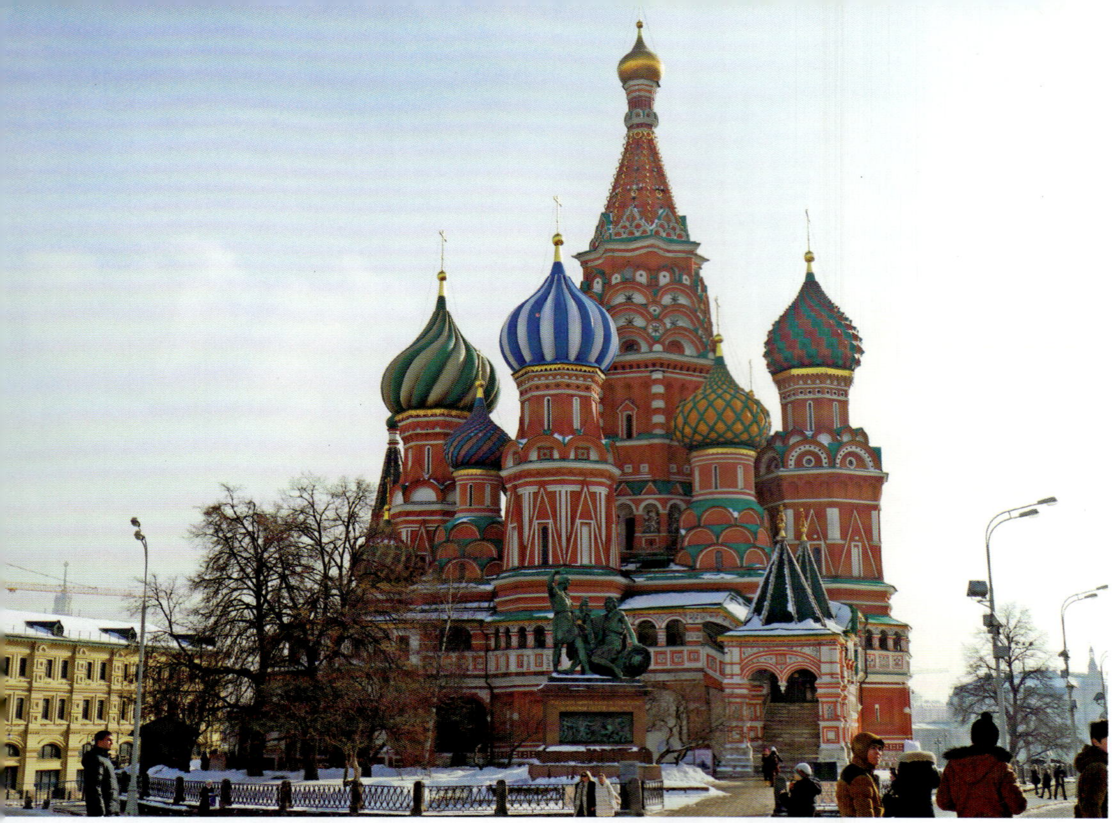

坐落在莫斯科红场的圣巴西尔大教堂。圆形的屋顶，绚烂的颜色，给人如梦似幻的童话般感觉。它是俄罗斯的标志性建筑物，1990年被联合国科教文组织认定为世界文化遗产

世界手工艺纪行⑳（俄罗斯）

在套娃的故乡邂逅

塔妮娅的手指娃娃

采访、撰文、当地摄影/小我野明子　摄影/森股则秋　协助编辑/春日一枝

套娃之国俄罗斯

俄罗斯是日本的西部邻国，面积约是日本国土面积的45倍，是世界上国土面积最大的国家。它广袤的土地上，大概生活着一百多个民族，它们组成了俄罗斯多姿多彩的文化。

俄罗斯自古以来便有木工、陶艺、染织等各种手工艺，如果要找一个可以代表这些手工艺的民间艺术品，非木制的套娃莫属。套娃的起源众说纷纭，一般认为，19世纪末莫斯科玩具工作室“儿童的教育”制作的木套娃是现代套娃的起源。1900年，在巴黎举办的万国博览会上，“儿童的教育”制作的套娃得到了高度评价，就此闻名世界。

套娃的原型是一个普通农民的女儿玛特罗娜。她圆滚滚的身体和红扑扑的脸蛋，是当时人们心目中理想女子的样子。制作时，先砍下白桦树或菩提树，用3年的时间使其充分干燥，再由木工利用镟铲将其做成圆滚滚、可爱的形状。要制作出可以顺利分合的套娃，需要非常熟练的技术。套娃表面的图案全部是手绘的，需要专业的手艺人一点一点耐心描绘。套娃诞生至今已过了110多年，但制作方法几乎没变，一直传承至今。

遗憾的是，和其他国家一样，现在的俄罗斯已经很少有年轻人愿意从事民间工艺品的制作工作了。俄罗斯在共产主义工人党时代举国支援的套娃工作室，现在也面临着后继乏人以及工人高龄化的严峻局面。幸运的是，在套娃被认定为“艺术”后，带着将这项代表俄罗斯的民间艺术品传给后世的坚定信念的套娃艺术家正在增多。近年来，套娃所面临的社会环境也在不断变化。

莫斯科的民间艺术品集市

俄罗斯首都莫斯科有一个巨大的跳蚤市场“Vernissage”，出售俄罗斯各地的民间工艺品。就像在东京筑地可以买到日本全国渔场直供的新鲜鱼贝一样，来到Vernissage，无论是什么时候都可以买到品质优良的俄罗斯民间工艺品。“买莫斯科纪念品，非它莫属”。因为来自世界各国的游客都会到这里购物，所以它总是人气爆棚。

除了套娃作家出售自己制作的作品，手艺工作室以低廉的价格出售地方性民间工艺品外，细说起来，还有我非常喜欢的专业油画商店、价格低廉的特产商店以及奇怪的旧工具商店，它们毫无违和感地排列在一起。这个市场非常大，一天逛不完，出售的商品都是俄罗斯制造。大部分店铺都是毫无遮挡的简易摊位，不管多冷都不会停止营业。商贩们开口便是好冷啊，还有人为了暖和大口喝下烈性酒伏特加。这种晃着冻得发抖的身体出摊的俄罗斯商人的本性，让人不得不为之叹服。

寒冷的冬季里，销售手工编织物品的店铺也增加了。这里面最引人注目的是一边编织一边看店的歌利亚的店铺。编织、编织、编织……到处都是编织的东西。在手编的袜子和手套的海洋中，只要说一声“我想要这个”，不管它在多么靠里的地方，歌利亚都能扒出来递给你。歌利亚编织的东西非常厚实，可爱的颜色、花样以及富有个性的设计自不必说，关键是能够很好地温暖我们的手脚。

在跳蚤市场，我和许多作家、商贩都有愉快且印象深刻的接触。我和手指玩偶作家塔妮娅的交往，便是始于这个市场——现在我们已经来往了近10年。

玛利亚和伊莲娜是迪米特昰耶娃家的姐妹。母亲安娜也是套娃作家。除此之外，她们还涉及拼布、布玩偶、蕾丝编织等传统手工艺，曾在民族学博物馆做指导

A

A/ 玛利亚·迪米特里耶娃制作的套娃需要使用燃木技法描绘，手感非常细腻。她不做相同款式的套娃，每个作品都是独一无二的 B/ 这是伊莲娜·迪米特里耶娃的作品。她的作品和姐姐玛利亚的作品相似，都给人温和的感觉，只是看起来更加可爱。作品上描绘着她非常喜欢的山羊图案 C/ 为了促进国际交流，伊莲娜以日本女子为原型创作套娃 D/ 燃木技法所需要的描图工具 E/ 在家里制作套娃。她对日本的民间工艺品也非常感兴趣，家里收集了好多日本东北地区特有的“小芥子(圆头、圆身小木偶)”

B

C

D

E

F

F/ 图案和设计带着独特的审美品位，这是歌利亚编织的毛袜。针目很密实，穿着很暖和 G/ 歌利亚位于Vernissage市场的店铺。手套、毛袜等应有尽有，这里是编织的海洋

世界手工艺纪行 ⑳
（俄罗斯）

塔妮娅的手指娃娃

世上独一无二的手指娃娃

在莫斯科民间工艺品市场Vernissage的一角，塔妮娅（塔齐亚娜·维克特罗娜·格特夫捷恩克）将手指娃娃戴在自己的手指上进行销售，许多人都来到她跟前一看究竟。在他们正对手指娃娃赞不绝口时，塔妮娅又从包里拿出了更多的手指娃娃。手指娃娃的题材取自“玛莎和熊”“小红帽”“三只小猪”“七只小羊”等家喻户晓的童话故事。我第一眼看到这些穿着美丽的俄罗斯民族服装或者洋装的手指娃娃时，便已经被它们俘虏。后来，只要来到俄罗斯，我都会去Vernissage集市和塔妮娅见面，欣赏她的新作也是我俄罗斯之旅的乐趣之一。

塔妮娅生于1949年，来自卢甘斯克。年轻时，她学习自然科学和工程学，毕业后在研究机构工作，是一名地地道道的理科女。她从母亲以及朋友那里自然而然地掌握了编织和手工艺的技能。因为这些技能，她在学生时代还曾负责指导女生们的手工艺、料理等家庭课程。结婚后，她移居俄罗斯，并且生育了两个男孩和一个女孩，成为一位温柔可亲的母亲。

塔妮娅编织手指娃娃，最初是为了给7岁的女儿当作生日礼物。她的第一个作品是小丑，和现在的作品比起来非常简单。后来，因为经常给女儿读各种童话故事，就开始将童话中的角色编织成手指娃娃。

2009年9月在“Vernissage”市场拍摄的图片。这里有许多受世界各国游客欢迎的店铺，但手指娃娃是最为醒目的存在。只要和来过这里的人搭话，他们都会提起“那个手指娃娃……”

令人感动的细节

到现在为止，塔妮娅设计的手指娃娃已经超过了200种。它们不仅外观可爱，还凝结着许多技术上的巧思，即使编织的是同一个形象，也会设计成完全不同的两款娃娃。她在制作之前要刺绣，要提前考虑好颜色、构图等。她并非按照标准的编织图编织，经常加入各种变化。这些使用了编织、刺绣、蕾丝、串珠等各种工艺的娃娃，虽然只有手指大小，但要完成一个却需要一整天的时间。

编织身体等主体部分时，要将4根棒针组成一个环形，用第5根棒针编织。这本来是编织袜子等筒状物品时使用的方法。棒针的材质有不锈钢的，也有镀镍的，塔妮娅经常使用的是针头偏圆润的1.5~2mm极细棒针。制作猫咪和松鼠的尾巴时，她会使用蓬松柔软的毛皮；制作头巾时，她会使用图案可爱的怀旧布料。她会将各种毛线之外的素材灵活地运用到自己的作品中。看着一个个有趣的手指娃娃，我可以想象得到塔妮娅制作时内心的满足和快乐。

更值得称道的是，塔妮娅制作的手指娃娃细节非常精美。小熊一副老老实实的表情，小马的鬃毛蓬松柔软。小猪的脸颊圆乎乎的，狼长着锋利的牙齿……每个角色都有着鲜明的特征。不管是愉快的表情,还是可爱的姿态，这些角色身上都有许多让人感到欢乐的元素。塔妮娅自己也是一个充满幽默感的人，总是发出银铃般的笑声，非常开朗。

几年前做过一次脚部手术后，塔妮娅没有再去过Vernissage集市。但是，她会积极响应像我这样结缘于集市的人的号召，完成一个又一个新作。

塔妮娅现在在16世纪伊万雷帝建造的古都亚历山德罗夫生活。我造访俄罗斯时，会通过邮件和塔妮娅的女儿玛莎联系。玛莎居住的地方比亚历山德罗夫的交通方便，所以她的家里经常会成为我和塔妮娅见面的地方。每次，塔妮娅母女都会用罗宋汤、烤薄饼等地道的俄罗斯料理热情地招待我。

虽然享用可口的俄罗斯料理非常开心，但最让我兴奋的，还是欣赏塔妮娅的新作。有时，她脑中突然产生了“跳绳”的想法，就会想象着她编织的女孩和动物们在一起跳绳，真是太有趣了。她还编织俄罗斯动画片中的经典角色，用编织再现里面的经典场景，“真是太赞了”，她独到的视角让我感到惊讶。有时，她还会收到编织套娃的手指娃娃的请求。当各种出乎意料的手指娃娃出现在眼前时，总会带给我难以名状的惊喜和感动。

塔妮娅的手指娃娃，无论在技术层面，还是创意层面，都是世界上独一无二的。继俄罗斯之后，我又造访了很多地方，也邂逅了不少其他地方的手指娃娃，但没有一个可以超越塔妮娅的。我们初识时，她已经当奶奶了，现在她越来越有奶奶的慈祥气质了，但依然精神抖擞、充满活力，今后，她还会继续快乐地编织手指娃娃。

这是应邀制作的套娃手指娃娃。塔妮娅认为，套娃的眼睛都很亮，所以这两个套娃手指娃娃的眼睛都做得很醒目，睫毛一闪一闪的。反面也点缀着精致的刺绣

H/带帽子的红斗篷和蓬松柔软的毛皮手笼都很时尚。这个角色来自夏尔·佩罗创作的童话《穿靴子的猫》 I/经典的俄罗斯童话《小圆面包》中的角色们。戴着贝雷帽的面包等，都体现了塔妮娅的独创性 J/章鱼是迄今为止她的作品中"做起来最难的"，每个触手上都有一个个珠子做成的吸盘。梅花鹿、大象的整体尺寸较大，很有存在感 K/大家耳熟能详的《小红帽》中的角色。蕾丝材质的衣领，传统的木鞋等，细微之处毫不马虎。狼和《小圆面包》中的狼长得不一样，很是引人注目 L/长着毛绒绒的大尾巴的小松鼠。头上戴着图案可爱的"巴布什卡(头巾)" M/戴着蝴蝶结、项链，穿着刺绣外套，打扮得漂漂亮亮的公主们 N/苏维埃时代，以《木偶奇遇记》为蓝本创作的动画《金钥匙》中的角色。留着超长胡须的是马戏团团长 O/俄罗斯童话《玛莎和熊》中的角色。和故事中一样，熊的背篓可以装得下玛莎 P/穿着塔妮娅故乡乌克兰的美丽民族服装的夫妇

小我野明子：

自由编辑和作者。在国内、外四处旅行，2001年在海参崴首次感受到俄罗斯的魅力。后来，每年都会去1~3次，非常喜欢俄罗斯。2011年，在日本奈良市开办了俄罗斯杂货店"mmnara"。2006年，和同样热爱俄罗斯的好友井冈美保写成《俄罗斯的可爱设计》一书（现已绝版）。最新出版的图书是《俄罗斯生活中的可爱民间工艺品》（ PIE International出版）。2016年11月10~12日、17~19日、23~27日在Bahar举办塔妮娅的手指娃娃展。

2016年2月，我第一次造访位于亚历山德罗夫市的塔妮娅住宅。当时，她正在给孙女编织下一个冬天的毛衣。她不看编织图，双手飞快地编织着。和精致的手指娃娃相比，毛衣对她来说不过是小菜一碟

WM·DIY
爱玩美手工DIY美好时光
【教育培训&企业团建&学校社团服务】
爱玩美手工打造一站式B2B2C手工特色教育培训平台,国际大师、大学老师、非遗传人、民间艺人、日本手艺普及协会证书……这里汇聚行业“名师、课程和证书”，兴趣班、证书班、专题班、非遗班、研学课，想学什么就学什么。
01
拼布
□ 布艺包包课
□ 布艺装饰课
02
刺绣
□ 刺绣小物课
□ 刺绣双面镜
03
编织
□ 绒球动物课
□ 围巾编织课
□ 手鞠球
04
花艺
□ 压花实用物品课
□ 永生花课程
05
黏土
□ 黏土相框画
□ 黏土小作品
06
皮艺
□ 皮艺卡包课
□ 皮艺包包课
//教育培训//
集“行业名师、优质课程、手工证书”于一体开展专业培训
//企业团建//
为企业、行业、协会、团体、社群等量身定制手工艺团建活动
//学校社团服务//
学前教育、基础教育、职业教育、特殊教育、高等教育手工课堂
课程咨询/预约：
顾老师：13733865092
韩老师：15136180931
郑州市郑东新区祥盛街27号出版产业园
2期C2-407~438
微信公众号
抖音号
手钩杯垫
编织围巾
昆虫刺绣小件
拼布壁饰
抱抱熊
祖母方格毯

用AUN呼吸法，过快意手工生活

从根本上治理

【第2回】

说起正确的坐姿，大家觉得会是什么样子呢？背挺直，下颌内收，就像小学生上课时一样，是不是呢？

小时候，我每天都在矫正自己的坐姿。因为母亲有些驼背，祖母担心我也会那样，就和七大姑八大姨们一起，让我坐在椅子上背靠放直的尺子，“就这样，把背挺直！”托她们的福，我没有驼背，但我的背变得非常僵硬，小学的时候连翻跟头这种最基本的垫上运动都做不到。后来，又出现了腰痛、颈椎病，我开始思考之前的“正确坐姿”是否有问题。

这次为大家介绍的是AUN式呼吸法的正确坐姿，身体稍微前倾，双腿自然分开。这和正襟危坐不太一样，最开始可能会觉得不适应，但只要习惯了这种坐姿，会觉得上半身非常轻松，还会有一种气沉丹田的感觉，可以锻炼我们的腹部肌肉力量。

你的坐姿正确吗？让我们来检查一下

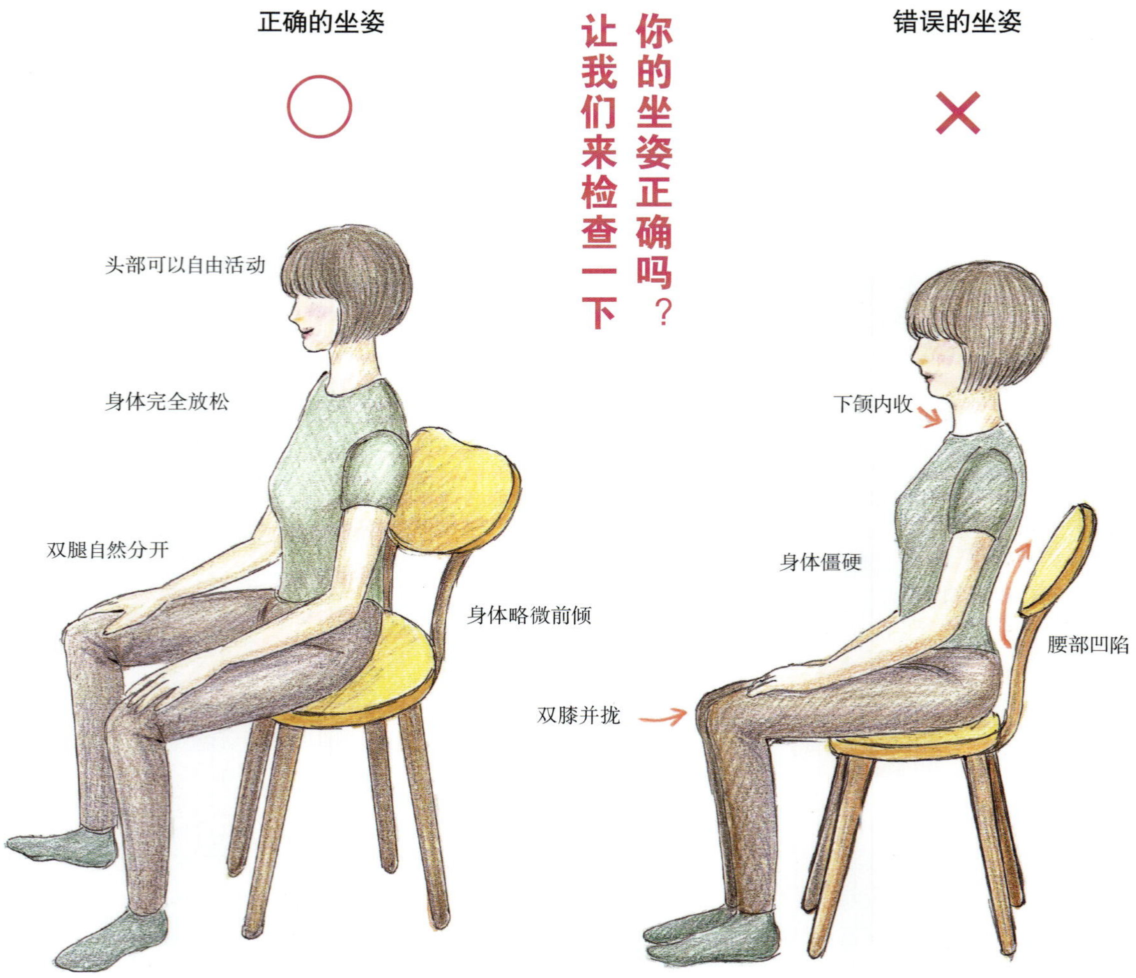

长时间保持同一个姿势，是不是会出现肩酸、腰痛的症状呢？

肩酸、腰痛在日本被称作“国民病”，很多人受其困扰。解决这个问题的方法之一就是《毛线球19.极简风经典毛衫编织》中本栏目第1回连载所提到的深呼吸法。肩酸和腰痛的共同原因在于胸椎柔软性低，而提高胸椎柔软性的方法就是深呼吸法。这一次，我们给大家介绍可以有效防止肩酸、腰痛症状继续加重的姿势。

坐着工作时，许多人眼睛向下看，给颈部造成压力。缓解这种压力的关键在于“胸”。如果胸椎不够柔软，颈部的压力将转移到腰部，这样很容易引起腰痛。所以，工作姿势的关键在于要将胸部置于柔软的状态之下，这就需要掌握下面两个要点。

去年我出现了颈肩痛，一直持续到秋天，这期间都无法工作，并且手指麻木，双手无法在胸前合拢。然后我接触了不给颈肩造成压力的AUN式标准坐姿。这个姿势可以让我继续工作，并在很短的时间内完成了边长2米多的大壁饰拼布作品，参加了2016年1月在东京巨蛋举办的东京国际拼布展。本来，考虑当时的身体状态，我还想着放弃这一届拼布展，这真是个奇迹。

现在我也一直用这种姿势做机缝。掌握正确的坐姿后，不再感到疲劳，颈肩的负担也大大减少，可以又快又好地工作。需要注意的是，虽说是正确的坐姿，但长时间保持同一个姿势工作也不太好。每30分钟左右要休息一下，这个很关键。站起来，走一走，深呼吸……以这种状态工作，肩酸、腰痛等症状都会得到缓解。

坐姿并不是一个一成不变的东西。和它的字面意思一样，坐的姿势，更是一种促进运动的姿势。

（拼布大师/上田叶子）

插图/上田叶子

掌握正确的坐姿 在编织过程中进行确认

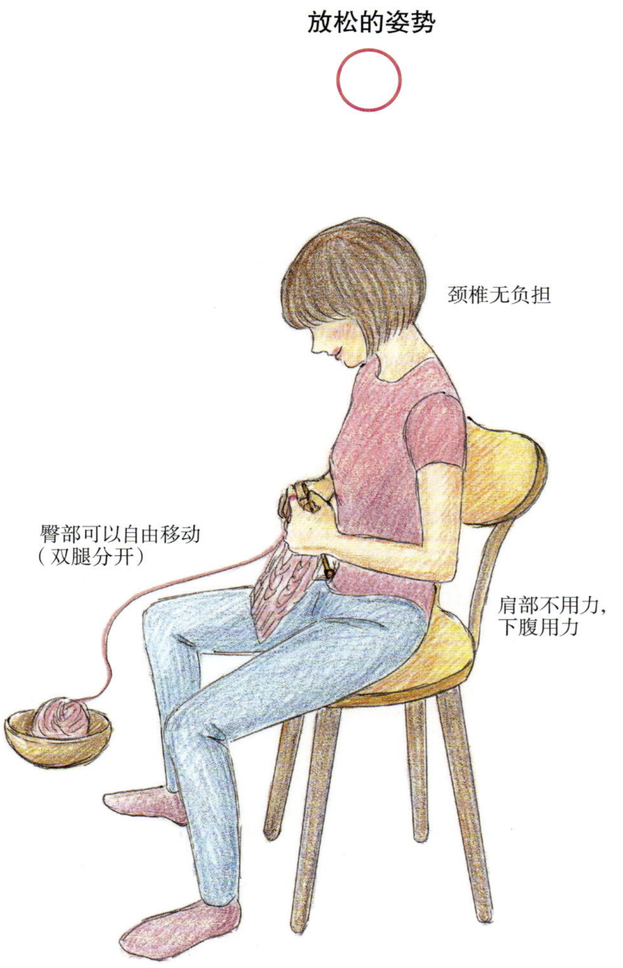

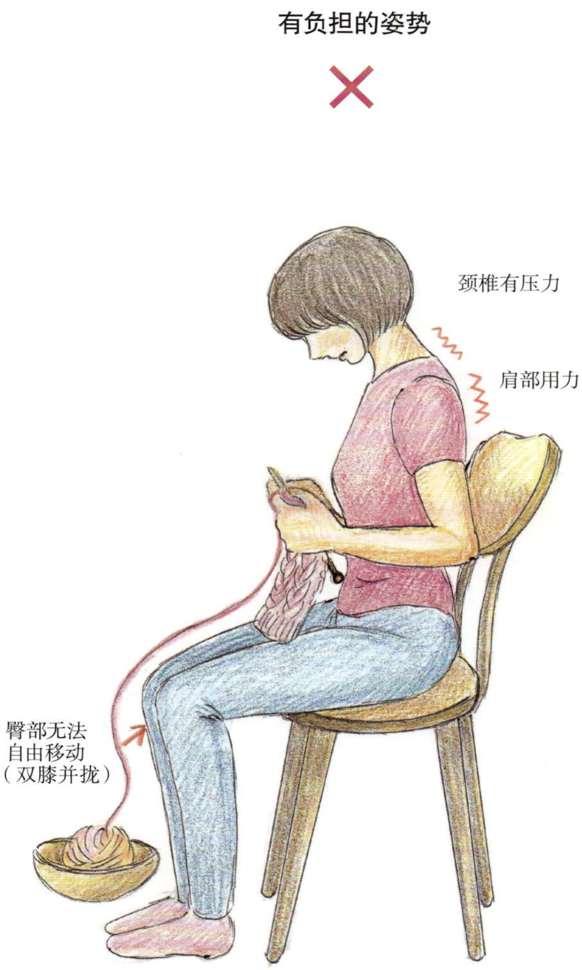

其一，双腿自然分开，不要妨碍臀部移动。身体前倾，以一种便于胸部活动的姿势工作。其二，用放松的状态下也依然可以保持的姿势工作。倾斜臀部，一点都不要用劲，采用这种姿势工作就对了。这种状态下，胸部和臀部都可以轻松移动，工作时很省劲。

在完全放松的状态下也可以保持的姿势可以让我们毫不费劲地去工作，也可以有效预防肩酸、腰痛等。再配合深呼吸，就更好了。请大家一定要尝试一下。

（理疗师/土屋元明）

AUN：
是拼布大师上田叶子和理疗师土屋元明携手成立的旨在帮助饱受肩酸、腰痛等病症困扰的手工爱好者的跨行业机构。在手工爱好者之间以及相关活动上举办的研讨会颇受好评。在镰仓的“Aun Relaxation Gallery”，除了举办艺术和手工艺研讨会，还积极开展关爱手工爱好者健康的活动。正在举行的制作适合自己颈椎的枕头的研讨会，非常受欢迎。

再见，针织皇后
——索尼亚·里基尔

被尊称为“针织皇后”的巴黎时尚设计师索尼亚·里基尔去世了，享年86岁。

我与她设计的针织服装相遇于20世纪80年代。她设计的修身薄款针织衫，颠覆了那时大家对于针织的印象，非常时髦。

我第一次去探访圣·奥诺雷街的店铺时特别高兴，忍不住将手伸向了放有心仪商品的架子，就在那时，营业员不高兴地说：“Don' t touch !”原来巴黎与日本不同，首先，进入店铺就代表着一定要买东西，如果有想要的东西，要告诉营业员再试用。这些隐藏的巴黎规则，我也是在那之后才知道的。

那时候，索尼亚·里基尔的店铺位于圣·奥诺雷街和左岸的圣日耳曼德佩区的格勒纳勒街，两家店出售的商品有微妙的差别，我每次都会比较了两家店之后再购买。针织的手套、披肩等小物件也很丰富，有一阵子，每次回国我都会在那两家店中选购送给亲朋好友的礼物。

在那之后，第三家店在圣日耳曼大街的LES DEUX MAGOTS咖啡厅斜对面开业的时候，我对索尼亚狂热着迷才接近尾声。在那将近10年的时间，索尼亚·里基尔的设计占了我全部衣服的一半。全部是黑色，或者黑底带有横条纹的毛衣和黑色马裤的组合曾经是主流，有时也有带有华丽亮片的装饰。印象中，大部分是衣领开口很大给人性感印象的服装。

那时候索尼亚·里基尔的时装秀是最精彩的。谢幕时不但汇聚了鲜艳又华丽的服装，有着一头红发的她也会英姿飒爽地登场，令全场掌声雷动。

但是，随着时代的变化，品牌的形象也发生了改变。她自己迈入高龄后，将设计师的位置让给了女儿纳塔利。但谢幕时她踏着气宇轩昂的步伐登场时，仍然是关注的焦点。现在，将由在路易威登（LOUIS VUITTON）、普拉达（PRADA）积累了经验的朱莉·德利班接班担任艺术总监。

索尼亚·里基尔：Sonia Rykiel
1930年，出生于法国巴黎。结婚生子后，于1966年创办了同名品牌“索尼亚·里基尔”。她将平时穿着的针织衣服，变成了流行样式，从20世纪80年代开始，还涉足男装、童装、香水、化妆品、首饰等领域，将针织变为了时尚，因此被称为针织皇后。于2016年8月离世。

照片提供/ Onward Global Fashion

大塚阳子：
时装新闻记者。一直采访东京时装展，还参加巴黎、米兰等国际时装展，精通海外时装信息。担任东京时装设计师协会(CFD)议长。

1987–1988 Autumn Winter

1977 Spring Summe

2004 Autumn Winter

2005 Spring Summer

冬天的快乐搭配

编织一套冬天的经典款，离不开可爱的帽子、时尚的夹克等。
匠心独运的设计和编织方法，给冬天冰冷的衣橱带来温暖的气息。

photograph Hironori Handa styling Masayo Akutsu hair & make-up Masayoshi Okudaira model MARINA P

暖色调水桶帽和长筒手套

古老的水桶样式的帽子，很适合搭配时尚的衣服。富有存在感的织片，带来了非正式的编织帽所不具有的清爽感。长筒手套只在拇指部分使用了牢固的短针编织。

设计/yohnka
编织方法/165页
使用线/手织屋

可调节尺寸的贝雷帽

给橙棕色的帽子搭配两种颜色的边缘，非常别致。温暖的颜色给秋冬的搭配带来柔和的感觉。侧边的纽扣可以调整帽子的尺寸，也可以结合发型以及戴法巧妙变化。

设计/yohnka
编织方法/167 页
使用线/手织屋

深V领长袖短开衫

深V领和落肩袖的设计，使这件短开衫非常适合成人穿着。厚重感的织片饱含着空气，保暖效果很好。还可以将衣领向外翻折，当作围巾式衣领的夹克穿着。

设计/yohnka
编织方法/167 页
使用线/手织屋

横向编织的扇形围脖

这款横向编织的围脖可以当作小斗篷使用，从衣领处的短针钩织中长针、长针、长长针，通过改变编织行针目的长度做出扇形的花样。这是一个划时代的设计。将3种颜色的线并为1股钩织，使用8mm的钩针，很快就可以钩织好了，这也是它的魅力所在。

设计 / 笠间 绫
编织方法 / 170页
使用线 / 手织屋

经典配色格子花样手提包

大小相宜的格子花样给人轻快的感觉，又带着传统的配色。黄色的线条和红茶色线迹点缀得恰到好处。针目密实、稳固，是非常实用的一款手提包，没有内袋也没关系。

设计 / 笠间 绫
编织方法 / 170页
使用线 / 手织屋

经典配色格子花样无领短外搭

这件令人印象深刻的格子花样无领短外搭，针目密实，身片、袖、肩的设计都花费了一番心思。适合搭配连衣裙或阔腿裤，效果颇佳。这是一款可以在众多场合穿着的短外搭。

设计/笠间绫
编织方法/170页
使用线/手织屋

我家的狗狗最棒！

与狗狗在一起

#18

photograph Hironori Handa

虽然名字很威风，但它还是比较爱撒娇的。对人非常友善，不适合当看家犬

自从不和我在一起生活的女儿教会它上厕所之后，我们就开始生活在一起了

出生于2010年1月的贵宾犬虎太郎，性格沉稳，非常和善。为了避免绊住虎太郎细细的小腿致其骨折，麻理子夫妇在家中安装了保护装置，家中也经常打扫以免其误食异物。他们每天的生活仿佛是过了60岁后又养了个孩子；到国外出差时尽量缩短行程，夫妇二人还要轮流带它出去散步，与人交往的时间以及在外吃饭的时间也减少了。

但是，这些都是值得的。虎太郎被养成了一只非常暖心的狗狗。它还不到1岁的时候，早上主人该上班了，它会非常乖巧地回到笼子里静静地等主人回来；主人在家时，它陪在身边度过悠闲的一天。有时，夫妇二人因为一些琐事吵架拌嘴，它一副满是关心的表情眼巴巴地看着，样子非常可爱，甚是惹人怜爱，这时夫妇二人就赶紧中止争吵。

散步的时候，虎太郎经常和附近的人"聊天"；一起出去旅行的时候，虎太郎也经常充当他们和陌生人交往的桥梁。不会言语的狗狗给人与人之间带来了奇妙的缘分。麻理子夫妇希望能永远和狗狗生活在一起。

设计／风工房
编织方法／178页
使用线／Isager

档案

狗狗	虎太郎，♂ 6岁
	贵宾犬
尺寸	小型犬
主人	麻理子

Silk&Mohair
顶级丝马海
柔娆轻曼
妩媚纤细

WM·DIY

爱玩美手工（郑州如一文化发展有限公司），是中原出版传媒集团下属河南科学技术出版社聚力打造的现代创意手工品牌。依托河南科学技术出版社1000余种手工图书和丰富多彩的手工培训课程提供知识服务与输出。

爱玩美手工已形成了线上线下深度图书出版融合发展的立体化产业模式，为中国手工爱好者和从业者提供全媒体手工出版、教育培训、手工素材和工具设备选购、手工文创、直播录播、国际博览会、艺术大赛、社团团建、休闲体验等一站式综合服务。

爱玩美手工

一站式手工服务和文创平台

手工行业平台服务商
（知识输出、电商、教育培训、视频平台等）

手工教育培训输出商
（团建、社团、沙龙等）

手工原材料综合服务商
（面料、工具、设备、辅料等）

爱玩美手工拥有一站式“中国国际手工文化创意博览中心”、4万平方米“国际手工文化创意产业园”，致力于打造手工教育培训知识输出商、手工行业平台服务商和手工原材料综合服务商。

Let's Knit in English!
西村知子的英语编织—❼

英语编织书上经常登场的披肩来了。从上端的中心开始，呈放射状编织，
通过加针可以编成各种各样的形状。
这次为大家介绍的是使用平针（garter stitch tab）编织简单的三角形披肩。

编织披肩不用像编织毛衣那样留心尺寸，编织的时候比较轻松，非常受人欢迎。用线量也是相对有限，可以尽情用手头的线尝试，尤其是自己在意的某款线。通过对华丽的蕾丝花样以及段染线的运用，尝试无限的设计可能性。在编织起点经常使用的技法就是本次要为大家介绍的平针（garter stitch tab）技法，指的是起伏针编织的带状织片，从三边挑针，呈放射状编织。初次使用这种技法时可能会觉得不明白，但掌握之后就会发现它非常好用。

<中文>

使用线：Avril Silk Mohair 奶油色（14）22g；Pafu（芯白）W. 黄色（W–2）17g；Lamb 85 蜜黄色（22）11g；Angora Nep 可可色（WN5）7g
使用针：6号（3.9mm）环形针 80cm
工具：记号圈（针数圈），毛线缝针

这款披肩是取2根线并为1股编织的。2根线按照下面A、B、C的顺序并为1股，每10行换线1次编织。

线的组合
A：Silk Mohair & Angora Nep
B：Silk Mohair & Lamb 85
C：Silk Mohair & Paff

[编织方法]
用A色线起针3针，然后编织7行下针。
（另线锁针开始编织，和通常一样，从另线锁针的挑针计为第1行，编织至第7行）
编织7行后，不翻转织片，从织片边缘起伏针的山挑针3针，然后从起针相反的方向挑针3针。（共9针）
（从起伏针的山挑针3针时，起伏针端头的针目停留在左针上会比较方便）
准备行：编织3针下针，放记号圈，挂针，1针上针，放记号圈，1针上针，放记号圈，1针上针，挂针，放记号圈，3针下针（共11针）
第1行（正面）：编织3针下针，*移记号圈，挂针，编织下针至下一个记号圈处，挂针，移记号圈*，1针下针，重复*……*，3针下针（加4针）
第2行（反面）：3针下针，移记号圈，挂针，编织上针至最后的记号圈处，挂针，移记号圈，3针下针（2针加针）
第3~10行：重复4次第1行和第2行的针法（共41针）

换为B色线
第11行（正面）：3针下针，*移记号圈，挂针，编织上针织下一个记号圈，挂针，移记号圈*，1针上针，重复*……*，3针下针（加4针）
第12行（反面）：3针下针，移记号圈，挂针，编织下针至最后的记号圈，挂针，移记号圈，3针下针（加2针）
第13~20行：重复4次第11行和第12行（共71针）

换为C色线 第21~30行：按照第1~10行的顺序编织（共101针）
换为A色线 第31~40行：按照第11~20行的顺序编织（共131针）
换为B色线 第41~50行：按照第1~10行的顺序编织（共161针）
换为C色线 第51~60行：按照第11~20行的顺序编织（共191针）
换为A色线 第61~70行：按照第1~10行的顺序编织（共221针）
换为B色线 第71~80行：按照第11~20行的顺序编织（共251针）
换为C色线 第81~90行：按照第1~10行的顺序编织（共281针）
用C色线从反面松松地做伏针收针。

Yarn: Avril Silk Mohair (14 Cream) 22g
AVRIL Puff (W–2 W.yellow) 17 g
AVRIL Lamb 85 (22 Honey Gold) 11g
AVRIL Angora Nep (WN5 Cocoa) 7g

Needle: apanese #6/3.9 mm circular needle (80 cm)
Notions: Four stitch markers, yarn needle

This shawl is worked with two yarn qualities held together throughout. The yarn combination will alternate from A, B, C and back to A, every 10 rows.

Yarn combo (combination):
A: Silk mohair & Angola Nep, B: Silk mohair & Lamb 85, C: Silk mohair & Puff

Instructions
With A, CO 3 sts. K 7 rows.
After the 7th row, do not turn work. Continue to pick up and knit 3 sts from each garter ridge along the side of work, and then pick up and knit 3 sts from the CO edge. (total 9 sts)
Set-up row: k3, pm, yo, p1, pm, p1, pm, p1, yo, pm, k3 (11 sts)
Row 1 (RS): k3, *sm, yo, k to m, yo, sm*, k1, repeat from * to *, k3 (4 sts inc' d)
Row 2 (WS): k3, sm, yo, p to last m, yo, sm, k3 (2 sts inc' d)
Rows 3 to 10: Repeat Rows 1 and 2 four more times (41 sts)

Switch to B
Row 11 (RS): k3, *sm, yo, p to m, yo, sm*, p1, repeat from * to *, k3 (4 sts inc' d)
Row 12 (WS): k3, sm, yo, k to last m, yo, sm, k3 (2 sts inc' d)
Rows 13 to 20: Repeat Rows 11 and 12 four more times (71 sts)

Switch to C: Rows 21 to 30: Work as Rows 1 to 10 (101 sts)
Switch to A: Rows 31 to 40: Work as Rows 11 to 20 (131 sts)
Switch to B: Rows 41 to 50: Work as Rows 1 to 10 (161 sts)
Switch to C: Rows 51 to 60: Work as Rows 11 to 20 (191 sts)
Switch to A: Rows 61 to 70: Work as Rows 1 to 10 (221 sts)
Switch to B: Rows 71 to 80: Work as Rows 11 to 20 (251 sts)
Switch to C: Rows 81 to 90: Work as Rows 1 to 10 (281 sts)
Using C, bind off loosely from RS.

双面条纹三角披肩

这款三角披肩是使用下针和上针编织成的，但因为使用了不同的线，织出来的效果非常漂亮。可以正反两穿，随意披在肩上就很好看。

设计 / 西村知子
编织方法 /64 页
使用线 /Avril

西村知子：
少年时代接触编织和英语，学生时代开始沉迷于编织。短期大学毕业后进修了英语，现在一边做自由翻译者，一边编织，并开办讲习班。日本手艺普及协会手编老师，宝库学园"英语编织"讲师。

完美的织片

志田瞳的蕾丝阿兰毛衫

纤细奢华的蕾丝花样和极具立体感的阿兰花样，都因其独一无二的存在而被编织爱好者推崇。
这一次，志田瞳老师将蕾丝与阿兰强强组合，发掘出了更大的魅力。那么，如此考究的织片究竟是什么样的呢？

photograph Toshikatsu Watanabe styling Terumi Inoue

蝶之恋蕾丝套头衫

以纤细的竖条为中心，枝叶与花朵对称连接在一起的蕾丝阿兰花样，从下到上都很漂亮。在身片上，通过做分散减针和针数调整，呈现出了合身的线条。胁部的花样也是连接在一起的，再加上美丽诺毛线的温暖质感，实为精品。

制作／梨本明美
编织方法／175页
使用线／钻石线

阿兰情蕾丝套头衫

这件新鲜的蕾丝套头衫使用的是雪白色的羊驼毛混合长毛线材。身片均匀地排列着蕾丝花样，纤细而又统一的麻花花样，从胸前延伸到领窝，纵向连接在一起，如此安排实属绝妙。后接上的衣领、下摆、袖口的环状麻花花样，更添了一分温暖。

制作 / 牧野惠子

编织方法 /180 页

使用线 / 钻石线

锁清秋半高领套头衫

羊驼毛是冬季佳品。温暖而又柔软的翻领套头衫，特意设计了直线轮廓。中间部分是阿兰花样与蕾丝花样的结合，在下摆设计了开衩。衣领部分也很有技术含量，连扭针的位置都是精心设计的，细节非常美。

制作／樱井由香
编织方法／185页
使用线／钻石线

枫林晚阿兰蕾丝开衫

带有金银丝线的牛奶咖啡色短款上衣，是轻休闲款的成熟风格。犹如摇曳的烛光一般的蕾丝花片，不但立体而且华丽。花片与其两侧排列的带有小球球的阿兰花样交相辉映，是充满了魅力的织片。

制作/今井泰子
编织方法/182页
使用线/钻石线

第10回 冈本启子的 Knit+1

冈本老师面向特别喜欢编织、热爱时尚的成人设计服装。
今年冬天，时尚的定义也将不断延伸。

photograph Shigeki Nakashima styling Kuniko Okabe
hair & make-up Peko Kanesaka model holly p

以时尚达人为目标的“K’s K”，无论线材还是1颗纽扣，都会精挑细选后，再进行设计。冬季首推的是使用100%山羊绒线编织的半袖短外套。这是市面上的首款山羊绒渐变线。

渐变色选用了长循环。颜色的变化十分优美，意大利的工人们在原毛的阶段就是手工操作，颇为用心。柔软得让人想把脸都埋进去。这款短外套适合用阔腿裤来搭配。

另一件推荐给大家的是成熟可爱的毛衣。线材是日本制羊驼毛和羊毛毛线。在优雅的红色的基础上，织入了深棕色和米色的千鸟花样。虽说是配色花样，但织片很薄，穿起来也很舒适。与苏格兰花呢格的短裤搭配在一起，略偏中性风。

冈本启子：
Atelier K’s K的主管。作为编织设计师及指导者，奔走于日本各地。2012年，在阪急梅田总店的10楼，开办了店铺“K’sK”。公益财团法人日本手艺普及协会理事。著作颇多。

线名：Premium Cashmere（后面的2团）、Stipe

长段染插肩袖短开衫

70页 / 如果想充分展现出长段染的特点的话，推荐大家编织插肩袖。即便是只需要编织下针和上针的简单织片，也能出现随机的花样，十分有趣。

制作 / 宫本宽子　编织方法 /186页
使用线 / K' s K

千鸟格拼接套头衫

使用人造丝线，可以编织出漂亮而又清晰的配色花样。在千鸟花样中使用的深棕色线，效果突出，是设计的亮点，各种颜色的使用量也搭配得均衡、绝妙，实属精品。

制作 / 宫本宽子　编织方法 /184页
使用线 / MONDO FIL

珍藏的衣物

给可爱的宝宝最特别的爱

给敏感而又娇嫩的宝宝穿的衣服，无论是材质还是设计都会更加用心。带着对宝宝满满的爱，一起来编织可爱又实用的特别的衣服吧！

photograph Shigeki Nakashima styling Kuniko Okabe hair & make-up Peko Kanesaka model Miyako

Tunic

蝴蝶结女童娃娃衫

一会儿站，一会儿坐，一会儿走，对于越来越活跃的宝宝来说，推荐尿布不易掉、肚子也不易露出来的长上衣配紧身裤的组合。便于活动又保暖，宝宝也会喜欢的。

设计/森 静代　编织方法/194页
使用线/奥林巴斯手编线

Crochet for Baby

Coordinate item

+

+

Beret
蝴蝶结可爱贝雷帽

这是带有大蝴蝶结的可爱贝雷帽。使用糖果色线钩织的枣形针，可以钩织出看起来很像是糖球的织片。戴上了贝雷帽的小脸，也一下子变得闪亮起来。

设计／森 静代　编织方法／194页
使用线／奥林巴斯手编线

Shoes
蝴蝶结高筒室内鞋

婴儿鞋圆滚滚的样子很是可爱。鞋筒设计得比较深，不会走着走着就掉下来。从钩织用鞋底的洞洞中挑取针目钩织而成的粉色线条，也是一大亮点。

设计／森 静代　编织方法／194页
使用线／奥林巴斯手编线

Coordinate item

+

Cardigan

锯齿花样小开衫

衣袖和下摆锯齿花样的设计是这件开衫的亮点。便于穿脱的前开款和不碍事的五分袖，适合在冷暖温差大的季节，贴心为宝宝取暖。

设计 / 柴田 淳　编织方法 / 198 页
使用线 / 奥林巴斯手编线

Backpack
锯齿花样双肩包

包盖上的锯齿花样，看起来很像是精灵的翅膀。小孩子背着背包、迈着小步子快走的样子，从后面看起来特别可爱。包口是松紧带设计，便于让孩子自己挑战拿放东西。

设计/柴田 淳 编织方法/198页
使用线/奥林巴斯手编线

Crochet for Baby

手腕编织是一件快乐的事

这种又粗又柔的毛线，以前还没见过呢。
这款来自意大利的HANDY线，最适合手腕编织了。
如果您是第一次接触手腕编织，先选个简单的作品练练手吧。

photograph Shigeki Nakashima　styling Kuniko Okabe　hair & make-up Peko Kanesaka　model holly p

Snood
手腕编织蓬松围脖

划时代的又粗又柔的带子线看起来很有分量，因为针目较大，很快就织完了。请尽情体验毛线和自己融为一体的感觉。

设计/野口智子

野口智子女士
©yukofukui

共8种颜色。下次用什么颜色编织呢？

使用线：DMC　HANDY
紫色(PURPLE 06)、灰色(GRIS 12)各2桄
成品尺寸：宽35cm，长30cm

How to Knit

一起用手腕编织围脖吧

第1行（起针）

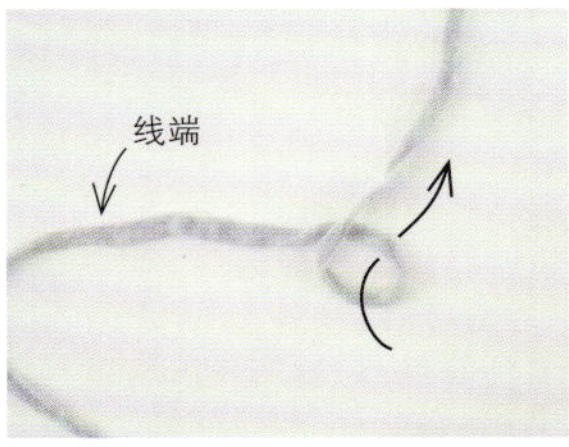

1
线头留70cm长左右做个环，将手插入环中，拉出线团侧的线。

2
将拉出来的线圈挂在右手腕上，稍微拉紧一些。

3
编织方法和手指起针方法相同。左手按照图示拿好线，右手像棒针那样转动。

4
将拉出来的线圈挂在右手腕上，将下方的环稍微拉紧一些。

5
完成2针。重复步骤3、4，共起针9针。

第2行

6
右手抓住线头，左手将端头的针目取下。

7
编好第1针。将右手拿着的线圈挂在左手腕上，稍微拉紧一些。

8
下一针也按照相同方法编织，按照图示插入左手，编织至最右端。

第3行

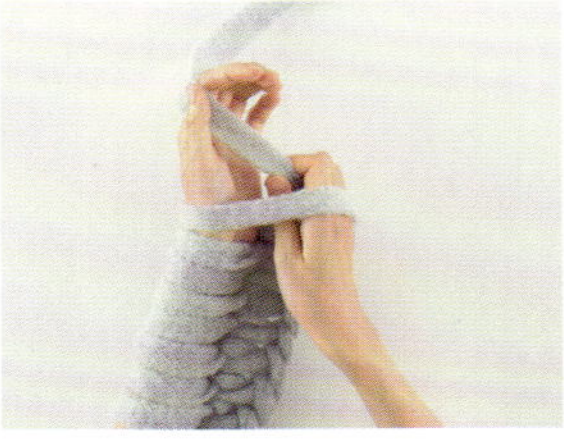

9
将右手插入左手腕端头的针目，将线拉出来。

10
挂在右手腕上，稍微拉紧一些，编织至最左端。

第4行

11
取下端头的针目，插入右手，将线拉出来。

12
按照图示将左手插入拉出来的线圈中。

13
下一针和步骤12相同，也将右手插入取下来的针目并将线拉出来。

14
编织至最右端。重复第3、4行，编织20行。

15
编织2针，用挂在右手右侧的针目盖住左侧的针目。重复编织至端头。

16
线头留长一些再剪断，用来收针。使用手指以卷针缝的方法将编织起点和编织终点的外侧半针缝合。

她们是好朋友

玛丽安和风工房

风工房（即服田洋子）和亲近日本的玛丽安·伊莎格尔（Marianne Isager）是旧相识了。
她也是日本伊莎格尔（Isager）毛线粉丝中最了解它的卓越品质的人。

photograph Hironori Handa styling Masayo Akutsu hair & make-up Masayoshi Okudaira model MARINA P

Marianne Isager

玛丽安偏襟圆领开衫

我最喜欢将不同类型的毛线组合在一起编织。不同质感的毛线，在不同的编织方法作用下，可以产生无限的可能性。这款开衫在简单的款式中加入了轻盈的编织花样。Highland Wool线有着适中的张力，Alpaca 2线有着柔软的质感，这两种线堪称绝佳搭档。

编织方法 /188页
使用线 /Isager

风工房钟爱的高档线

Isager毛线是由天然素材制成的最高品质的毛线。除了适合棒针、钩针编织外，它也非常适合编织机、纺织、刺绣等。各种羊毛、羊驼毛、马海毛材质的毛线，织出来的织物非常飘逸，手感轻柔而且耐用。将不同种类的毛线组合在一起使用，可以体验各种各样的编织效果以及梦幻般的色彩搭配。

不仅同款毛线有多种颜色，既定颜色的毛线和其他种类不同颜色的毛线也可以搭配出各种各样的效果。自毛线品牌成立开始，基本色是相对固定的，不管什么时候都可以找到和书上的作品一样的颜色。

Kaze Kobo

风工房长袖开衫

玛丽安设计的开衫和我设计的这一款外形很像，不过我们使用了不同质感的毛线。不管哪一款，都适合所有年龄段的人。而且，通过改变胸针的位置，还可以打造出不同的效果。这件作品使用了Isager品牌最高品质的Tvinni线，以及轻盈的、带着起毛感的Silk Mohair线，还有柔软的Alpaca 1线。质感、颜色都让人怦然心动。

编织方法/192页
使用线/Isager

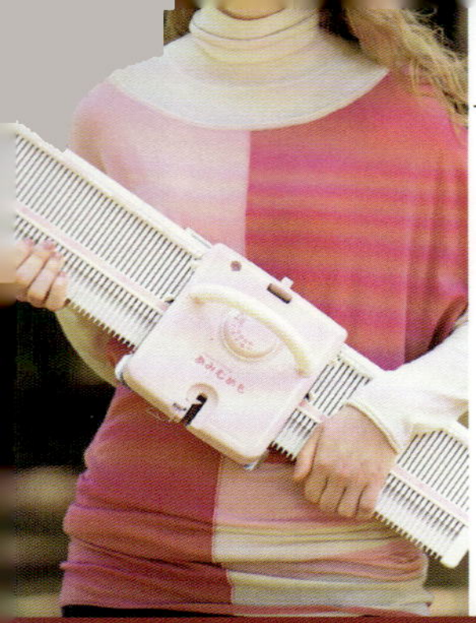

可以快速编织，
乐趣十足

编织机讲座 part2

使用DLLES IN公司出品的编织机，大部分的东西都可以编织，十分方便。
当你找到编织机的乐趣之后，将开启一扇编织新世界的大门。

photograph Shigeki Nakashima styling Kuniko Okabe hair & make-up Peko Kanesaka model holly p

花片拼接手拎包

先用段染线编织方形的织片，再用钩针在其四周钩织边缘编织。使用这些花片，制作了这款花片连接的手提包。从包底到提手长长的织片，使用编织机也很快就能完成。只需要等针直编的作品，最适合用来熟悉编织机了。

设计 / 冈本启子 制作 / 宫本真由美
编织方法 / 201页
使用线 / 和麻纳卡

多片拼接针织长裙

即便是100针的编织机，若想制作长款半裙，也可以编织出6片后再缝合在一起，很方便哦。只需在边上减针，就能呈现出漂亮的轮廓。使用编织机编织起来很是轻松，大家可以改变颜色、线材，多编织几条。

设计/冈本启子　制作/宫本真由美
编织方法/200页
使用线/和麻纳卡

堆领套头衫和袖套

因段染线而形成的条纹效果，令这件套头衫更具女性魅力。虽然针数有限制，但也可以利用这种局限，细分出更细致的部件。由于有加减针，难度会略微增加，可以先从袖套开始编织。

设计 / 冈本启子　制作 / 宫本真由美
编织方法 /202 页
使用线 / 和麻纳卡

编织机讲座
part2

上一次，介绍了编织起点、编织终点和换色的方法，
大家可以开始尝试编织了。
这一次的主题是在制作形状时非常重要的移圈针的使用方法！
掌握了这个方法后，无论是什么形状，都可以自由制作了，
甚至还能编织镂空花样。

指导/冈本启子

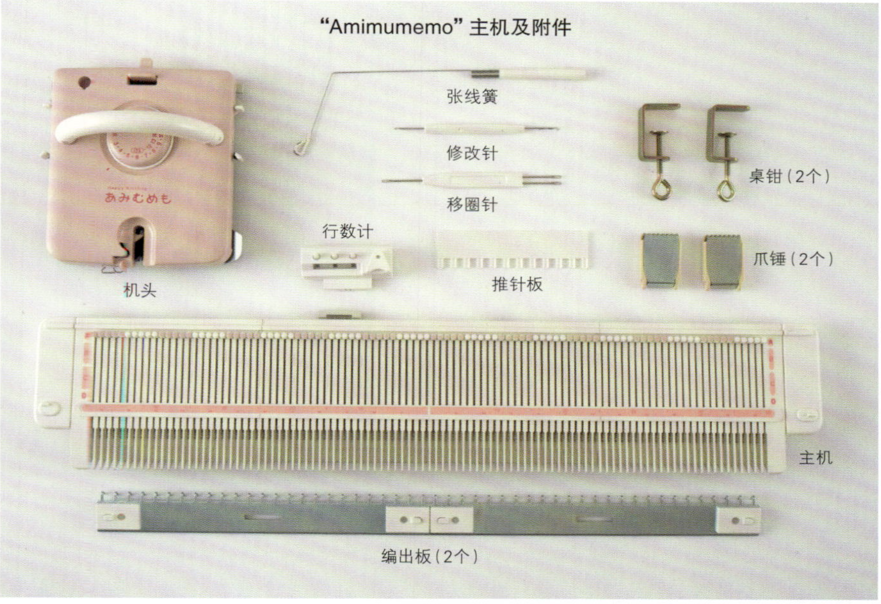

边上的减针的方法

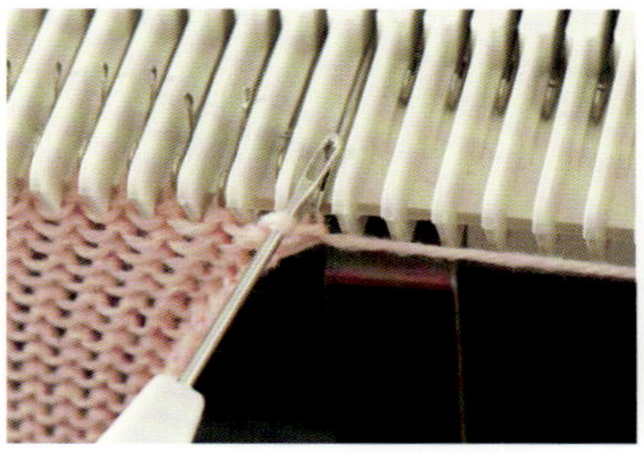

1
将移圈针挂在1针内侧的针上，将针目向前拉出。直接将针目推回，针目移动到了移圈针上。

2
将移圈针上的针目移动到边上的针目上。

3
将边上的2针再次移动到移圈针上，移动至1针内侧的针目上。

4
减了1针。空出来的针目移回位置A，剩余的针目在位置B排整齐。

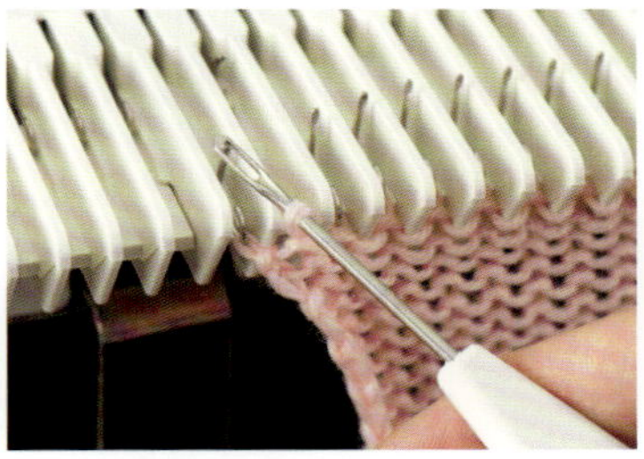

5
左侧也是同样操作，将边上的第2针移动到移圈针上，再移至边上的针目上。

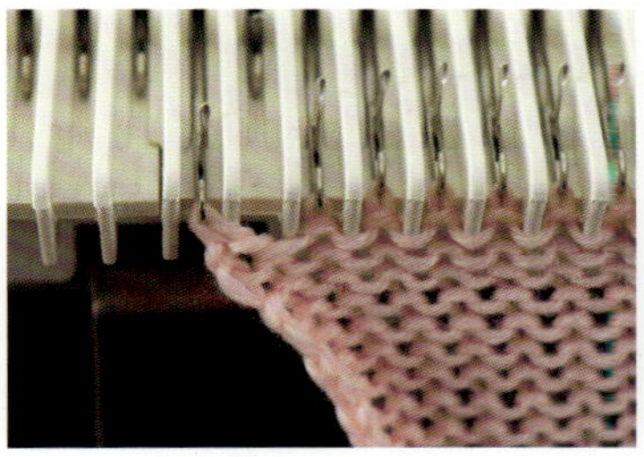

6
将重叠在一起的2针移动至1针内侧的针目上。

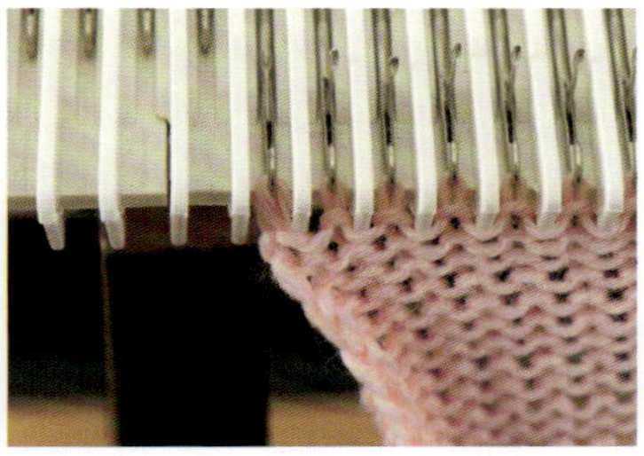

7
左侧也减掉了1针。

镂空花样的编织方法

1
使用同样的方法，将织片中间的1针移动到边上的针目上，继续编织。

2
就编织出了镂空花样。

Event Report

2016东京拼布刺绣展

代表日本的手艺家齐聚一堂

摄影/本间信彦

非常受刺绣行业人士推崇的八角形针插。100个针插排列在一起，非常壮观

在本书"用AUN呼吸法，过快意手工生活"栏目连载的上田叶子是日本非常著名的拼布大师

这是中山富美子的作品，她是中亚风情的传统刺绣"Suzani"和巴拿马的莫拉(Mola)拼布等手工艺品的收藏家

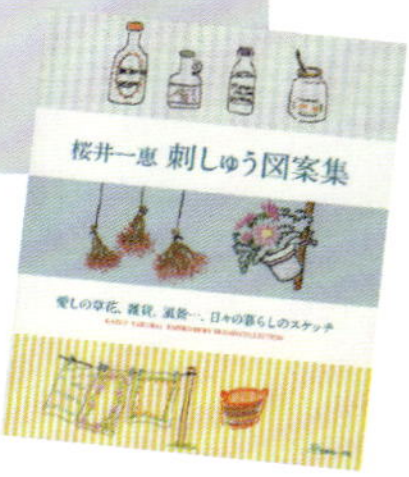

樱井一惠因羊毛绣而知名。她的新作《樱井一惠的刺绣图案集》正在热卖

下田直子的刺绣作品集，新书《下田直子的工作室》刚刚出版

展会的压轴之作——久家道子的作品展。只有在这里，才有机会一饱眼福、集中欣赏这些作品

2016年9月15~17日，在东京国际会展中心（Tokyo Big Sight）举行了拼布和刺绣的盛会"2016东京拼布刺绣展"。从典藏之作，到参加比赛的新作，在海量的拼布作品中，刺绣作品也尤为引人注目。刺绣的展位大致分为4类：日本刺绣名家展区，活跃在杂志和网络上的新秀展区，纳纱绣（Petit Point）作家久家道子复古手袋作品展区，100个八角形针插展区。

久家道子的展区让我们重新回忆往昔岁月。这些欧洲的古典手袋，曾是上流社会的女性不可或缺的物件，经历了百年岁月光芒犹在。刺绣手法上，除了使用纳纱绣外，还搭配使用了锁链绣、珠绣等，生动地表现花木、风景等精美的装饰图案。一二十岁的年轻人看到这些手袋时，都会情不自禁感叹"好美啊"，他们久久凝视的身影给人留下了深刻的印象。

在日本刺绣名家展区，除了有下田直子的展位，还展示有2016年秋天刚刚出版的新书上的作品，吸引了许多参观者目光。2016年12月15~17日，他们又在大阪巡展，吸引了一大批人的目光，带给他们新的感动。

66 种组合方式，
让您随时随地享受编织的乐趣。
2 种款式，任您选择。

环竹针 11 付：4 号 (3.30mm), 5 号 (3.60mm), 6 号 (3.90mm), 7 号 (4.20mm), 8 号 (4.50mm), 9 号 (4.80mm), 10 号 (5.10mm), 11 号 (5.40mm), 12 号 (5.70mm), 13 号 (6.00mm), 15 号 (6.60mm)

CarryC Long

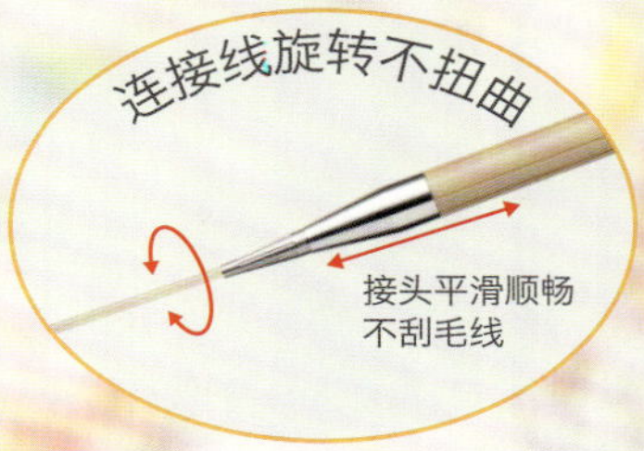

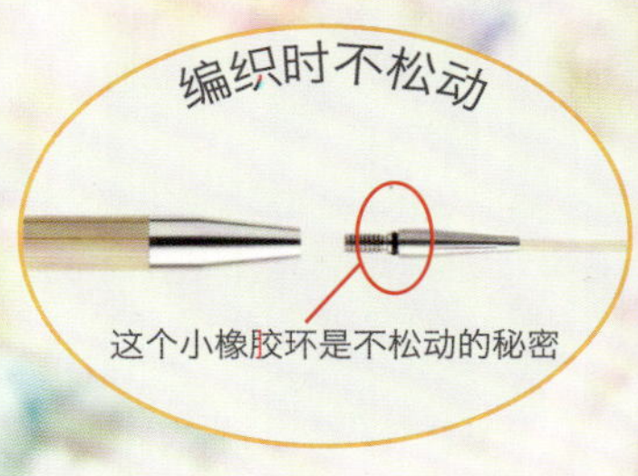

キャリーシー ロング
CarryC Long

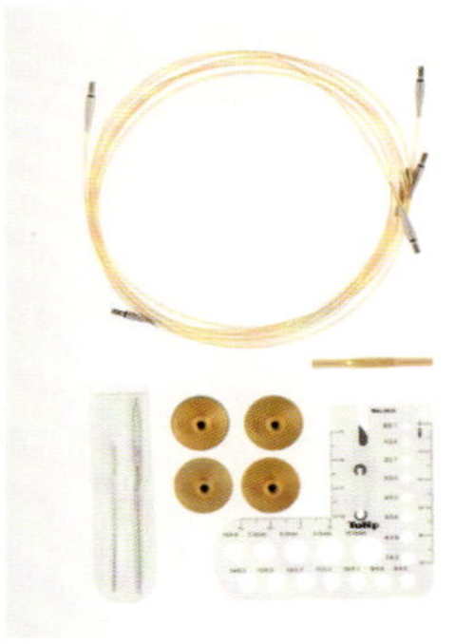

TCC-07
可拆换环竹针套装(长款)
套装内容：环竹针 11 付，连接线 3 根 (50cm, 60cm, 80cm), 延长接管 1 个，防脱堵头 4 个，毛线缝针 2 根，带切线的棒针号卡，收纳包

キャリーシー
carryC

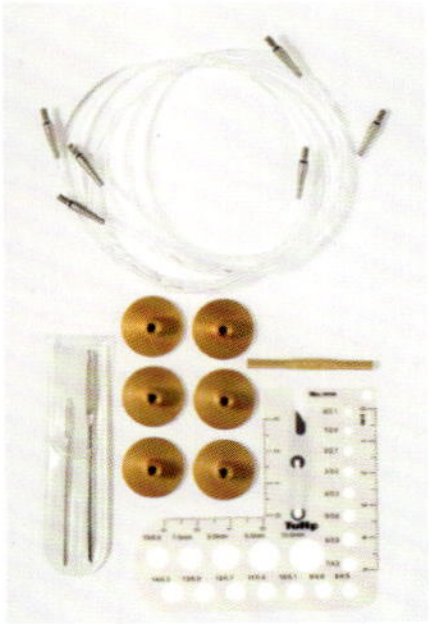

TCC-06
可拆换环竹针套装(短款)
套装内容：环竹针 11 付，连接线 3 根 (40cm, 60cm, 80cm), 延长接管 1 个，防脱堵头 6 个，毛线缝针 2 根，带切线的棒针号卡，收纳包

1 款套装可以有 66 种自由组合。
此外还有环竹针单品 7mm, 8mm, 9mm, 连接线单品 100cm, 120cm, 150cm（短款 carryC 只有 100cm），供您更多选择。

Tulip
Tulip Company Limited
郁金香株式会社

国内首家一站式专业手工文化创意基地，集手工教育培训、手工原材料及成品展销、手工艺文创产品品牌孵化、团建沙龙、休闲体验于一体。博览中心面积约2000多平方米，东馆主要是手工图书、手工文创产品成品（半成品）、材料包展示销售及团建活动落地，西馆主要是进口品牌面料、线材、工具等原材料展示、销售及各种手工培训教室。

休闲体验/团建沙龙/手工培训/专业集采/文创孵化

（周末沙龙、企业团建、亲子教育……欢迎来体验手工的快乐！）

W·M·DIY

爱玩美手工

学手工 · 淘手工 · 播手工 · 拍手工 · 赏手工 · 聊手工

拼布/黏土/花艺/编织/刺绣/串珠/折纸/皮艺/服装DIY

手工鉴赏：中国 · 郑州郑东新区祥盛街27号出版产业园C3一楼

咨询热线：杨老师 18697324155 李老师 18838230067

微信公众号

抖音号

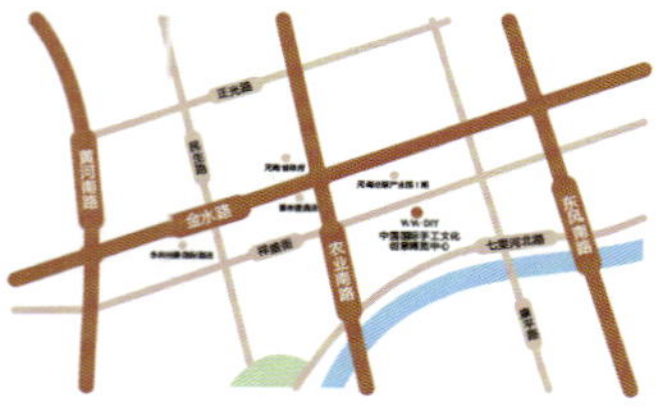

（水吧、少量手工展区招商中…）

《毛线球》第 20 期
将带你独家回顾
70年代
流行风潮

《毛线球20》将推出回馈增刊

独家曝光风工房、冈本启子、兵头良之子、
原田睦美等编织大师的早期作品，
和大家一起重温 20 世纪 70 年代的流行风尚，
感受大师们在经典基础上的推陈出新。

重磅揭晓：

1.精选《毛线球》2011年版怀旧作品，和大家一起重温半个世纪以来流行风潮的变换和回归，尽览编织作品在线材、颜色、花样上的变化。

2.录制视频介绍流行的多色V领背心的编织方法，详细讲解编织过程中可能遇到的难点、疑点。

3.附赠2.00mm的钩针一支，助您开启编织之门。

2012 年，《毛线球》中文版诞生了。
从 1 数到 20，只需要几秒，
但从忐忑至极地为你们捧出我们努力制作的第一本高端编织刊物，
到现在每一期的精益求精，
却需要长长的四年多。
《毛线球》中文版即将迎来第 20 期之际，
让我们将目光往回看，
回到梦最开始的地方——
20 世纪 70 年代《毛线球》创刊初期，
追本溯源，访古谈今，
看当时的流行风潮如何在今天重放异彩，
看今天的《毛线球》如何延续昨日的辉煌和荣耀。
流行是个圈，
风潮随时变换，
但我们对编织、对毛线的热爱和执着，
却从来都不曾放弃。

70's

Seventies Knit Fashion & NOW!

20世纪70年代编织时尚的起点

20世纪70年代，编织被人们视为一种时尚热潮而大放光彩。
《毛线球》就创刊于此编织的黄金时代。现在，日文版迎来了第172期。
回顾过去，怀旧中透着新鲜和一些新发现。《毛线球》又迎来了一个新开始。

photograph Shigeki Nakashima styling Kuniko Okabe hair & make-up Yoshizumi Nagai model MARIELLE RIJPMA special thanks Yoko Ohtsuka, BACKGROUNDS FACTORY

参考资料:《现代风俗史年表》" 昭和20年(1945)~平成9年(1997)"(河出书房新社)、《流行和风俗的70年》(妇人画报社)、伊夫·圣·洛朗作品展——"现代的革新和荣耀"(SEZON美术馆)、《我的流行》(美术出版社)、《皮尔·卡丹: 30年的轨迹"独创的世界"》(朝日新闻社)、in fashion dress in the twentieth century(GEORGE ALLEN & UNWIN)、THE CHANGING WORLD OF FASHION (Putnam)

时尚史/大塚阳子

复活！70年代的钩针编织

芭贝［20世纪70年代编织时尚的起点］

1977 KEITODAMA **archives**

宽檐帽，脖子上缠着长围巾，腰间系着宽腰带，这就是20世纪70年代的风格。《毛线球》创刊时，这种影响已经不明显了，毕竟时尚是很多元化的东西。

2011NOW!

复古风镂空长马甲

取2根线并为1股，钩织这件中长款的新潮马甲。今年颇受注目的亮片静静地绽放着光芒。使用棉麻材质的毛线钩织，贴身穿着也很棒。

设计/风工房

编织方法/209页

使用线/芭贝

2011NOW!

彩虹条 A 字连衣裙

说起钩针编织，20世纪70年代前期，简单的长针和短针编织是主流。现在，这种针法依然很受欢迎！使用明亮的颜色编织，穿的时候也会感觉精神百倍。

设计／原田睦美
编织方法／211页
使用线／芭贝

1977 KEITODAMA **archives**

彼时廓形衣服很流行。这款毛衫大胆的色彩运用很是引人注目。除欧美设计师外，日本设计师也非常活跃，三宅一生和高田贤三都颇受瞩目。

1977 KEITODAMA archives

这款套裙的设计主题是“带刺绣的编织”。以缎面绣为代表，技艺高超的华美花朵点缀着胸前。任何时代都不会过时的手工带给人岁月静好的感觉。

2011NOW!
大圆领立体花朵套裙

选择了可以和任何颜色搭配的黑色来编织这件长款连衣裙。钩针编织的富有立体感的花片，不仅比刺绣方便，而且增强了手工制作的感觉。

设计／原田睦美
编织方法／214页
使用线／芭贝

1977 KEITODAMA **archives**

廓形衣服自不必说，这个时期还很流行直线条的衣服。以长针编织为基础，多使用自然色调的单色。

2011NOW!

狗牙边镂空套头衫

这个季节，果然还是宽松的衣服受人欢迎。简单的镂空花样衬托出了下摆和袖口的蕾丝。套头衫，当然选择清新的自然色调。

设计 / 风工房
编织方法 / 215 页
使用线 / 芭贝

达摩手编线、达摩蕾丝线20世纪70年代编织时尚的起点

以材质决胜负的自然色

2011NOW!

圆育克镂空小开衫

这件从衣领向袖口、下摆编织的圆育克开衫使用的技法很好玩，编织的过程也非常开心。即使过去了三五十年依然不会过时。毛线使用了具有生态意识的达摩手编线。

设计/兵头良之子
制作/西村记代子
编织方法/217页
使用线/达摩手编线

1978 KEITODAMA **archives**

《毛线球》创刊时期，出现了众多比当下编织技术更高的作品。钩针编织的圆育克作品频频登场。对于编织来说，圆育克是时尚界的永恒主题。

1978 KEITODAMA **archives**

和三角披肩平分秋色的斗篷一年四季都会登场。从膨松纱到极细线，设计和线材甚至比现在还要丰富。

2011NOW!
镂空花样长斗篷

这款最大限度发挥奢华线材美感的夏季斗篷，将各种花样组合在一起，充分体现了镂空花样的妙处。现在，让我们带着“环保”的意识来选择线材吧。

设计/兵头良之子
制作/森 静代
编织方法/225页
使用线/达摩手编线

2011NOW!

七分袖套头衫、花朵颈链

金银丝线不止是金线和银线。看起来不那么华丽、带着镂空感的金粉色套头衫怎么样？轻松体验一下吧。颈链绝对是亮点。

设计 / 冈本启子
制作 / 佐伯寿贺子
编织方法 /223页
使用线 / 达摩蕾丝线

1978 KEITODAMA archives

当时盛行机器编织，也有很多高密度的手编衣物。说起派对服装，不得不提的是金银丝线！极细的金线、银线的用途在不断扩大。

2011NOW!
复古风方眼花样连衣裙

令人怀念、设计新颖的钩针编织的怀旧风连衣裙，夏季首选白色。

设计／冈本启子
制作／笠川美代子
编织方法／219页
使用线／达摩蕾丝线

1978 KEITODAMA archives

当时，和使用菠萝花钩织花边的室内装饰相比，以长针和短针为基础钩织的简单衣物更加常见。夏季首选是白色。穿着它，挺直腰背，带着清爽的笑脸出门吧，无需惧怕强烈的阳光。

现在很新鲜 重返青春的编织

和麻纳卡手编线20世纪70年代编织时尚的起点

1979 KEITODAMA **archives**

这个时期，编织爱好者的视野更加开阔，没有加减针、简单的H形衣物大量出现。开始流行日本独特的“新传统”。

2011NOW!

包肩袖镂空花样套裙

这款不用连接袖子的简单针织套裙，不断重复镂空花样，编织方法很简单。短裙和套头衫都不复杂，初学者也可以放心大胆地挑战！

设计／水野阳子
制作／冈田昌子
编织方法／112页
使用线／和麻纳卡

2011NOW!
包肩袖V领条纹套头衫

可以预想到，鲜艳的包肩袖V领条纹套头衫一定会成为流行款。大V领的条纹边缘给人留下深刻的印象。对于热爱运动的女性朋友来说，水洗棉的材质很合适。

设计/笠间 绫
编织方法/204页
使用线/和麻纳卡

1979 KEITODAMA archives

20世纪70年代流行外穿毛衫(Bare Look)。年轻的夫妇在运动衫外面搭配着毛衣，打扮成都市少男少女的样子。网球衫也很流行，颇受大家欢迎。

1979 KEITODAMA archives

这一时期，开始流行给男朋友织毛衣。进入20世纪80年代，用男艺人做模特的男士毛衫编织书开始大量出版，在手艺店、书店里都可以看到。

2011NOW!

菱格花样前短后长套头衫

无论哪个时代，传统的花样永不过时。给男式毛衫加上法式袖，再把领口开大点，就变成了女士毛衫。前短后长的样式也是流行趋势。

设计／笠间 绫
制作／佐藤洋美
编织方法／205页
使用线／和麻纳卡

2011NOW!
荷叶边镂空花样
两件套

这套2011年的两件套毛衫，花边是亮点。波莱罗风情的开衫和雅致的无袖背心，作为单品也很时尚。高贵的粉色不挑年纪。

设计 / 水野阳子
制作 / 冈田昌子
编织方法 / 206页
使用线 / 和麻纳卡

1979 KEITODAMA **archives**

20世纪70年代后期开始流行两件套样式的毛衣，这也反映在手工编织上。钩针编织、棒针编织的两件套毛衣在各种杂志上亮相。

毛线球读者俱乐部

2012年，《毛线球》中文版诞生了。
从1数到20，只需几秒钟，
但从忐忑至极地捧出我们精心制作的中国第一本高端编织刊物，
到如今在中国成为一个编织界的响亮品牌，
却经历了1000多个日日夜夜。

值《毛线球》中文版第20期与中国读者见面之际，
让我们回首来时的路，
寻找散落在时光和针线里的记忆，
重拾当初走近毛线球的初心，
将已然融入一朝一夕、酸甜苦辣的编织时光，
与更多的人一起分享、裂变、成长。

小小的毛线球越滚越大，
最开始手指缠绕毛线的那一颗颗心，
你们在哪儿？
我们在寻找你，
加入属于我们自己的俱乐部，
玩编织、侃大山、交朋友。

我们在这里，
插好了旗帜，
扎好了营盘，
等着你来。

扫一扫 关注“毛线球在线”微信公众号。
该平台将依托我社编织类图书为读者深度
挖掘更多关于手工编织的内容，敬请关注。

成立集结号!

扫一扫

加入"毛线球在线"QQ 群

该 QQ 群将为广大编织爱好者打造一个交流、学习、成长的高质量线上交流平台。

现在加入 QQ 群：540346139（毛线球在线），即可成为河南科学技术出版社的 VIP 读者，您将享有以下专属特权：

（1）通过指定渠道购买我社编织类图书，可终身享受 VIP 专属折扣（首次购买可低至 5 折）；

（2）可优先参与我社不定期组织的线上、线下活动以及尊享各种福利、优惠（如图书抢先试读、免费赠书、名师直播、手作比赛等）。

具体优惠信息及活动详情将在群内公布，诚邀广大编织爱好者入群。

编织师的极致编织

【第20回】编织切蛋器的风景

20

打开厨房的抽屉，
里面有一个切蛋器。
日本家庭都会有一个吧。

它用来将煮熟的鸡蛋切成厚度均匀的片状，
是料理的辅助工具。
不论男女老少，
都可以熟练用它切鸡蛋。
非常方便。

因为简单，所以会习惯性地
把煮好的鸡蛋一个个全切了，
再煮，再切。

厚薄均匀的煮鸡蛋，
一会儿就整齐地摆放在餐桌上了。

当然也可以把鸡蛋切成粗丁。

文、图/203gow 参考作品

编织师203gow：
持续编织非同寻常的“奇怪的编织物”。成立让编织充满街头的游击编织集团“编织奇袭团”，还涉足百货店的橱窗、时尚杂志背景、美术馆、画廊展示、舞台美术以及讲习会等活动。

儿童霞关见学日

编检也在举办活动

图、文/《毛线球》编辑部

2016年7月27、28日，在东京虎之门的文部科学省举办了“儿童霞关见学日”活动。活动由推进日本全国检定考试活动的全国检定振兴机构主办，地点设在“粗点心屋学校”。日本编织物检验协会（后文简称“编检”）也参加了这次活动。

会场中，除了编检外，色彩检定、数学检定、世界遗产检定、英语检定、日语检定等也都设立了体验展位。小孩子们参加体验活动时，能获得相应的生态币（Eco Money），可以用这些生态币购买点心。可能是因为正值暑假，好多家长带着孩子一起前来，现场十分热闹。

编检的展位上，准备了只用锁针便可完成的花朵花片，非常适合小孩子体验。有许多家长带着孩子过来。许多人都是第一次接触编织，但他们都玩得津津有味。负责这次活动的有泉氏说：“现在，不会编织的母亲越来越多了，我想，至少让她们先接触毛线。哪怕激起她们一点点的兴趣也好。”看着现场的盛况，有泉氏的面容舒展了许多。

参加活动的家长和孩子表示：“家里也有一些手作工具，从零开始做有助于培养孩子的想象力。编织一些花朵，作为暑假的自由作业或许也挺好的。”

参加编织活动的孩子大部分是女孩，偶尔可见男孩子的身影。完成时，他们非常得意：“做好了！好开心！”我们也希望通过这场活动，让大家能够重新认识编织。

小孩子们双目有神地拿着针和线的样子，令人相信他们一定体会到了编织的乐趣。看着家长和孩子一起体验编织的身影，我想，这不仅是令主办者满意的活动，也是令所有参加者满意的活动。

日本编织物检验协会的会长、参议院议员中山恭子女士也到了活动现场

左上/会场十分热闹。可以用获得的生态币购买点心，非常受孩子们欢迎

左下/家长和孩子一起快乐地编织。两人都完成了自己的作品，非常开心

毛线世界

时尚达人的手艺时光之旅：「最早的编织机」

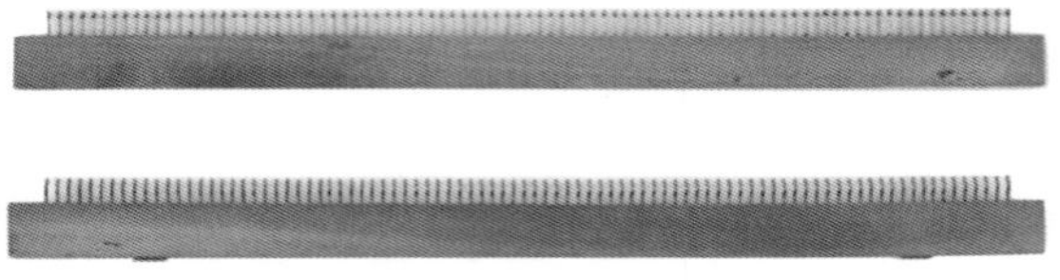

萩原式轻便文化手编器。编织机的原型

萩原式最早的自学书《轻便手编器独习书》大正15年（公元1926年）

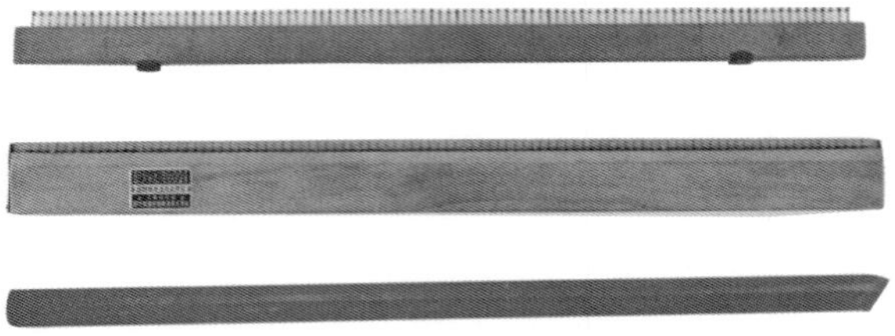

升级后的萩原式高速编织器

萩原式高速编织器的自学书《高速度编物全书》昭和6年（公元1931年）

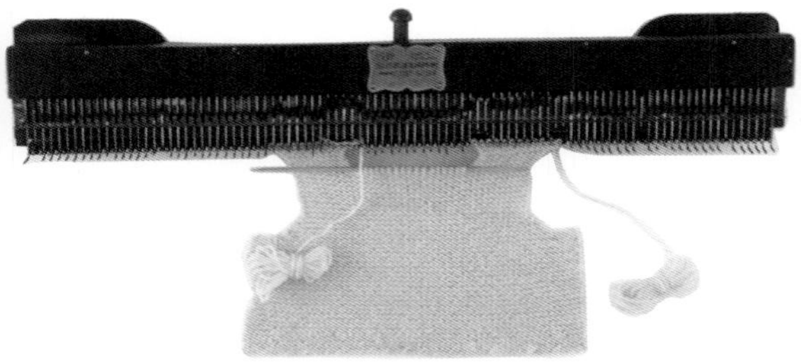

其他厂家开发的S式高速编织机

S式高速编织机的自学书《S式特许高速编织机独习书》昭和4年（公元1929年）

当时打了大规模的广告
《主妇之友》昭和8年（公元1933年）

还刊登了裤装的编织方法
《主妇之友》昭和8年（公元1933年）

1589年，英国的威廉·利副牧师受妻子编织袜子的方法启发，发明了手动式的下针编织机，据说是最早的编织机。而在日本，最早的是明治3年（公元1870年）萨摩藩的西村胜三氏从英国引进的手摇袜子编织机。

大正15年（公元1926年），编织变得普遍，萩原政子发明了家庭用的萩原式轻便文化手编器。这个手编器没有现在编织机上的机头，是在像格尺一样的两块板子上紧密地摆着的橛子上挂上毛线编织的。这个编织机很厉害，起伏针、孔斯特编织、罗纹针都能编织。它的出现，对于想给家人编织披肩、长棉背心、细筒裤，但却不擅长编织的人来说，可谓救命稻草。

昭和2年（公元1927年），又开发出了升级版的萩原式高速编织器和S式高速编织机。只需将操纵杆插入编织机，橛子就会动，线会挂得很均匀。当时在几乎所有的妇女杂志上都刊登了广告，是作为划时代的编织机出售的。最吸引人的广告语是"可以自由编织出漂亮的新款花样，无论是编织爱好者还是专家都赞不绝口！绝对好评"、"下针编织是手编15倍的速度，起伏针编织是手编10倍以上的高速，绝对值得"。

那时，有声电影特别受欢迎，葛丽泰·嘉宝、克拉克·盖博和戴粗框圆形眼镜非常有名的哈罗德·劳埃德等好莱坞明星们穿着的毛衣（新款编织）绝对时髦，是女性们羡慕的对象。另外，高尔夫球也非常流行，运动时穿着的毛衣、背心也成了必备品。但是，如果买的话价格非常高，手编起来又非常困难，所以追求时尚的人都会使用编织机来编织。她们一定是带着老公能像劳埃德、克拉克·盖博一样优雅的愿望，哗啦哗啦地编织起毛衣的。

彩色蕾丝资料室　北川景
对日本近代手艺人的热情着迷，不断追寻那些湮灭在历史长河中的美丽身影。非常喜爱蕾丝，在担任蕾丝编织讲师的同时，在东京品川区开办"彩色蕾丝资料室"。孔斯特蕾丝俱乐部主管。

使用编织机再现的当时的儿童款背心

毛线球快讯

毛线世界

设计师的心情：
记我三十年的好友玛格丽特

翻译、协调人 ● **石川实生**

指导员养成班时的毕业作品。现在看起来，和其他人的作品有些不一样

这是后身片。色彩和花片为什么会这样设计呢(笑)

欧洲的冬天很冷。这双靴子穿起来很舒服，是我的宝贝

我喜欢的头戴式耳机。听音乐时，身体自然地随之晃动，很有感觉

这本书是一切的开始。《NHK世界手工艺纪行》NHK出版

这个电影参加日本电影节时，我负责翻译以及相关交涉

2016年春天，《毛线球》编辑部安排我采访设得兰群岛的玛格丽特·斯图尔特。在开往勒威克(Lerwick)市的大巴上，我从窗户眺望绿色的大地时，过往的一幕幕浮现在眼前。

我第一次来到这里是20岁那年。通过NHK(日本放送协会)电台的"世界手工艺纪行"栏目和相关图书，我第一次知道了设得兰群岛编织和开设博物馆的玛格丽特女士的事迹，按捺不住内心的兴奋，趁暑假来到了这个叫作设得兰群岛的宝地。但是因为没有事先查好当地的详细地图，也没有玛格丽特女士的具体信息，我一个人在那里陷入了困境，幸亏一对路过的夫妇和一位年轻人向我施以援助，这场旅行才得以完成。

我从遥远的日本来到这里，让玛格丽特女士非常兴奋。她带着我参观了家里的博物馆，见识了设得兰群岛的编织，还带我去了好多有意义的地方。后来，我屡次访问设得兰群岛，和玛格丽特女士的交情也就这样持续了30年。

我很久以前就喜欢薇薇安·韦斯特伍德所代表的朋克和摇滚音乐家大卫·鲍伊的服装。学生时代，我屡次去伦敦。在接触那里的时尚因子之后，我发现编织是一种可以搞定任何素材、任何颜色的东西。于是，我进入宝库编织指导员养成班学习编织，后来又来到《毛线球》编辑部工作。现在，我在国外给音乐家做经纪人。这期间，我从未中断和玛格丽特女士的来往，在她来东京参加设得兰群岛博览会时，我们还一起在青山购物。玛格丽特女士对东京的时尚元素很感兴趣，转了许多设计师商店，累得腿脚僵硬也乐此不疲。后来，她又到了我当时居住的香港地区，很快和我搞音乐的朋友打成一片。

我从认识玛格丽特女士开始，从来没有问过她的年龄。不过，因为二战末期她已经出生了，我也大致知道她的年龄。她好奇心强，审美能力卓越、思维敏捷，有着经过设得兰群岛传统编织洗礼的源源不断的灵感，这些都让我觉得实在没必要问她的年龄。她打算去意大利生活，还准备拾起年轻时梦想的起点——画笔。她也许会在意大利接触不同的文化，汲取足够的能量，然后再次回归设得兰群岛。我要向她致敬。

石川实生：
现居法国巴黎。宝库编织指导员养成班出身。曾就职于日本宝库社《毛线球》编辑部，后来在日本国内外从事涉及笔译、口译、写作、协调、西洋音乐的演出等工作。通晓英语、粤语、法语等多种语言

在香港吃最喜欢的猪肉饭。还想再吃一次

玛格丽特和爱犬。这是访问设得兰群岛时的照片

巴黎巴士底的风景。现在是散步休闲的广场

在香港和《初恋》导演葛民辉一起工作

现在还不知道？

横向渡线编织配色花样

编织费尔岛花样时，必不可少的技法就是横向渡线编织配色花样。
下面，围绕着这个主题，介绍一些“你可能还不知道”的要点！

摄影 / 森谷则秋　监修 / 今泉史子

Point.1 各种挂线方法

横向渡线编织配色花样，自然是需要 1 行用 2 种线（甚至 3 种线）编织。正如棒针的编织方法分为法式和美式一样，挂线方法也不拘泥于一种。下面介绍 3 种挂线方法，请选择适合自己的方法。

左、右手各挂1根

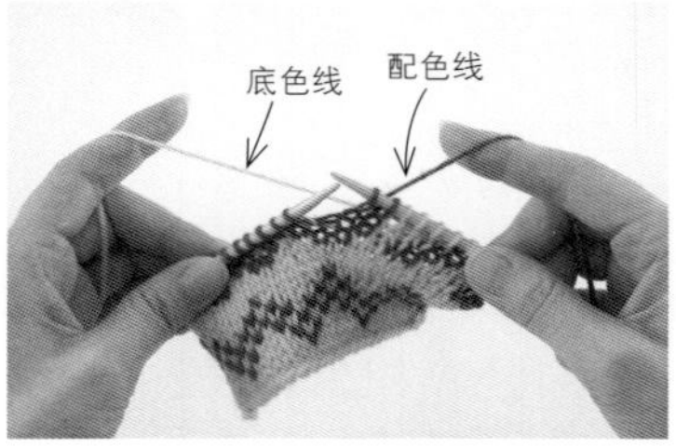

左手挂底色线，右手挂配色线，底色线用法式编织，配色线用美式编织。因为是两只手各挂 1 根线，2 根线不容易纠缠在一起，不会弄错渡线的上下位置。只是，对于不习惯这种编织方法的人来说，针目可能会对不齐。

左手挂2根

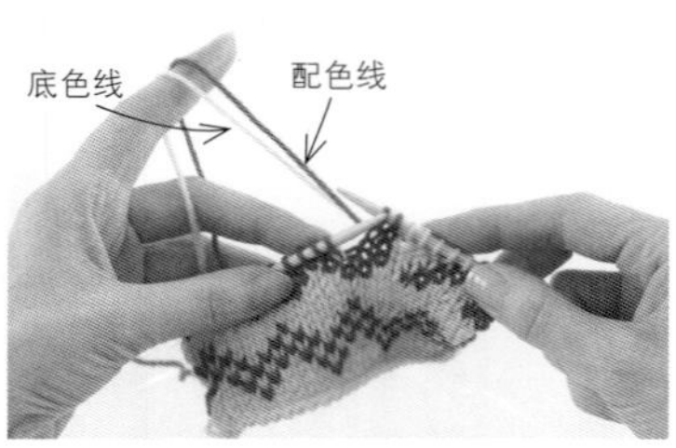

左手挂 2 根线编织。这种方法很适合法式编织的人，但其实食指保持着不让两根线混在一起的姿势并没有想象中那么简单。如果每种颜色所编织的针目不一样，线会松弛，需要格外注意渡线的上下位置。

只挂底色线

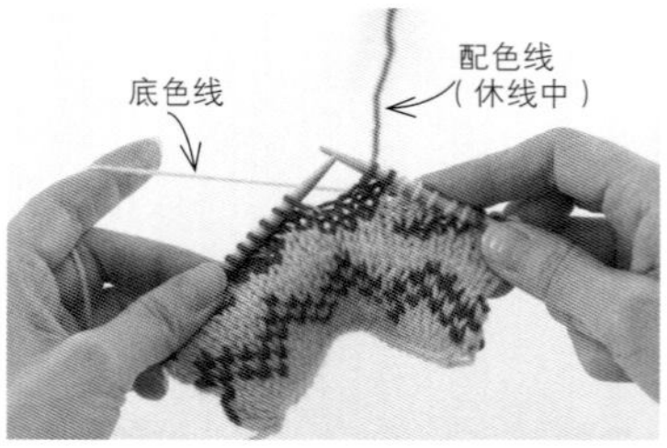

用常用的编织方法将底色线挂在食指上编织。换为配色线时，取下底色线，将配色线挂在食指上编织。这种方法每次都要重新挂线，比较费事，但它可以按照平时的编织方法进行，反而比较容易掌握，而且方便对齐针目。

Point.2 环形编织的缺点、解决错行的方法

环形编织可以看着正面编织，编织起来非常方便。但它有个非常大的缺点——行的交界处容易错位。
这是环形编织不可回避的问题，绝不要因此就放弃啊！
因为，已经有人找到完美解决错行的方法了（为便于说明，用条纹花样的织片演示）。

解决错行的常用方法

1

换色的第 2 行最初的针目编织滑针。通过在交界处减少 1 行来缩小行差。

2

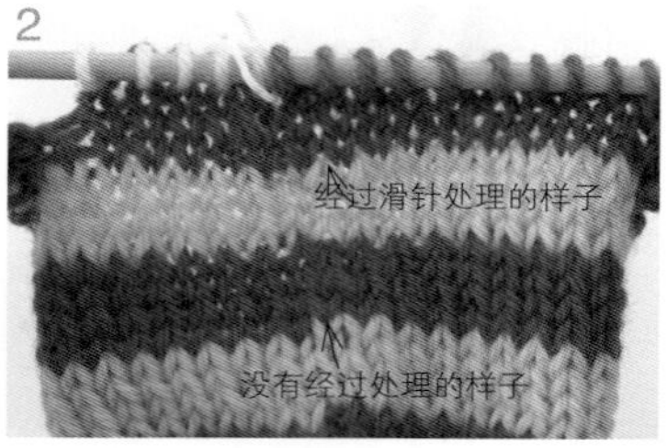

方法非常简单，便于解决条纹不均匀的问题。但如果是配色花样的织片，这种减少针目的方法是行不通的。

有错位

⇒

无错位

适合配色花样的有效方法

1

编织至换线的地方后，将刚刚编织的最后 1 针移回左棒针。

2

移至左棒针的针目换线编织 1 针，然后编织 1 行。

3

留 1 针不编织，然后将右棒针插入步骤 1 中移回左棒针的针目，将其挂回左棒针。

4

将右棒针插入左棒针上的 2 个线圈中，一起编织下针。新色的第 1 针藏在后面，行差不会过于明显。

Point.3 决定作品效果的渡线方法

这里的渡线指的是，配色线越过已经编织的针目时的渡线。过紧或过松都会影响织片正面的效果，一定要注意。
特别是同一种颜色的线编织很长的针目时，为了不影响配色花样的效果，要在中间夹住渡线编织。

渡线较松时

底色线和配色线交界处的针目松弛，影响配色花样的大小。
如果是毛衣，穿的时候手指很容易挂到渡线，可能会变得更松。

渡线较紧时

织片纠结在一起，比既定编织密度紧。
但不能为了达到预期尺寸，而硬拉扯织片。

渡线的标准

将渡线部分的针目逐个展开，这样的话，在编织下一针时，会得到松紧适宜的渡线。

渡线较长时

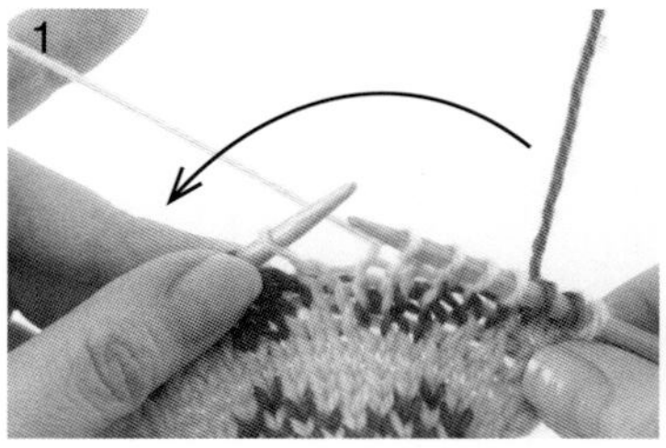

在渡线部分针目的中间，用渡线盖住编织线的上方。

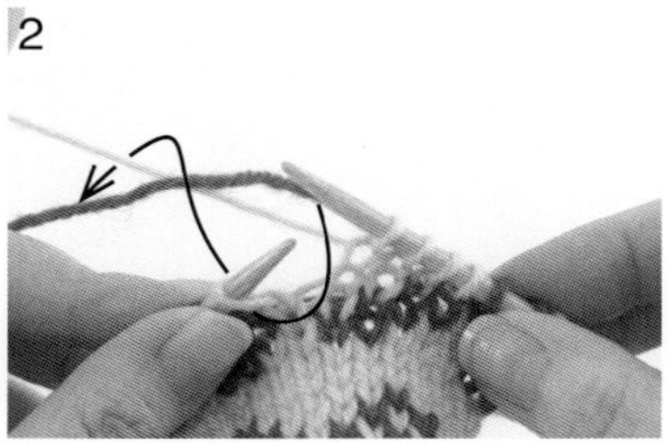

夹住渡线，编织下一针。

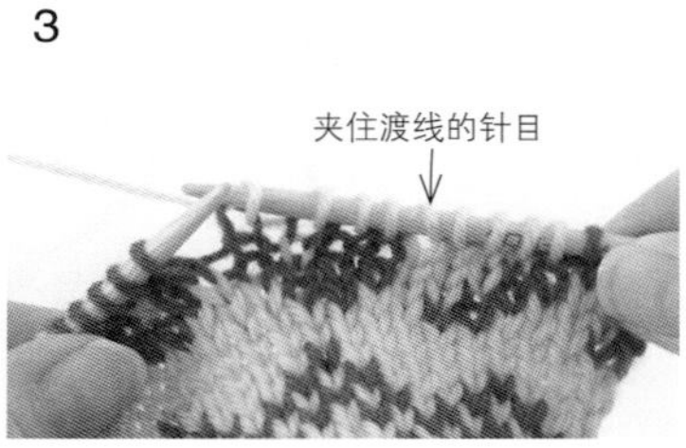

正面完全看不出来。

Point.4 为什么渡线位置的上下会决定底色线和配色线?

看编织基础书时，渡线时是不是都是底色线在下面?
"哪个在下面不都一样嘛。" 你是不是这样想的? 其实，这是有原因的。

如果 2 根线随意地忽上忽下纠缠在一起会很麻烦。

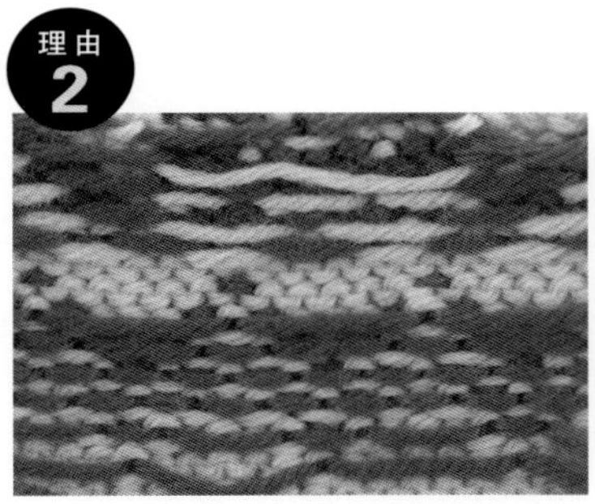

反面渡线的存在会让织片看起来更厚实。渡线是很有必要的。

理由 3

上侧是白色线

下侧是白色线

按照同一个编织图编织，渡线的上下位置不同，正面看的效果也略有不同。也就是说，位于下方的线色彩效果会更加强烈。

几种便利的编织工具

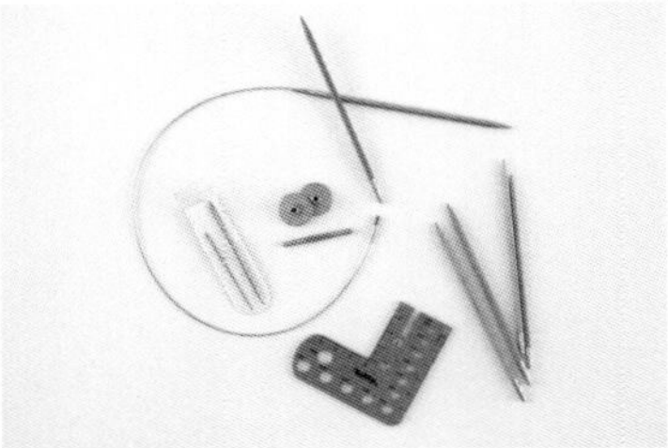

可换针头的竹质环形针
Carry C Long
这套编织工具包含50cm、60cm、80cm3种针头的4~15号环形针（不知道为什么没有14号）。还可以用接合器将2个针头连接起来。这套工具还包含其他便利的小工具。

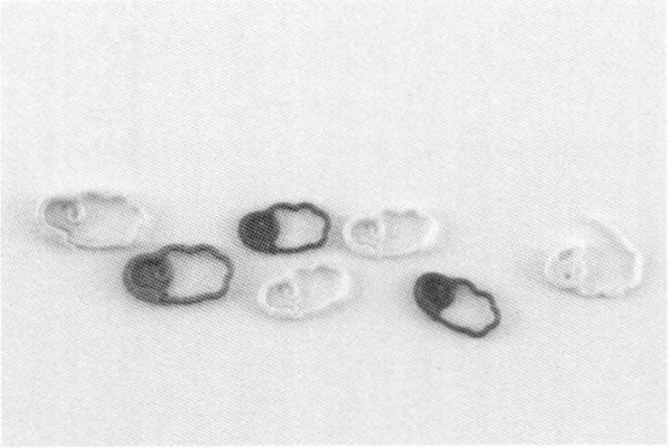

记号圈（S、M）
可爱的绵羊外形的记号圈登场了。它不仅外形可爱，而且不扣上也不会掉下来，兼具小挂钩的功能。它们整体更加柔韧，方便开合。不过，在数行数时，数记号圈的过程中可能容易犯困。

环形针针帽（大、小）
使用环形针编织时，休针时将针目移到软线上，就不用担心针目脱落了。但如果针目很多，软线的长度勉强够用，这时有了针帽我们就可以安心了。虽然小号针帽已经足够 1~10 号环形针使用，但对于喜欢粗线编织的人来说，推荐使用大号针帽。

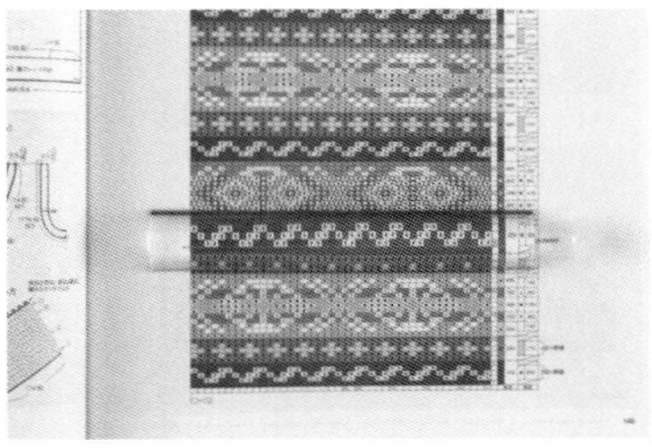

看图放大镜（带磁石）
带磁石的放大镜最适合用来看《毛线球》中细细密密的编织图。虽然它自身已有一定重量不会轻易移动，但如果将它放在金属板上，因为有磁性，即使突然有强风吹过来也不用担心。中间有一道红线，非常便于理解编织位置。

一起来做织补缝吧

大家是否有过心爱的毛衣上破了个洞的悲惨经历呢?
掌握下面的方法，便可以让心爱的毛衣焕发生机了。
使用蘑菇形的专用工具，通过织补缝复活自己心爱的毛衣吧。

摄影 / 白井由香里　指导 / 野口 光

材料
需要修补破洞的毛衣。少量粗毛线（100% 羊毛）。※ 可以根据个人喜好选择毛线

工具
和线匹配的十字绣针或者尖头的手缝针。蘑菇形的工具。

蘑菇形工具

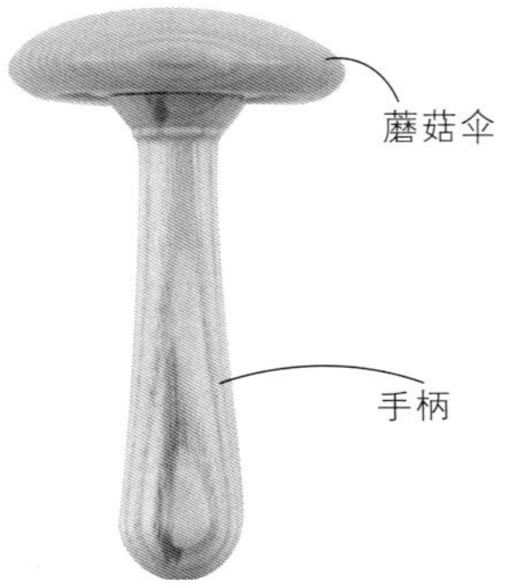

线的走向

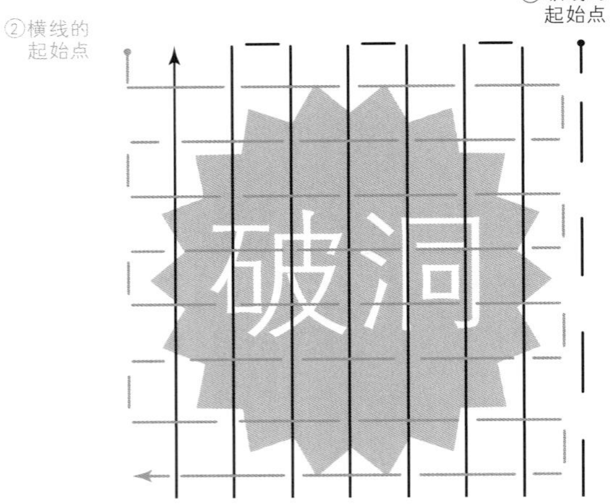

纵向渡线

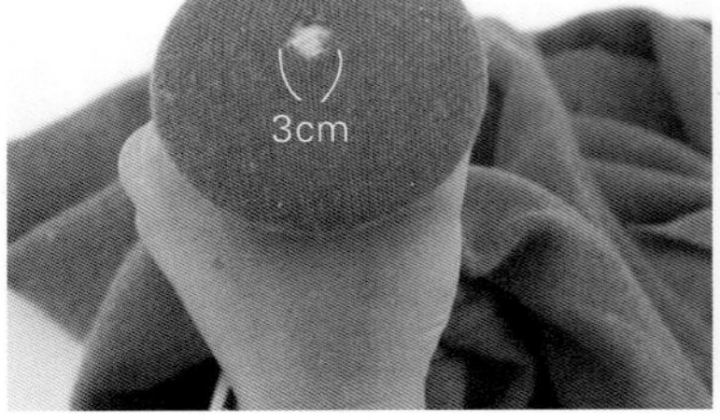

1
在有破洞的织片的反面放上蘑菇形工具，确保破洞位于蘑菇伞中心。为了便于缝补，抻紧面料，将破洞拉伸一些，握好手柄。

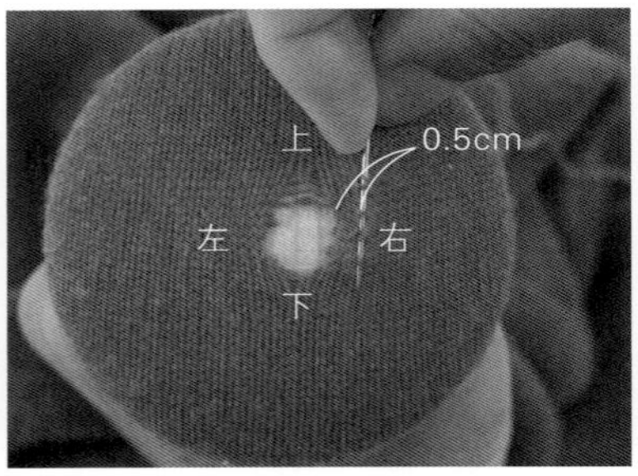

2
确定破洞上、下、左、右四个方位，在距离右边 0.5cm 的地方，以平针缝缝一道线。

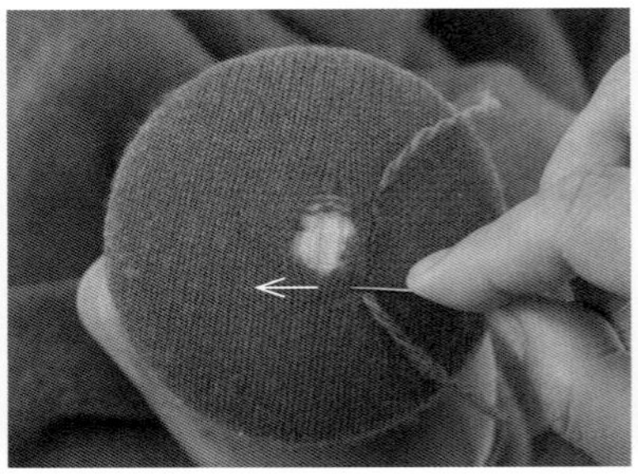

3
从右向左入针，缝一个小小的针迹。

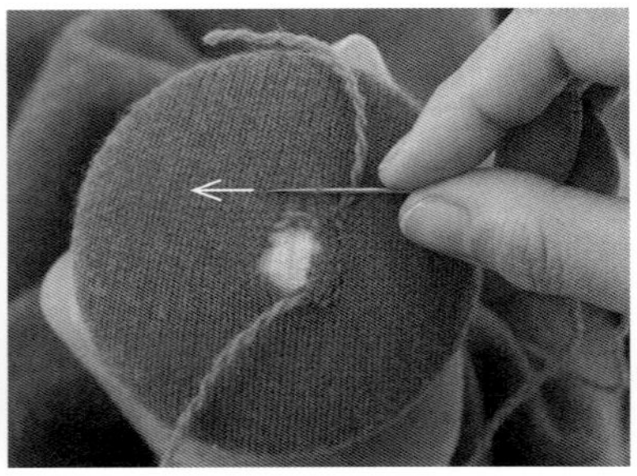

4
上方也缝一个小小的针迹，从破洞上方渡线。

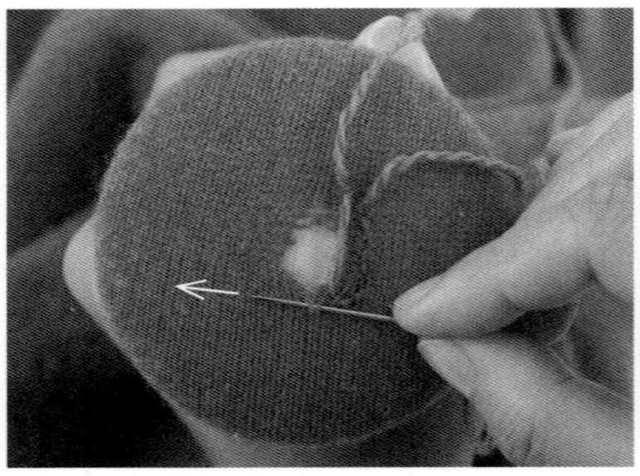

5
再在下方缝一个小小的针迹，从破洞上方渡线。

6
重复步骤 4、5，纵向渡线盖住破洞。线与线之间约留 1 根线的空隙。

横向渡线

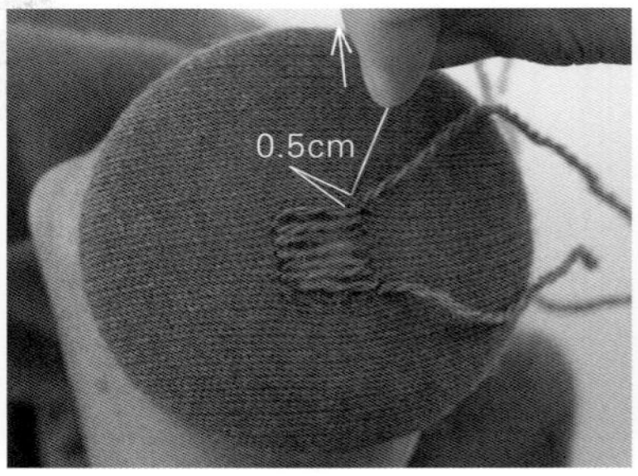

7
右转 90 度（旋转后，纵线变为横线），在距离破洞 0.5cm 的地方入针。

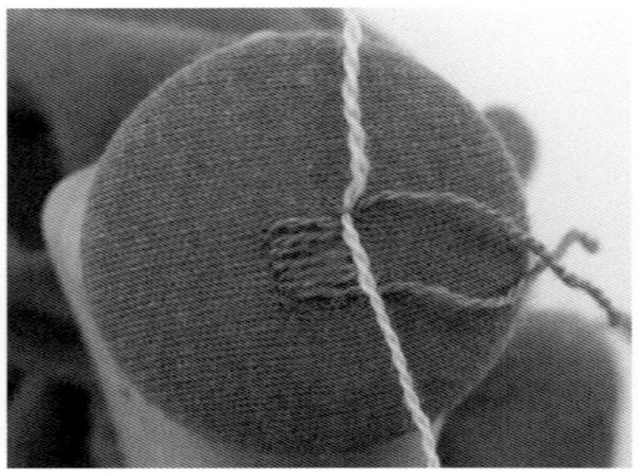

8
将线拉出来。这里改变了横线的颜色。

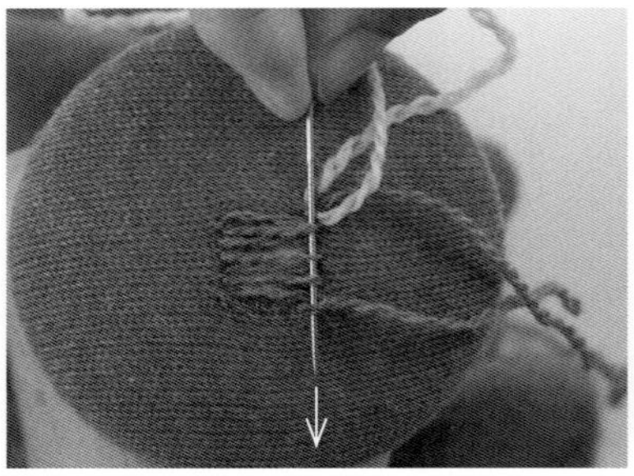

9
从上至下，隔线依次挑起纵线。将针插入织片，向左缝一个小小的针迹。

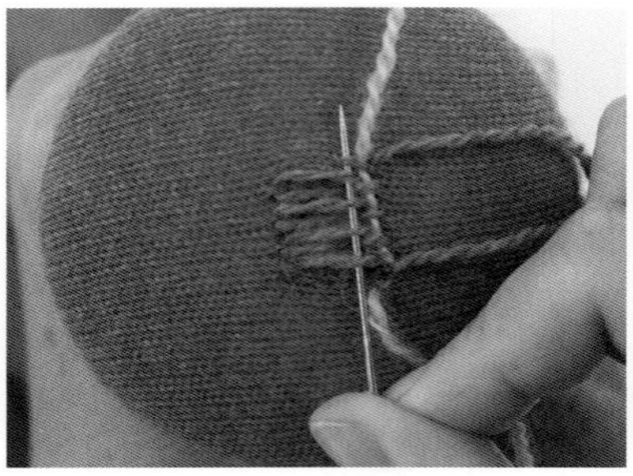

10
从下至上，隔线依次挑取纵线，与步骤 9 中挑取的线错开。

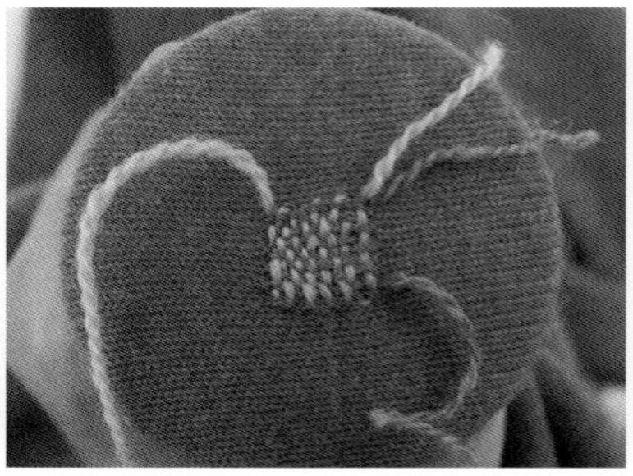

11
重复步骤 9、10，将空隙填满，并将渡线整理好。

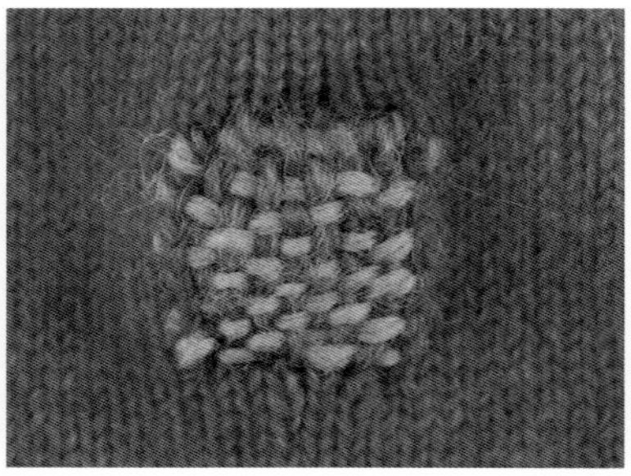

12
在反面打结。完成织补缝。

第 1 页图片的文字说明：

小猪三兄弟在家里过圣诞，希望明年一切安好。
创作：羊毛仓库

20年前，我曾经在宠物商店工作过。我天生喜欢猫狗，又是在乡下长大的，从来不怕虫子。因为工作原因，还照顾过变温动物，可以说不惧怕任何动物。

和照顾那些可以抱着、抚摸着的宠物不同，照顾蛇、蜥蜴时，主要负责料理它们的居住环境，观察它们的生活。和它们的关系大概能到可以摸的程度。照看鱼时，对它们熟悉到几乎可以画出来。

每个生命都有它的美好和可爱之处，我全心全意、尽自己所能照顾它们，虽然它们终有一天会离去。

我有了自己的家庭后，再次承担起动物饲养员的使命。首先是孩子。这个正在成长中的小天才，不断将各种活物带回家。蝗虫、杜父鱼、鹿角虫、蝌蚪等，还有泥鳅、金鱼、螃蟹，甚至是无壳的乌龟等应有尽有。

如果小小的手也可以承担起责任，或许生命之锁就会变成相交在一起的缘分。“等你长大了，你自己照顾它们。”我已经无数次一边这样对儿子说，一边看着已经来我家8年之久的乌龟。

羊毛仓库：人偶作家铃木千晶的笔名。在宝库学园东京、横滨、名古屋、心斋桥以及天神校区任讲师。宝库学园人气讲师。

作品的编织方法

★的个数代表作品的难易程度和对编织者的水平要求　★…初学者可放心选择　★★…拥有一定自信者都可以尝试
★★★…有毅力的中上级水平者可以完成　★★★★…对技术有自信者都可大胆挑战
※ 线为实物粗细
※ 图中未注明单位的数字均以厘米（cm）为单位

裙子前片

材料

[套头衫]

和麻纳卡 Super Bright 浅灰色(12) 145g/6团；Etranger 浅紫色系段染(2) 110g/5团

[短裙]

和麻纳卡 Super Bright 浅灰色(12) 175g/7团；Etranger 浅紫色系段染(2) 150g/6团

工具

棒针4号，钩针4/0号、5/0号

成品尺寸

[套头衫] 胸围98cm，衣长50.5cm，连肩袖长26cm

[短裙] 腰围102cm，长61cm

编织密度

10cm×10cm面积内：编织花样A 24针，42行；编织花样B 24针，32行

编织要点

[套头衫]

●身片…手指起针，做编织花样A、B。减针时，2针以上时做伏针减针，1针时立起侧边1针减针。

●组合…肩部盖针接合。胁部使用毛线缝针挑针缝合。下摆做边缘编织A，衣领、袖口做边缘编织B。

[短裙]

和套头衫一样，做编织花样A、B。胁部使用毛线缝针挑针缝合，下摆做边缘编织A，腰头做边缘编织C。编织2条系绳，穿上松紧带。编织饰边，固定在系绳端头。

衣领、袖口(边缘编织B) 4/0号针

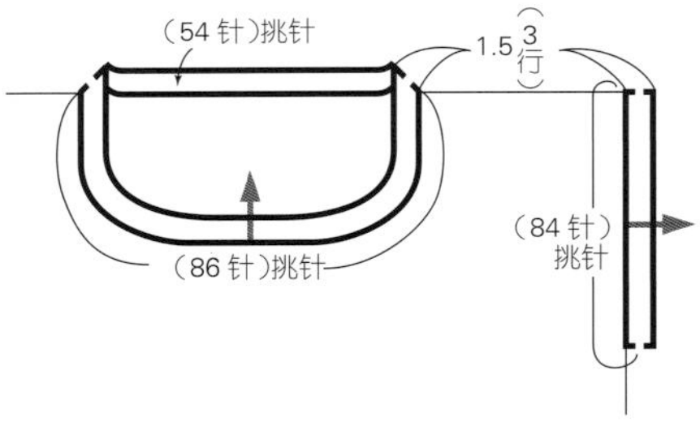

套头衫

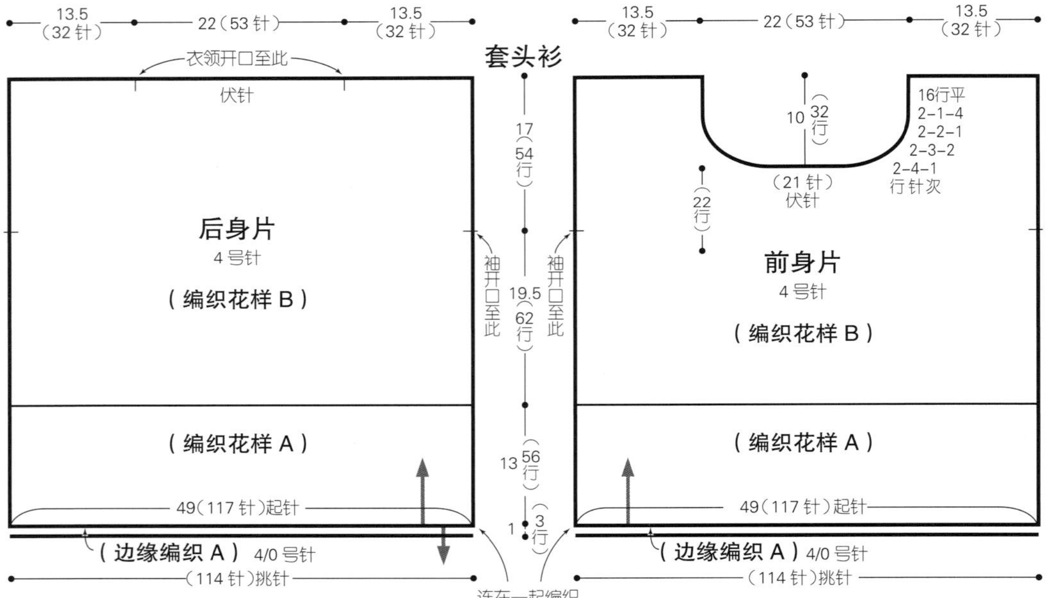

※ Super Bright 线和 Etranger 线各取1根并为1股编织

编织花样B

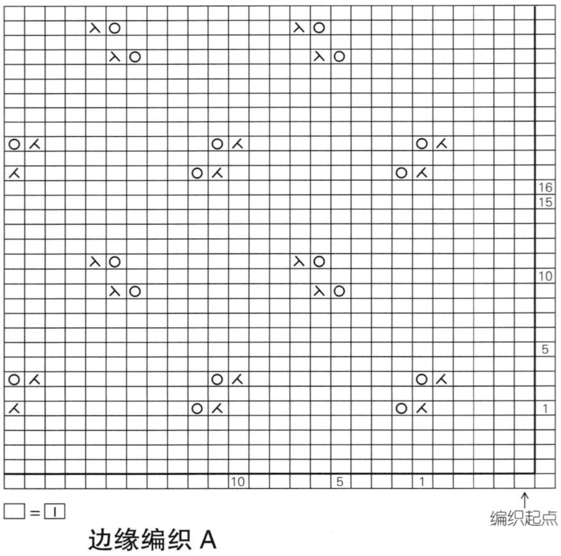

编织花样A

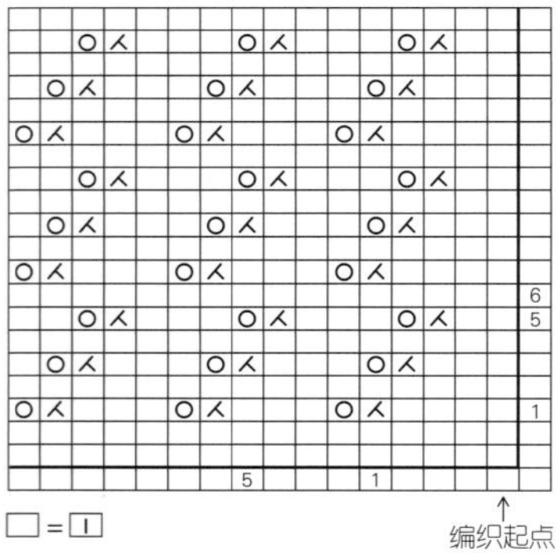

边缘编织A

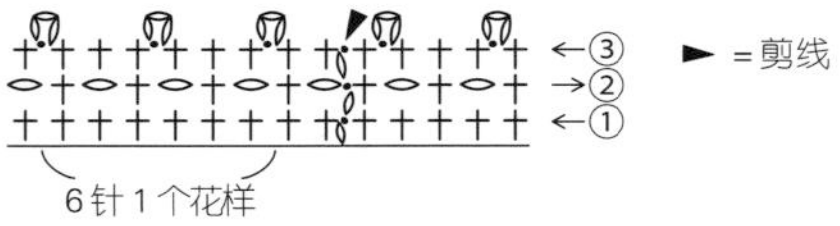

边缘编织B

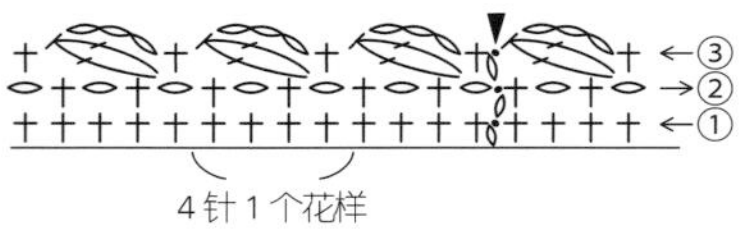

边缘编织C

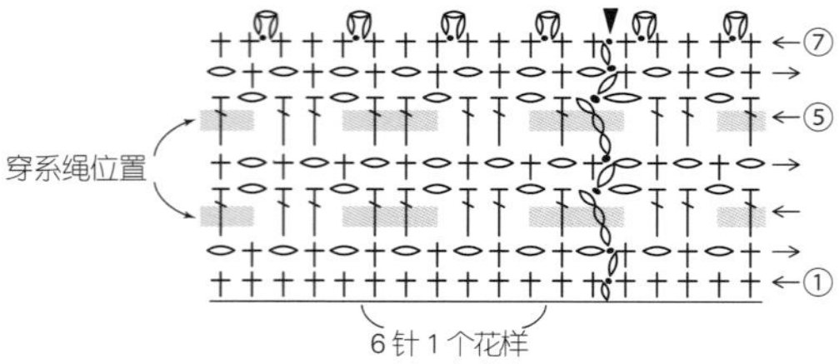

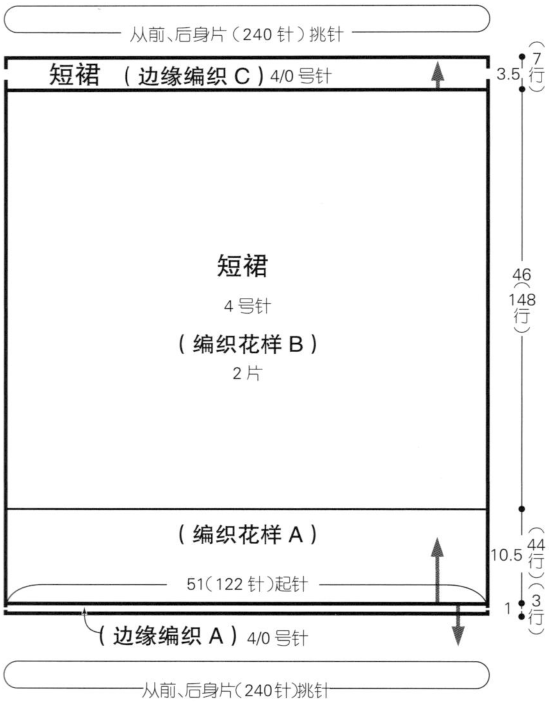

※ Super Bright 线和 Etranger 线各取1根并为1股编织

短裙腰头的固定方法见第225页▶

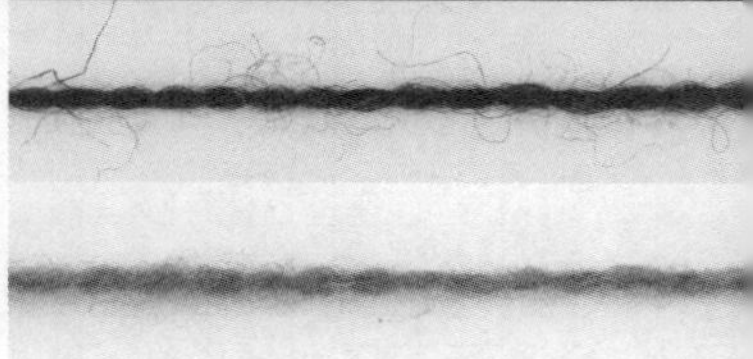

材料
芭　贝British Fine 、Jamieson's Shetland Spindrift 颜色名、色号、使用量请参见图表所示；直径13mm的纽扣9颗

工具
棒针3号、2号

成品尺寸
胸围93.5cm，肩宽36cm，衣长56cm，袖长53cm

编织密度
10cm×10cm面积内：配色花样A31针，31行

编织要点
●身片、袖…手指起针，环形编织配色双罗纹针A和配色花样A、B。配色花样采用横向渡线的方法编织。袖窿休29针，使用卷针起临时针，与身片连在一起做环形编织。领窝将指定数量的针目休针，与袖窿使用同样的方法起临时针。减针时，使身片边缘的针目在下，与临时针边缘的针目做2针并1针。袖与身片使用同样的方法起针，环形编织配色双罗纹针A和配色花样A。袖下的加针参照图示编织。前门襟与身片使用同样的方法起针，编织配色双罗纹针B。在右前门襟的指定位置编织扣眼，编织终点做伏针收针。
●组合…参照第21页，肩部做盖针接合后，剪开临时针。前门襟使用毛线缝针挑针缝合，衣袖使用毛线缝针做对齐针与行的缝合。衣领编织配色双罗纹针C，编织终点做下针织下针、上针织上针的伏针收针。处理临时针的边，缝上纽扣即完成。

※以作品为基础再现的编织图，和实际编织的作品略有差异，敬请理解

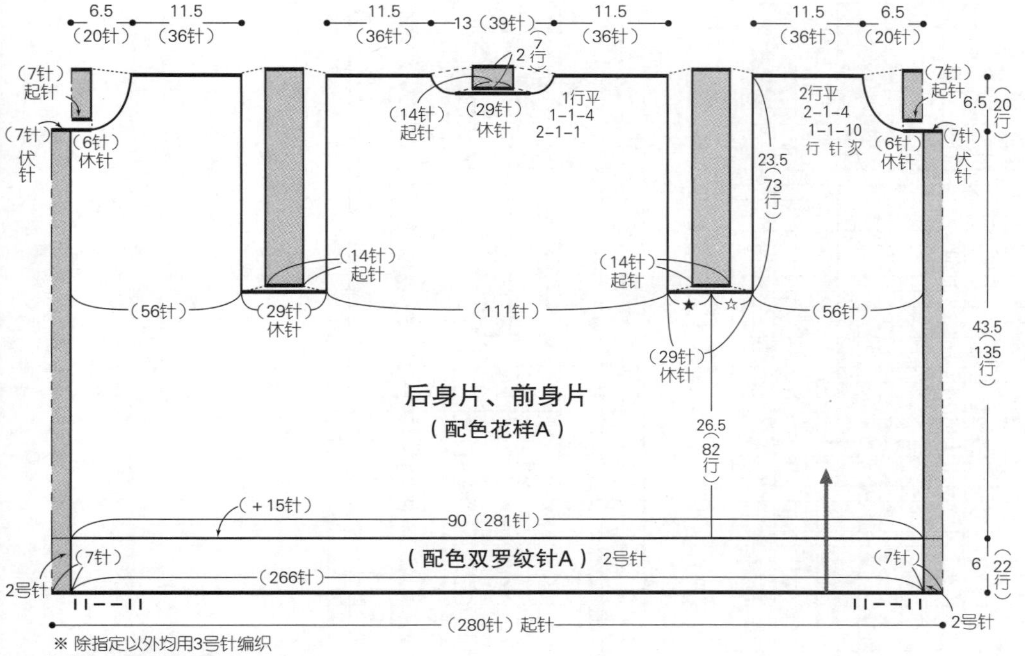

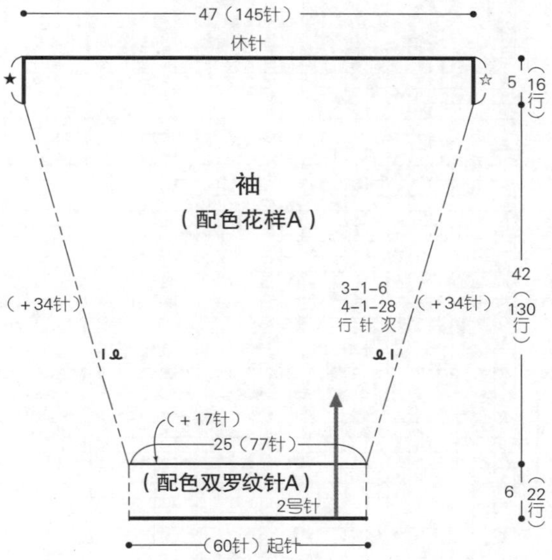

※ 对齐标记是右袖上的
※ 最后的16行往返编织

※ 除指定以外均用3号针编织
■ =（配色花样B）（临时针）
※ 配色花样横向渡线的编织方法参见第126页
※卷针加针的编织方法参见第143页

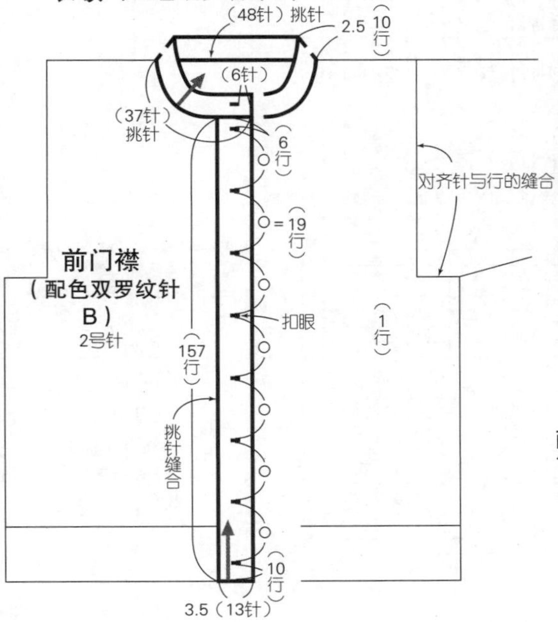

配色双罗纹针A

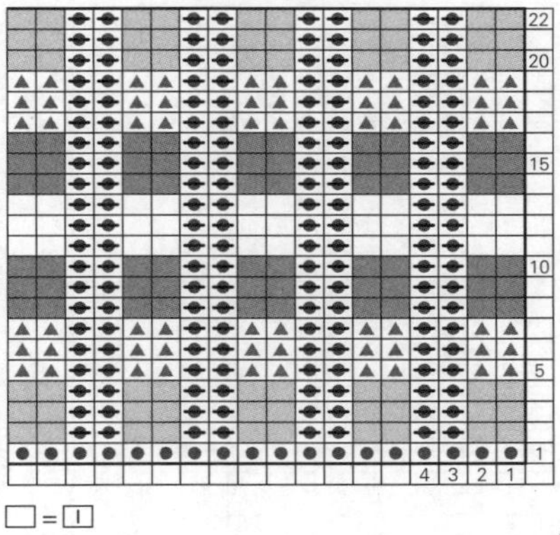

配色双罗纹针C

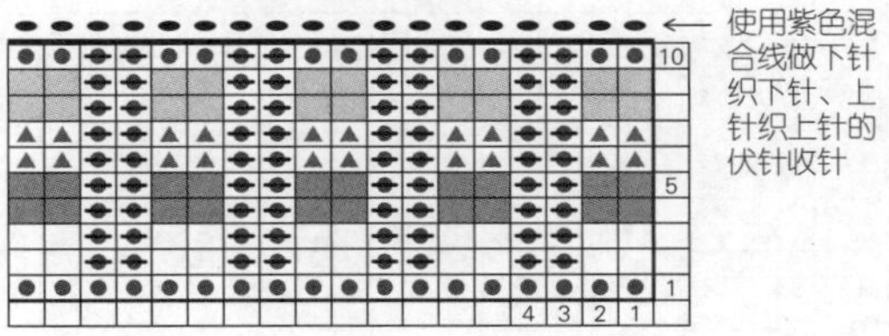

□ = Ｉ

配色
- ● = 紫色混合
- ■ = 橙色混合
- ▲ = 暗绿色
- ■ = 砖红色
- □ = 驼色

线的使用量

British Fine		Shetland Spindrift	
颜色名（色号）	使用量	颜色名（色号）	使用量
紫色混合（027）	85g/4团	驼色（141）	95g/4团
砖红色（037）	60g/3团	暗绿色（794）	80g/4团
		橙色混合（261）	60g/3团

※使用紫色混合线做下针织下针、上针织上针的伏针收针

配色花样A

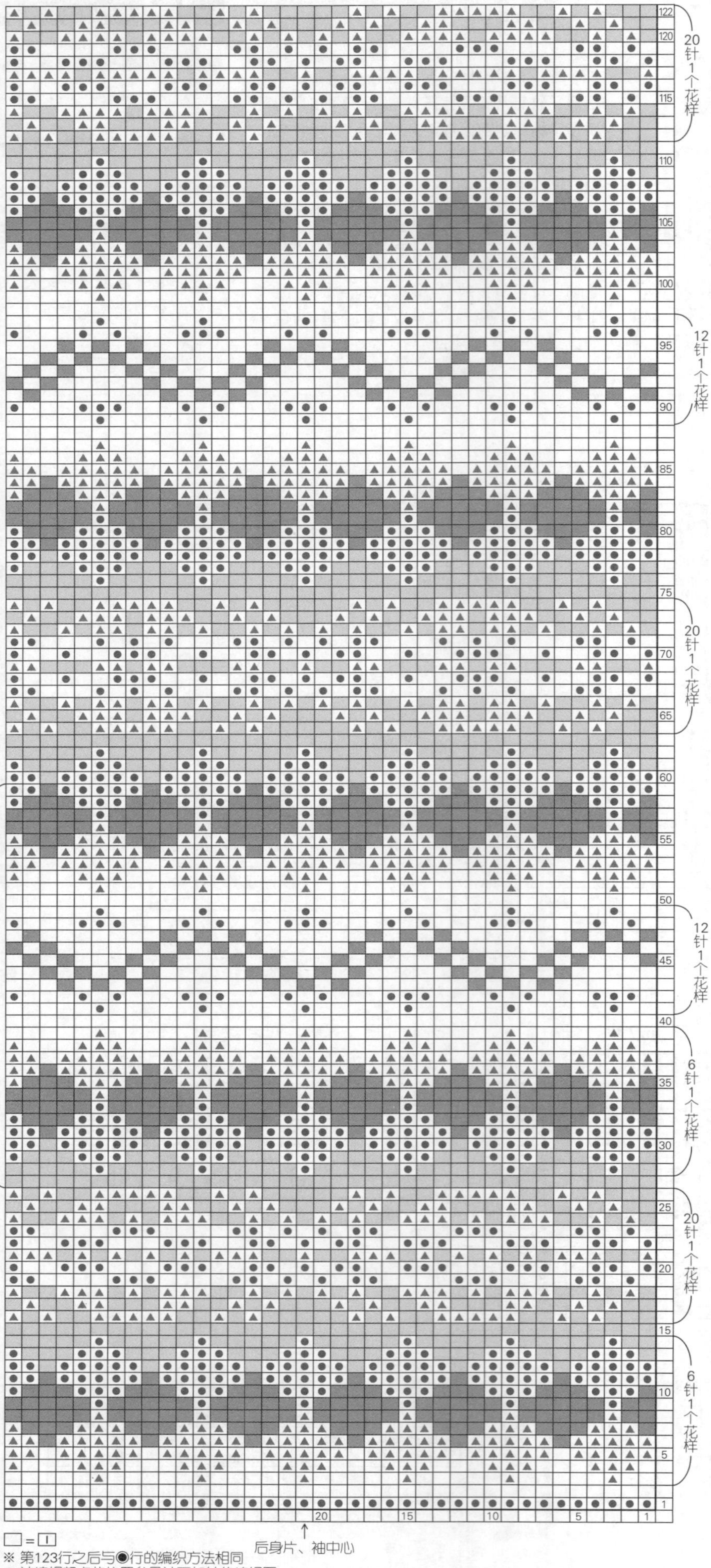

□=□

※ 第123行之后与◉行的编织方法相同

※ 袖编织起点的位置参见袖下加针的编织图

配色花样B（临时针）

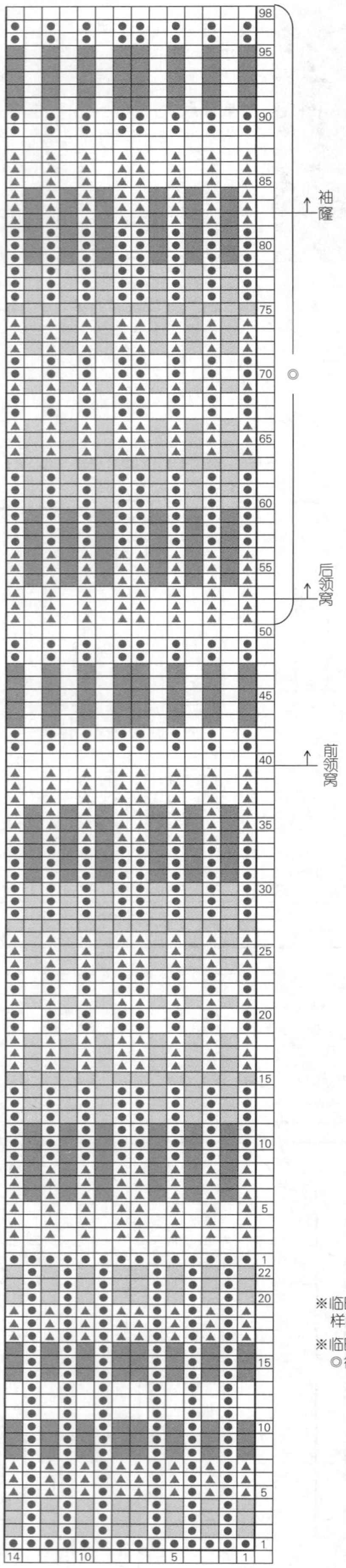

※临时针与配色花样A使用同样的配色编织

※临时针的第99行之后，重复◎行

□=□

配色
- ● = 紫色混合
- ▒ = 橙色混合
- ▲ = 暗绿色
- ■ = 砖红色
- □ = 驼色

配色双罗纹针B

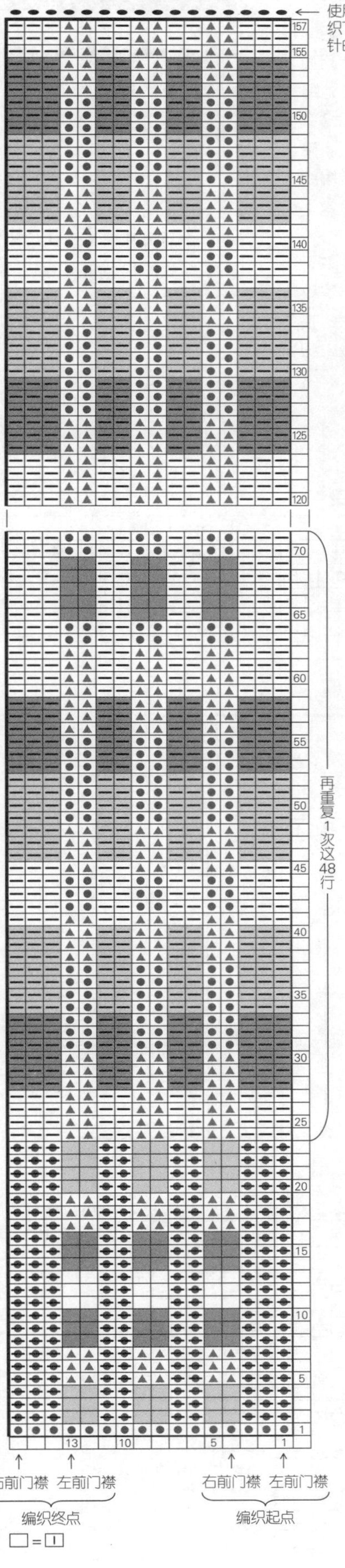

袖下的加针

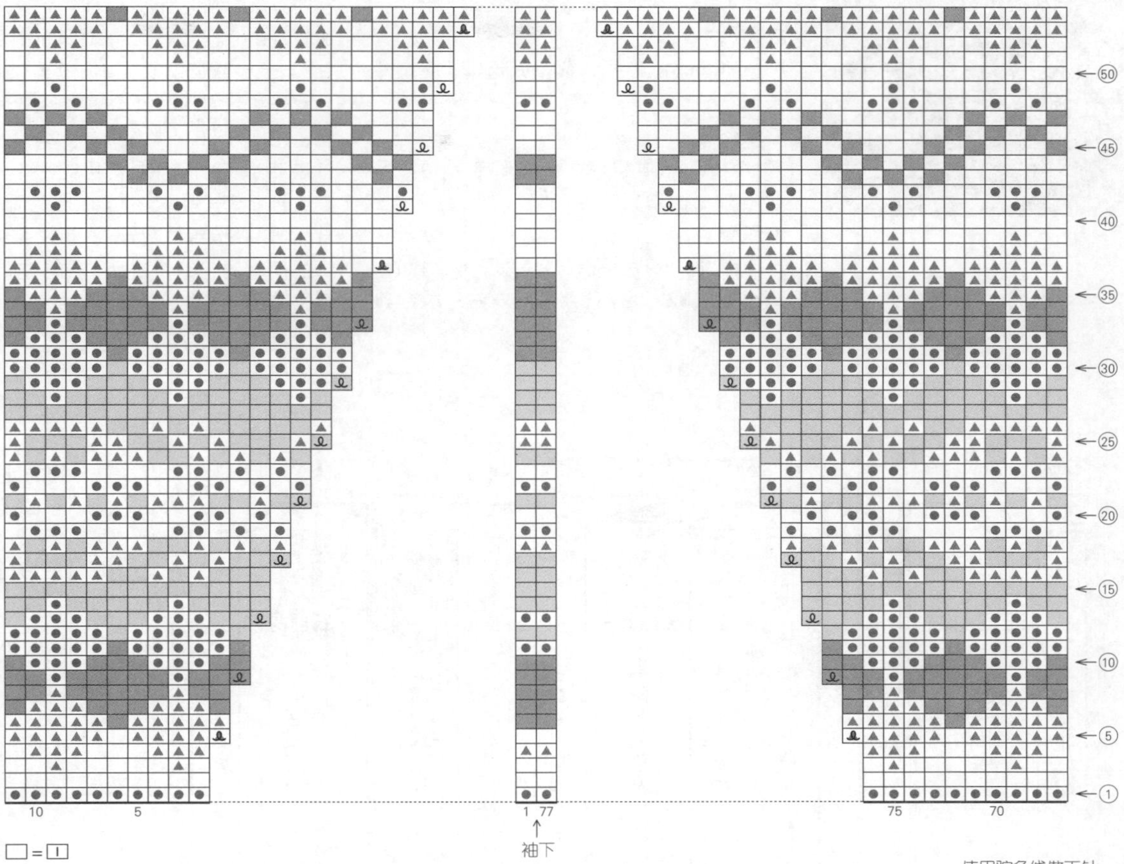

配色
- ● = 紫色混合
- □ = 驼色
- ▲ = 暗绿色
- ■ = 砖红色
- ▒ = 橙色混合

扣眼（衣领）

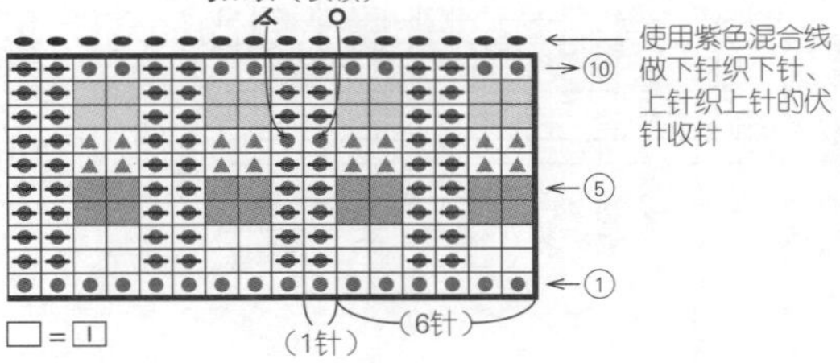

扣眼（右前身片）

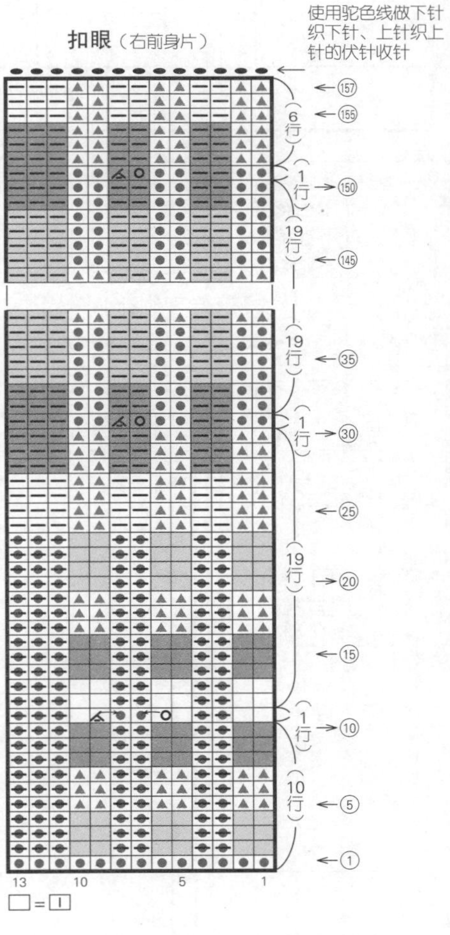

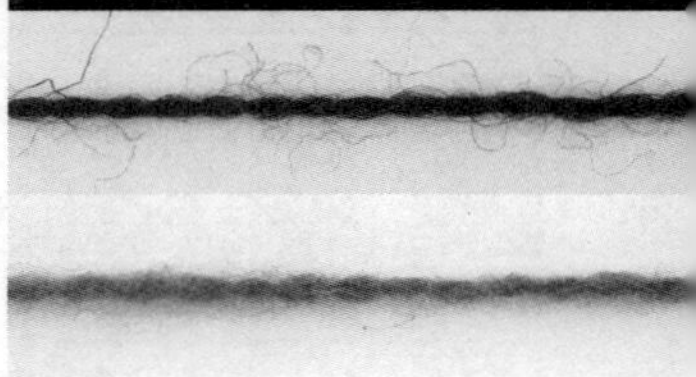

材料

芭　贝British Fine 、Jamieson's Shetland Spindrift 颜色名、色号、使用量请参见图表所示；直径13mm 的纽扣10 颗

工具

棒针3号、2号、4号

成品尺寸

胸围96.5cm，肩宽40cm，衣长52.5cm，袖长53cm

编织密度

10cm×10cm 面积内：配色花样A、A'、B 均为33 针，33 行

编织要点

●身片、袖…身片手指起针，编织单罗纹针。编织完成32 行后，使用卷针左右连续起前端的14 针临时针，环形编织身片的配色花样A、A'、B。配色花样采用横向渡线的方法编织。袖窿休25 针，腋下与前端使用同样的方法起临时针。与身片连在一起环形编织。领窝将指定数量的针目休针，与袖窿使用同样的方法起临时针。减针时，使身片的边缘的针目在下，与临时针的边缘的针目做2 针并1 针。参照第21 页，肩部做盖针接合。随后剪开袖窿的临时针，挑取针目，环形编织配色花样A、B和单罗纹针。编织终点做下针织上针、上针织下针的伏针收针。

●组合…剪开前端、领窝的临时针，挑取针目，前门襟编织桂花针，衣领在编织单罗纹针的同时调整编织密度。在右前门襟的指定位置编织扣眼。处理临时针的边，缝上纽扣即完成。

※以作品为基础再现的编织图，和实际编织的作品略有差异，敬请理解

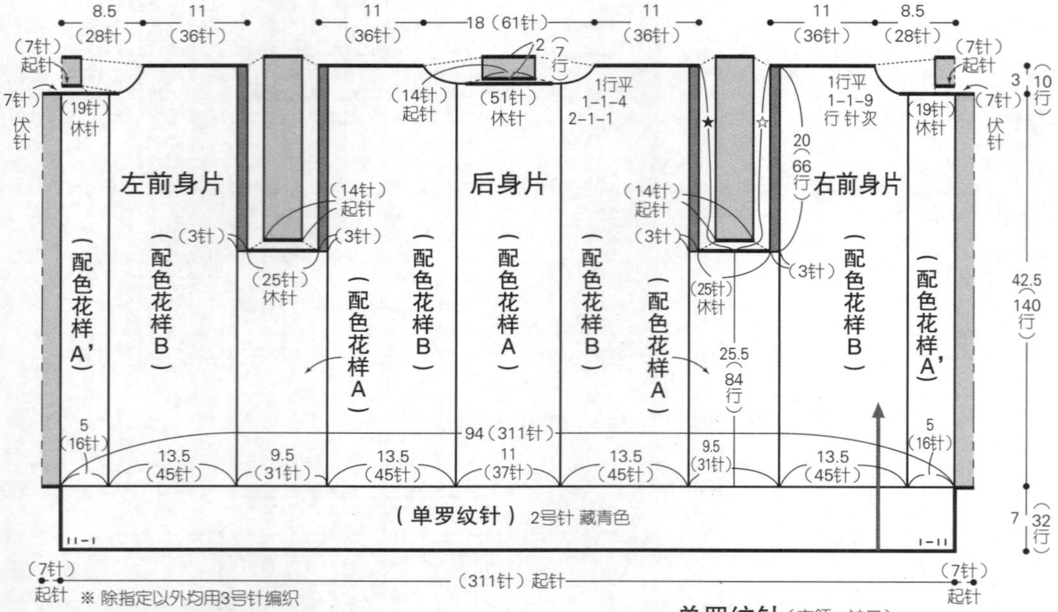

※ 除指定以外均用3号针编织

= （配色花样C）（临时针）

= （下针编织）藏青色

※ 配色花样横向渡线的编织方法参见第126页

线的使用量

British Fine		Shetland Spindrift	
颜色名（色号）	使用量	颜色名（色号）	使用量
藏青色（003）	285g/12团	黄油色（179）	30g/2团
原色（001）	30g/2团	浅橙色（440）	各15g/各1团
粉色（031）	各10g/各1团	黄绿色（785）	
黄色（035）			

※毛线用量是计算出来的，可能会有误差，敬请理解

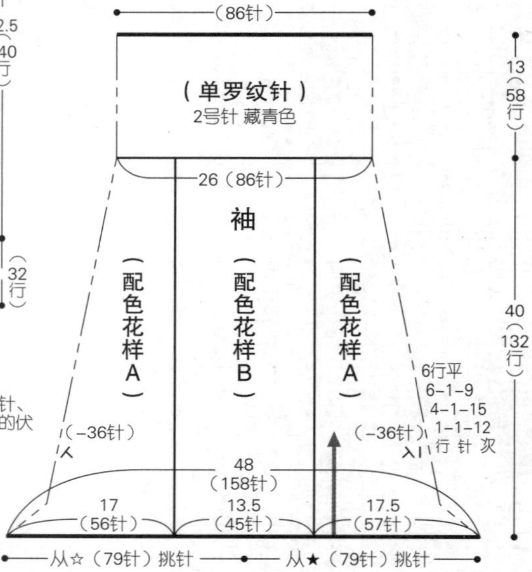

※ 对齐标记是右袖上的

单罗纹针（衣领、袖口）

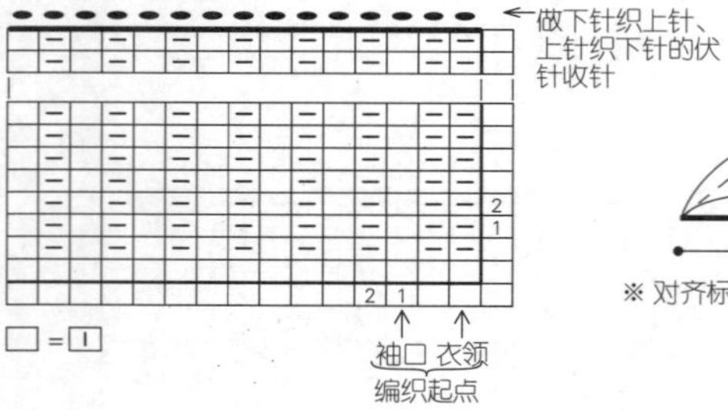

衣领（单罗纹针）藏青色

调整密度

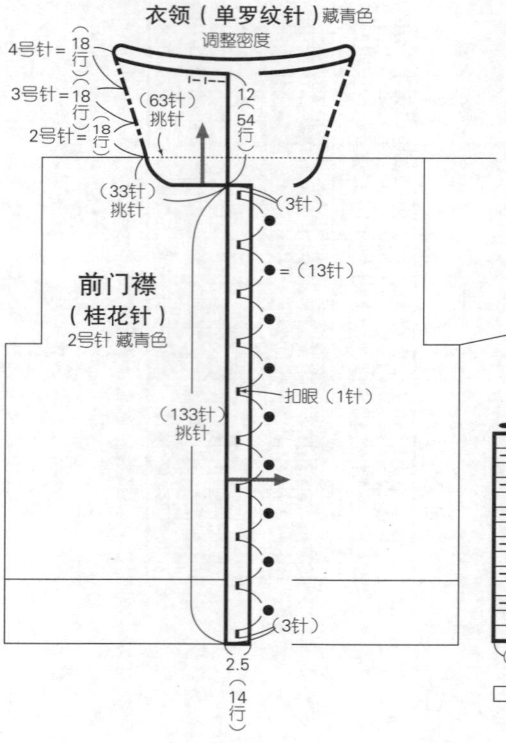

桂花针

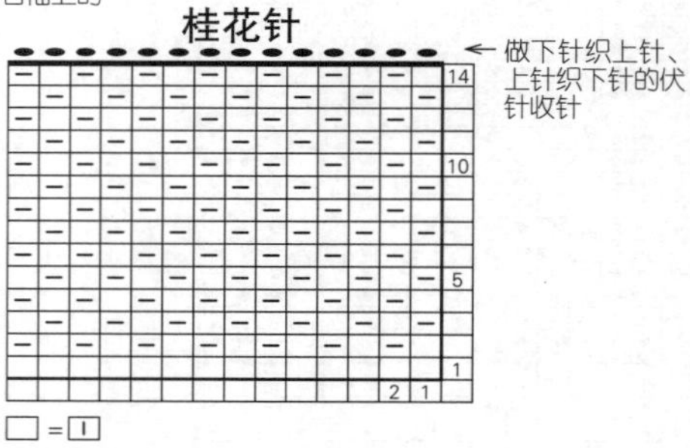

扣眼（右前门襟）

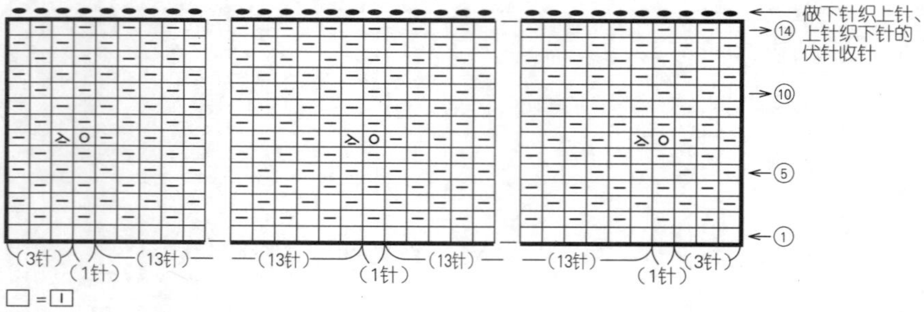

配色花样B

□ = ⊡

配色
- □ = 藏青色
- △ = 粉色
- ■ = 浅橙色
- ▲ = 黄油色
- ○ = 原色
- ▒ = 黄色
- ● = 黄绿色

配色花样A

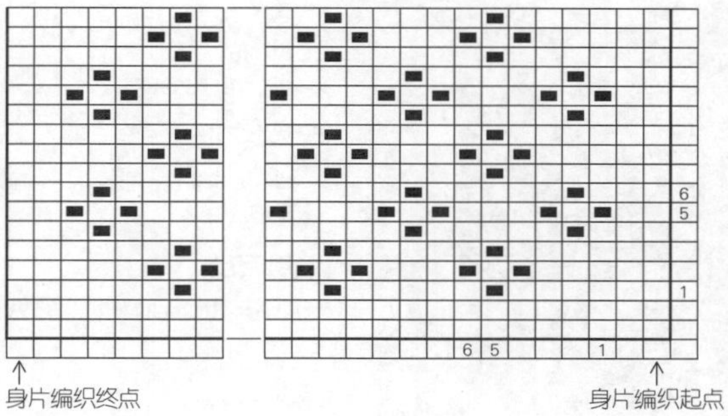

□ = ⊡

※袖的编织起点参见下图

配色花样A'（右前端）

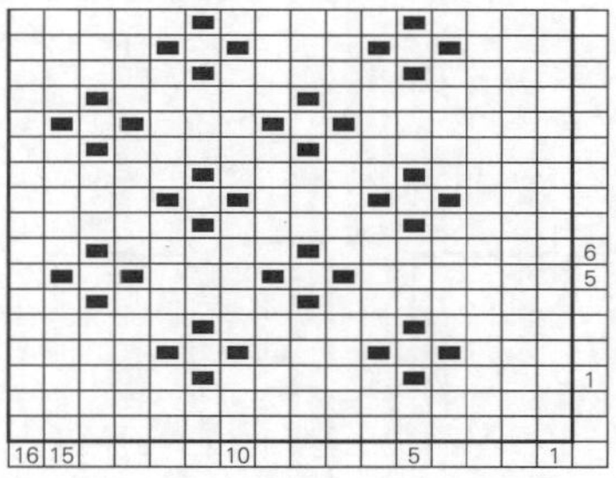

□ = ⊡

配色花样A'（左前端）

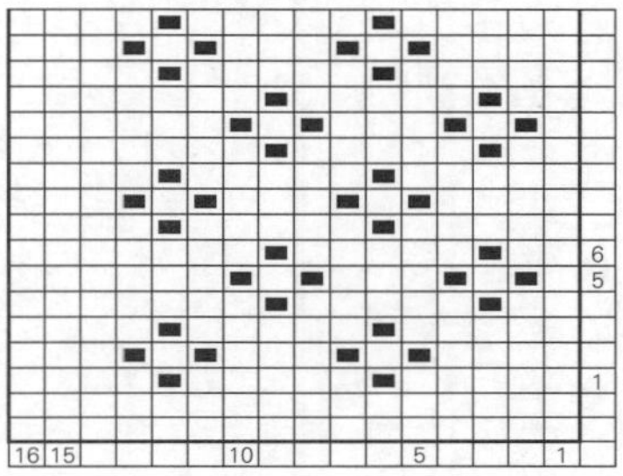

□ = ⊡

袖下的减针

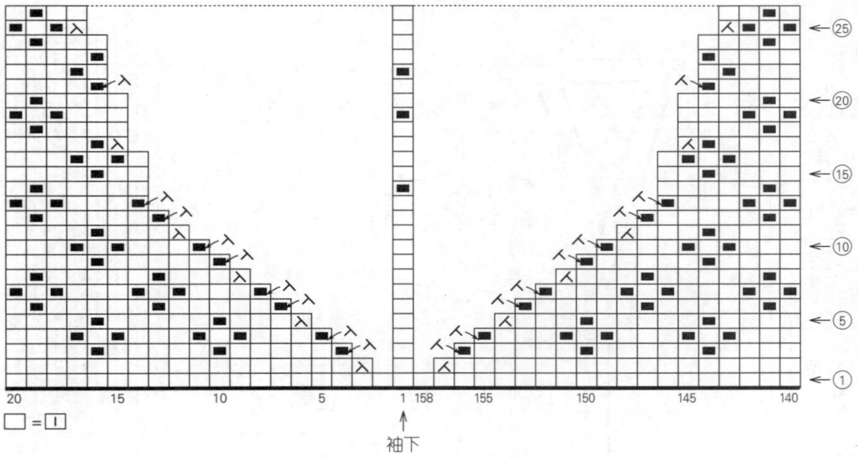

□ = ⊡

配色花样C（临时针）

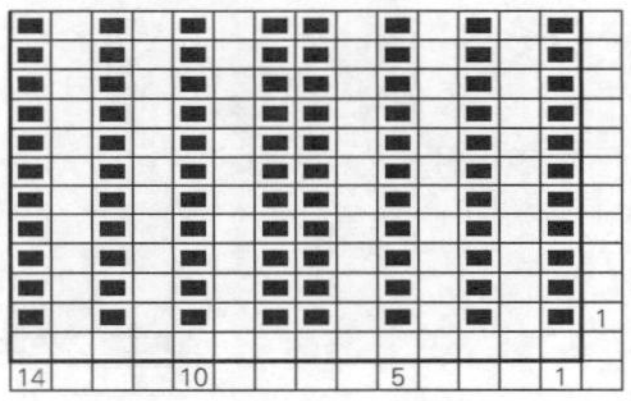

□ = ⊡

配色
- □ = 藏青色
- ■ = 配色线

※配色花样A、A'、C与配色花样B使用同样的配色编织

上针的滑针（2行的情况）

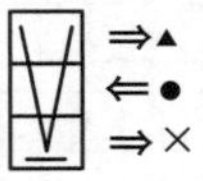

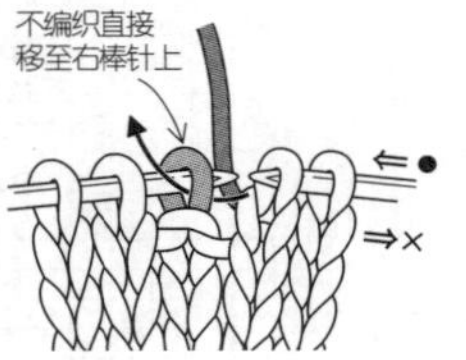

1 ×行该针编织上针。将线留在织片后侧，不要改变针目的朝向，不编织直接移至右棒针上。

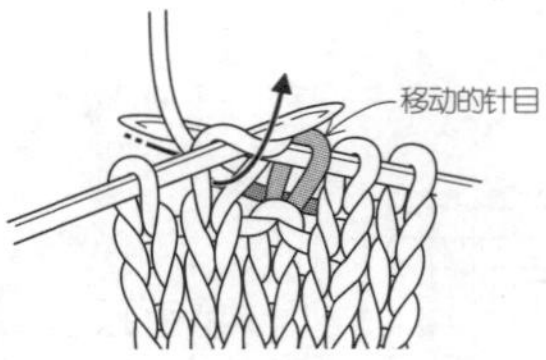

2 在下一针中入针，编织下针。

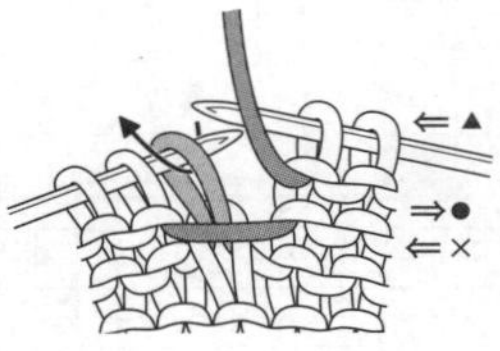

3 从反面编织的行，将线留在织片前侧，不要改变针目的朝向，不编织直接移至右棒针上。

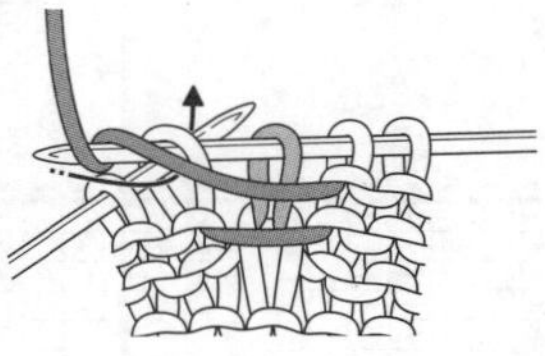

4 下一针编织上针。2行的上针的滑针编织完成。

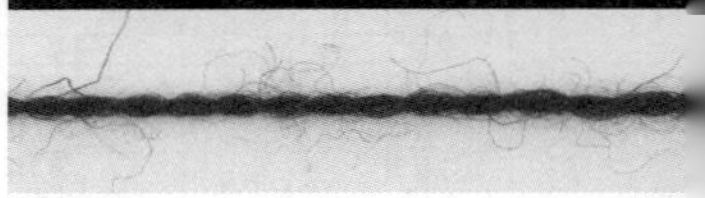

材料

芭贝 British Fine 颜色名、色号、使用量请参见图表所示；直径 15mm 的纽扣 8 颗

工具

棒针 3 号、2 号

成品尺寸

胸围 96.5cm，肩宽 34cm，衣长 60.5cm，袖长 56cm

编织密度

10cm×10cm 面积内：配色花样 B、C 32.5 针，33 行

编织要点

●身片、袖…手指起针，环形编织配色双罗纹针 A 和配色花样 A、B。配色花样采用横向渡线的方法编织。袖窿休 16 针，使用卷针起临时针，与身片连在一起做环形编织。领窝、袖窿减针时，使身片边缘的针目在下，与临时针边缘的针目做 2 针并 1 针。后领窝休 35 针，与袖窿使用同样的方法起临时针。衣袖与身片使用同样的方法起针，环形编织配色双罗纹针 A、配色花样 C，袖山部分采用往返编织。袖下的加针参见图示。

●组合…参照第 21 页，肩部使用钩针引拔接合。剪开前门襟、衣领的临时起针，挑取针目，编织配色双罗纹针。在右前门襟的指定位置编织扣眼，编织终点做下针织下针、上针织上针的伏针收针。使用毛线缝针做挑针缝合和下针编织无缝缝合将衣袖缝合到身片上。处理临时针的边缘，缝上纽扣即完成。

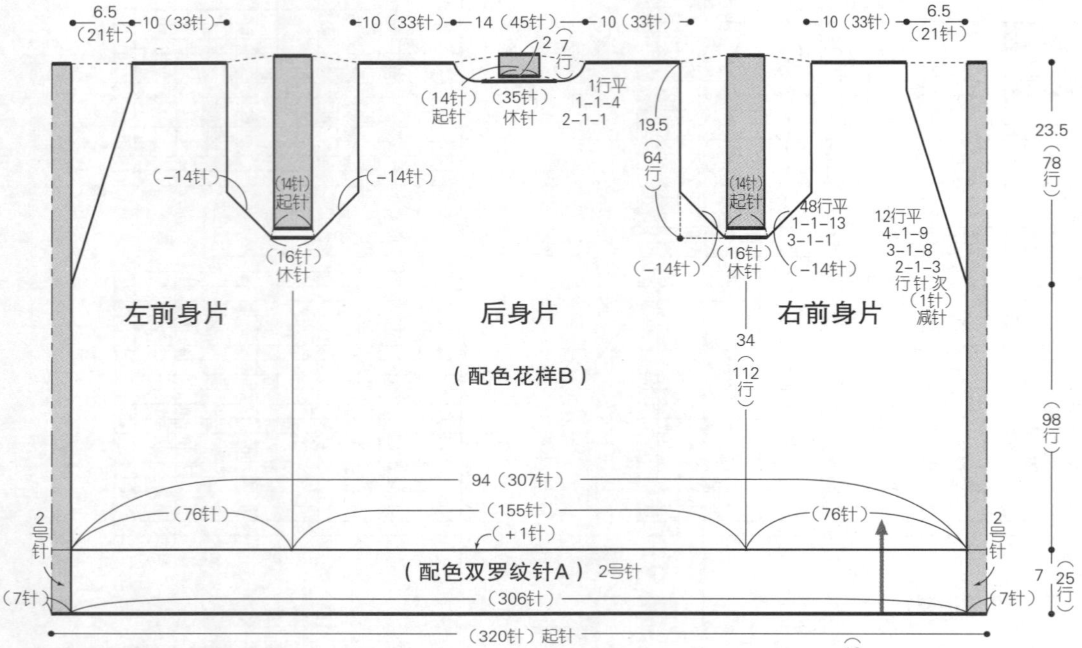

※ 除指定以外均用3号针编织

※ 配色花样横向渡线的编织方法参见第126页

▒ =（配色花样A）（临时针）

线的使用量

颜色名（色号）	使用量
红色（013）	75g/3团
蓝色（007）	各65g/各3团
深棕色（022）	
砖红色（037）	55g/3团
原色混合（019）	40g/2团
原色（001）	各35g/各2团
黄色（035）	

配色双罗纹针A

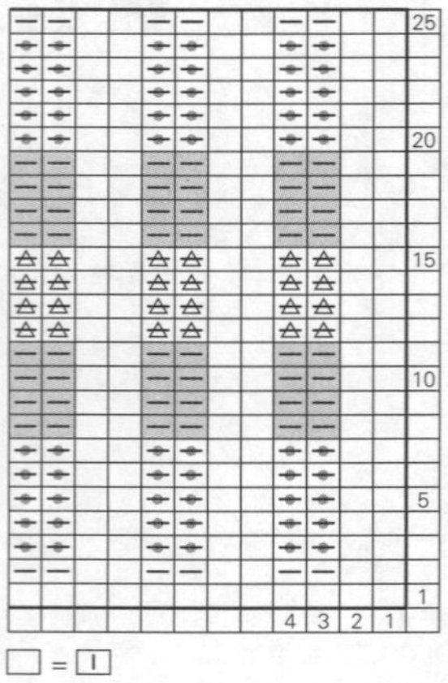

前门襟、衣领

（配色双罗纹针B）

2号针

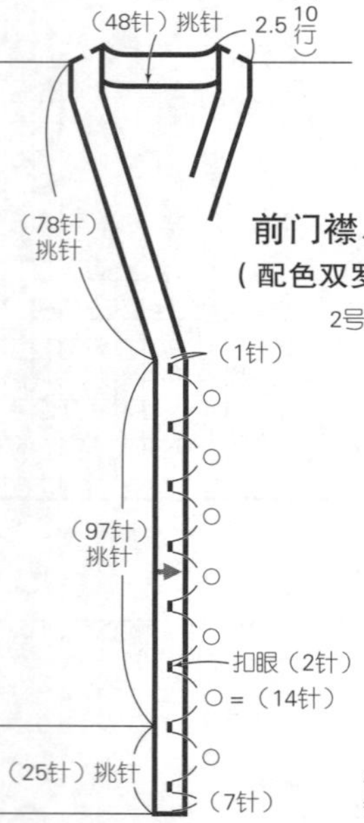

扣眼（右前门襟）

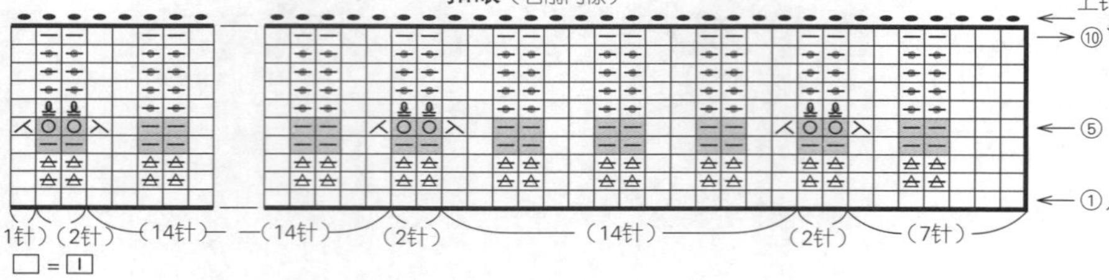

使用深棕色线做下针织下针、上针织上针的伏针收针

配色双罗纹针B

4针1个花样

配色

□ = 深棕色
⊡ = 蓝色
▒ = 红色
△ = 黄色
▓ = 砖红色
● = 原色
▲ = 原色混合

配色花样A（临时针）

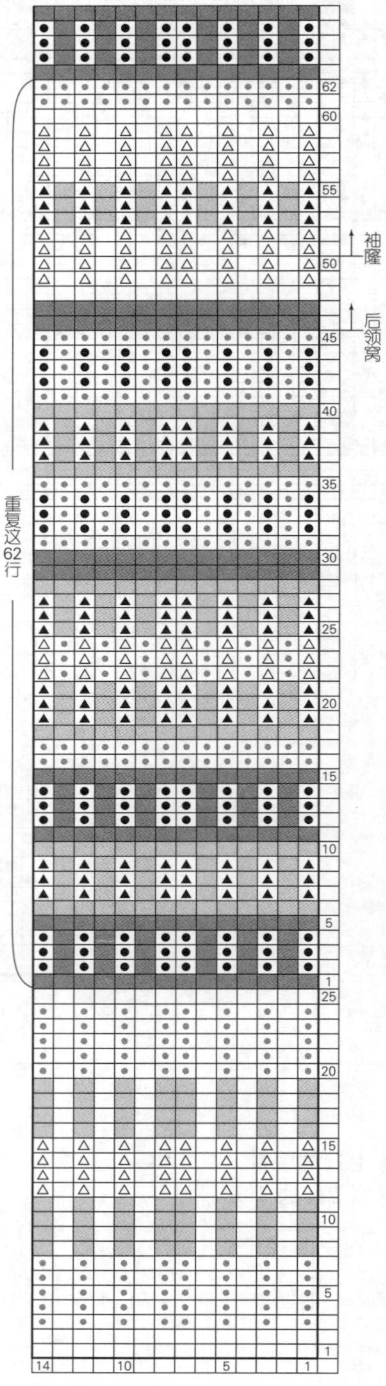

※ 袖窿、后领窝的临时针也与前端相同，使用与配色花样B相同的配色编织

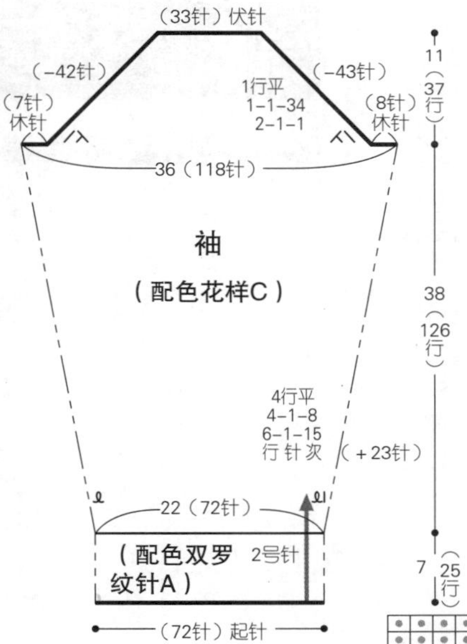

配色
- ▩ = 砖红色
- ● = 原色
- ▨ = 红色
- ▲ = 原色混合
- ◦ = 蓝色
- □ = 深棕色
- △ = 黄色

袖下的加针

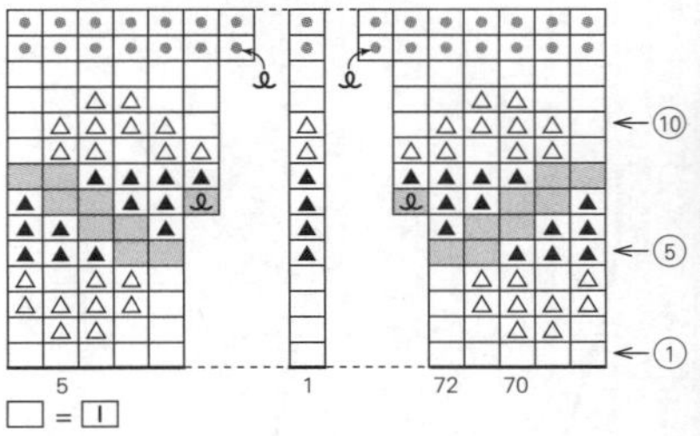

配色花样C

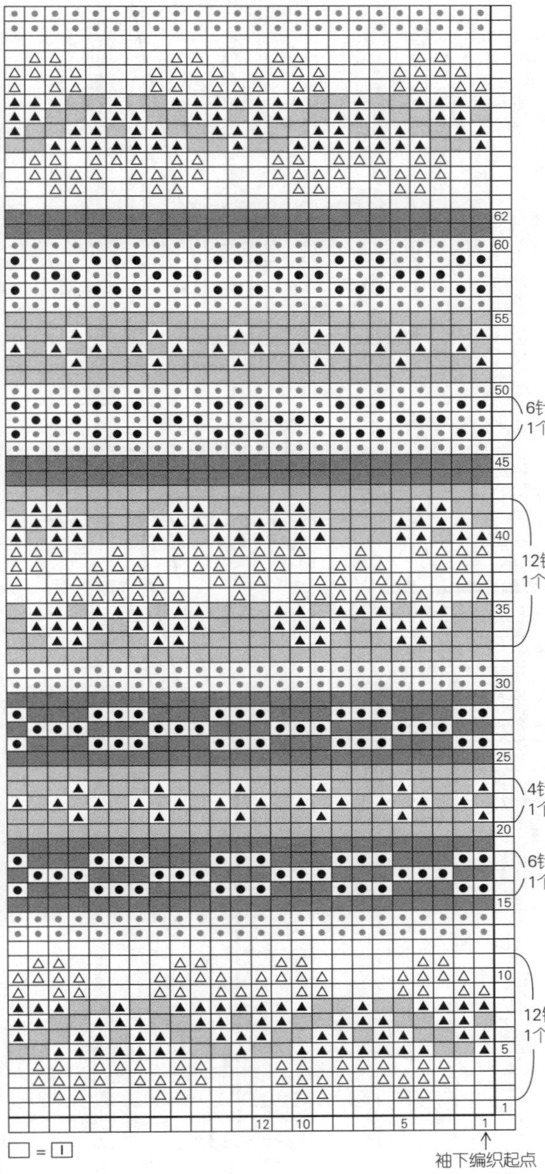

配色花样B

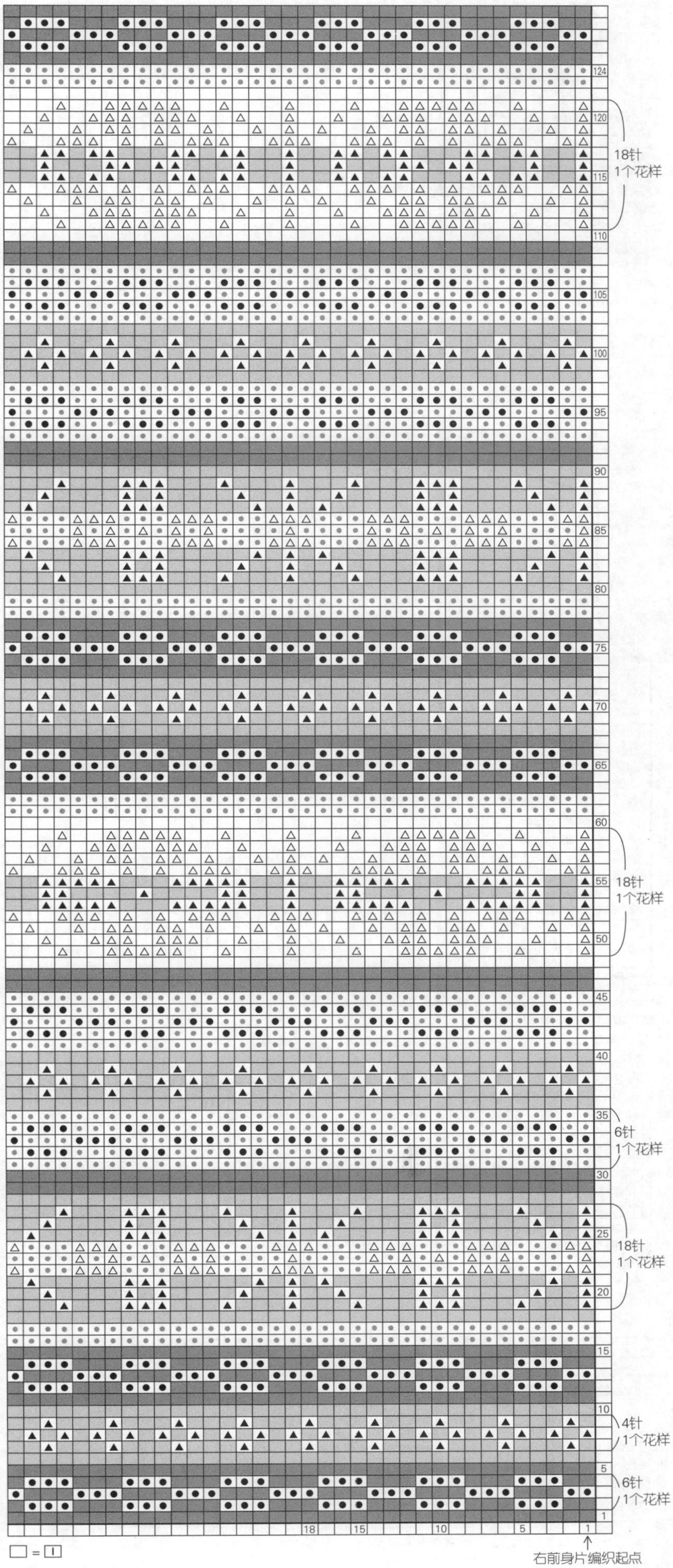

材料

芭贝British Fine 颜色名、色号、使用量请参见图表所示；直径20mm的纽扣6颗

工具

棒针3号、2号、1号

成品尺寸

胸围111cm，肩宽40cm，衣长70cm，袖长63cm

编织密度

10cm×10cm面积内：下针编织30针，35行；配色花样30针，33行

编织要点

●身片、袖…手指起针，编织双罗纹针。后身片、袖做下针编织，前身片编织配色花样，其中前身片的第1行是从反面编织的行。配色花样采用横向渡线的方法编织。在前身片的口袋的位置编入另线备用。减针时，2针及2针以上时做伏针减针，1针时立起侧边1针减针。拆开口袋位置的另线，挑取针目，编织袋口和口袋内层。口袋内层的编织终点做伏针收针，做卷针缝缝到身片上。袋口做下针织下针、上针织上针的伏针收针。

●组合…肩部做盖针接合，胁、袖下使用毛线缝针挑针缝合。前门襟、衣领挑取指定数量的针目，编织双罗纹针。在左前门襟的指定位置编织扣眼。编织终点与袋口的处理方法相同。使用钩针将衣袖引拔接合到身片上。钉上纽扣后即完成。

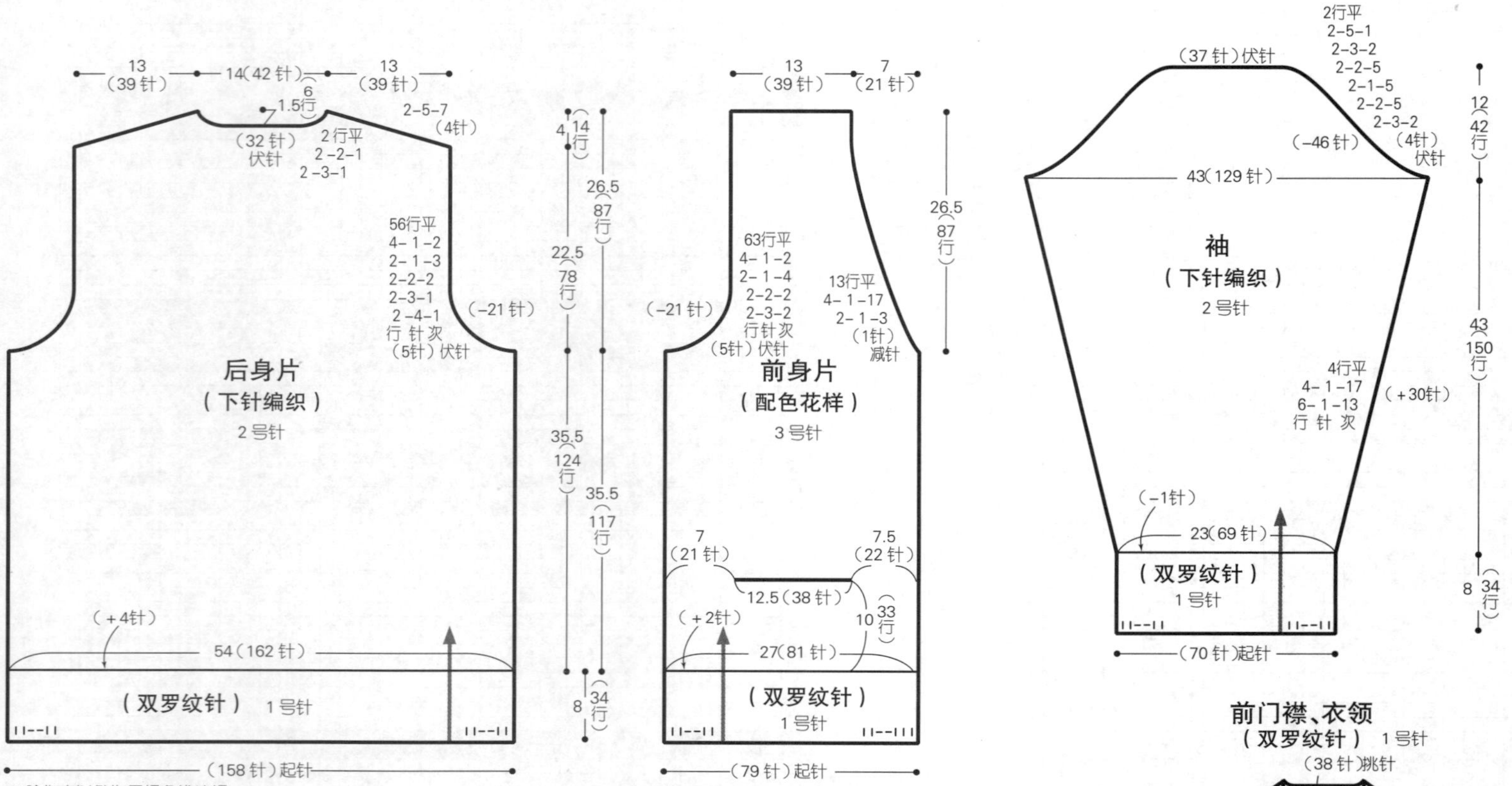

※ 除指定以外均用绿色线编织

※ 配色花样横向渡线的编织方法参见第126页

前门襟、衣领

（双罗纹针） 1号针

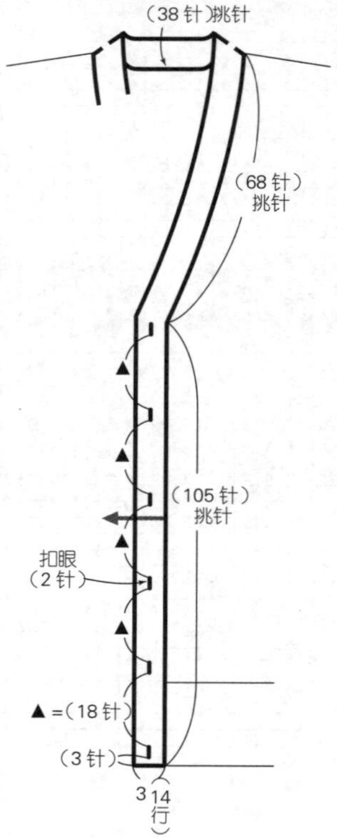

双罗纹针

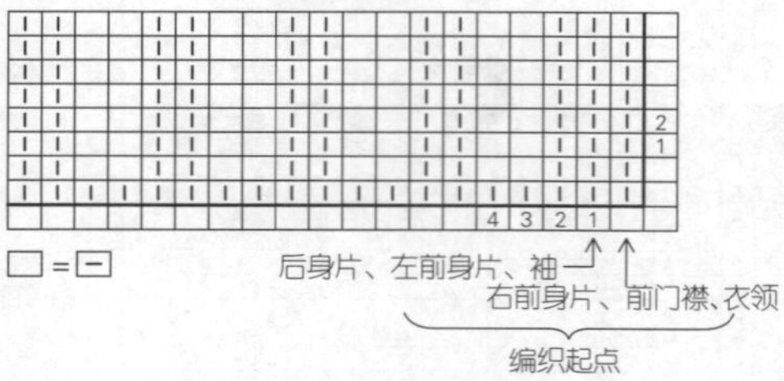

扣眼（左前门襟）

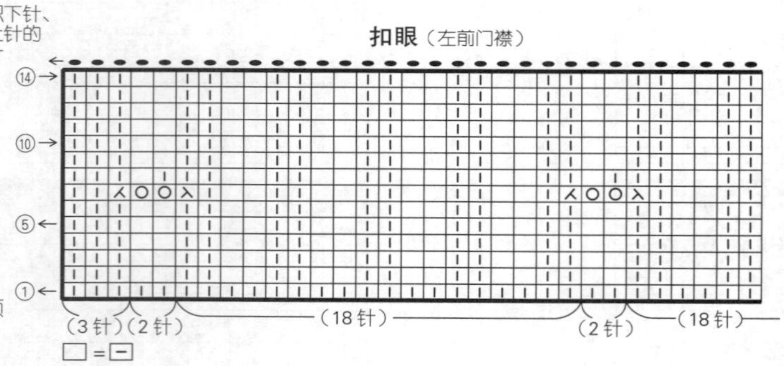

配色和使用量

色号	颜色名	使用量
055	绿色	310g/13团
040	浅茶色	30g/2团
007	蓝色	20g/1团
064	灰浅蓝色	15g/1团
051	橙色	各10g/各1团
037	砖红色	
062	亮蓝色	
021	浅米色	
013	红色	各5g/各1团
035	黄色	

口袋内层 2片

（下针编织）

2号针

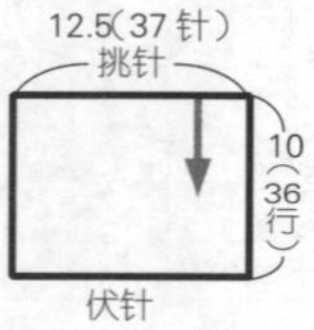

袋口 2片

（双罗纹针）

1号针

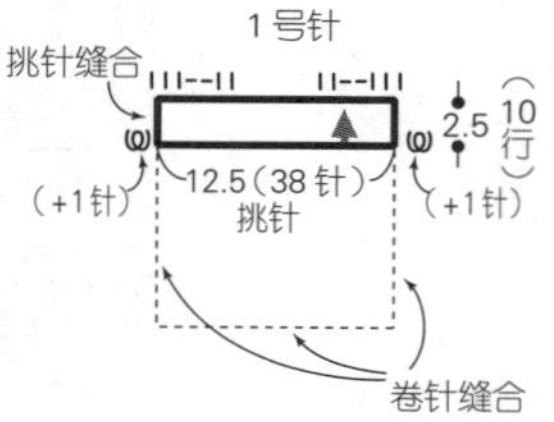

配色花样

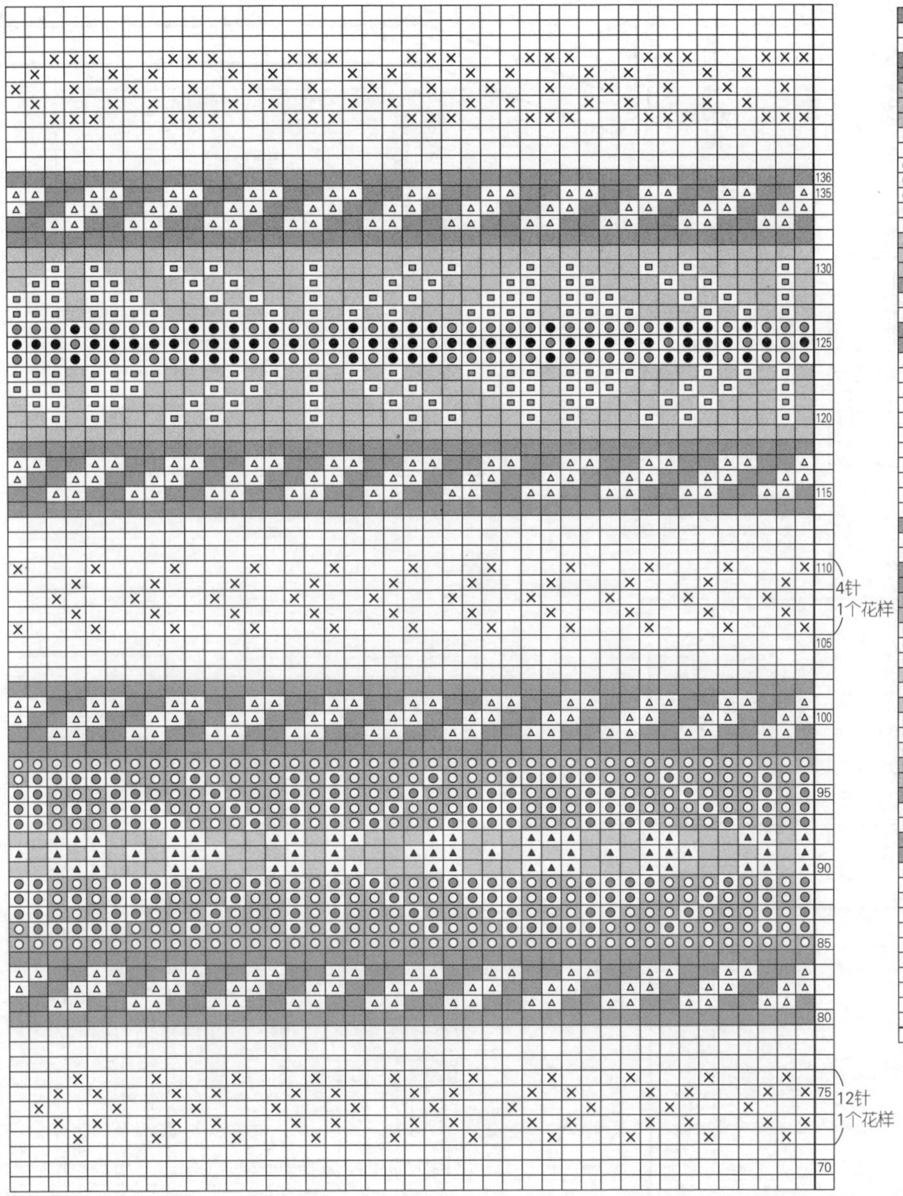

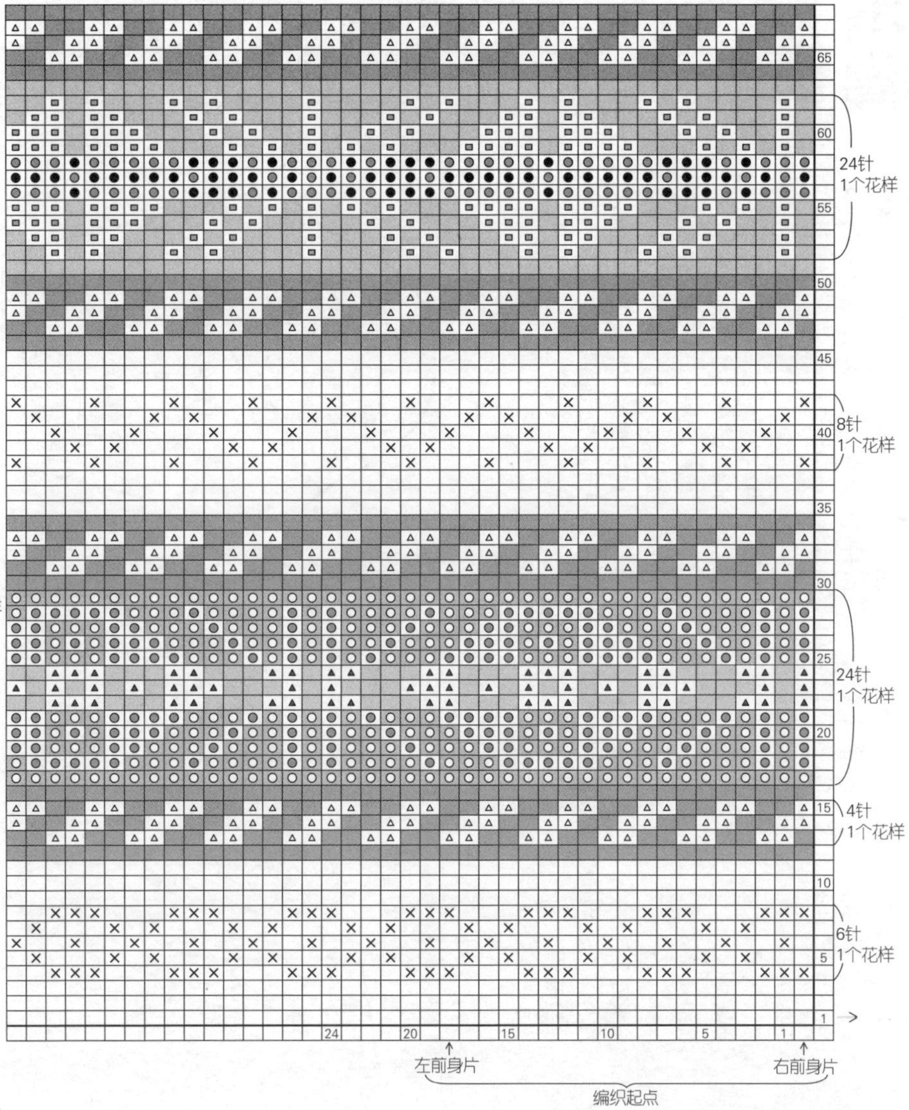

□ = ⊡

配色

- □ = 浅茶色
- ⊠ = 亮蓝色
- ■ = 绿色
- ◎ = 橙色
- ● = 浅灰蓝色
- ▲ = 黄色
- ▒ = 蓝色
- △ = 砖红色
- ▣ = 浅米色
- ● = 红色

材料

和麻纳卡 Rich More Spectre Modem 颜色名、色号、使用量请参见图表所示；la droguerie 长 25mm 的纽扣 5 颗

工具

棒针 10 号、8 号

成品尺寸

胸围 101cm，肩宽 38cm，衣长 68cm，袖长 54cm

编织密度

10cm×10cm 面积内：配色花样 19 针，21 行

编织要点

●身片、袖…手指起针，编织双罗纹针条纹花样、配色花样。配色花样采用横向渡线的方法编织。减针时，2 针及 2 针以上时做伏针减针，1 针时立起侧边 1 针减针。袖下加针时，在 1 针内侧编织挂针，并在下一行编织扭针。

●组合…肩部做盖针接合，胁、袖下使用毛线缝针挑针缝合。前门襟、衣领挑取指定数量的针目，编织起伏针条纹花样。在右前门襟的指定位置编织扣眼，编织终点使用紫色线从反面做伏针收针。使用钩针将衣袖引拔接合到身片上。钉上纽扣后即完成。

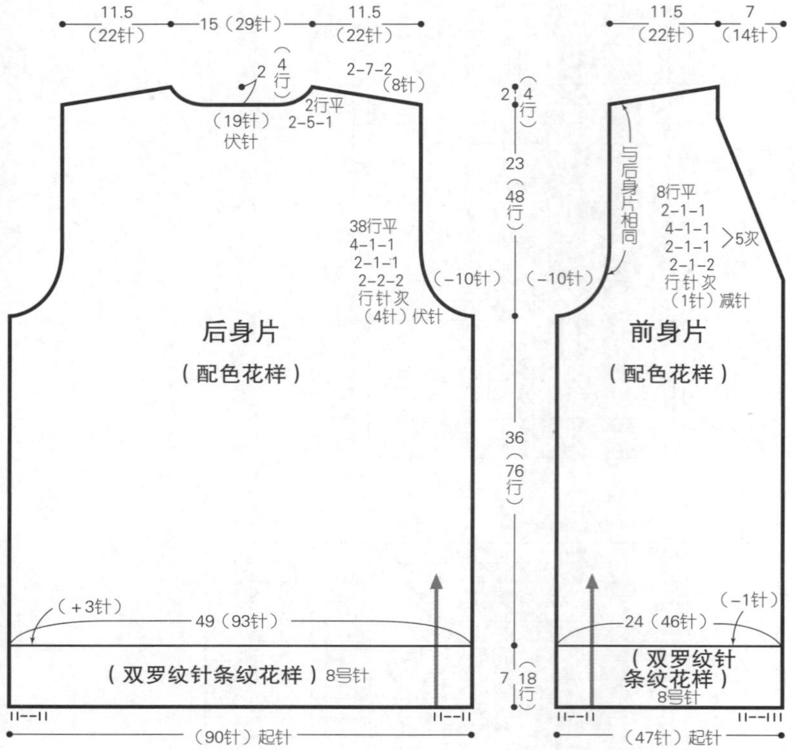

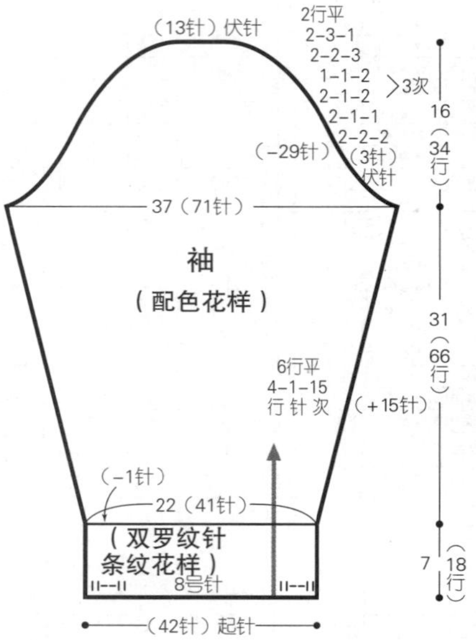

线的使用量

颜色名（色号）	使用量
深棕色（42）	290g/8团
橙色（27）	60g/2团
红色（32）	45g/2团
紫色（20）	40g/1团
芥末黄色（28）	30g/1团
蓝绿色（14）	各25g/各1团
金褐色（54）	
浅粉色（5）	各20g/各1团
砖红色（29）	
宝蓝色（33）	
蓝色（21）	各15g/各1团
浅绿色（51）	

※ 除指定以外均用10号针编织

※ 配色花样横向渡线的编织方法参见第 126 页

双罗纹针条纹花样

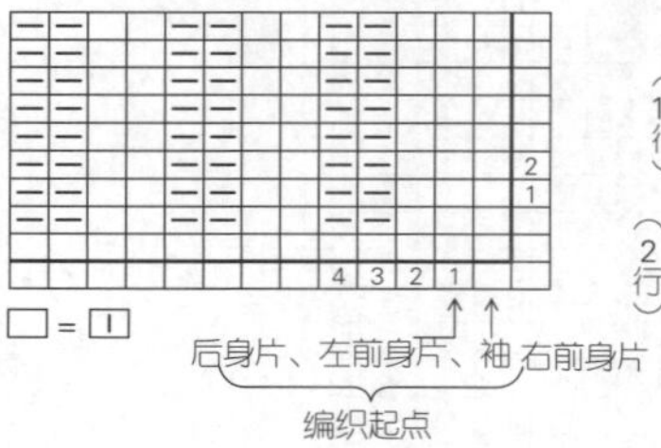

双罗纹针条纹花样的配色

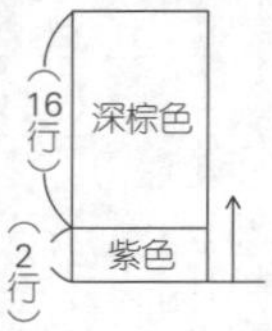

起伏针条纹花样

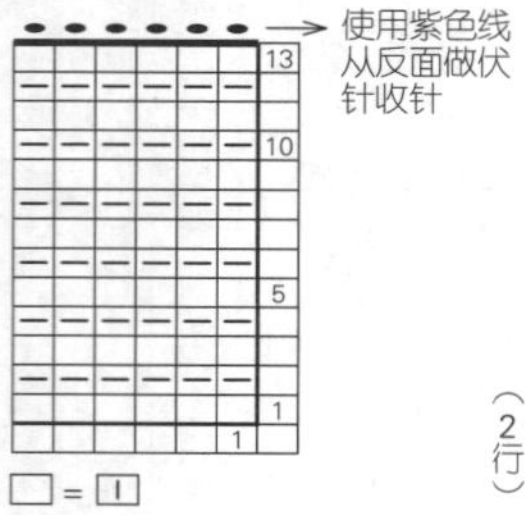

双罗纹针条纹花样的配色

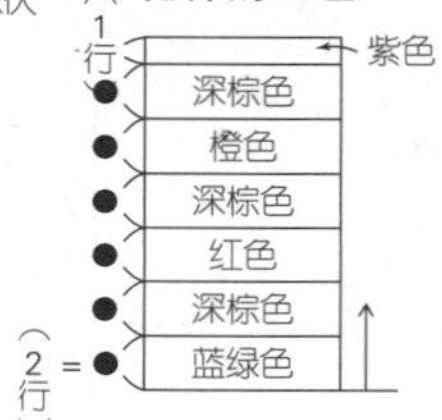

前门襟、衣领（起伏针条纹花样）
8号针

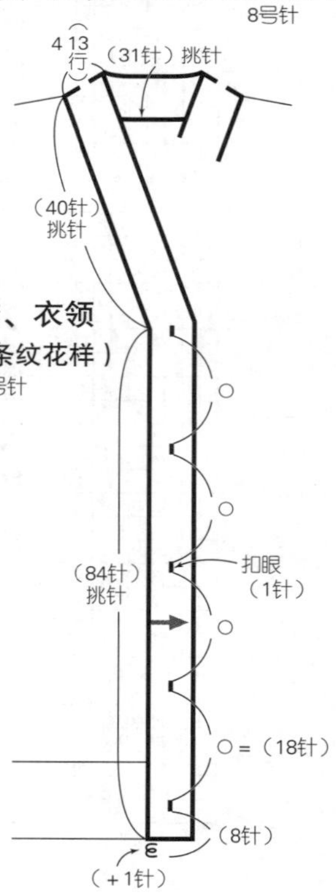

扣眼（右前门襟）

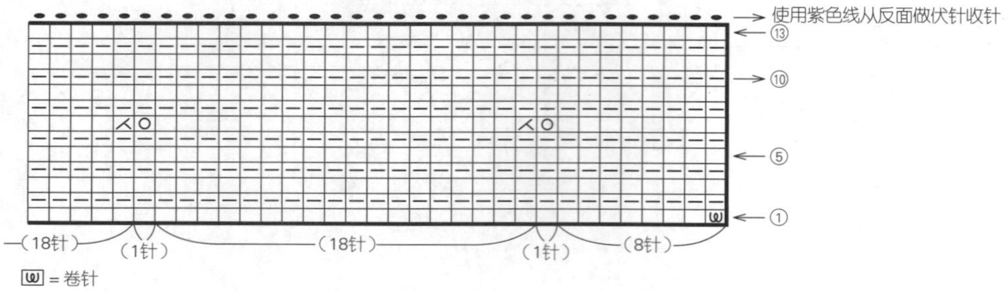

配色花样

□ = Ⅰ

左前身片编织起点 袖中心 后身片中心 后身片 袖 右前身片

编织起点

配色

- □ = 深棕色
- ■ = 红色
- ▒ = 宝蓝色
- ● = 金褐色
- ◦ = 橙色
- ▲ = 浅绿色
- ● = 紫色
- ◦ = 芥末黄色
- ◎ = 砖红色
- △ = 蓝色
- ▲ = 蓝绿色
- △ = 浅粉色

短针的菱形针

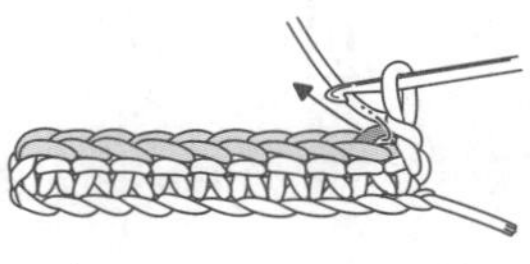

1 将针插入前一行针目的后侧半针中，钩织短针。

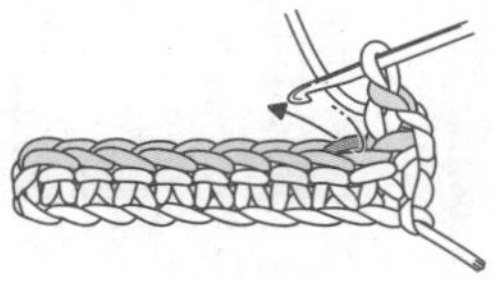

2 下一针也使用同样的方法编织。

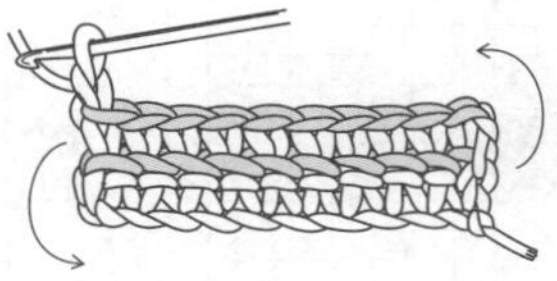

3 编织到尽头后，立织1针锁针，翻转织片。

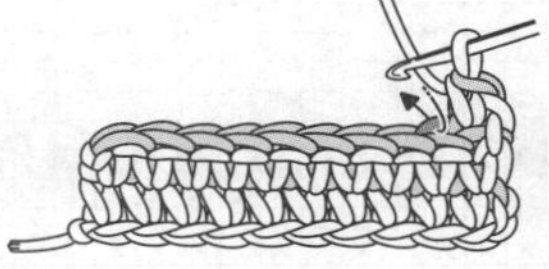

4 与上一行相同，将针插入后侧半针中，钩织短针。

材料

芭贝British Eroika颜色名、色号、使用量请参见图表所示；直径15mm的包扣内芯1颗

工具

棒针10号、8号，钩针8/0号

成品尺寸

胸围102cm，肩宽45cm，衣长60cm，袖长54cm

编织密度

10cm×10cm面积内：配色花样17针，20行

编织要点

●身片、袖…手指起针，编织单罗纹针条纹花样、配色花样。配色花样采用横向渡线的方法编织。在前身片的口袋的位置编入另线备用。减针时，2针及2针以上时做伏针减针，1针时立起侧边1针减针。袖下加针时，在1针内侧编织扭针加针。拆开口袋位置的另线，挑取针目，编织袋口和口袋内层。袋口的编织终点做单罗纹针收针。口袋内层做伏针收针，做卷针缝缝到身片上。

●组合…肩部做盖针接合，胁、袖下使用毛线缝针挑针缝合。衣领挑取指定数量的针目，编织单罗纹针。编织终点与袋口的处理方法相同。后背开口在钩织短针的同时，在指定的位置编织扣襻。使用钩针将衣袖引拔接合到身片上。

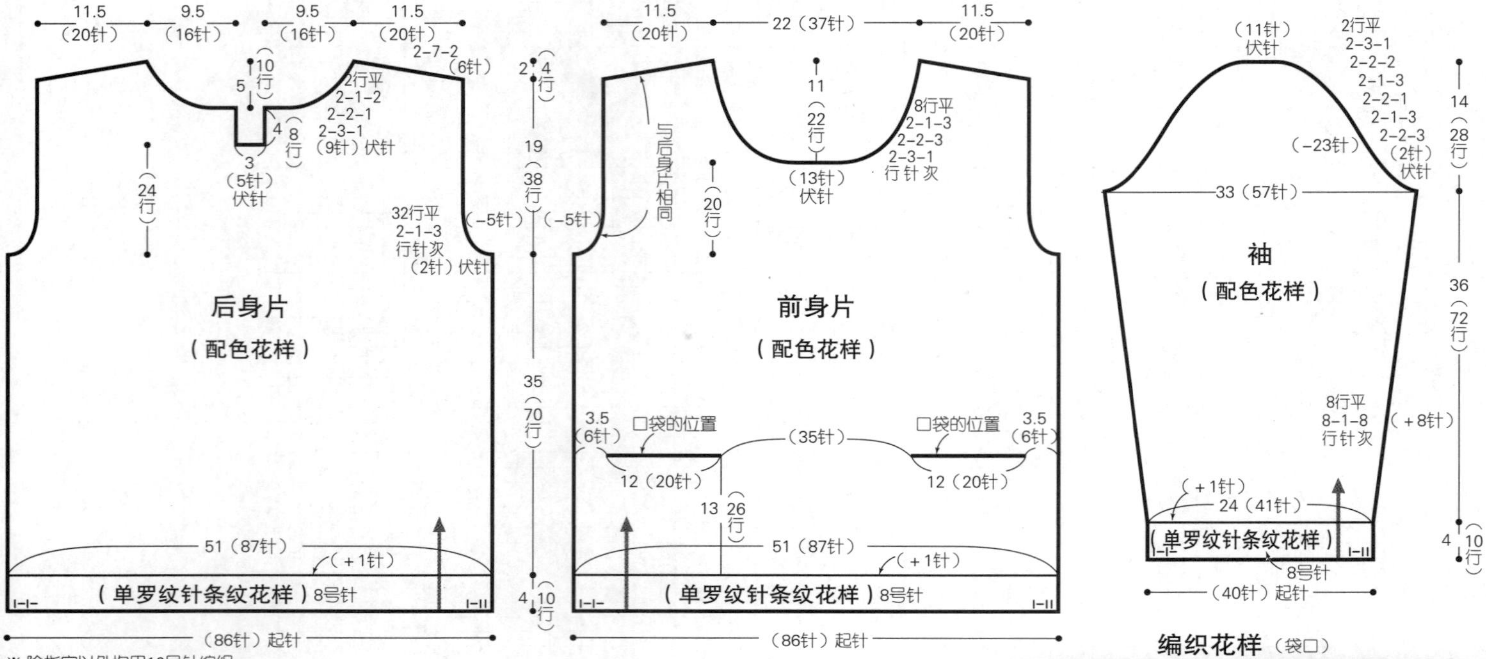

※ 除指定以外均用10号针编织

※ 配色花样横向渡线的编织方法参见第126页

配色花样

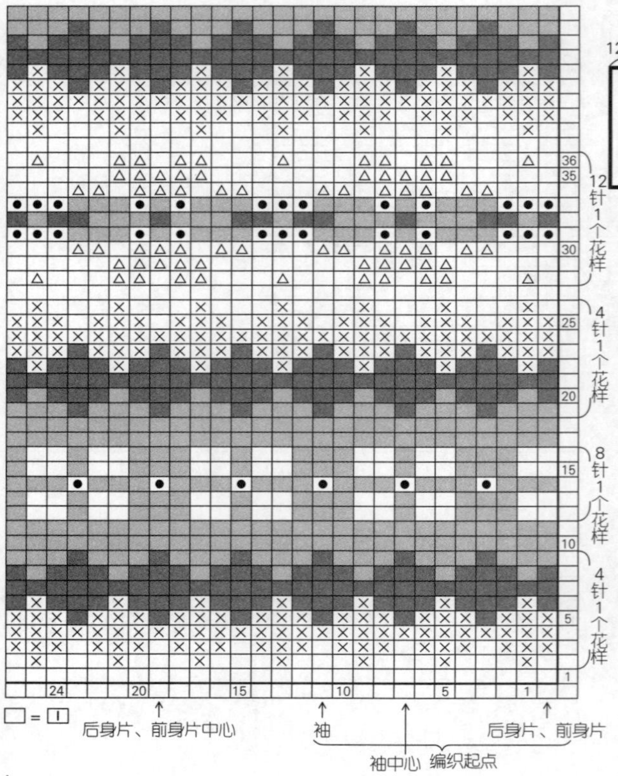

口袋内层 2片
（下针编织）
绿色

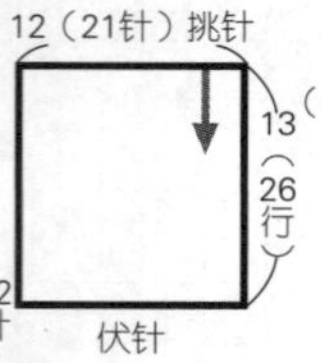

袋口 2片
（编织花样）
8号针
薄荷色

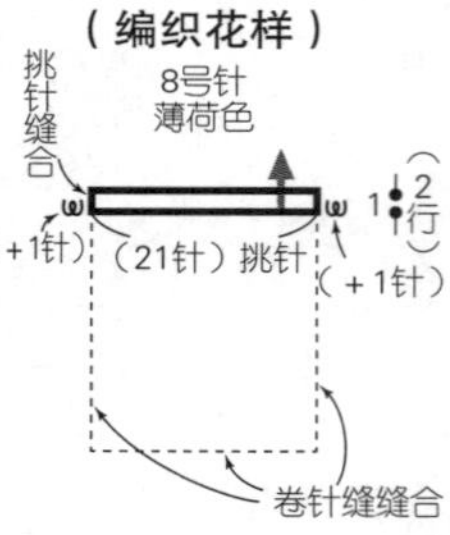

编织花样（袋口）

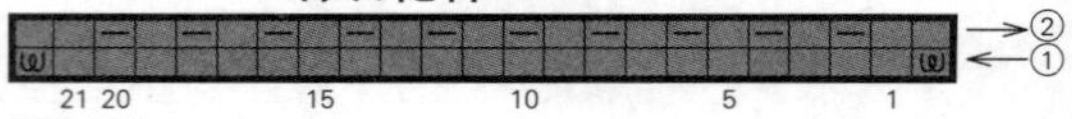

包扣 1颗
8/0号针 绿色

※ 将反面当作正面使用

※ 中间放入直径15mm的包扣内芯，将线穿入最后1行的针目中，收紧

► = 剪线

线的使用量

颜色名（色号）	使用量
绿色（184）	215g/5团
黄色（191）	145g/3团
薄荷色（202）	115g/3团
粉色（189）	100g/2团
橙色（203）	50g/1团
红色（116）	25g/1团

衣领（单罗纹针）
8号针 绿色

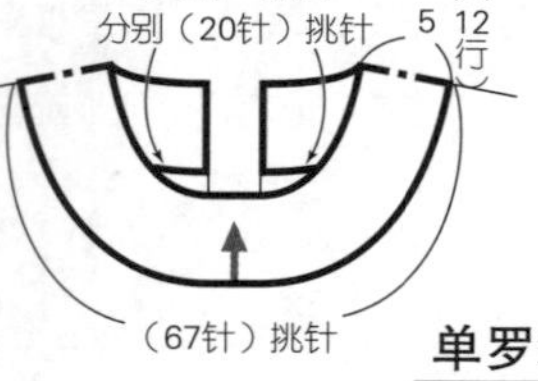

单罗纹针条纹

后背开口
（短针）8/0号针
绿色 ※ 参照图示

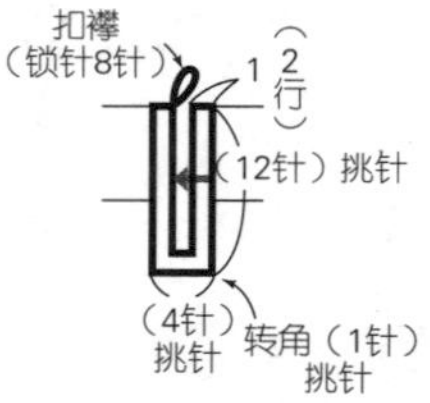

后背开口的编织方法

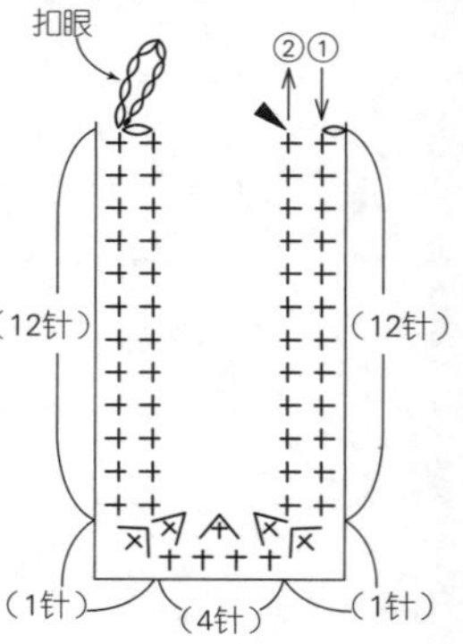

材料

芭贝 Shetland 颜色名、色号、使用量请参见图表所示；直径 18mm 的纽扣 4 颗

工具

棒针 5 号、6 号，钩针 5/0 号

成品尺寸

胸围 96cm，肩宽 38cm，衣长 60cm，袖长 53.5cm

编织密度

10cm×10cm 面积内：下针编织 22.5 针，30.5 行；配色花样 22.5 针，26 行

编织要点

●身片、袖…身片另线锁针，环形编织下针编织、配色花样。配色花样采用横向渡线的方法编织。袖窿做 23 针伏针收针，继续分别编织前、后身片。领窝处减针时，2 针及 2 针以上时做伏针减针，1 针时立起侧边 1 针减针。编织终点，右肩休针，左肩做伏针收针。拆开下摆起针的锁针挑取针目，环形编织双罗纹针条纹花样。编织终点做下针织下针、上针织上针的伏针收针。衣袖与身片使用同样的方法起针开始编织，分别做下针编织和配色花样。袖下的加针参见图示。编织终点休针，将两部分使用毛线缝针挑针缝合在一起。拆开袖口起针的锁针挑取针目，做下针编织、双罗纹针条纹花样。编织终点与下摆的处理方法相同。

●组合…右肩做盖针接合。衣领挑取指定数量的针目，编织双罗纹针条纹花样。编织终点休针备用。左肩开口钩织 1 行短针调整好形状，与衣领的休针连接在一起做引拔针收针。对齐针与行，使用毛线缝针将袖缝合到身片上，将左肩对齐标记的部分重叠后缝合在一起。

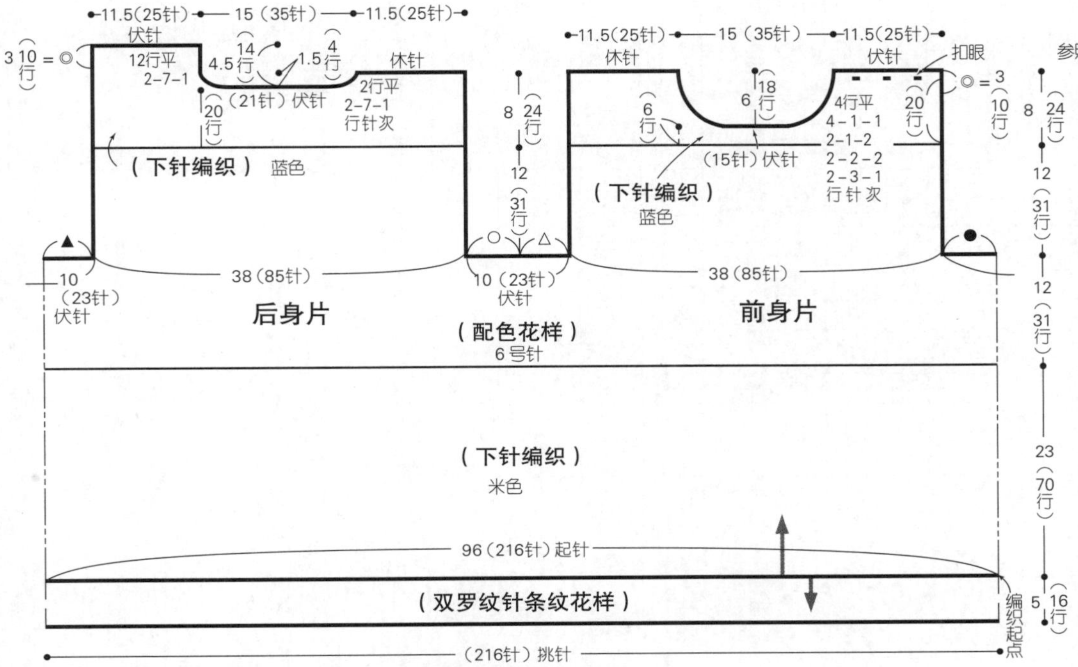

※ 除指定以外均用5号针编织　※ 配色花样横向渡线的编织方法参见第 126 页

※ 令配色花样边缘的针目不显眼的编织方法参见第 108 页

线的使用量

颜色名（色号）	使用量
米色（7）	220 g /6 团
蓝色（16）	180 g /5 团
绿色（14）	各 35 g / 各 1 团
酒红色（23）	
深黄色（54）	30 g / 1 团
橙色（43）	各 20 g / 各 1 团
红色（29）	
原色（8）	10 g / 1 团
黄色（39）	5 g / 1 团

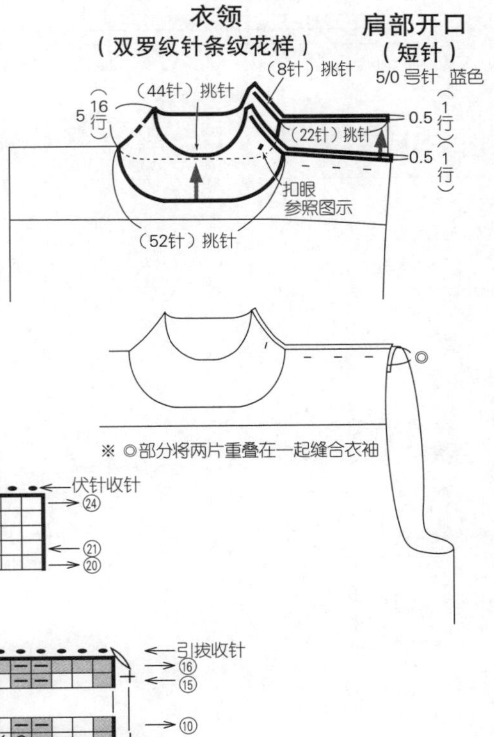

※ ◎部分将两片重叠在一起缝合衣袖

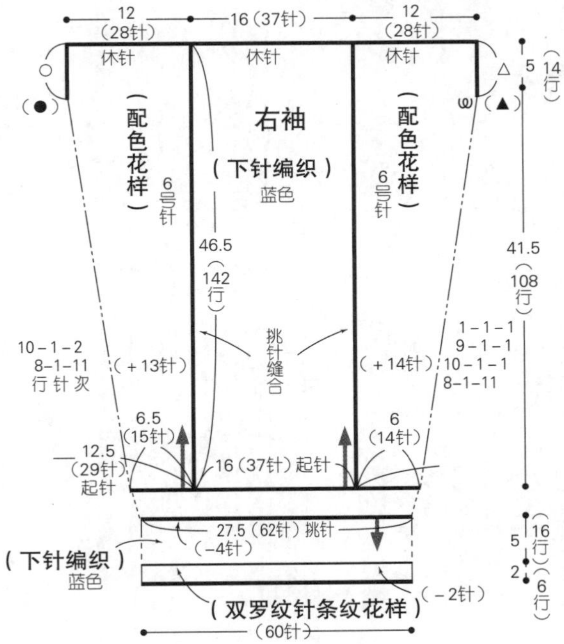

※（　）内为左袖的对齐标记

短针

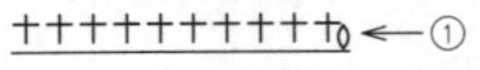

扣眼（前身片左肩）

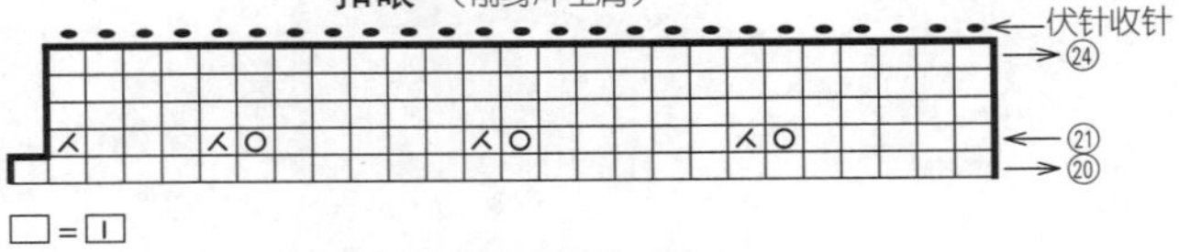

衣领和肩部开口的编织方法

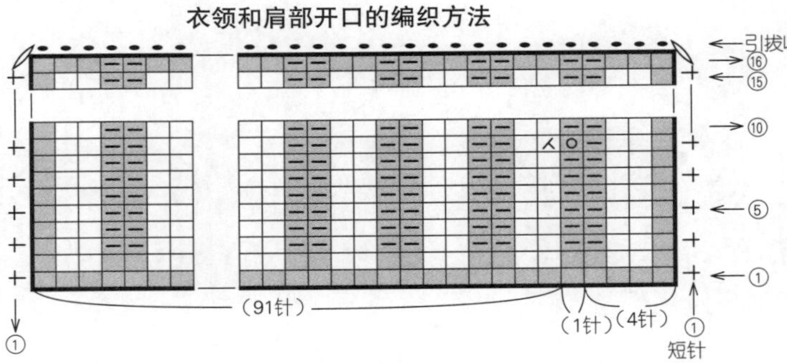

配色花样（身片）

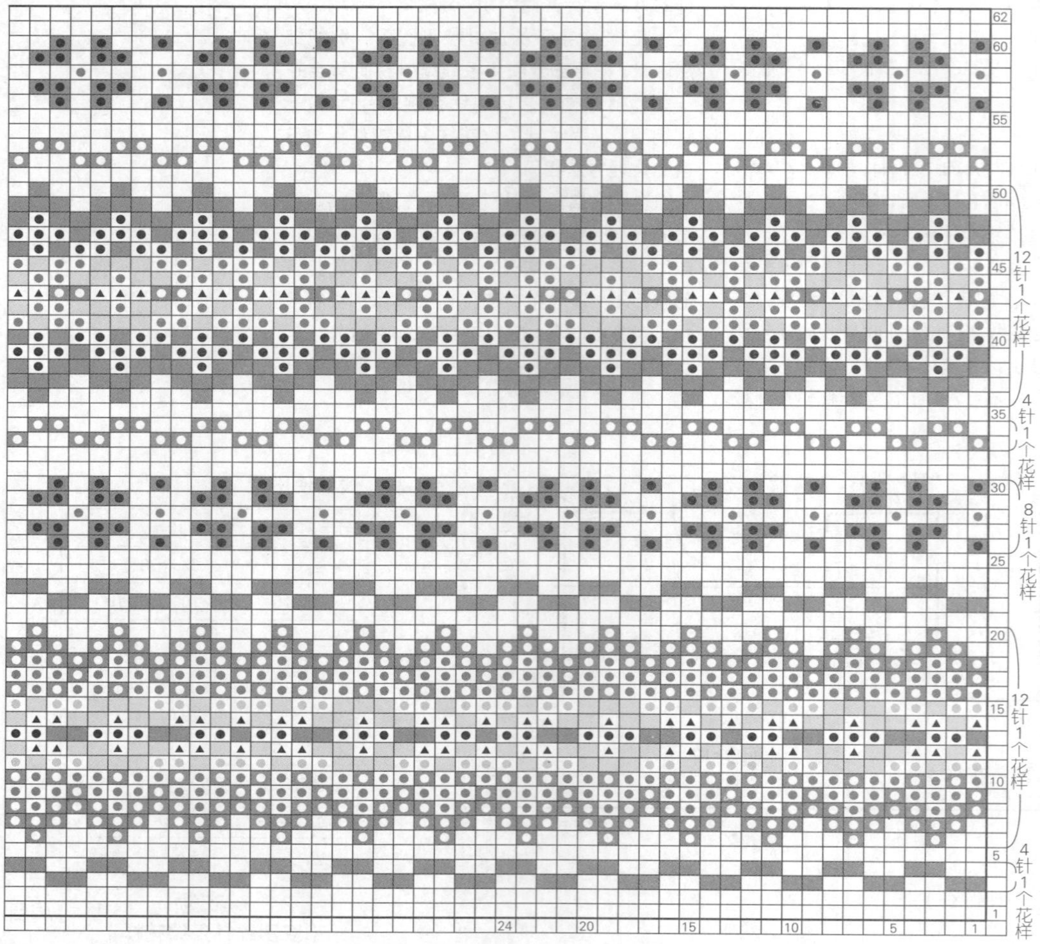

□ = 丨

配色
□ = 米色
■ = 绿色
◎ = 酒红色
⊙ = 深黄色
○ = 黄色
▨ = 蓝色
▲ = 原色
● = 橙色
◉ = 红色

双罗纹针条纹花样（下摆）

使用蓝色线做下针织下针、上针织上针的伏针收针

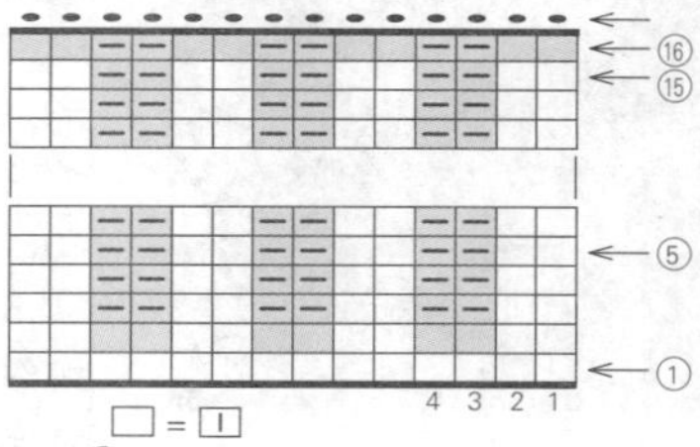

□ = 丨

配色
□ = 米色
▨ = 蓝色

双罗纹针（袖口）

使用蓝色线做下针织下针、上针织上针的伏针收针

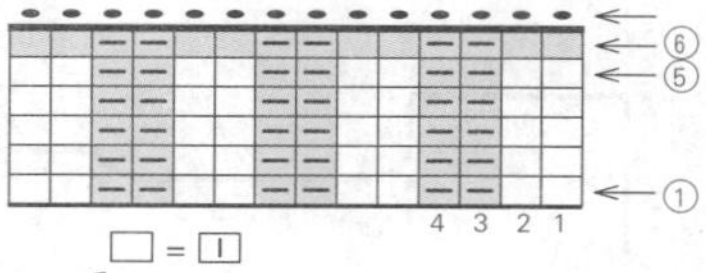

□ = 丨

配色
□ = 米色
▨ = 蓝色

配色花样横向渡线的编织方法

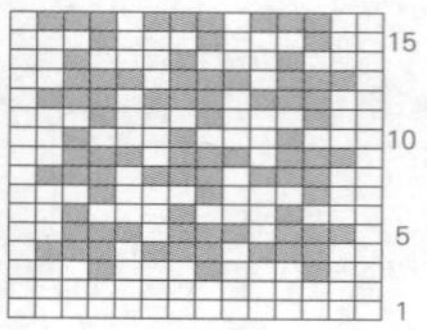

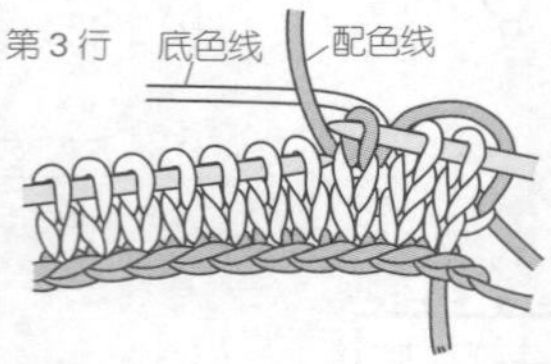

1 夹着配色线开始编织，使用底色线编织2针，配色线编织1针。

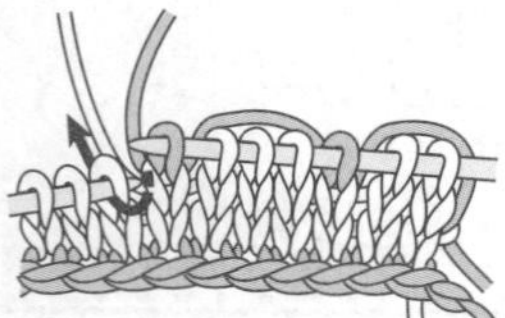

2 配色线在上，底色线从下方渡过，重复使用底色线编织3针，配色线编织1针。

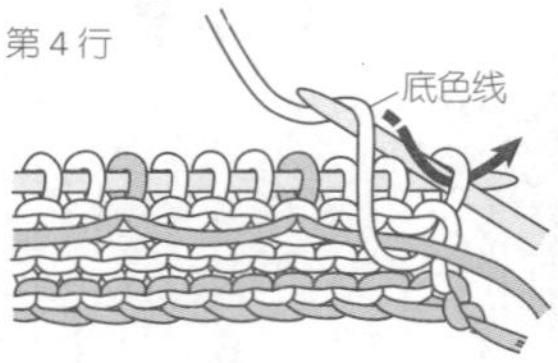

3 第4行的编织起点。夹着配色线编织第1针。

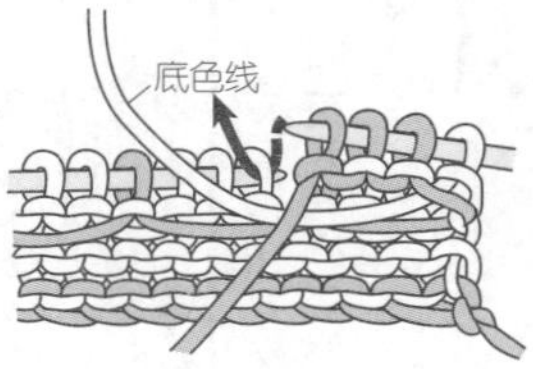

4 编织上针一侧时，也是配色线在上、底色线从下方渡过。

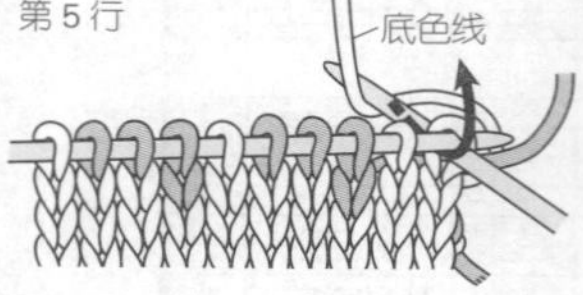

5 行的编织起点，使用编织线夹着休线开始编织。

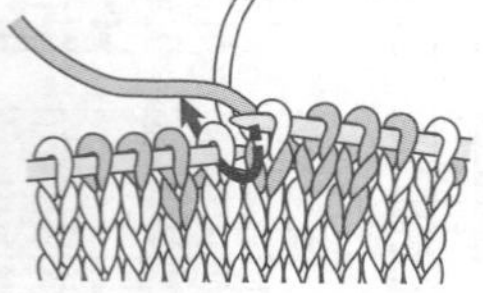

6 使用配色线编织3针，底色线编织1针，按照符号图重复。

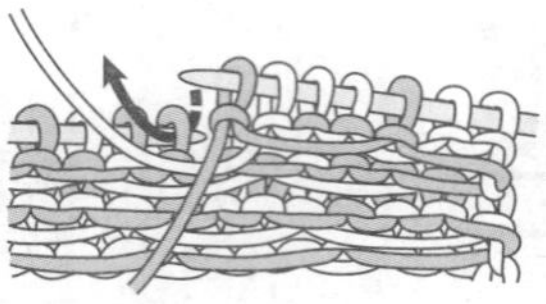

7 重复配色线编织1针、底色线编织3针。到这行为止，编织了1个花样。

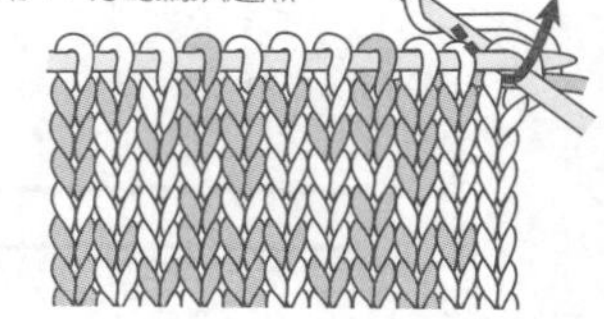

8 再编织4行，这是编织了2个千鸟格花样后的样子。

袖的配色花样

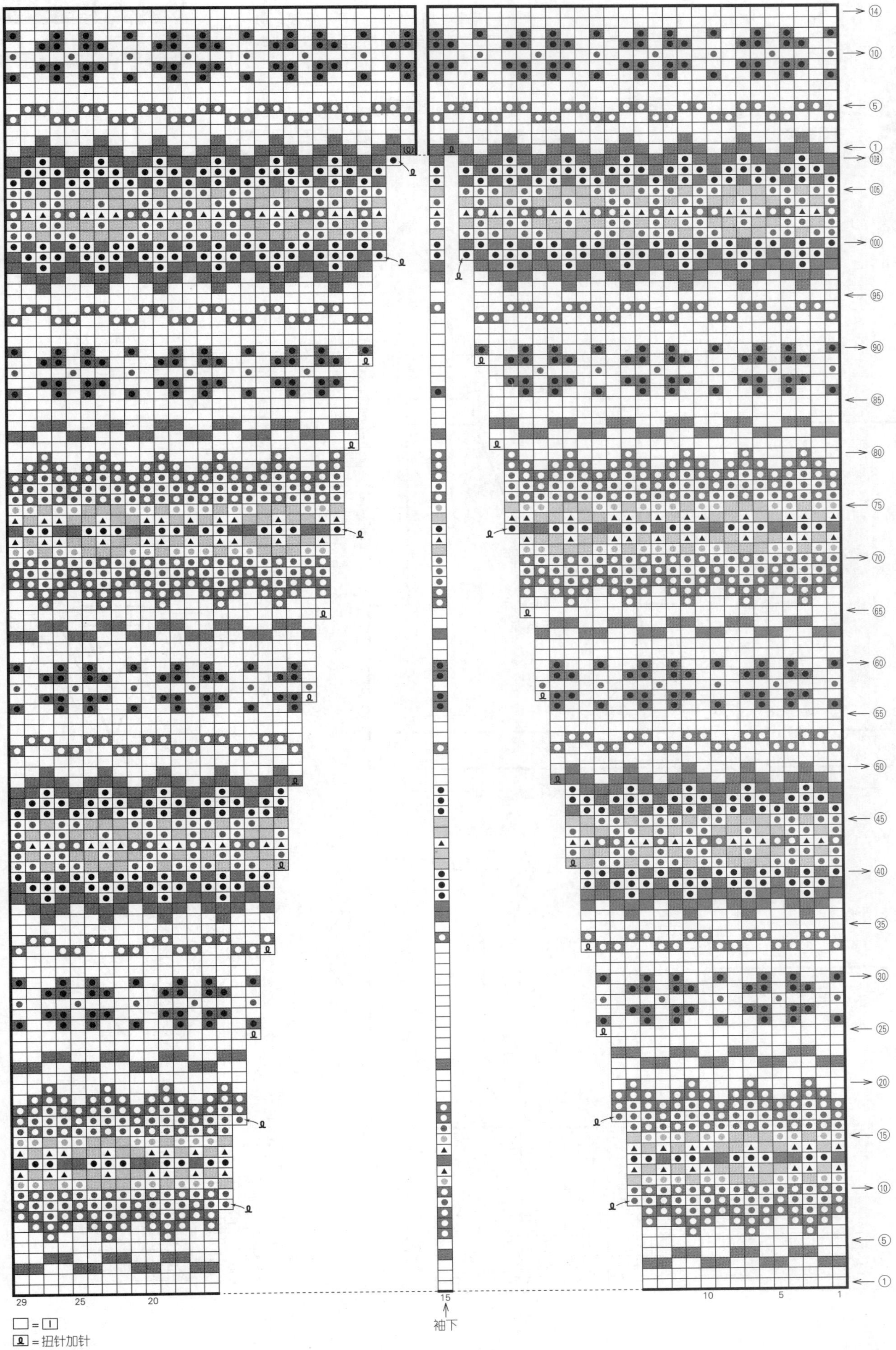

□ = Ⅰ
= 扭针加针
= 卷针加针

配色
□ = 米色
= 绿色
= 酒红色
= 深黄色
= 黄色
= 蓝色
▲ = 原色
● = 橙色
● = 红色

材料
芭贝Shetland颜色名、色号、使用量请参见图表所示

工具
棒针6号、4号、10号

成品尺寸
胸围94cm，衣长56cm，连肩袖长23.5cm

编织密度
10cm×10cm面积内：下针编织21针，28.5行；配色花样、编织花样均为23.5针，26.5行；配色双罗纹针24针，30行

编织要点
●身片…另线锁针起针，后身片做下针编织，前身片编织配色花样和配色双罗纹针。配色花样采用横向渡线的方法编织。领窝处减针时，立起侧边1针减针。拆开下摆起针的锁针挑取针目，编织单罗纹针。编织终点做单罗纹针收针。

●组合…边缘装饰使用2根线并为1股，手指起针，再使用1根线做编织花样。编织终点做伏针收针。后身片与肩部之间使用毛线缝针做下针无缝缝合，胁部使用毛线缝针挑针缝合。衣领挑取指定数量的针目，环形编织单罗纹针。编织终点与下摆的处理方法相同。对齐针与行，使用毛线缝针将边缘装饰缝合到身片上。

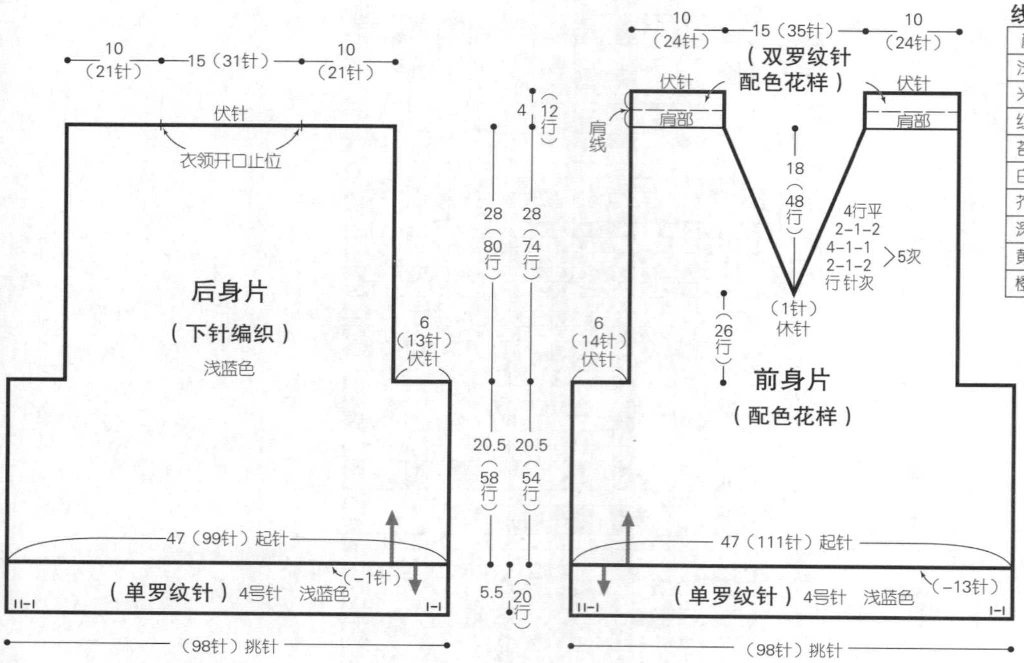

※ 除指定以外均用6号针编织
※ 配色花样横向渡线的编织方法参见第126页

线的使用量

颜色名（色号）	使用量
浅蓝色（9）	215g/6团
米色（7）	45g/2团
红色（29）	20g/1团
苔绿色（47）	各15g/各1团
白色（50）	
芥末黄色（2）	各10g/各1团
深棕色（5）	
黄色（39）	
橙色（43）	

单罗纹针

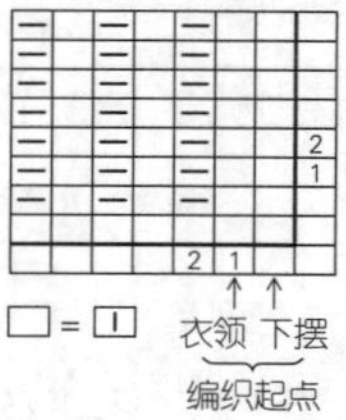

衣领（单罗纹针）
4号针　红色

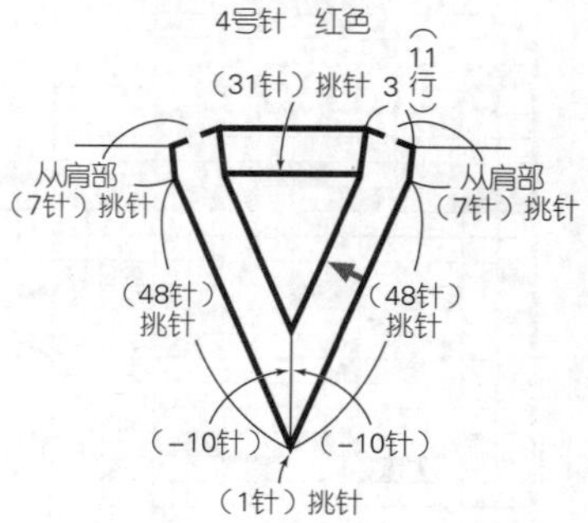

V领领尖的编织方法

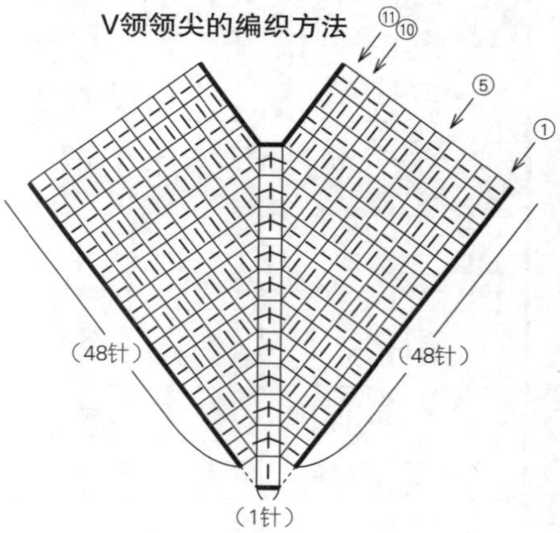

组合方法

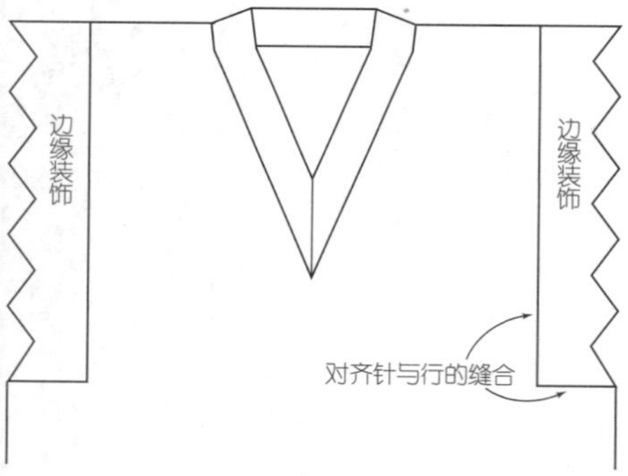

边缘装饰（编织花样）
6号针　浅蓝色

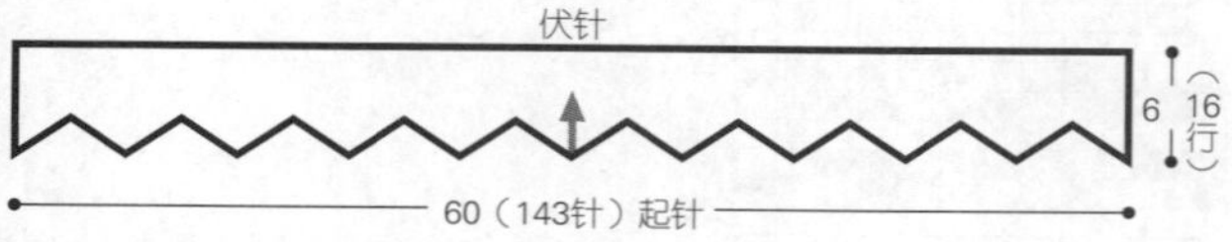

※ 只有第1行使用2根线并为1股、10号针编织

编织花样

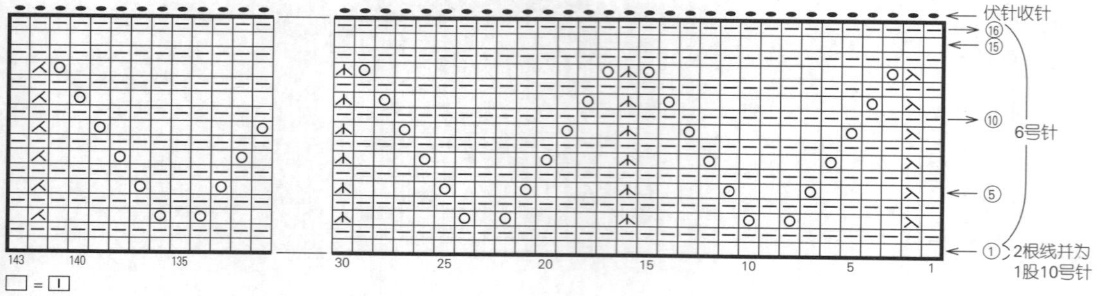

配色双罗纹针

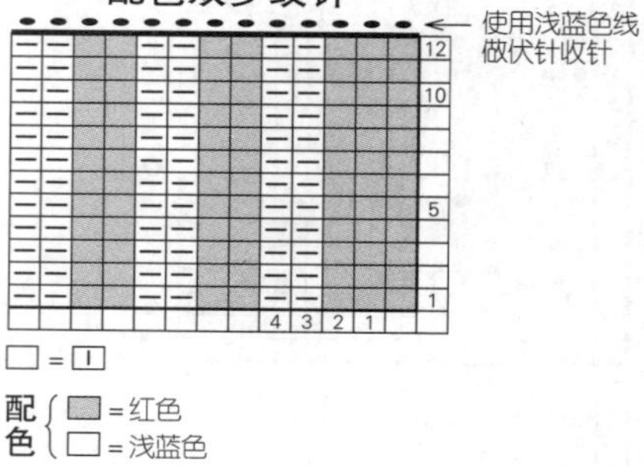

配色花样

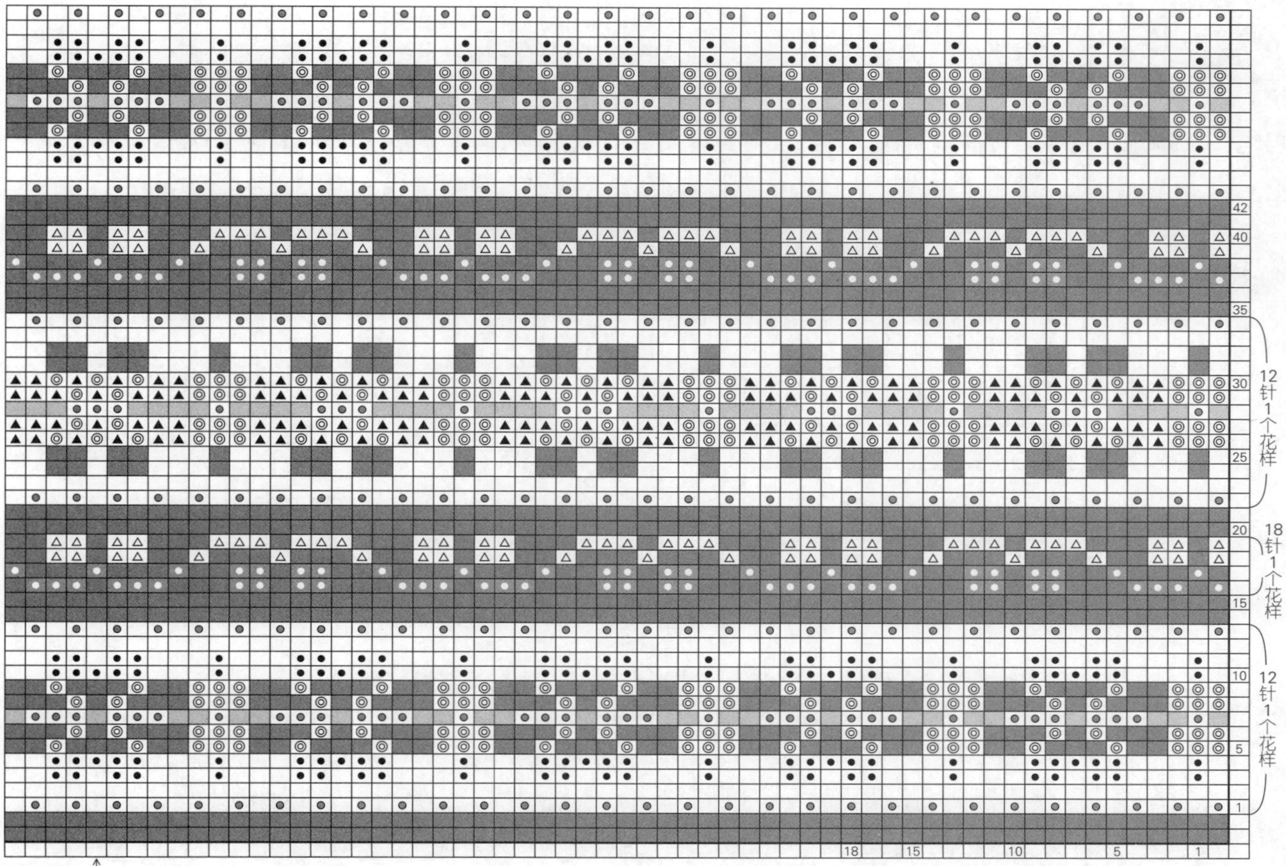

配色

- ■ = 米色
- ⊙ = 白色
- □ = 浅蓝色
- ⊡ = 黄色
- ◎ = 苔绿色
- ▒ = 红色
- ⊙ = 橙色
- △ = 深棕色
- ▲ = 芥末黄色

□ = 丨 ↑中心

上针的右加针

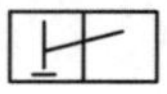

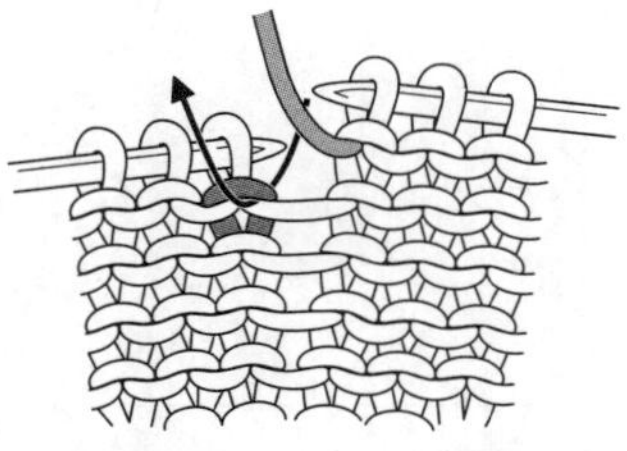

1 将线留在织片前侧，将右棒针从后侧插入加针前一行的位置，将针目拉出。

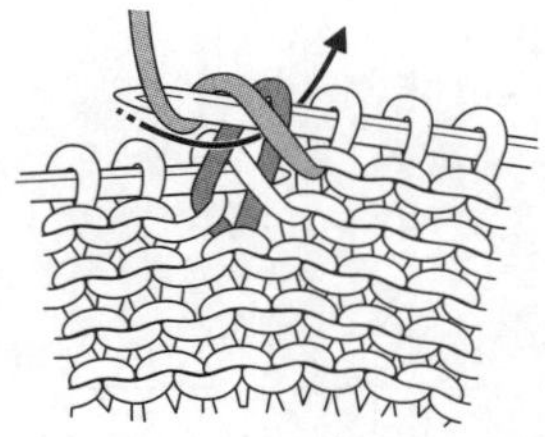

2 在右棒针上挂线，按照箭头的方向拉出，编织上针。

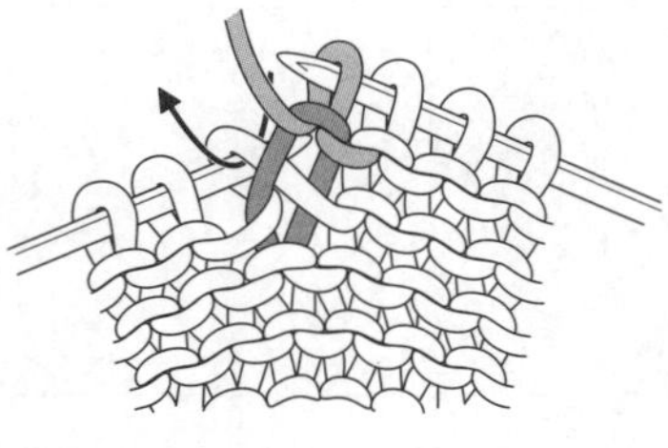

3 挂在左棒针上的针目也编织上针。

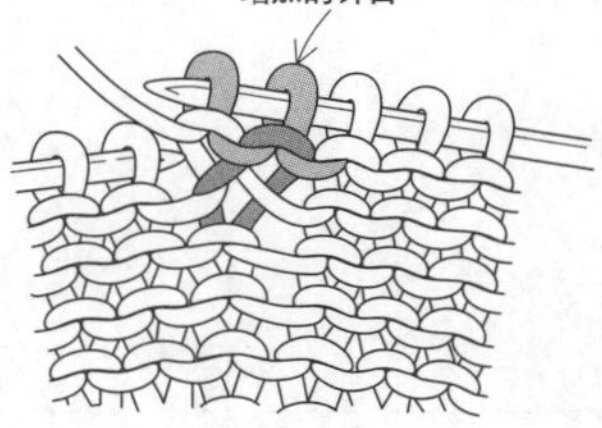

4 上针的右加针编织完成。

上针的左加针

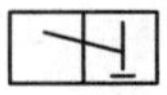

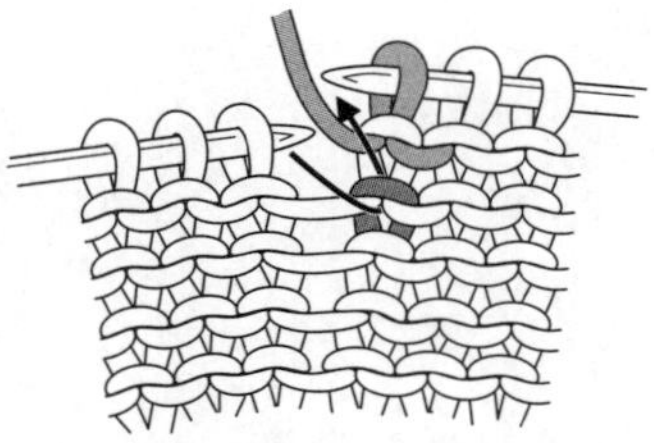

1 编织1针加针，按照箭头的方向将左棒针插入编织针目的下面一行处。

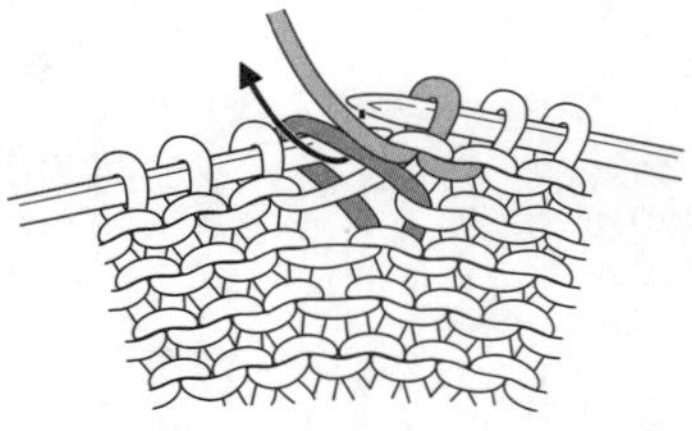

2 将右棒针插入拉起的针目中。

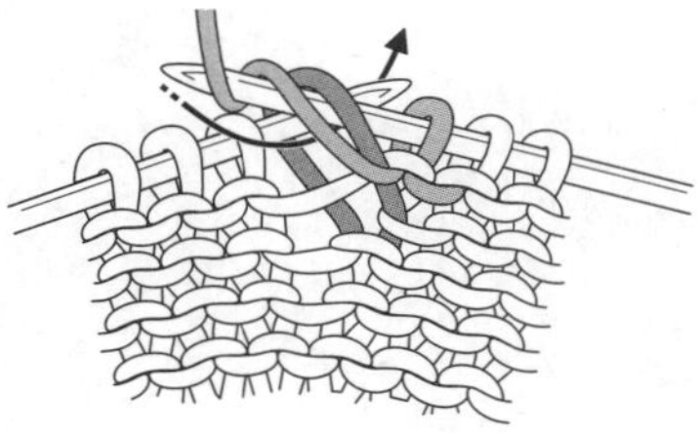

3 在右棒针上挂线并拉出，编织上针。

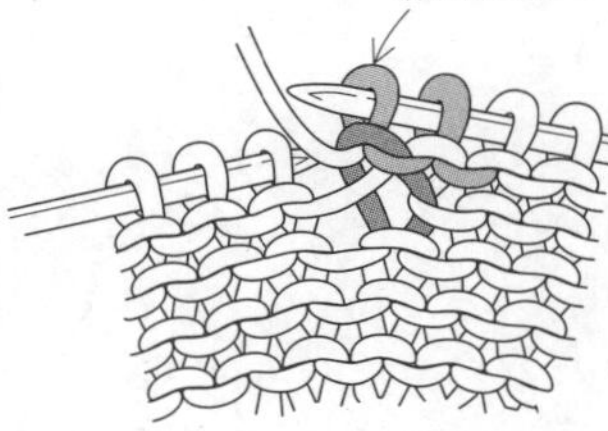

4 上针的左加针编织完成。

材料

和麻纳卡 Rich More Percent 浅灰米色(123) 195g/5团，灰紫红色(65)、黑色(90)、亮蓝色(110)各50g/各2团，黄绿色(14) 15g/1团；宽30mm的松紧带64cm

工具

棒针7号、6号、5号、4号

成品尺寸

腰围78cm，裙长63cm

编织密度

10cm×10cm面积内：配色花样21针，25行(7号针)；下针编织23.5针，28行

编织要点

●后身片、前身片…手指起针，环形编织起伏针。接下来，在编织配色花样的同时调整编织密度，为了对齐花样，要在第51行加针，在第59行和第76行减针。配色花样采用横向渡线的方法编织。

●组合…裙腰挑取指定数量的针目，环形编织下针编织。编织终点松松地做伏针收针。夹着连成了环形的松紧带，折向内侧缝合固定。

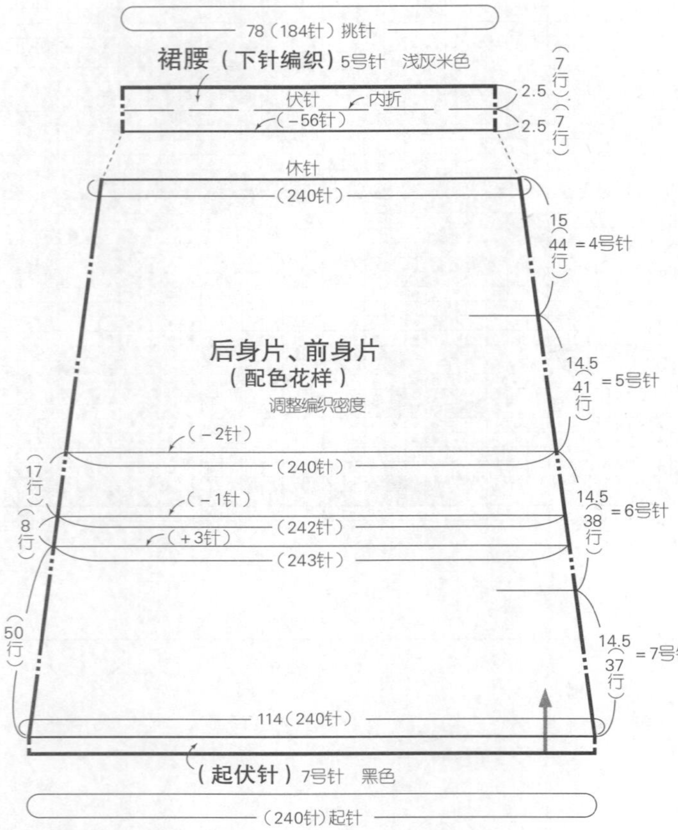

※ 配色花样横向渡线的编织方法参见第126页
※ 令配色花样边缘的针目不显眼的编织方法参见第108页

起伏针

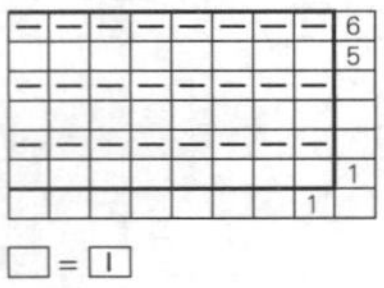

松紧带

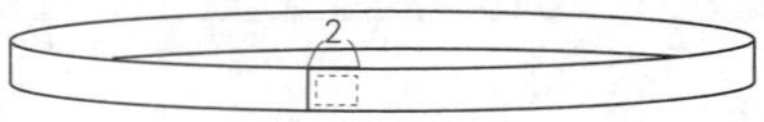

※ 将松紧带重叠2cm后缝合，包裹着连成了环形的松紧带折向内侧后缝合固定

扭针的单罗纹针收针

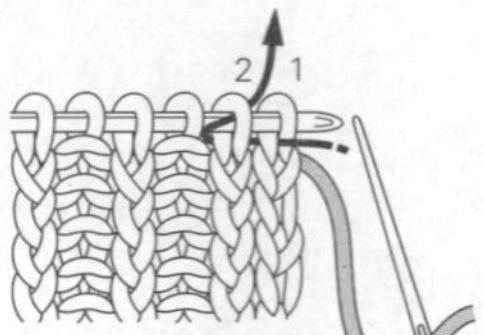

1 按照箭头的方向将毛线缝针依次穿入针目1、2中，将针目2扭一下。

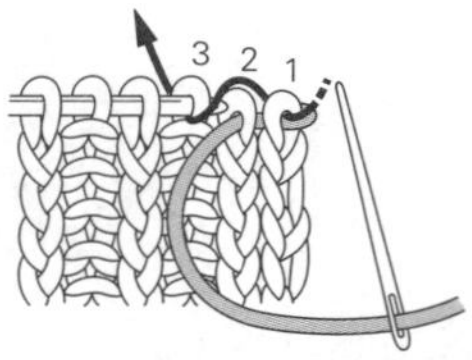

2 接着按照箭头的方向将毛线缝针依次穿入针目1、3中。

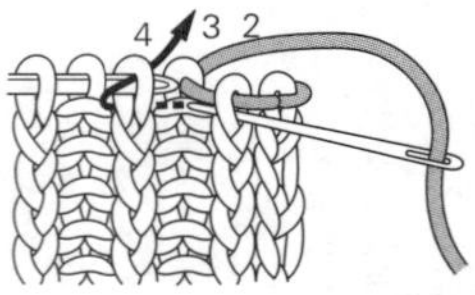

3 按照箭头的方向将毛线缝针依次穿入针目2、4中，将下针扭一下的同时做单罗纹针收针。

配色花样

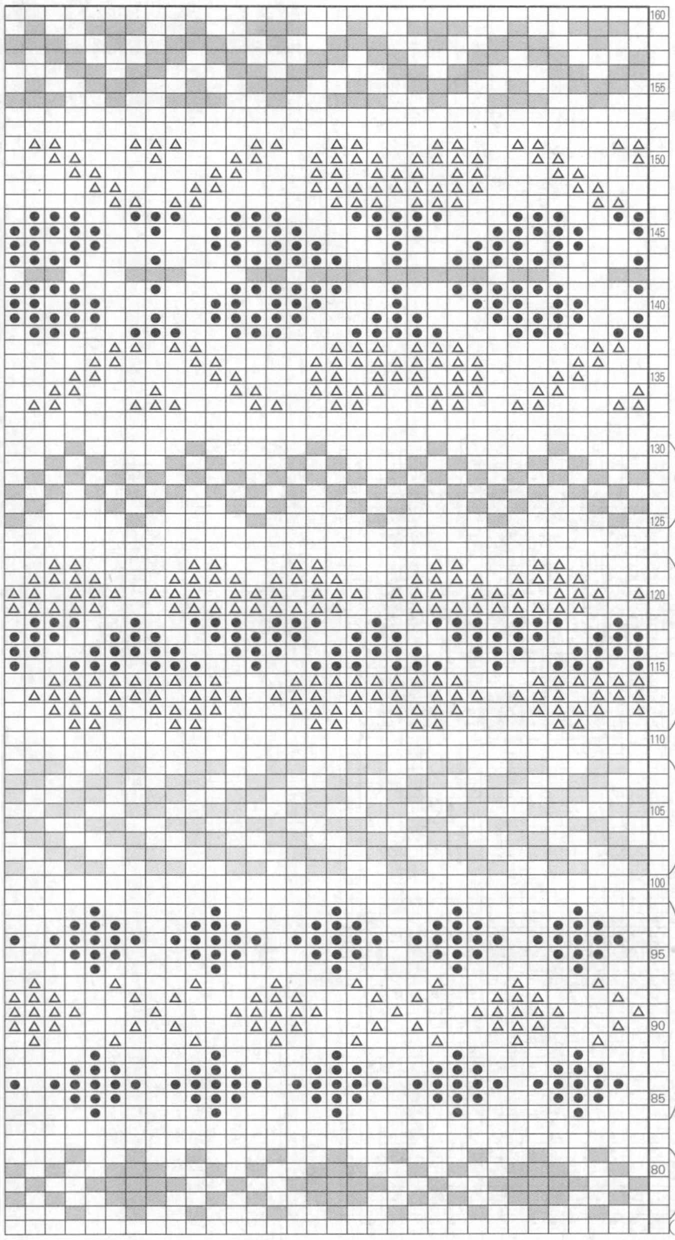

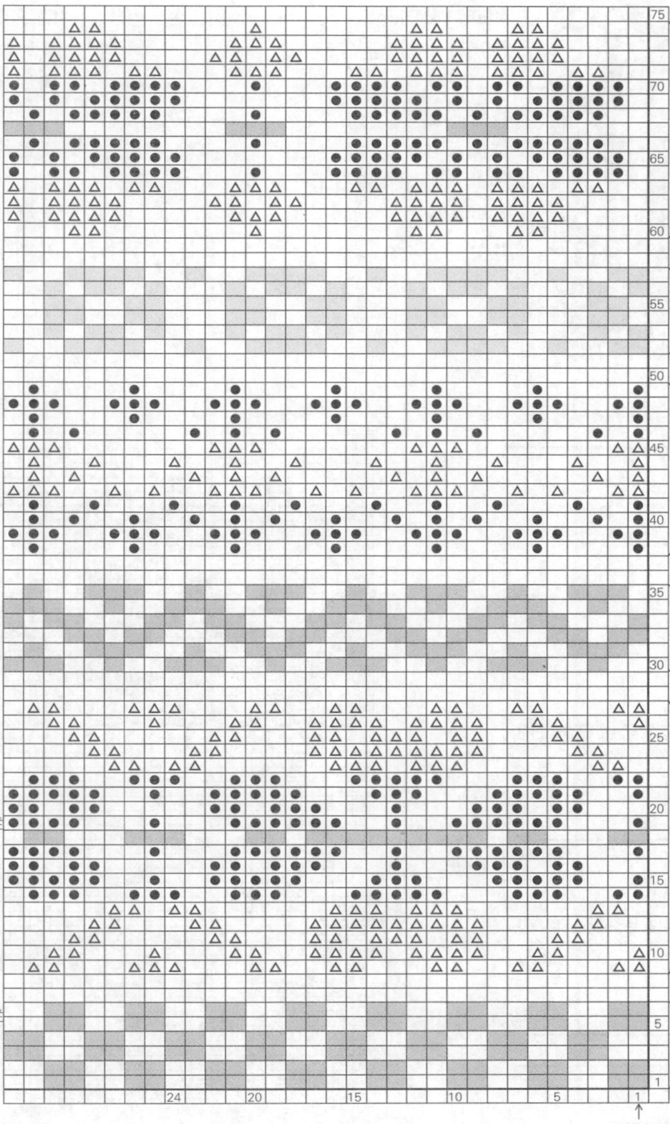

□ = [丨]

配色
- ■ = 黑色
- □ = 浅灰米色
- △ = 亮蓝色
- ● = 灰紫红色
- ▨ = 黄绿色

双罗纹针收针

（两端为2针下针的情况）

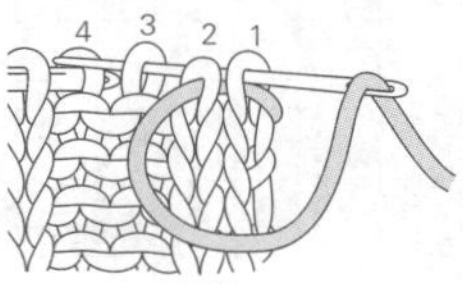

1 参照图示，将毛线缝针穿入针目1、2后，再次从针目1中入针，从针目3的前侧入针、后侧出针。

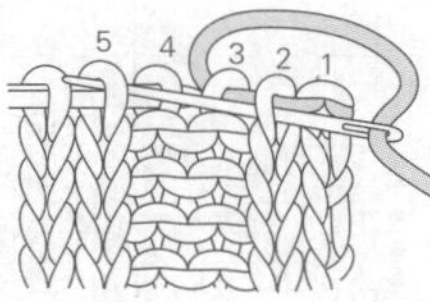

2 下针之间，从针目2的前侧入针，针目5的后侧入针、前侧出针。

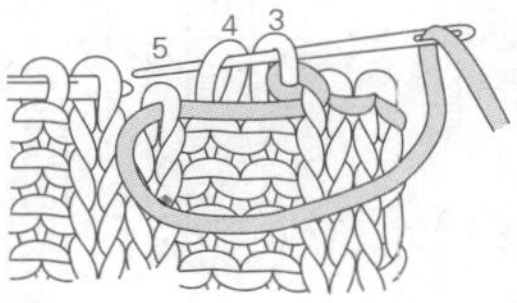

3 上针之间，从针目3的后侧入针，针目4的前侧入针、后侧出针。

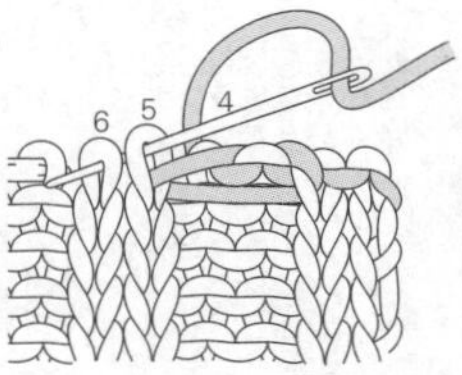

4 下针之间，从针目5的前侧入针，针目6的后侧入针、前侧出针。

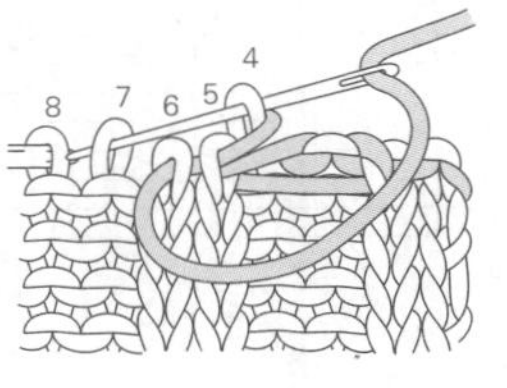

5 上针之间，从针目4的后侧入针，针目7的前侧入针、后侧出针。重复步骤2~5。

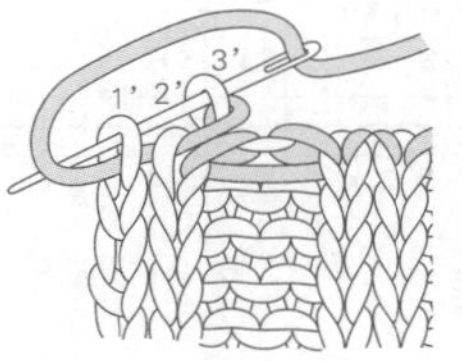

6 最后在步骤4之后按照图示入针。

（两端为3针下针的情况）

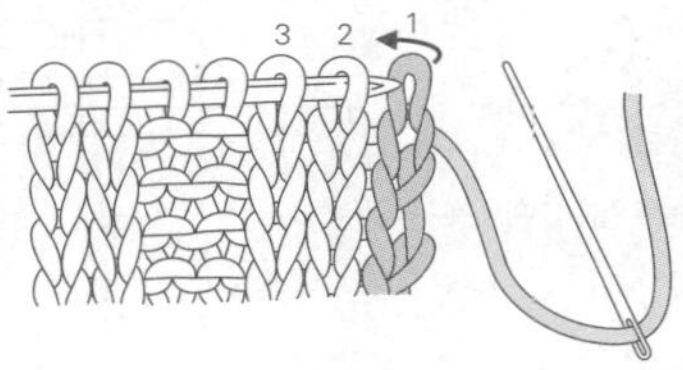

1 收针开始处，将针目1折回针目2的后侧，2针重叠在一起，使用与两端为2针下针时同样的方法收针。

2 与收针开始处相同，将两端的针目折回后重叠在一起，使用与两端为2针下针时同样的方法收针。

材料

和麻纳卡 Rich More Percent 颜色名、色号、使用量请参见图表所示

工具

棒针 5 号

成品尺寸

宽 14cm，长 169.5cm（除绒球以外）

编织密度

10cm×10cm 面积内：配色花样 27.5 针，25 行；下针编织条纹花样 A、B、C 均为 25.5 针，28 行

编织要点

●另线锁针起针，环形编织配色花样和下针编织条纹花样 A、B、C。配色花样采用横向渡线的方法编织。编织终点休针，使用藏青色线做下针编织无缝缝合。拆开编织起点一侧起针的锁针，使用米色线做下针编织无缝缝合。使用指定的颜色制作绒球，将其缝到围巾的两侧。

围脖

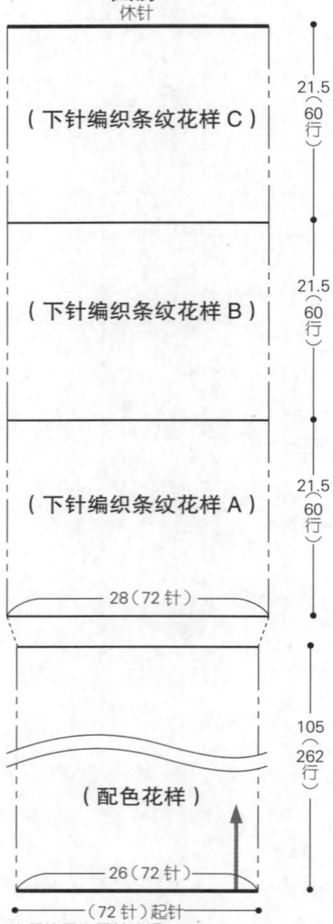

※ 全部使用 5 号针编织
※ 配色花样横向渡线的编织方法参见第 126 页
※ 令配色花样边缘的针目不显眼的编织方法参见第 108 页

配色花样

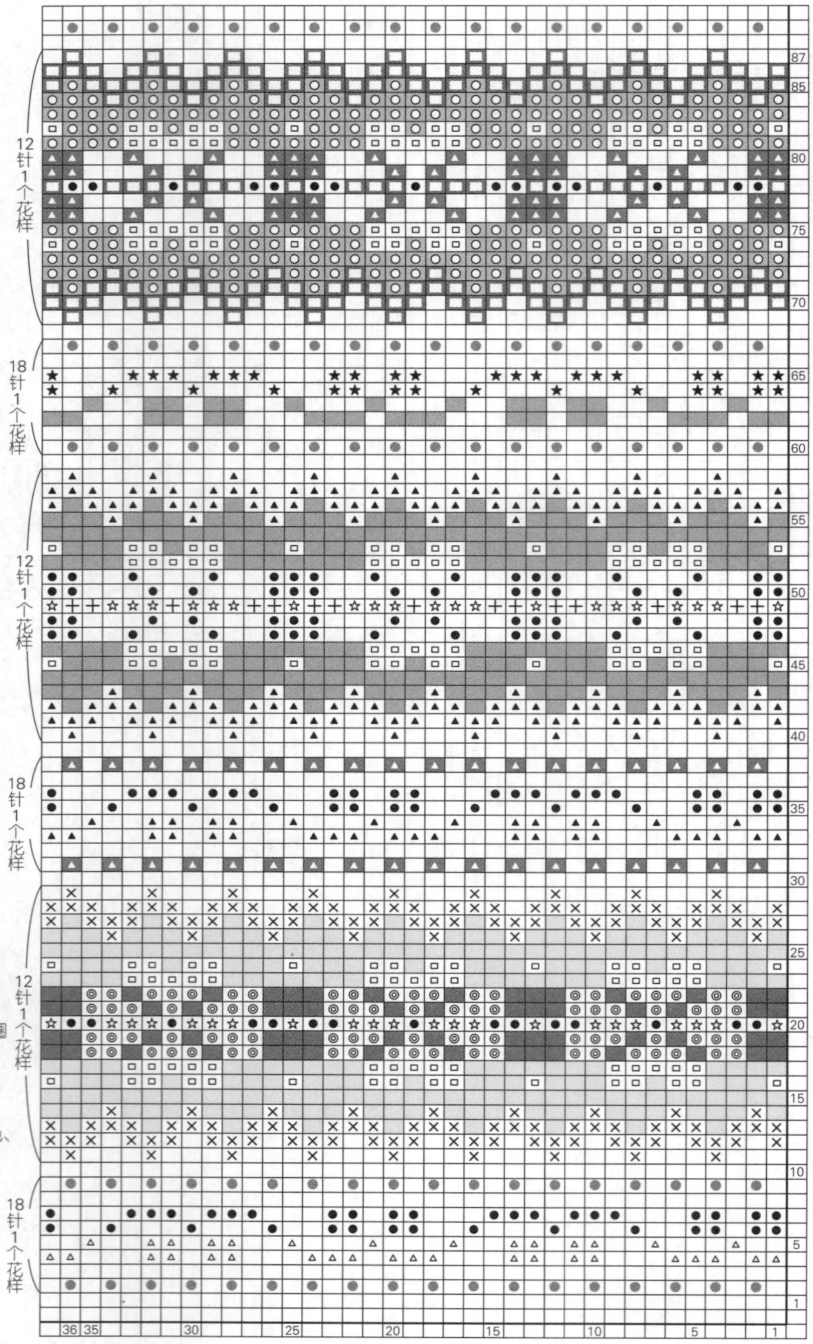

线的使用量

颜色名（色号）	使用量
米色（3）	90g/3 团
藏青色（46）	各 30g/各 1 团
暗紫红色（65）	
暗蓝绿色（25）	25g/1 团
浅黄色（4）	各 10g/各 1 团
深蓝绿色（26）	
浅蓝绿色（35）	
浅紫色（67）	
薄荷色（109）	
亮蓝色（110）	
深橙色（117）	
浅灰白色（1）	各 5g/各 1 团
芥末黄色（7）	
浅蓝色（40）	
驼色（84）	
浅灰紫色（113）	
亮紫红色（114）	

下针编织条纹花样 A~C 的配色

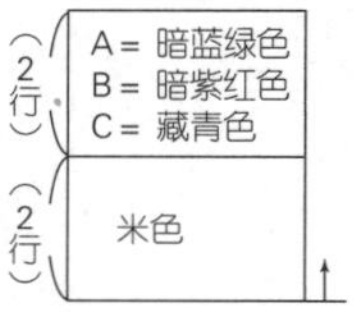

※ 重复这 4 行

绒球

各 1 个
使用 5 根线并为 1 股绕 40 圈
编织起点侧
浅黄色、暗紫红色、浅紫色、亮紫红色、深橙色
编织终点侧
深蓝绿色、浅蓝绿色、藏青色、薄荷色、亮蓝色

※ 绒球的制作方法参见第 151 页

绒球的连接方法

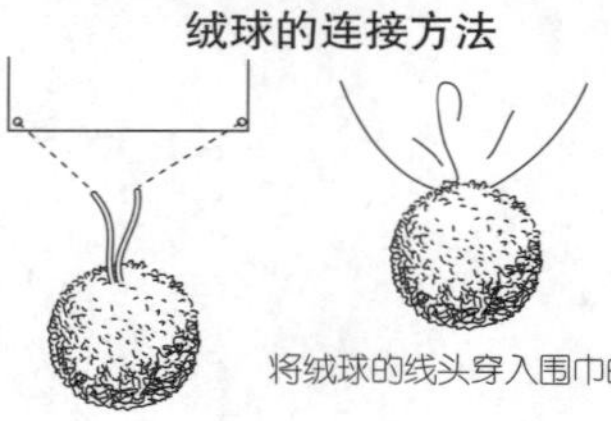

将绒球的线头穿入围巾的一端，缝合固定

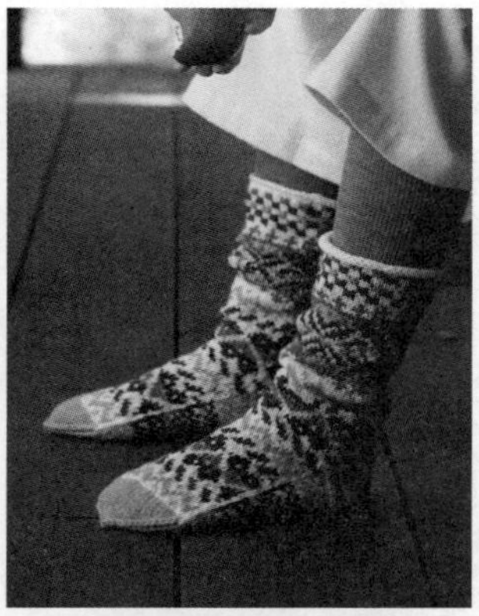

材料

芭贝Queen Anny颜色名、色号、使用量请参见图表所示；36cm×65cm的内袋用布

工具

棒针6号、5号，钩针7/0号

成品尺寸

[手提包]宽34cm，包深33cm

[袜子]袜底长23cm，袜筒高31cm

编织密度

10cm×10cm面积内：配色花样A 22针，25行；配色花样B、B'、C 23针，26.5行

编织要点

●手提包…手指起针，环形编织配色花样A。配色花样采用横向渡线的方法编织。编织终点休针，使用米色线看着正面做引拔接合。包口、提手参照图示，使用钴蓝色线2根线并为1股钩织短针。参照组合方法，将包口、提手向内侧折后缝合固定。制作内袋，缝合到指定的位置。缝上流苏后即完成。

●袜子…手指起针，环形编织下针编织、配色花样B。配色花样采用横向渡线的方法编织。第65行编织完成后，袜面一侧的30针休针，袜跟部分往返编织双罗纹针。接下来环形编织配色花样B'、C，袜尖做下针编织，配色花样C采用包裹着渡线的方法编织。编织终点将线穿入最后一行的针目中，收紧。

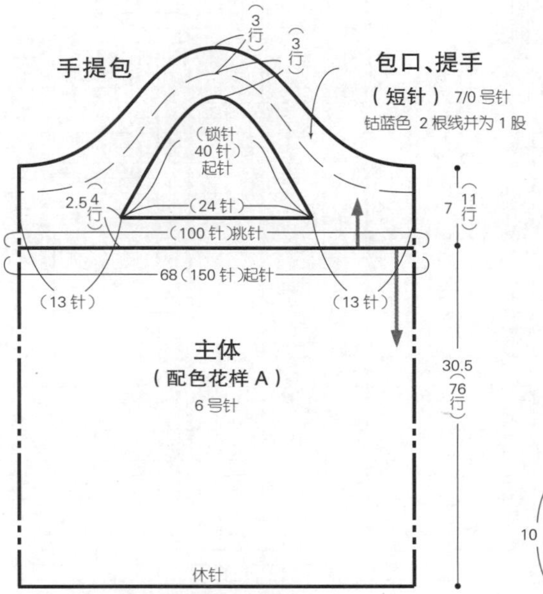

※ 配色花样横向渡线的编织方法参见第126页

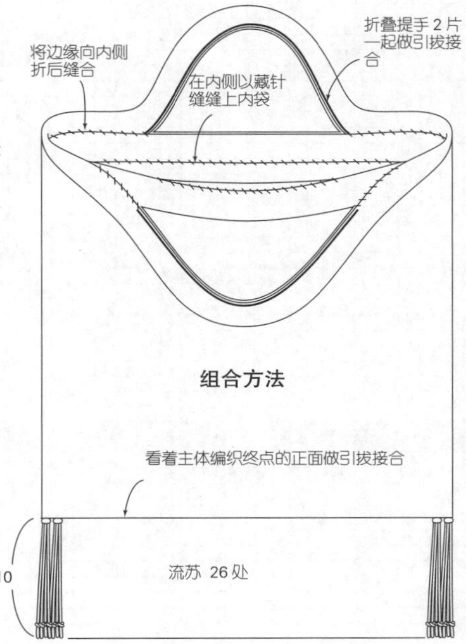

线的使用量

颜色名（色号）	手提包	袜子
钴蓝色（110）	100g/2团	15g/1团
米色（869）	65g/2团	70g/2团
棕红色（818）	25g/1团	30g/1团
黄绿色（104）	20g/1团	45g/1团
暗蓝绿色（951）	20g/1团	5g/1团
蓝灰色（987）	15g/1团	25g/1团
柠檬黄色（892）	10g/1团	10g/1团

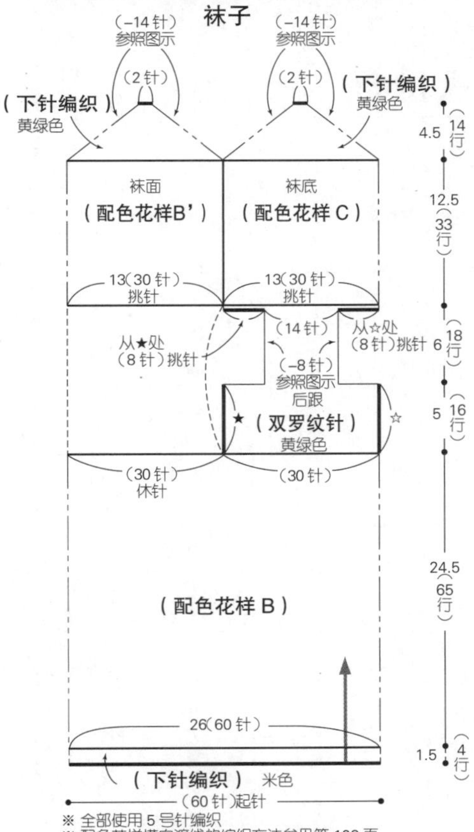

※ 全部使用5号针编织

※ 配色花样横向渡线的编织方法参见第126页

※ 配色花样包裹着渡线的编织方法参见第134页

内袋的组合方法

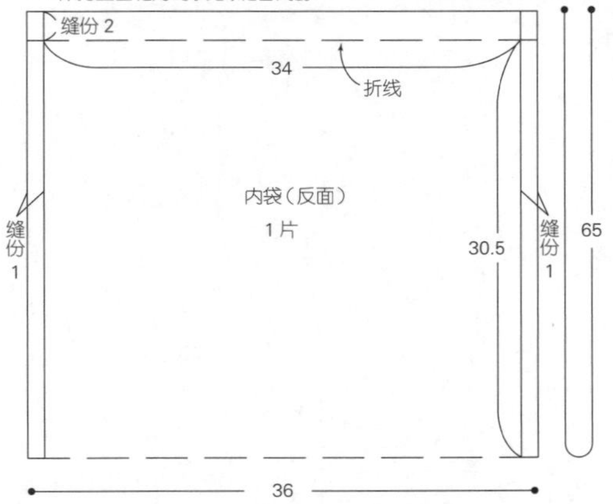

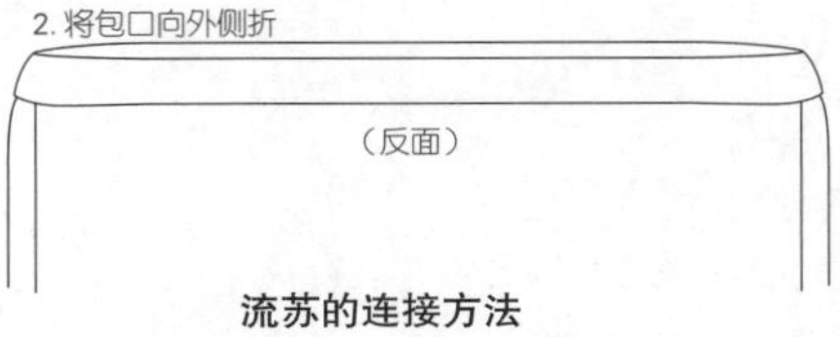

流苏的连接方法

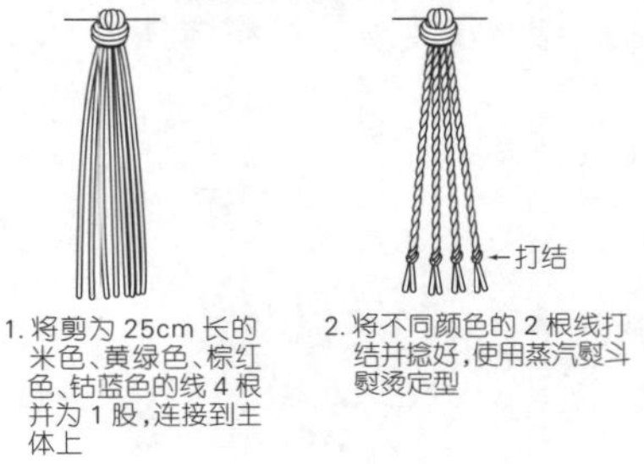

包口、提手

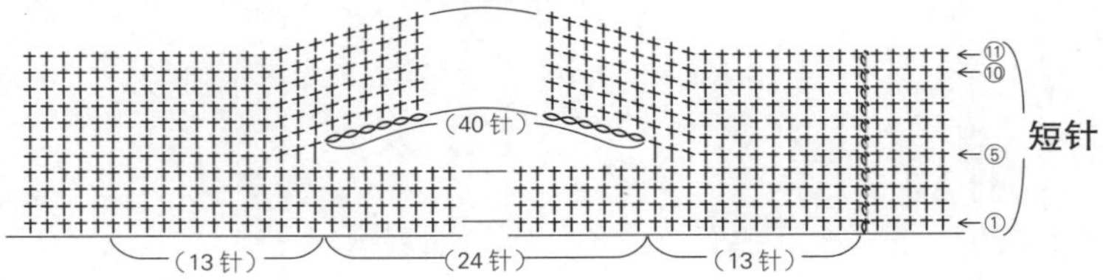

配色花样 A

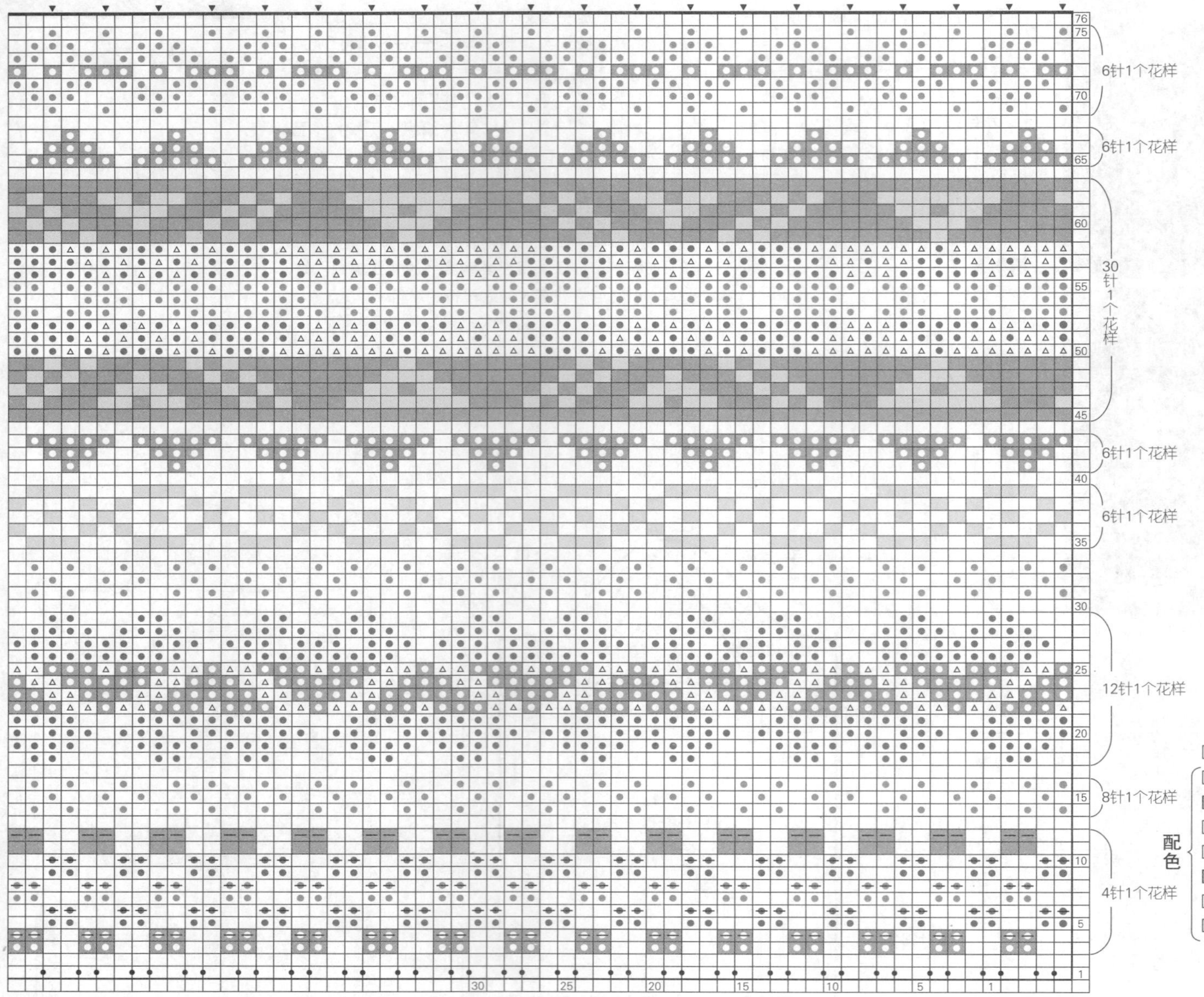

□ = I

配色
- □ = 米色
- ◙ = 蓝灰色
- ● = 棕红色
- ◉ = 暗蓝绿色
- ■ = 钴蓝色
- △ = 柠檬黄色
- ▒ = 黄绿色

• = 包口挑针位置
▼ = 流苏的缝合位置

配色花样包裹着渡线的编织方法

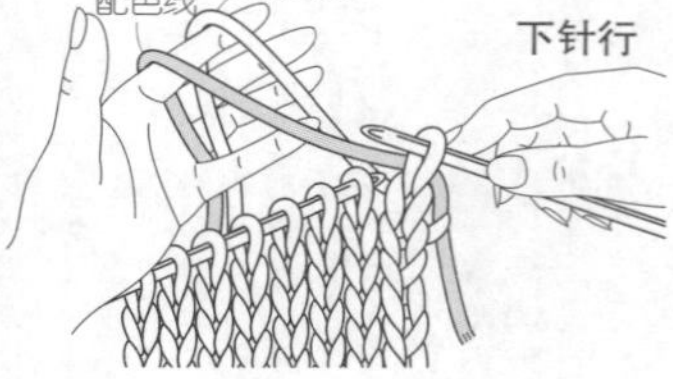

1 底色线（编织线）在右，配色线（要包裹的线）在左，2根线同时挂在左手上。

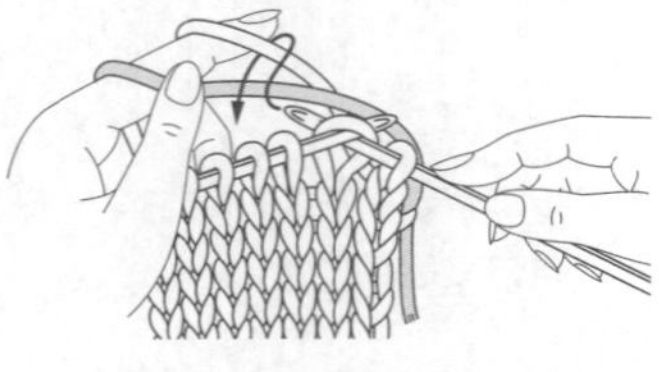

2 使用底色线在配色线的上方编织。用大拇指按着配色线，更便于编织。

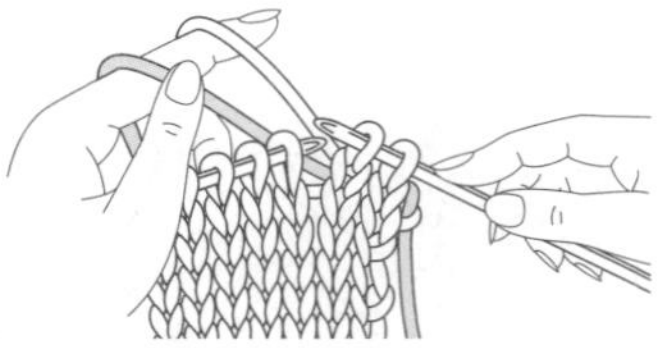

3 编织后的样子。

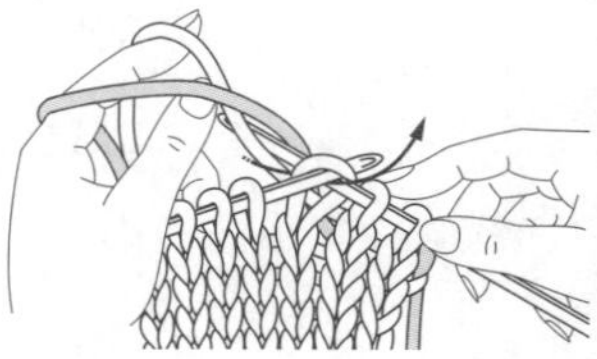

4 下一针配色线在上，从其下方将底色线挂到针上编织。

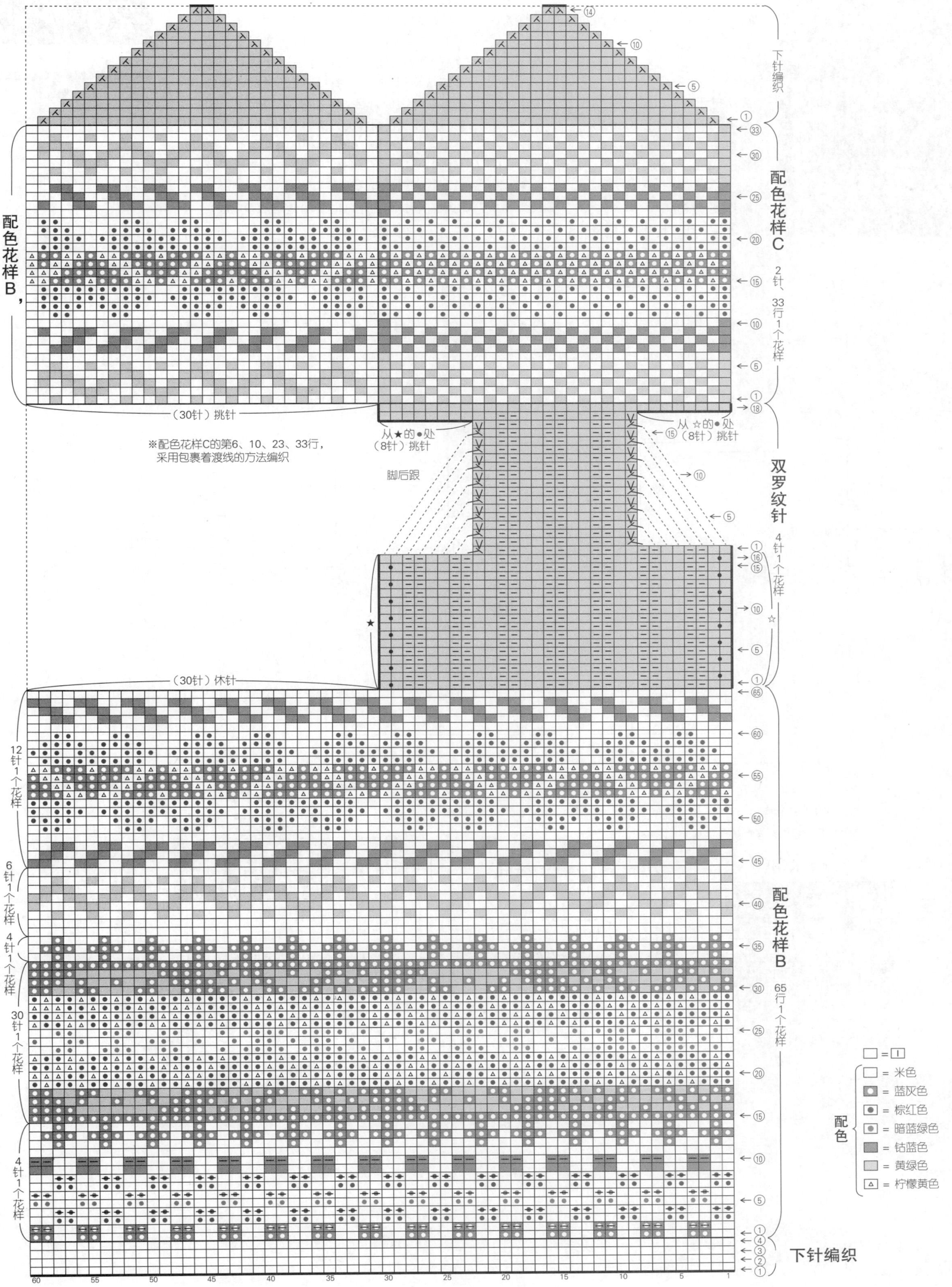
下针编织
配色花样B'
配色花样C
2针、33行1个花样
（30针）挑针
※配色花样C的第6、10、23、33行，采用包裹着渡线的方法编织
从★的●处（8针）挑针
从☆的●处（8针）挑针
脚后跟
双罗纹针
4针1个花样
（30针）休针
12针1个花样
6针1个花样
4针1个花样
30针1个花样
4针1个花样
配色花样B
65行1个花样
下针编织
= 米色
= 蓝灰色
= 棕红色
= 暗蓝绿色
= 钴蓝色
= 黄绿色
= 柠檬黄色
配色

材料

芭贝British Fine颜色名、色号、使用量请参见图表所示

工具

棒针3号、2号

成品尺寸

胸围104cm，肩宽38cm，衣长65cm

编织密度

10cm×10cm面积内：配色花样A 32.5针，33行

编织要点

●身片…手指起针，环形编织双罗纹针A和配色花样A。配色花样采用横向渡线的方法编织。为了能对齐花样，在肋部有需要加减针的部分。临时针使用卷针加针的方法开始编织，编织配色花样B。身片与临时针连续编织成环形，袖窿减针时，使临时针边缘的针目在袖窿的针目的上侧做2针并1针。领窝与袖窿使用同样的方法编织。

●组合…参照第21页，肩部做盖针接合。剪开临时针，衣领、袖窿环形编织配色双罗纹针B。编织终点做下针织下针、上针织上针的伏针收针。处理临时针的边缘后即完成。

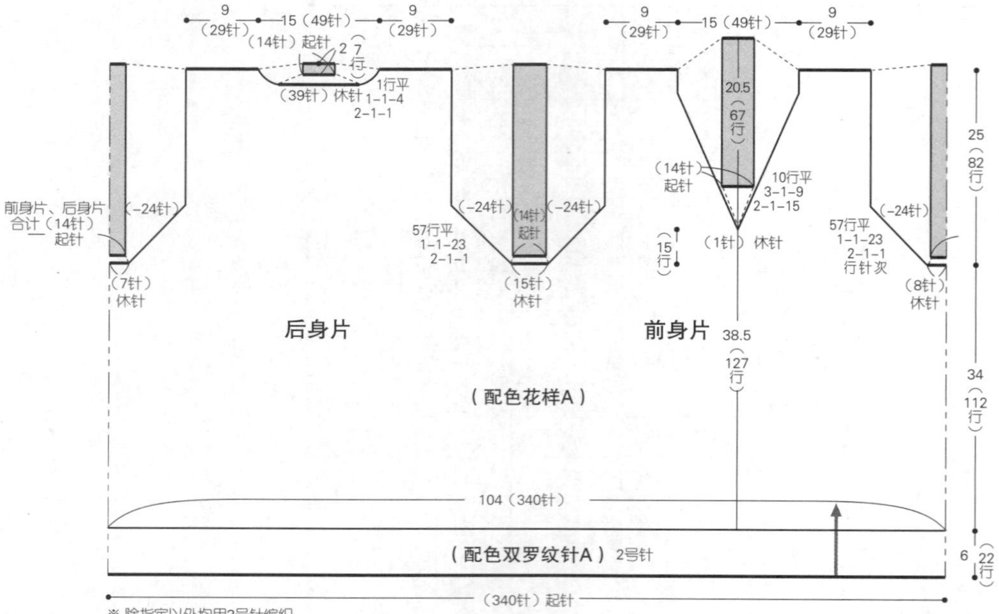

※ 除指定以外均用3号针编织

▭ =（配色花样B）（临时针）　※配色花样横向渡线的编织方法参见第126页

※ 令配色花样边缘的针目不显眼的编织方法参见第108页

线的使用量

颜色名（色号）	使用量
黑灰色（012）	80g/4团
浅灰色（010）	70g/3团
深棕色（022）	60g/3团
灰色（009）	30g/2团
浅驼色（021）	20g/1团
灰褐色（024）	10g/1团

配色双罗纹针B

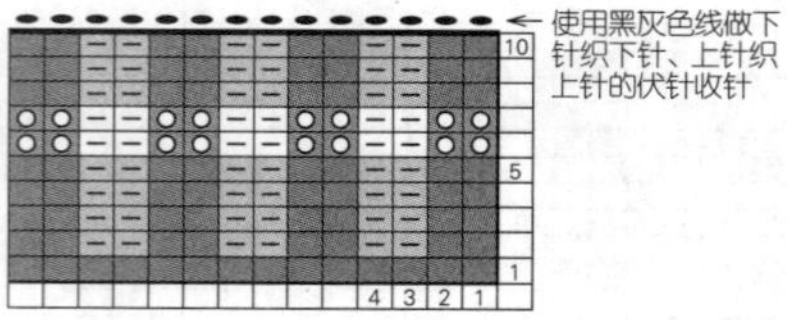

□ = ▯

配色：■ = 黑灰色　▨ = 灰色　◙ = 深棕色　□ = 浅灰色

配色双罗纹针A

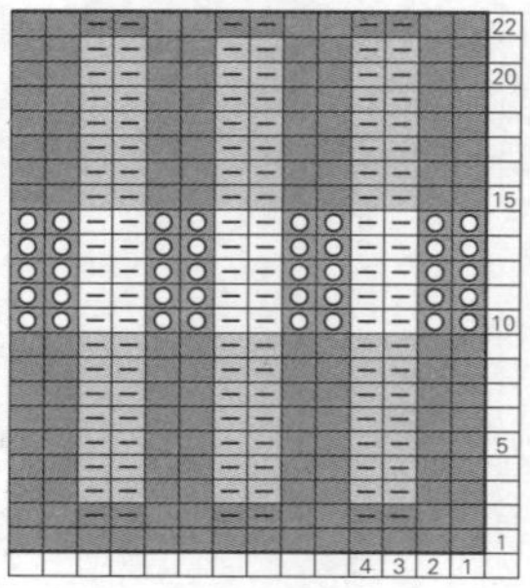

□ = ▯

配色：■ = 黑灰色　▨ = 灰色　◙ = 深棕色　□ = 浅灰色

衣领、袖窿（配色双罗纹针B）

2号针

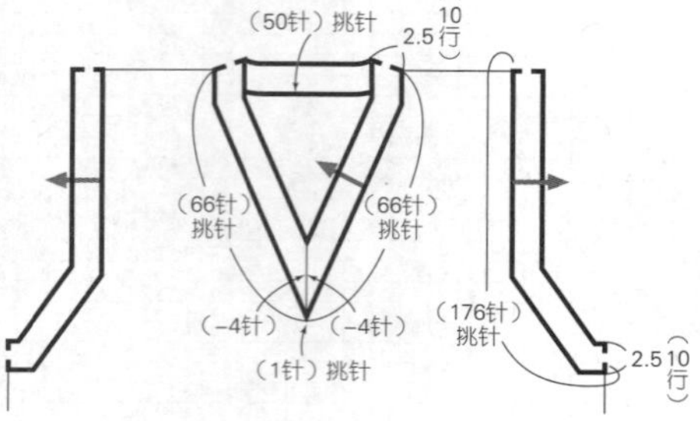

V领领尖的编织方法

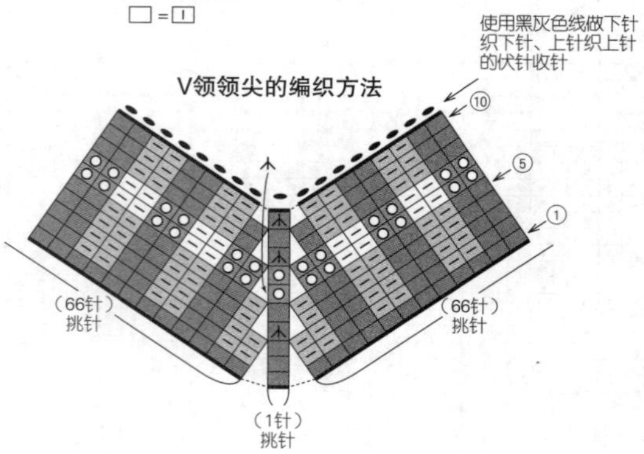

配色花样A

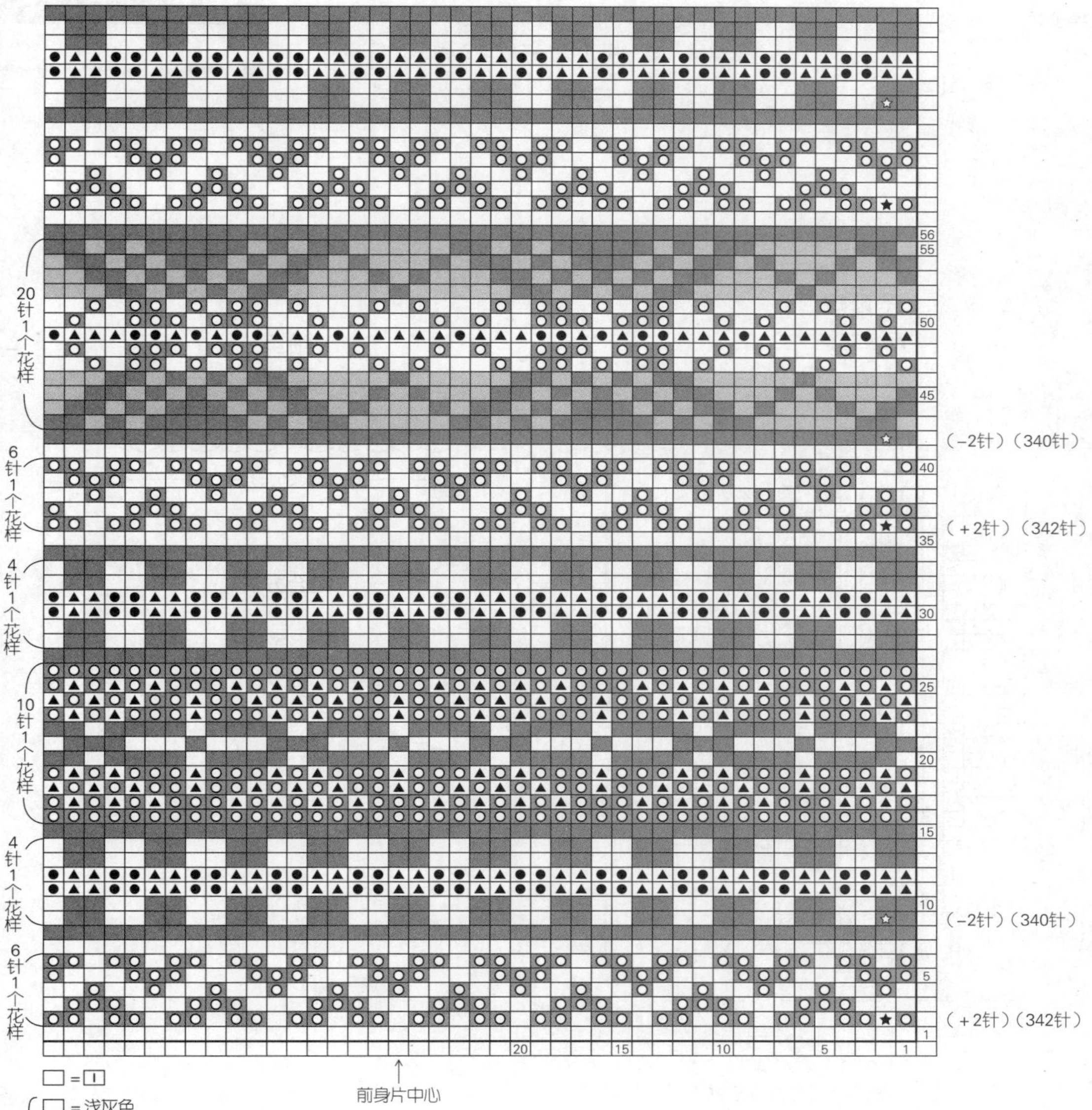

配色花样B（临时针）

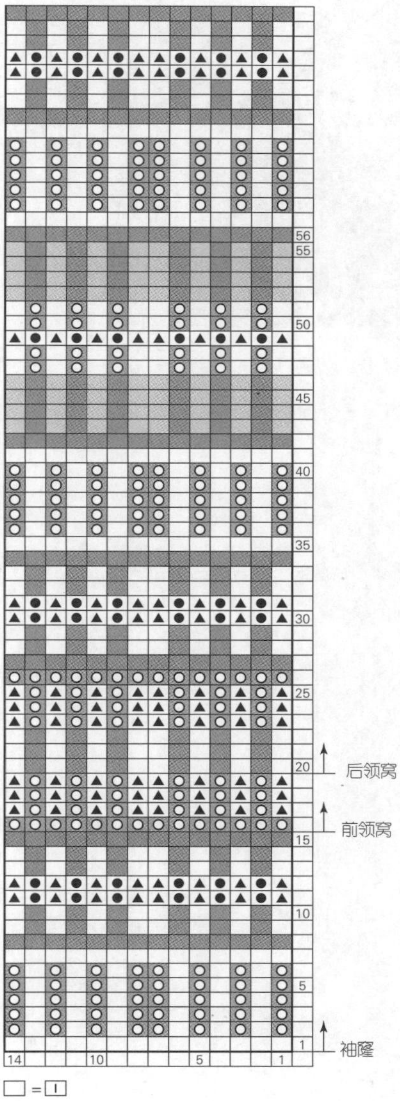

□ = |

配色
- □ = 浅灰色
- ◎ = 深棕色
- ■ = 黑灰色
- ▲ = 浅驼色
- ● = 灰褐色
- ▒ = 灰色

★ = 在两胁（+1针）
☆ = 在两胁（−1针）
※第113行之后不做★、☆的加减针

短针的条纹针
（往返编织的情况）

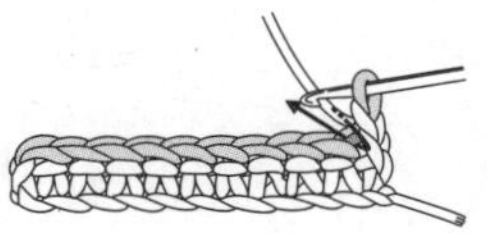

1 在反面的行，挑取前一行上侧锁针前侧的1根线钩织短针。

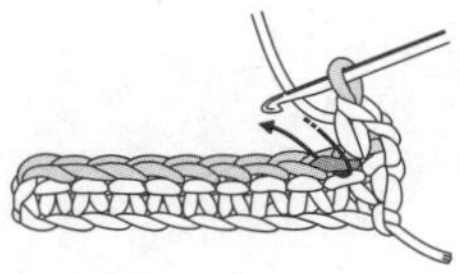

2 下一针也挑取前侧的1根线钩织。

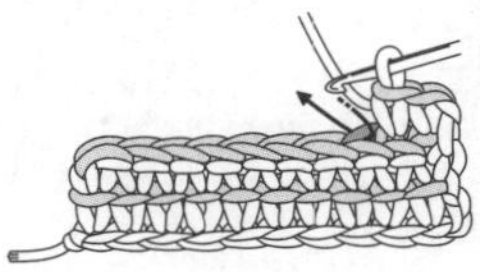

3 在正面的行，挑取前一行上侧锁针后侧的1根线钩织短针。

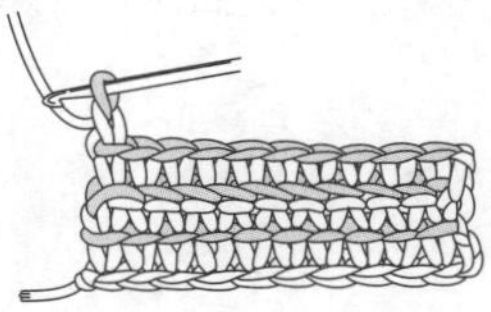

4 从正面看时，每一行在正面都会出现条纹。

短针的条纹针
（环形编织的情况）

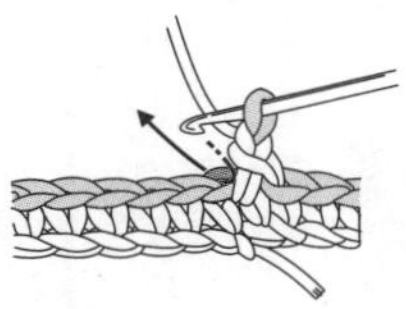

1 钩织立起的1针，将钩针插入前一行锁针后侧半针处，钩织短针。

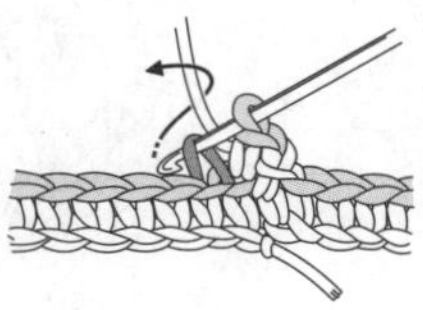

2 下一针也在后侧半针处入针钩织。

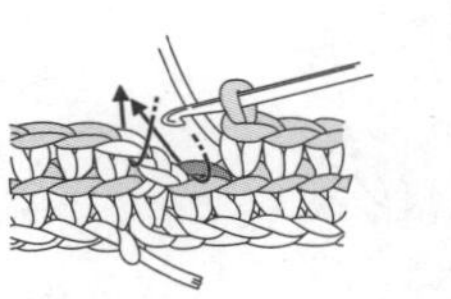

3 钩织一周后，在第1针短针的上侧2根线引拔。

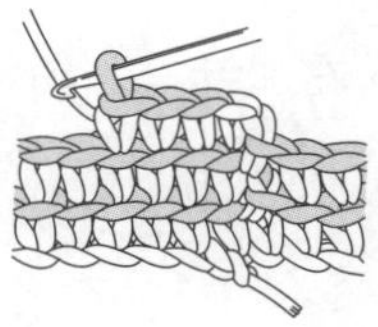

4 钩织1针立起的锁针，与前一行使用相同的方法钩织。

材料

芭贝 New 2PLY 原白色(202)、红色(221)各少量；填充棉少量

工具

串珠编织针 1.3mm，蕾丝针 2 号

成品尺寸

长 3cm

编织要点

●使用孔斯特起针，环形编织配色花样。配色花样采用横向渡线的方法编织。加减针参见图示。塞入填充棉，将线穿入最后一行的针目中，收紧。缝上细绳后即完成。

圣诞球

（配色花样）

串珠编织针1.3mm

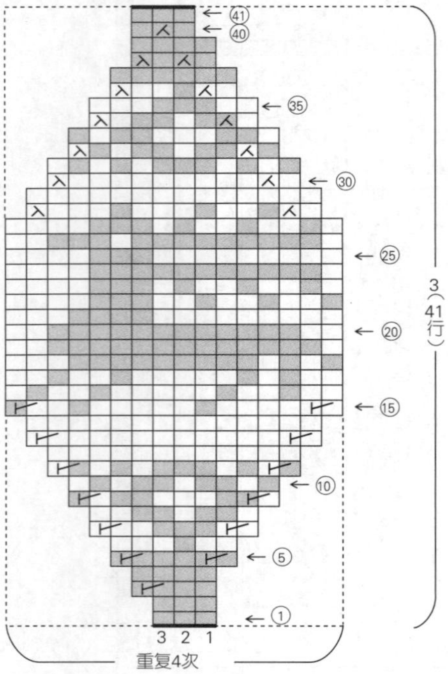

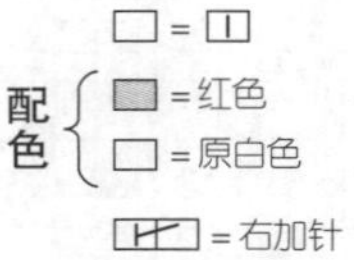

※（12针）起针

※配色花样横向渡线的编织方法参见第126页

细绳

（双重锁针）

蕾丝针2号　红色

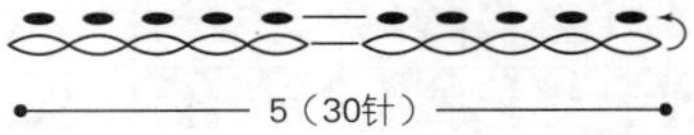

组合方法

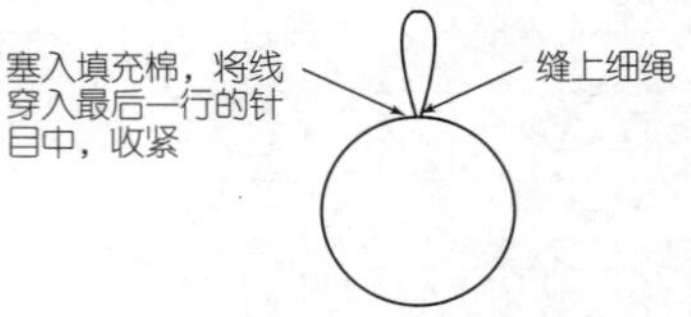

孔斯特起针

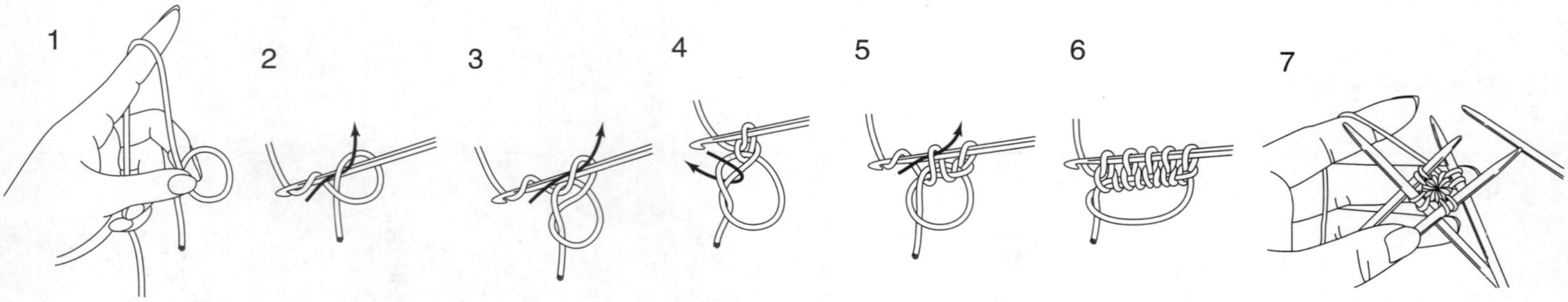

右加针

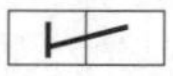

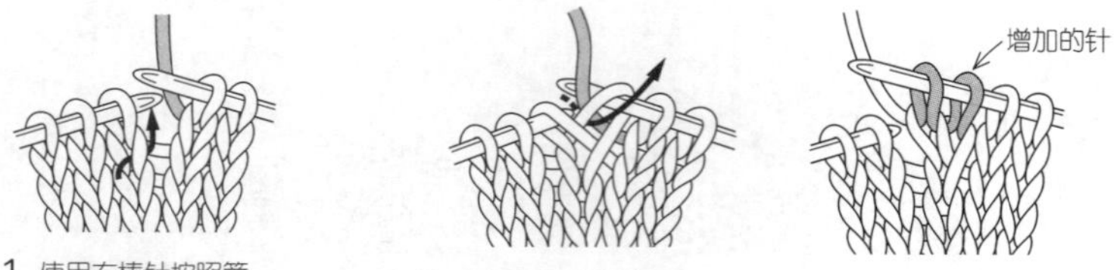

1 使用右棒针按照箭头的方向挑起前2行的针目。

2 编织下针。右针上的针目也编织下针。

3 右加针完成。

材料

和麻纳卡 Paquet 灰色系混合(8) 755g/8团

工具

棒针8mm、15号

成品尺寸

胸围96cm，衣长63cm，连肩袖长71.5cm

编织密度

10cm×10cm面积内：下针编织10.5针，16行

编织要点

●育克…手指起针，做下针编织。参照图示加针编织。

●身片、袖…前、后身片的腋下针目编织卷针，从育克挑取指定数量的针目，环形做下针编织和编织花样。前、后下摆分别编织起伏针。编织终点从反面做伏针收针。衣袖从腋下针目和育克的休针挑针，环形做下针编织、编织花样、起伏针。袖下参照图示减针。编织终点做上针的伏针收针。

●组合…衣领挑取指定数量的针目，编织起伏针。编织终点做上针的伏针收针，前身片中心做减针的伏针收针。

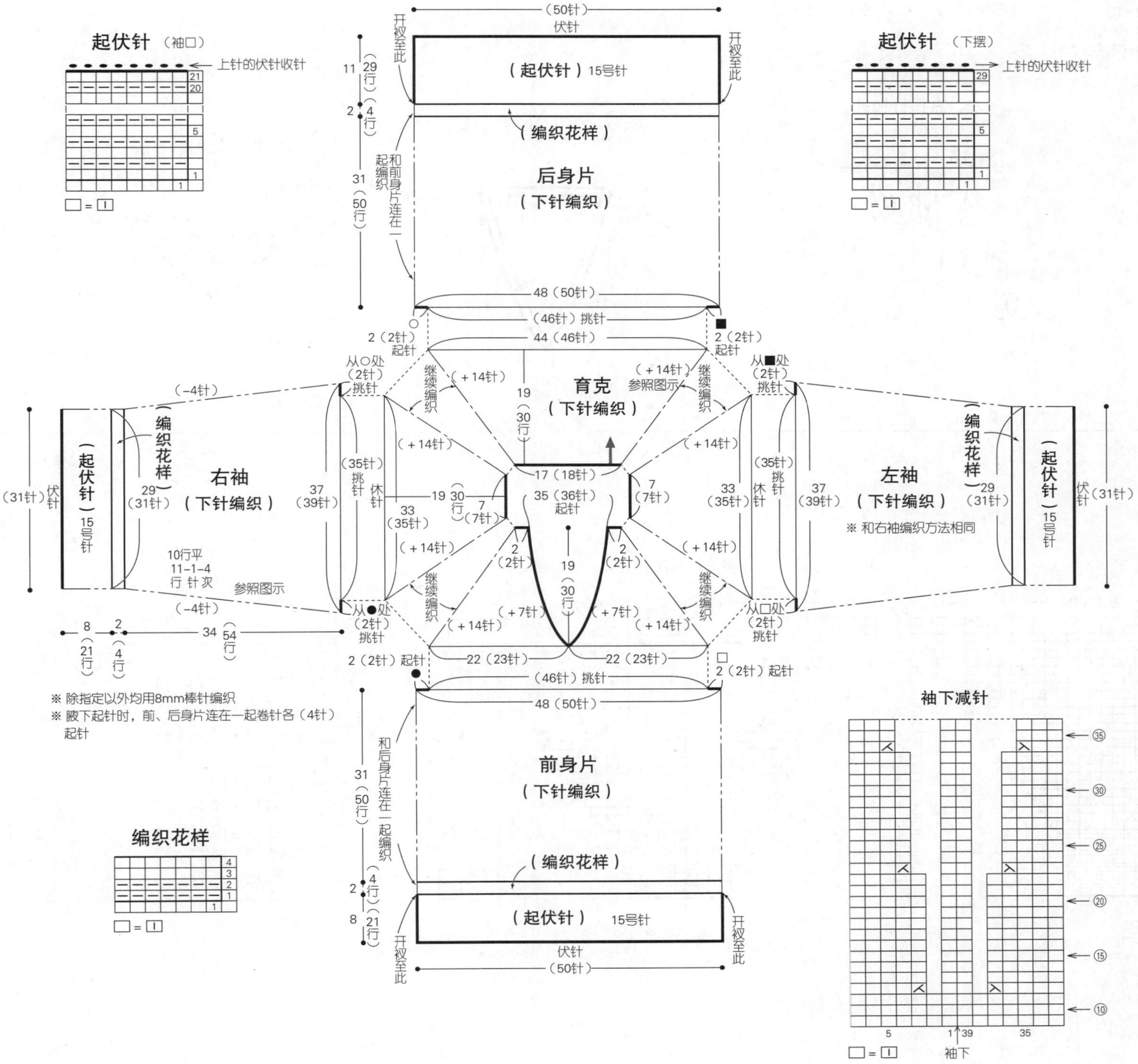

育克的编织方法

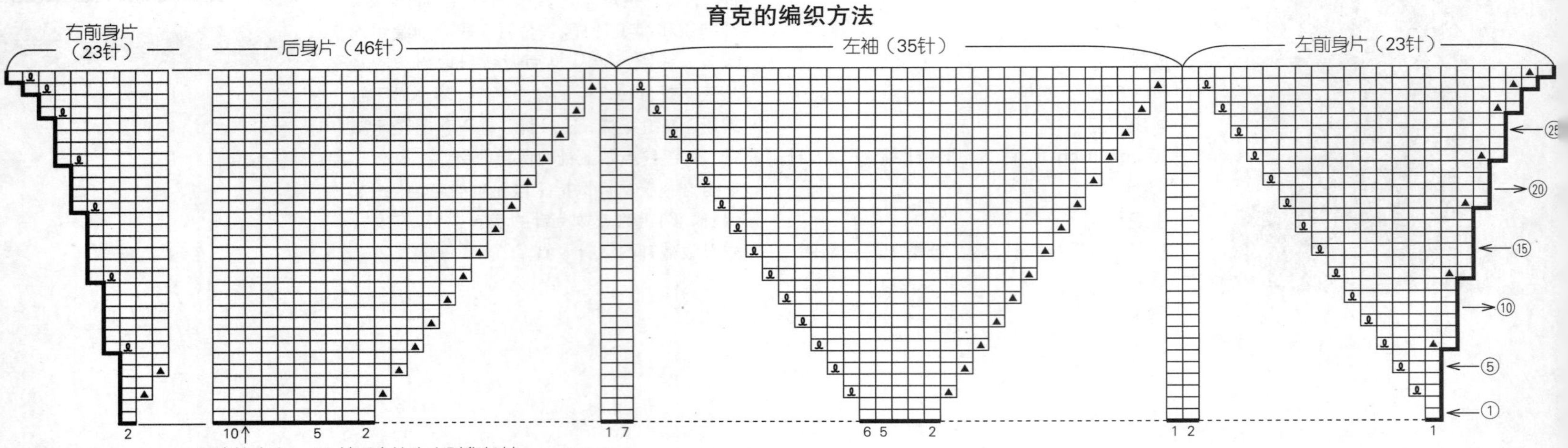

□ = ⊡
▲ = 左扭针加针
ℓ = 右扭针加针

左、右扭针加针

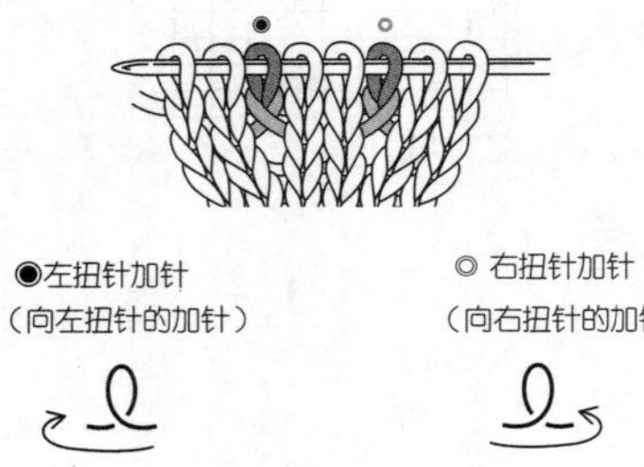

衣领（起伏针）15号针

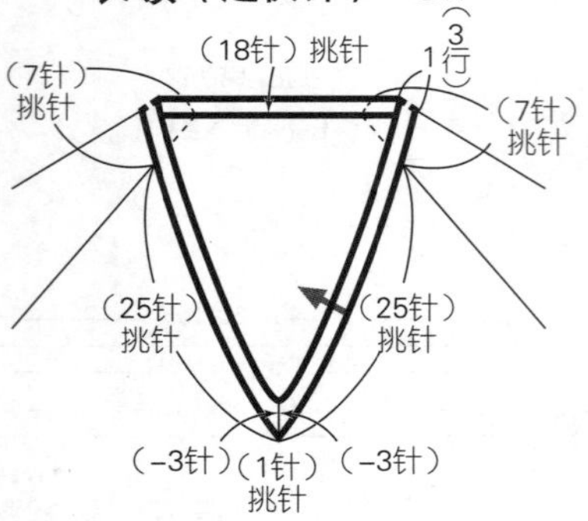

V领领尖的编织方法

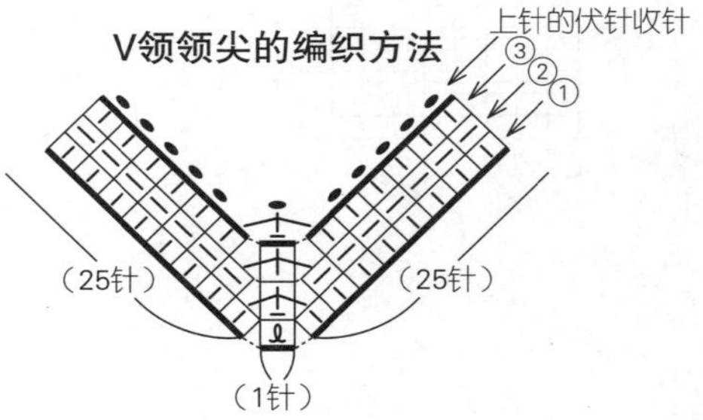

ℓ = 将下沉弧扭一下挑针

接第 141 页▶

育克的编织方法

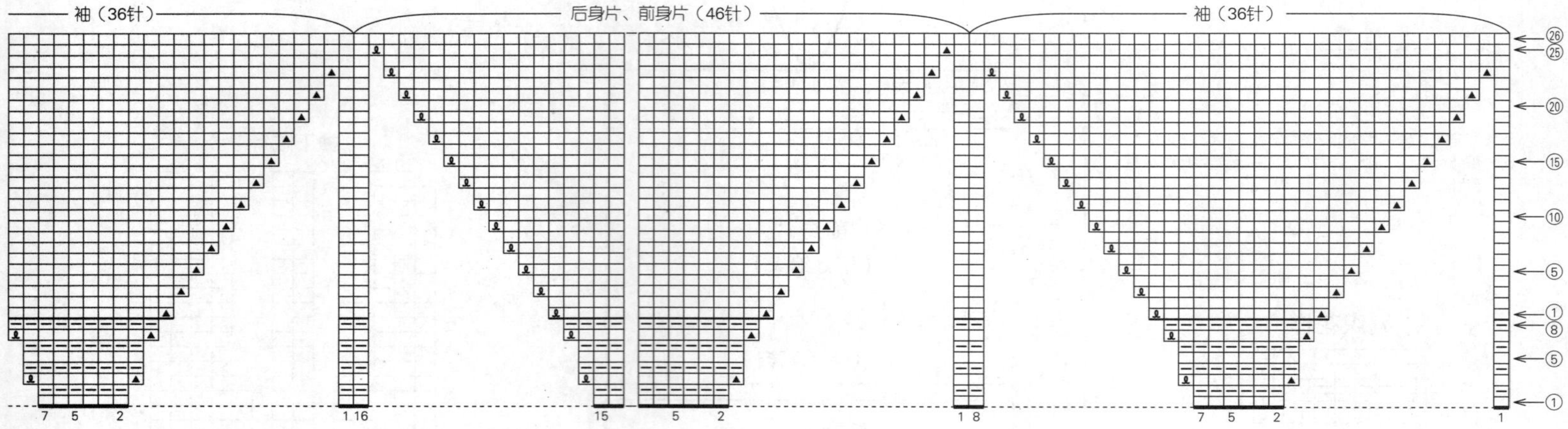

□ = ⊡
▲ = 左扭针加针
ℓ = 右扭针加针

材料

和麻纳卡 Paquet 绿色系混合（3）650g/7团

工具

棒针 8mm、15号

成品尺寸

胸围96cm，衣长54cm，连肩袖长70.5cm

编织密度

10cm×10cm面积内：起伏针10.5针，26.5行；下针编织10.5针，16行

编织要点

●育克…因为是不需要缝合的从领口开始编织的套头衫，所以全部都是看着反面编织的。编织完翻到正面。手指起针，编织起伏针、下针编织。参照图示加针编织。

●身片、袖…前、后身片从腋下的另线锁针和育克挑取指定数量的针目，做下针编织和起伏针。编织终点做伏针收针。衣袖从腋下拆开另线锁针的针目和育克的休针挑针，做下针编织和起伏针。袖下参照图示减针编织。编织终点和下摆相同。将织片翻过来，使上针编织成为正面。

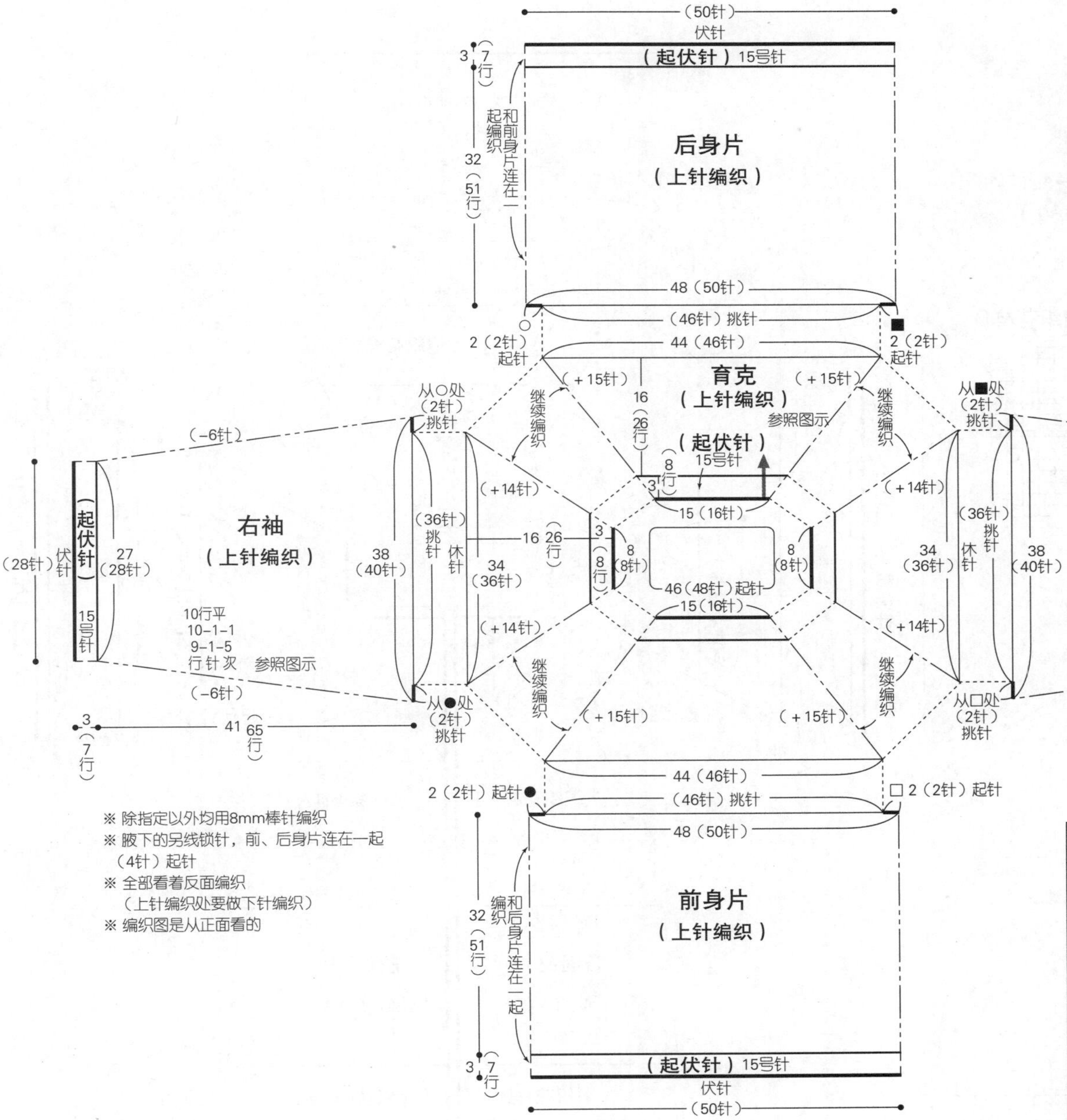

※ 除指定以外均用8mm棒针编织

※ 腋下的另线锁针，前、后身片连在一起（4针）起针

※ 全部看着反面编织（上针编织处要做下针编织）

※ 编织图是从正面看的

起伏针

（下摆、袖口）

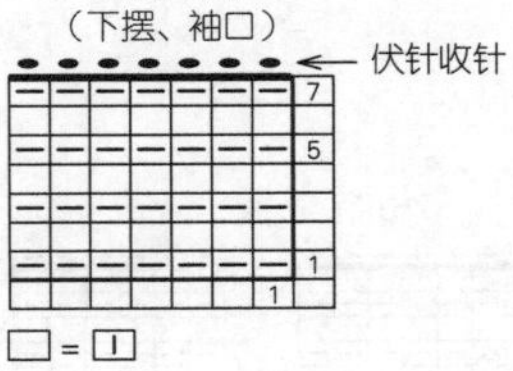

袖下减针

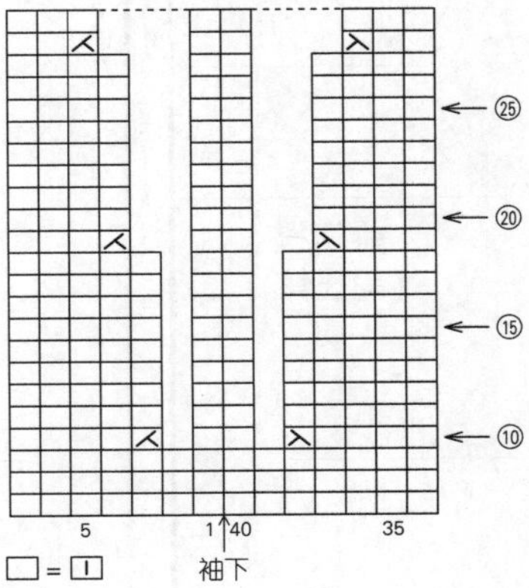

◀育克的编织方法接第140页

材料

和麻纳卡 Paquet 橙色、绿色系混合(4) 795g/8团。直径45mm的纽扣1颗；直径12cm的按扣1对

工具

棒针7mm、14号

成品尺寸

胸围100cm，衣长73.5cm，连肩袖长33.5cm

编织密度

10cm×10cm面积内：起伏针11针，22.5行(7mm棒针)；编织花样A、B均为11针，17行

编织要点

●育克…另线锁针起针，编织起伏针和编织花样A。参照图示加针编织。

●身片…后身片从育克挑取指定数量的针目，参照图示，前、后身片相差6行编织。然后，前、后身片一边编织加针，一边做编织花样A、编织花样B和起伏针。腋下针目卷针起针。编织终点从反面做伏针收针。

●组合…袖口从育克的休针挑针，前、后身片相差6行，从腋下针目挑针，环形编织起伏针。编织终点做上针的伏针收针。前门襟挑取指定数量的针目，编织起伏针。右前门襟开扣眼。衣领从前门襟挑针，并拆开锁针起针挑针，编织起伏针。编织终点和下摆相同。缝上纽扣和按扣，完成。

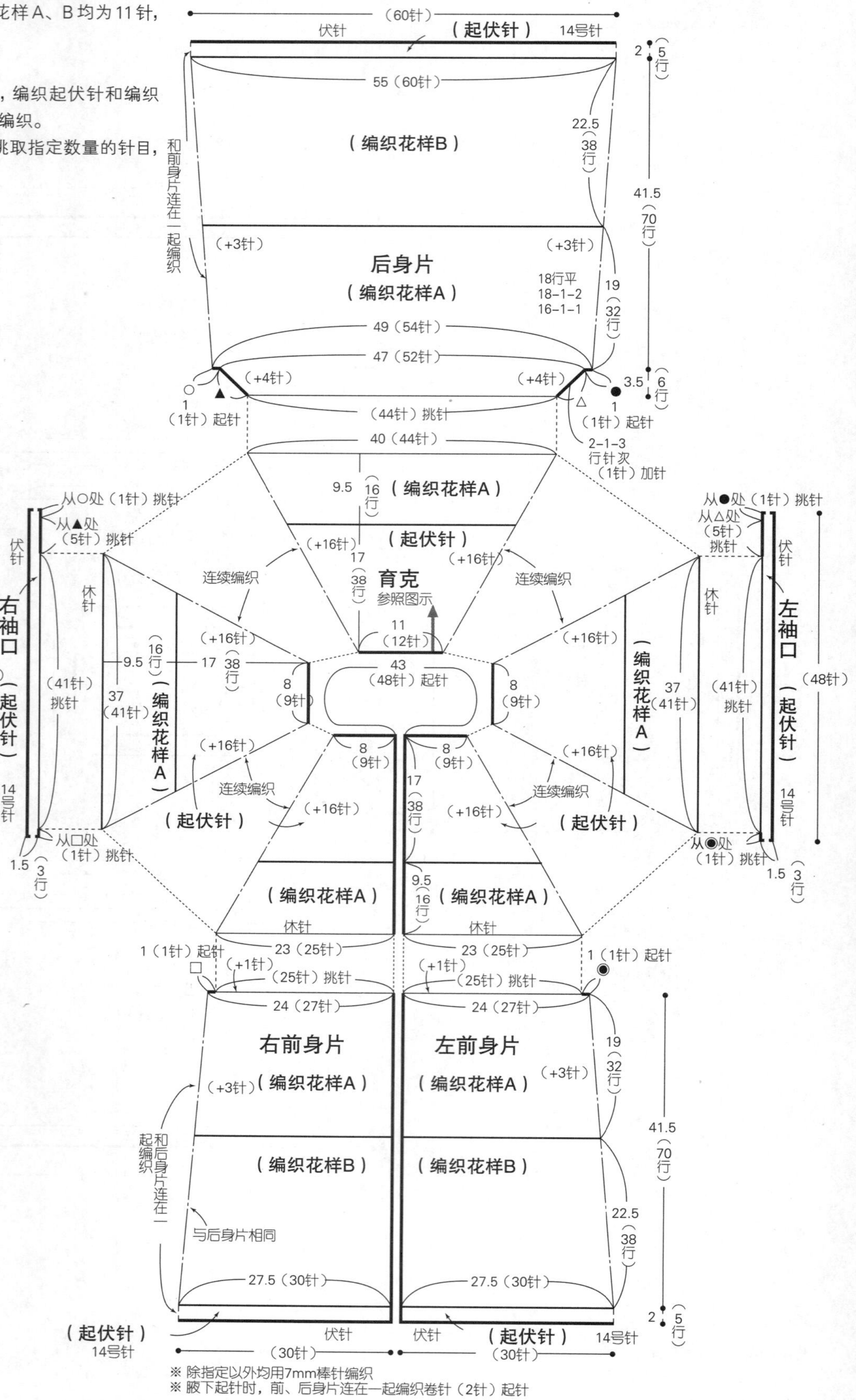

扣眼(右前门襟)

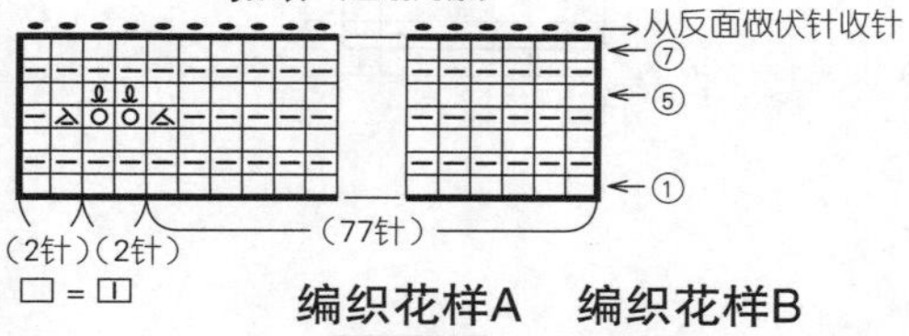

编织花样A

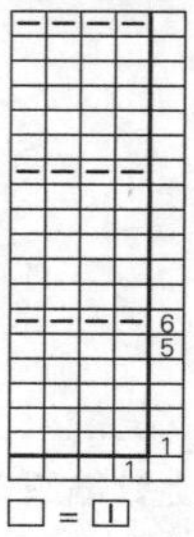

编织花样B

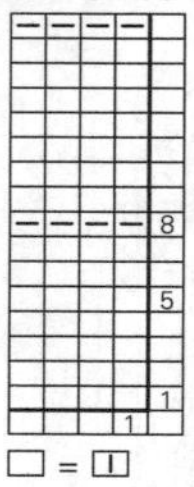

起伏针

衣领(起伏针) 14号针

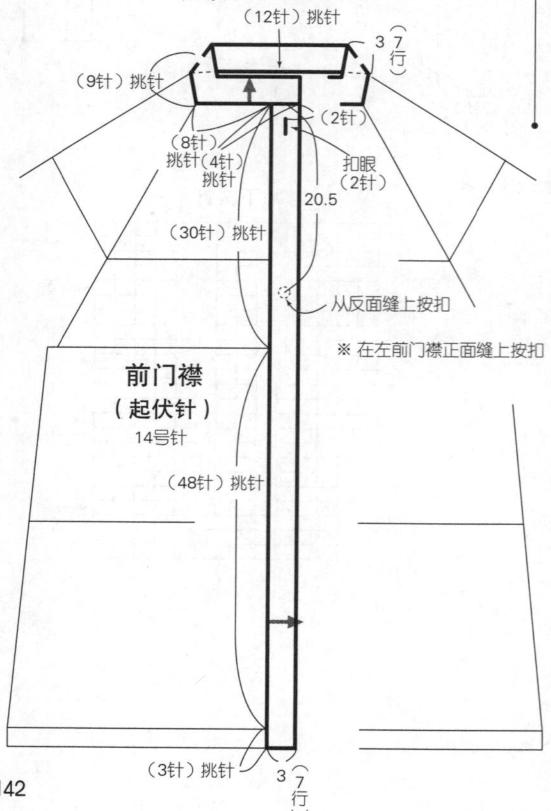

育克和胁部的编织方法

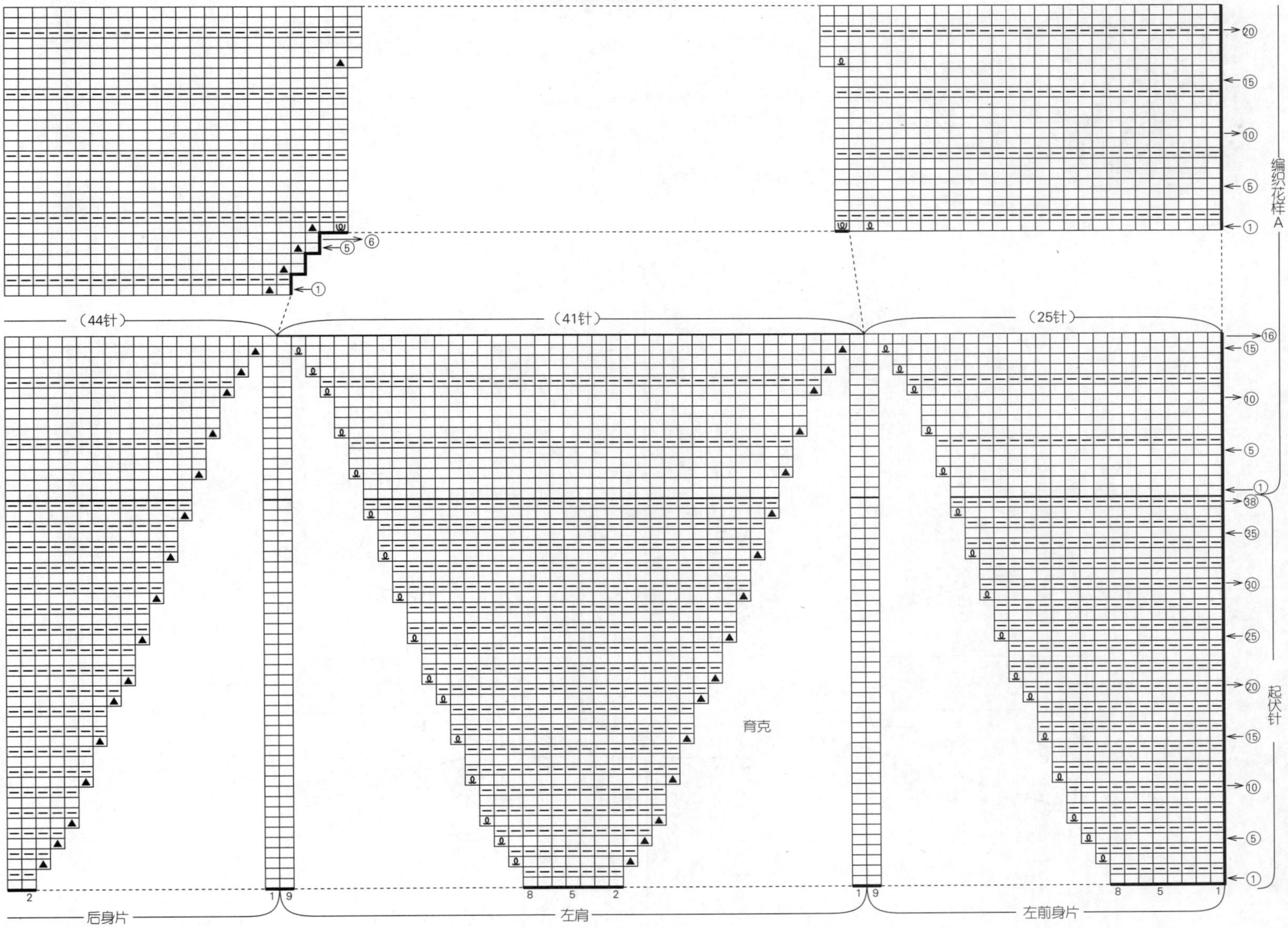

□ = I

▲ = 左扭针加针

ℓ = 右扭针加针

ℓℓ = 卷针加针

※ 编织方法请参照第140页

卷针加针（2针以上）

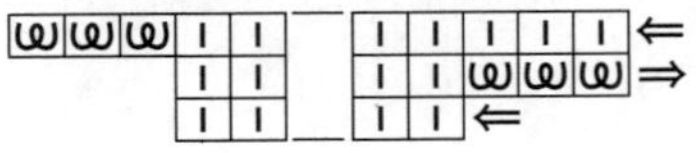

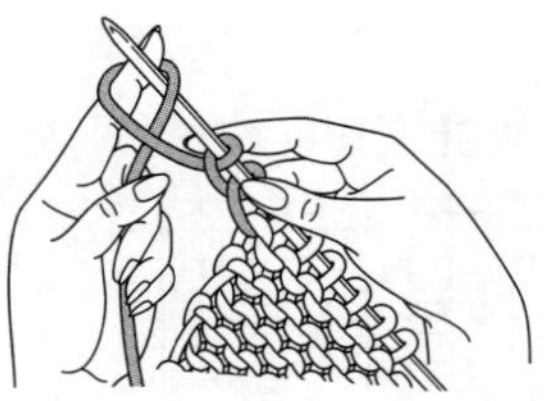

1 重复"用食指挂线，插入棒针，移开食指"，直至加至所需要的针数。

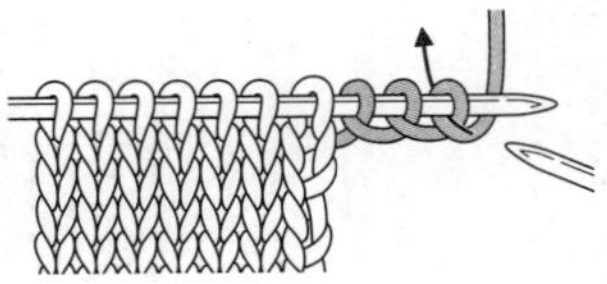

2 翻到正面，如箭头所示将右棒针插入，编织下针。剩下的2针也按照相同方法编织至一端。

3 和步骤1相同，用食指挂线，插入棒针。

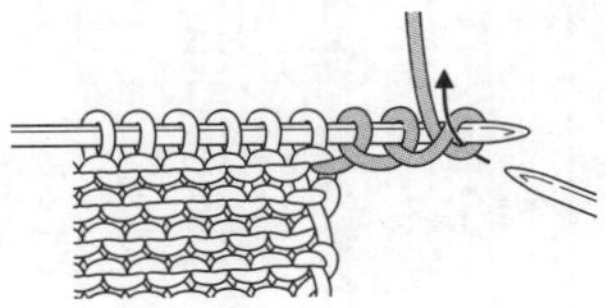

4 翻到正面，如箭头所示将右棒针插入，编织上针。剩下的2针也按照相同方法编织。

材料
和麻纳卡 Paquet 红紫色、绿色系混合(6) 700g/7团
工具
棒针8mm、14号
成品尺寸
衣长45.5cm
编织密度
10cm×10cm面积内：上针编织11针，16行；编织花样1个花样12针7cm，16行为10cm
编织要点
●育克、身片、袖…另线锁针起针，环形做上针编织和编织花样。参照图示编织加针，在和编织花样的交界处编织扭针加针。编织至第50行后，前、后身片相差6行做往返编织。衣袖针目休针，前、后身片连在一起做环形编织。最终行略有变化，需要参照图示编织。编织终点做上针的伏针收针。衣袖从休针和前、后身片相差的6行挑针编织。编织终点和下摆相同。
●组合…衣领拆开锁针起针，一边减针一边挑针，编织双罗纹针。编织终点做双罗纹针收针。

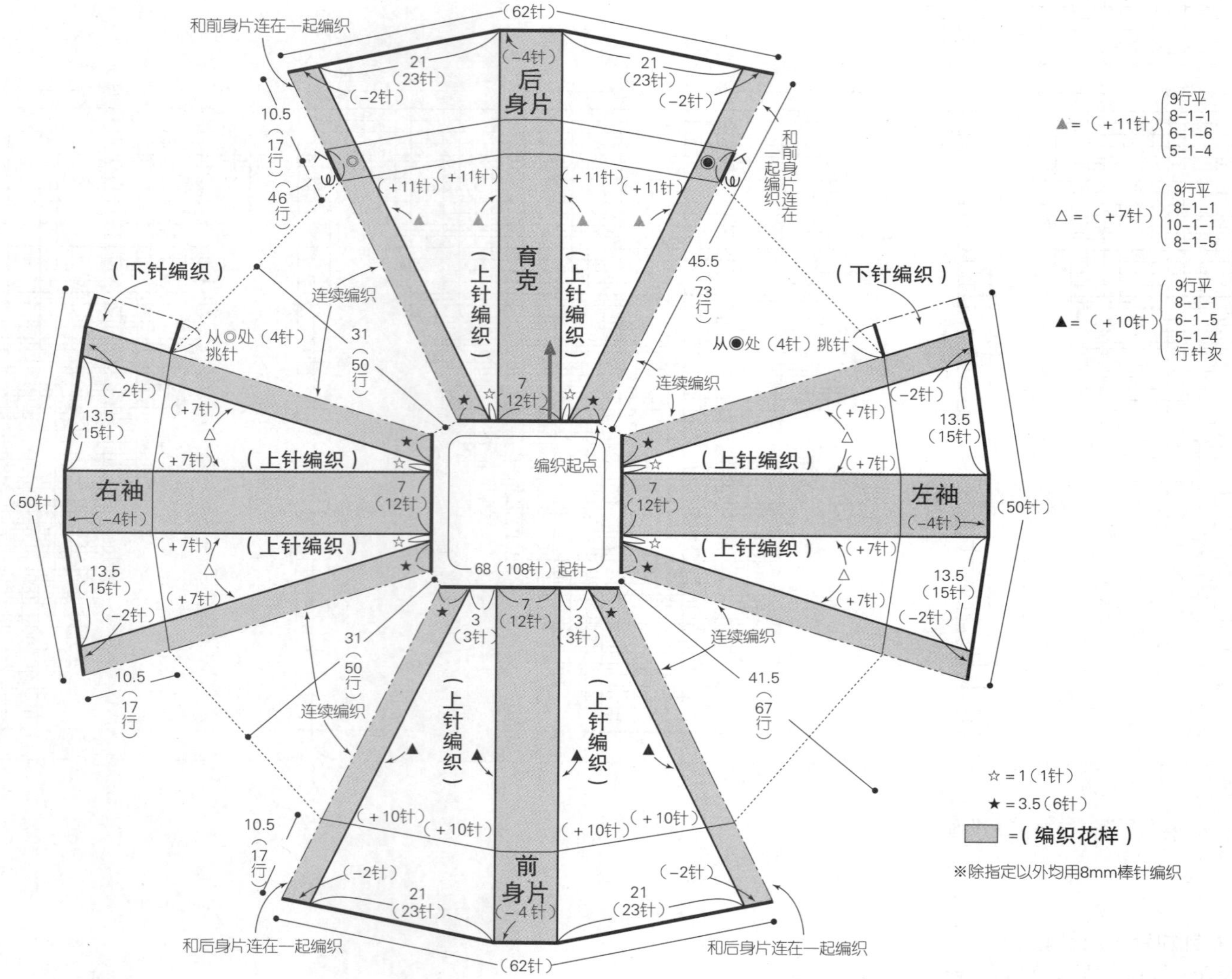

编织花样

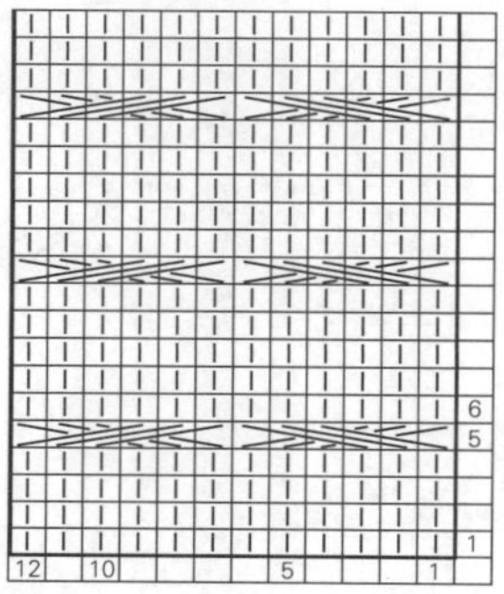

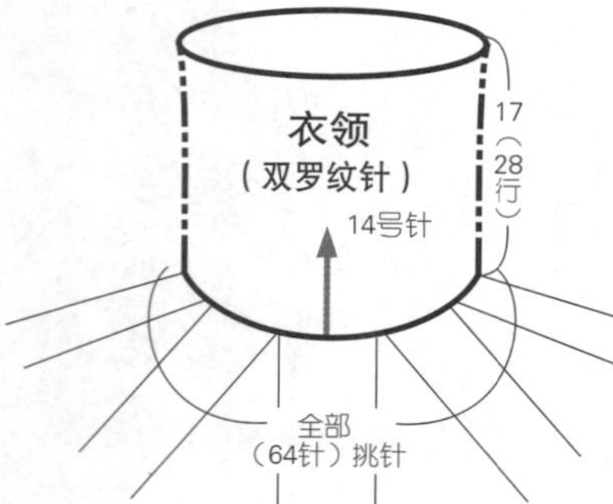

双罗纹针 (衣领)

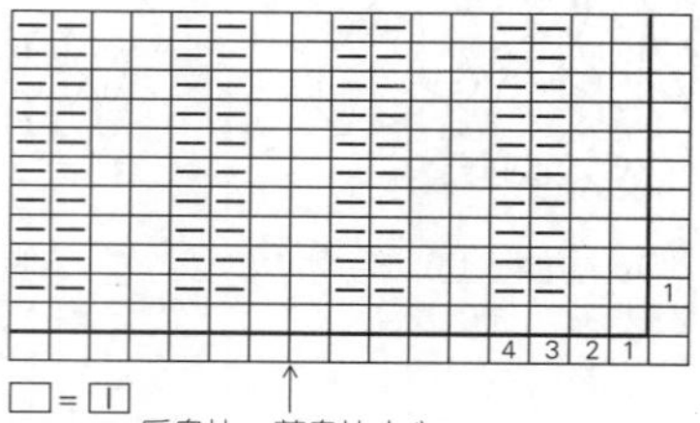

※双罗纹针收针（环形编织的情况）请参照第161页

育克的编织方法

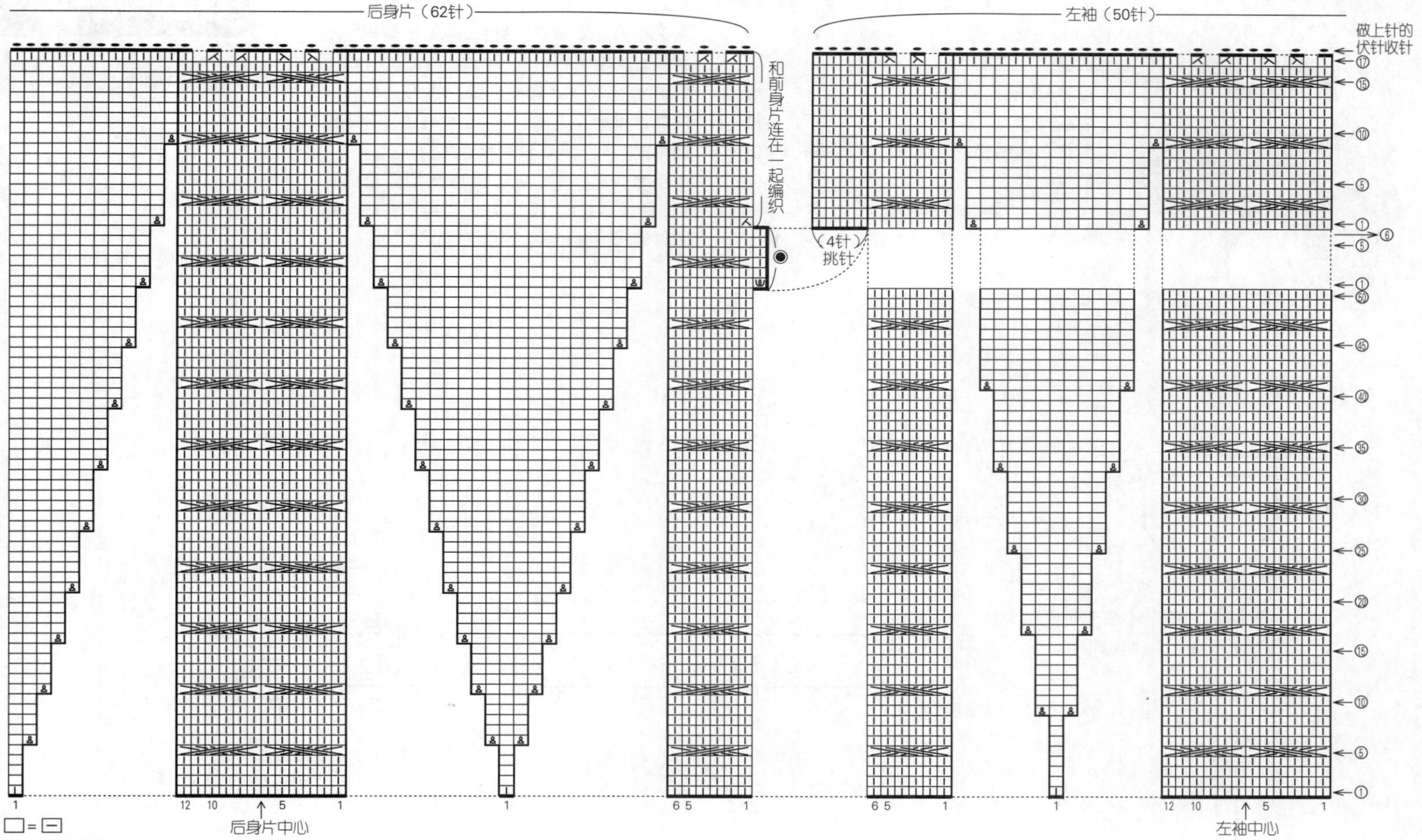

□ = ⊟
Ⓐ = 上针的扭针加针
Ⓤ = 卷针加针

接第146页▶

育克的编织方法

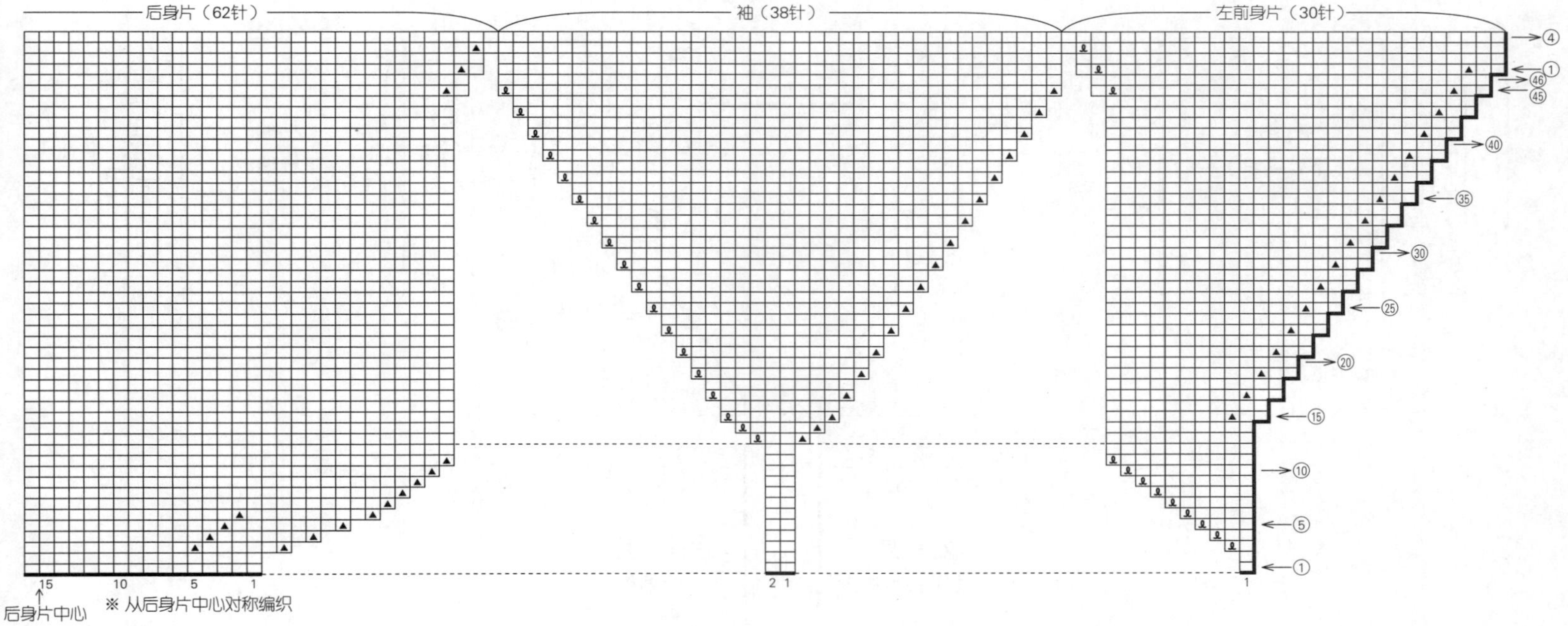

※ 从后身片中心对称编织

□ = ⊡
Ⓐ = 右扭针加针
▲ = 左扭针加针

※编织方法请参照第140页

扣眼（右前门襟）

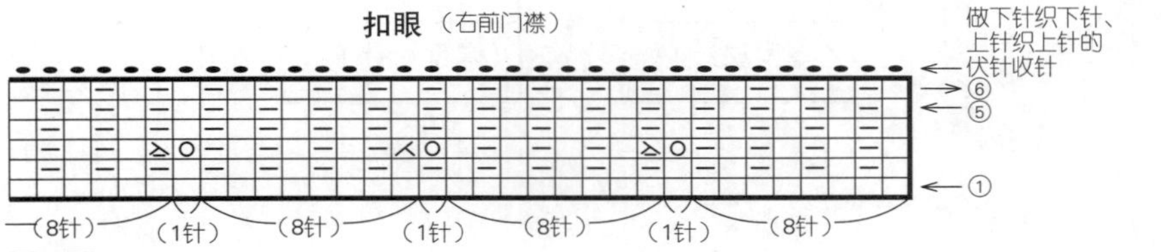

□ = ⊡

材料

芭贝 毛里斯(644) 浅橙色系段染(648) 445g/9团；直径21mm的纽扣5颗

工具

棒针13号、12号

成品尺寸

胸围99cm，衣长60cm，连肩袖长74.5cm

编织密度

10cm×10cm面积内：下针编织14针，18.5行

编织要点

●育克…手指起针，做下针编织。参照图示编织加针。

●身片、袖…前、后身片从腋下的另线锁针和育克挑取指定数量的针目，做下针编织和单罗纹针。编织终点做下针织下针、上针织上针的伏针收针。衣袖从腋下拆开另线锁针的针目和育克的休针挑针，环形做下针编织和单罗纹针。编织终点和下摆相同。

●组合…前门襟、衣领挑取指定数量的针目，编织单罗纹针。参照图示编织扣眼。编织终点和下摆相同。缝上纽扣。

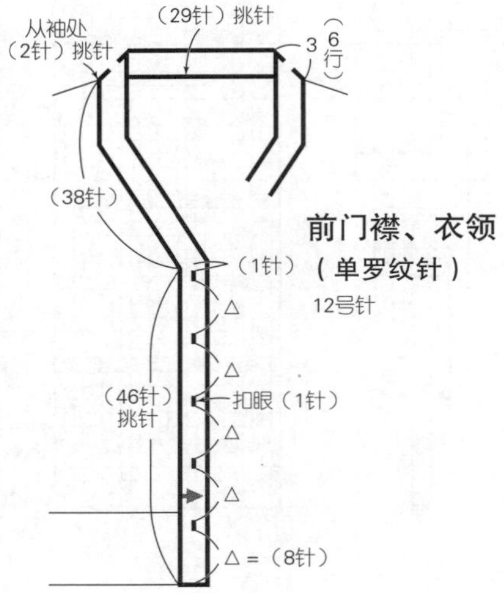

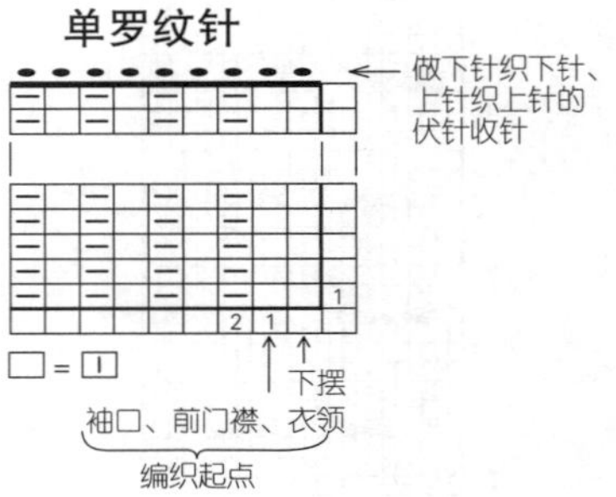

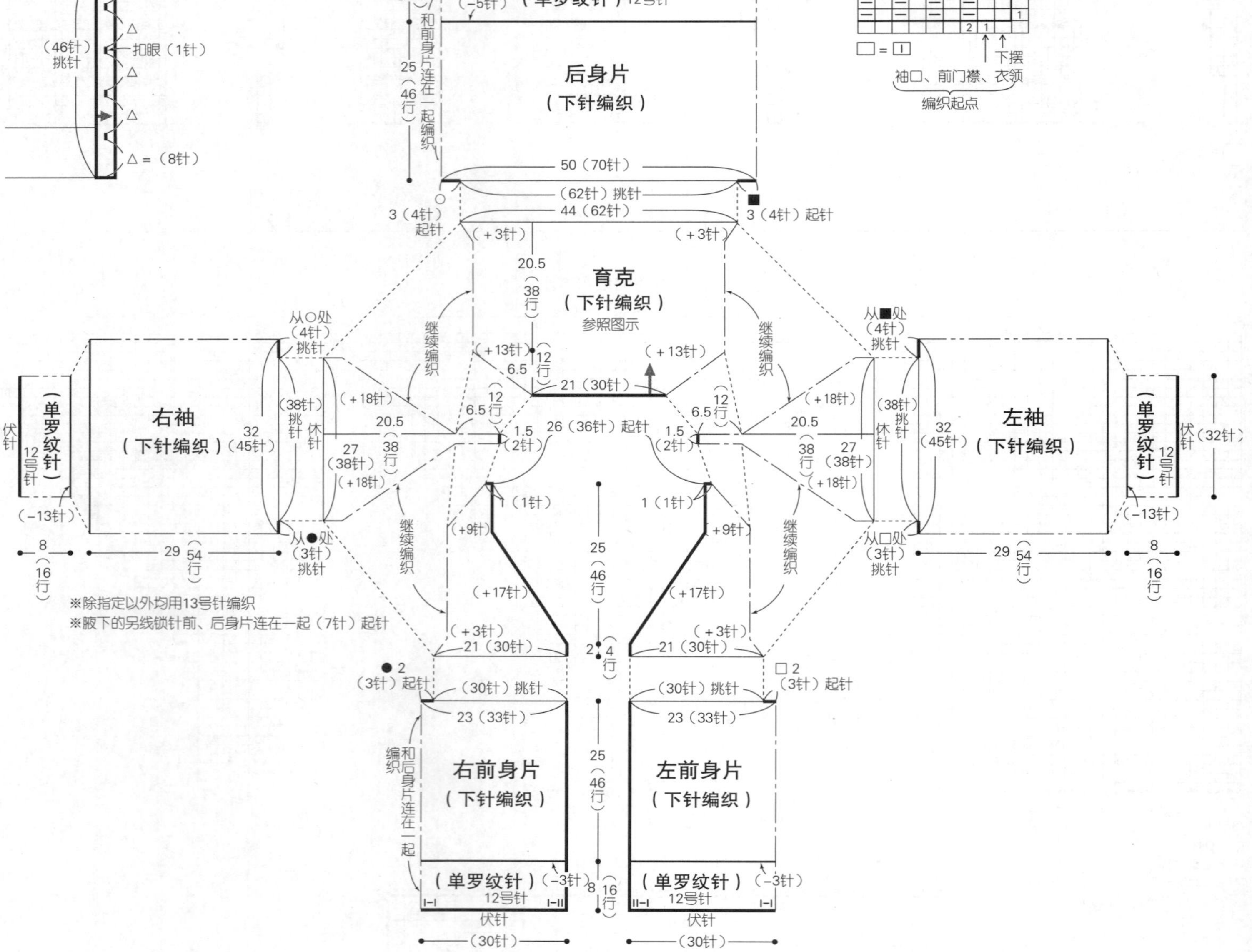

◀编织方法接第145页

材料

芭贝 古拉尼(127) 浅灰色系混合(402) 535g/14团

工具

棒针14号

成品尺寸

胸围106cm，衣长51cm，连肩袖长60cm

编织密度

10cm×10cm面积内：下针编织12针，17行；起伏针10针，20行

编织要点

●育克…全部取2根线编织。事先另线锁针起针6针作为前领窝部分。手指起针，做下针编织至第16行，往返编织。参照图示加针编织。然后从前领窝的6针起针另线锁针挑针，做环形编织。

●身片、袖…前、后身片从腋下的另线锁针和育克挑取指定数量的针目，编织起伏针。胁部参照图示加针编织。编织终点做伏针收针。衣袖从腋下拆开另线锁针的针目和育克的休针挑针，按照和身片相同的方法编织。

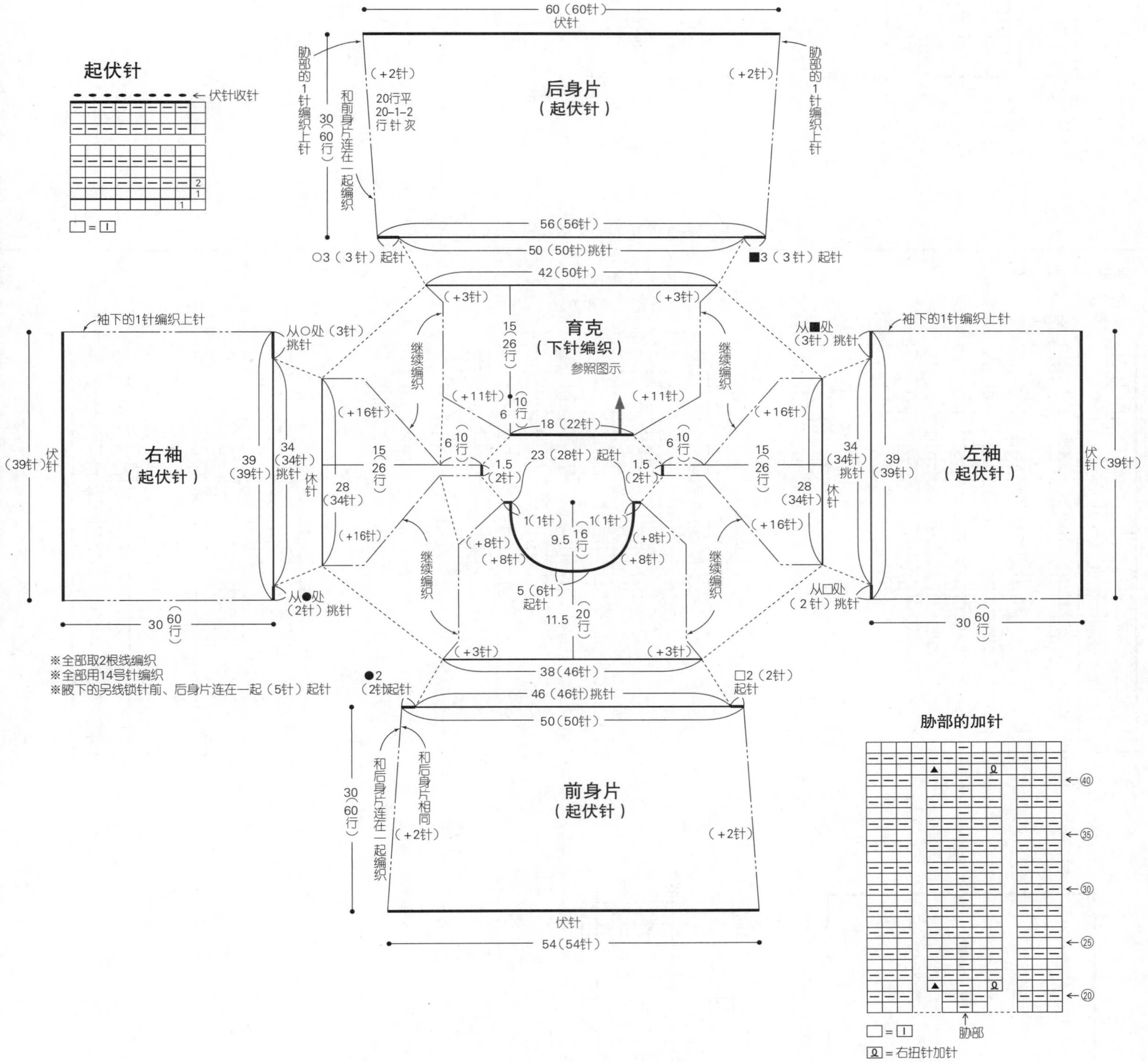

※全部取2根线编织

※全部用14号针编织

※腋下的另线锁针前、后身片连在一起（5针）起针

胁部的加针

□=□

Ω=右扭针加针

▲=左扭针加针

※编织方法请参照第140页

育克的编织方法

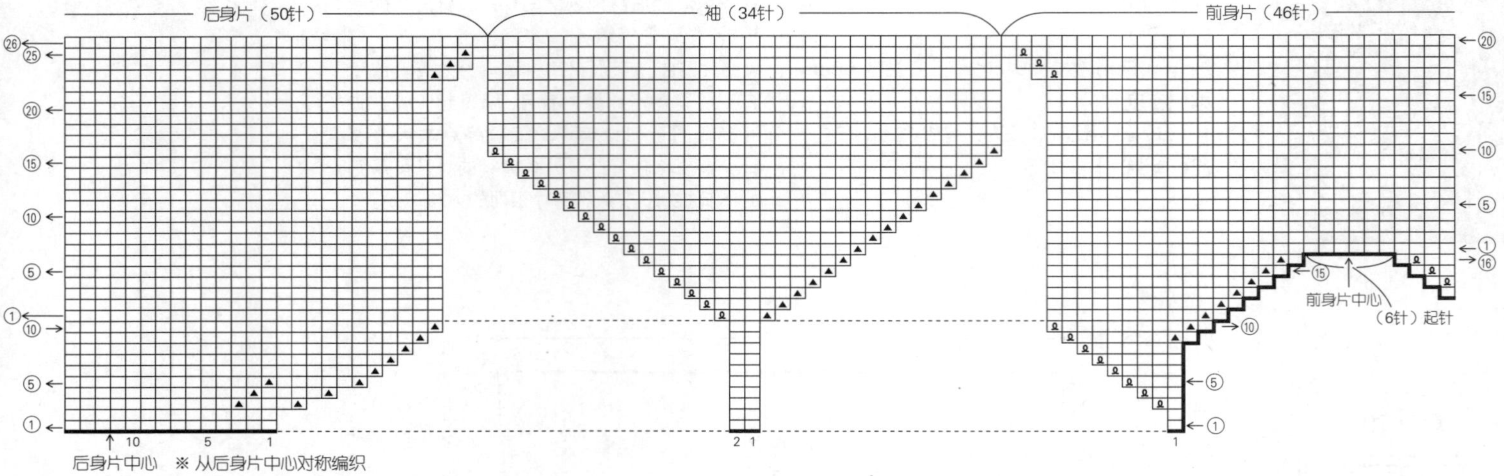

□ = I　　Ω = 右扭针加针　　▲ = 左扭针加针

※编织方法请参照第140页

接第149页▶

育克的编织方法

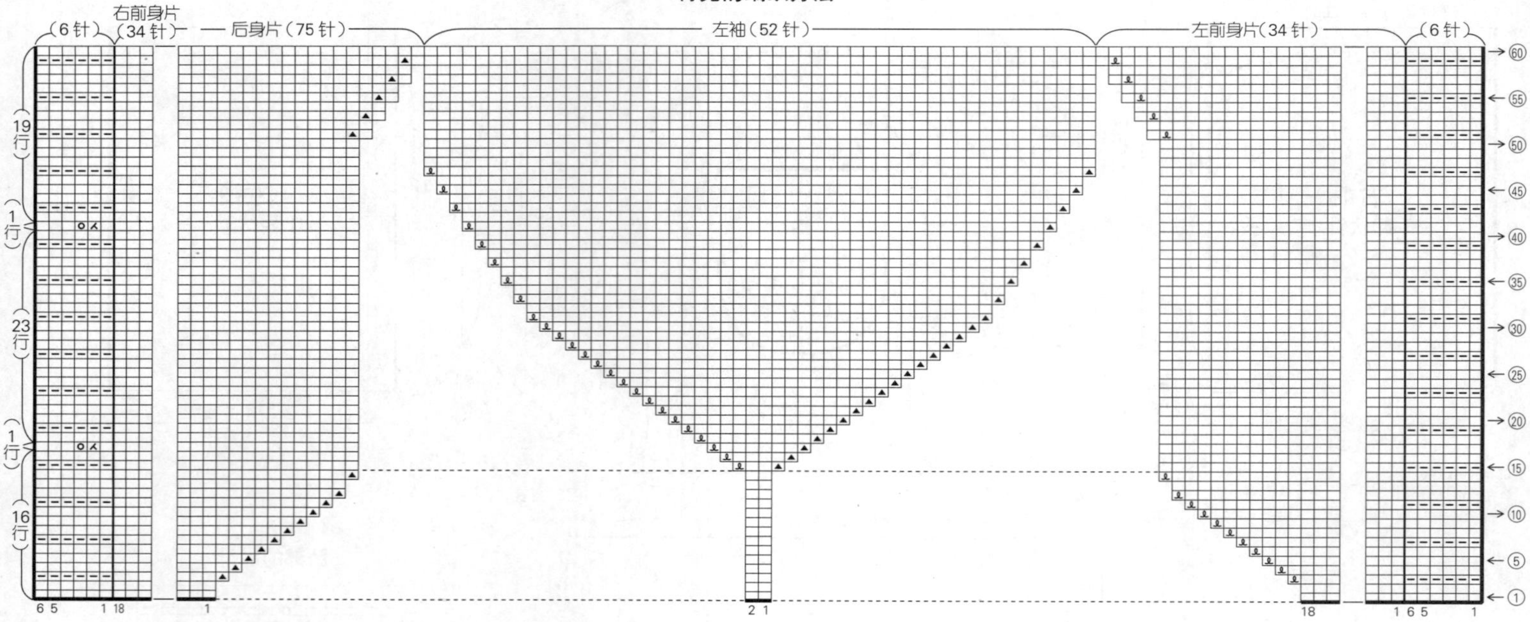

※ 除了扣眼以外，从后身片中心对称编织

□ = I

Ω = 右扭针加针

▲ = 左扭针加针

※ 编织方法请参照第140页

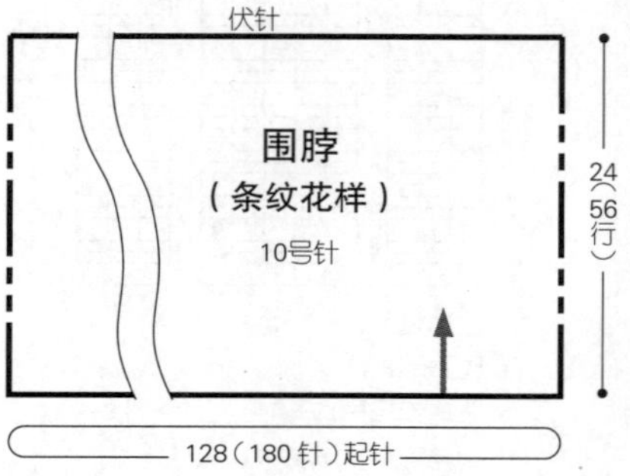

条纹花样

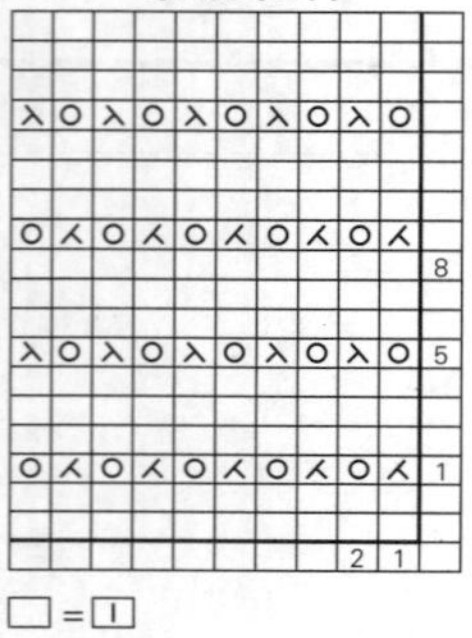

□ = I

条纹花样的配色

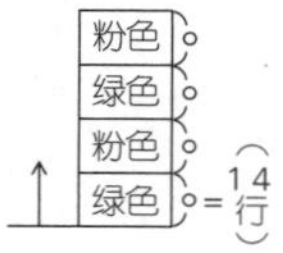

材料

[开衫] 芭贝 美罗提高(573)绿色、粉色系段染(576)470g/12团；La Droguerie 直径23mm的纽扣7颗

[围脖] 芭贝 斯波特(101)粉色(708)100g/2团，绿色(726)95g/2团

工具

棒针8号、10号

成品尺寸

[开衫] 胸围95.5cm，衣长66cm，连肩袖长73cm

[围脖] 宽24cm，周长128cm

编织密度

10cm×10cm面积内：下针编织17.5针，24行；条纹花样14针，23行

编织要点

●开衫…育克部分手指起针，做编织花样和下针编织，往返编织。右前门襟开扣眼。前、后身片从腋下的另线锁针和育克挑取指定数量的针目，做往返编织。下摆做编织花样，编织终点从反面做伏针收针。衣袖育克的休针挑针，并拆开腋下的另线锁针挑针，环形做下针编织和编织花样。编织终点做上针的伏针收针。衣领挑取指定数量的针目，做编织花样。编织终点和下摆相同。缝上纽扣。

●围脖…手指起针，环形编织条纹花样。编织终点做伏针收针。

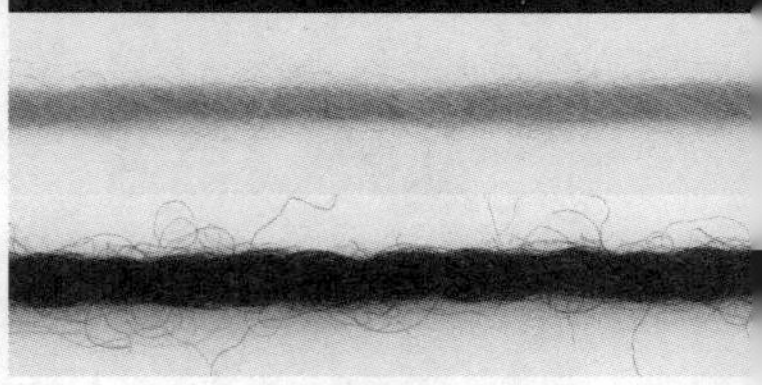

◀编织方法接第148页

开衫

编织花样

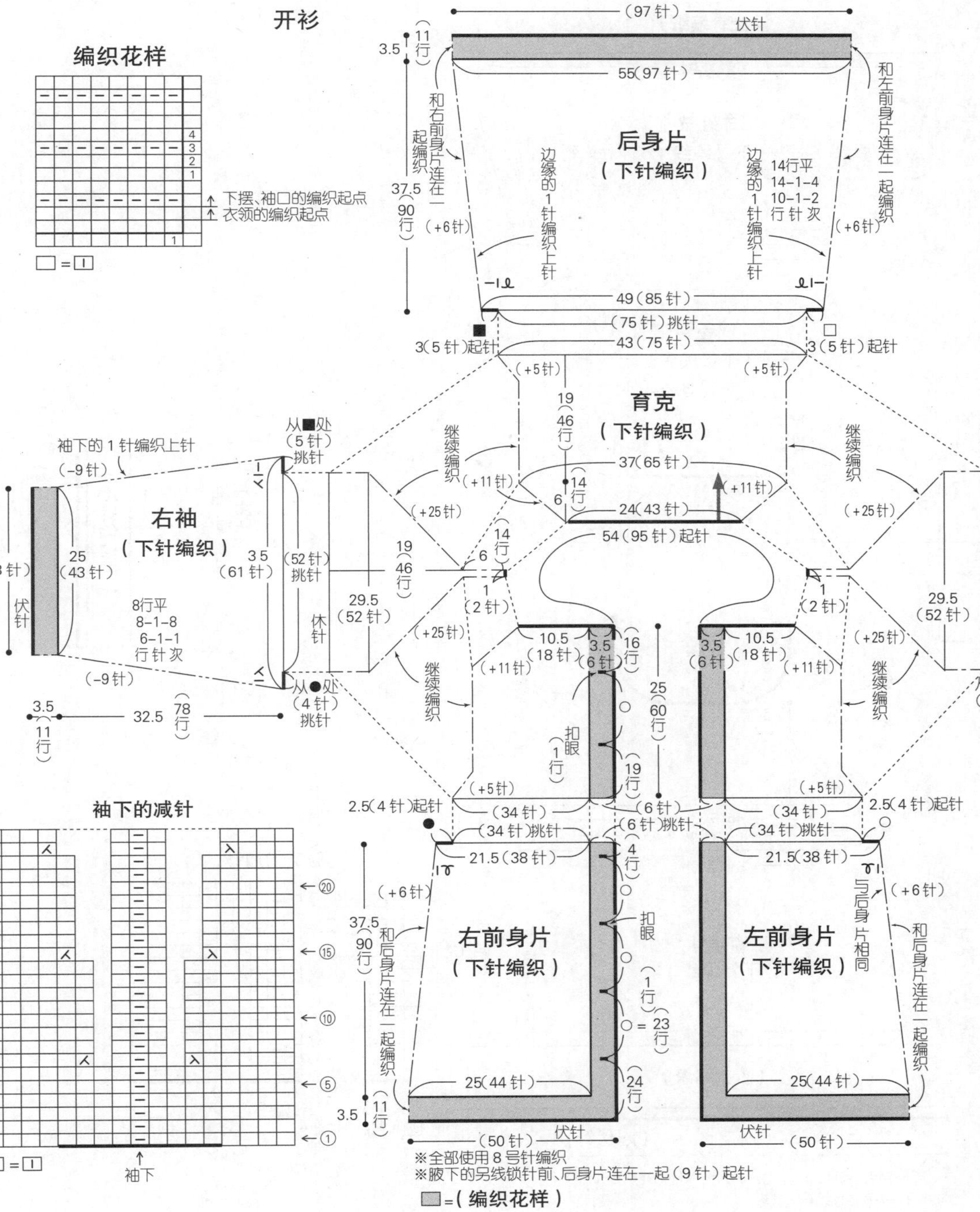

※全部使用8号针编织

※腋下的另线锁针前、后身片连在一起(9针)起针

▒=(编织花样)

肋部的加针

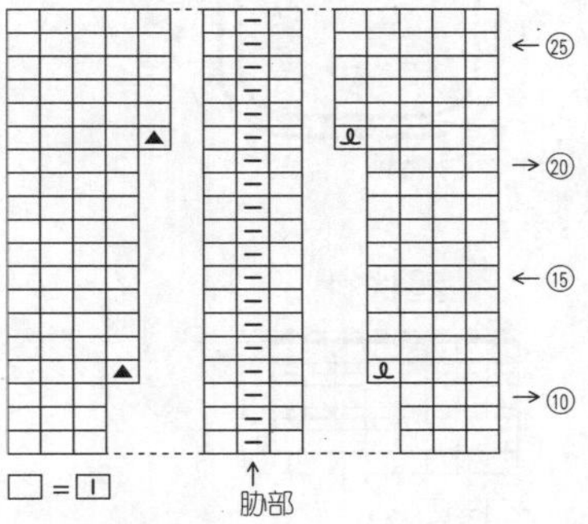

=右扭针加针

=左扭针加针

※编织方法请参照第140页

衣领(编织花样)

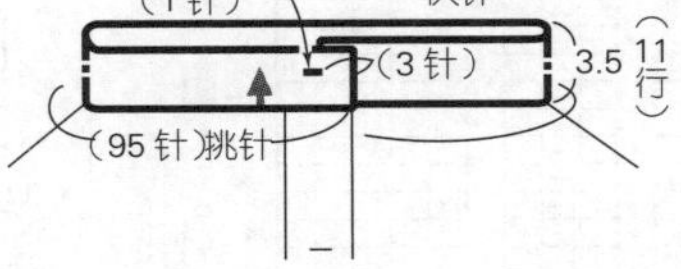

扣眼(衣领)

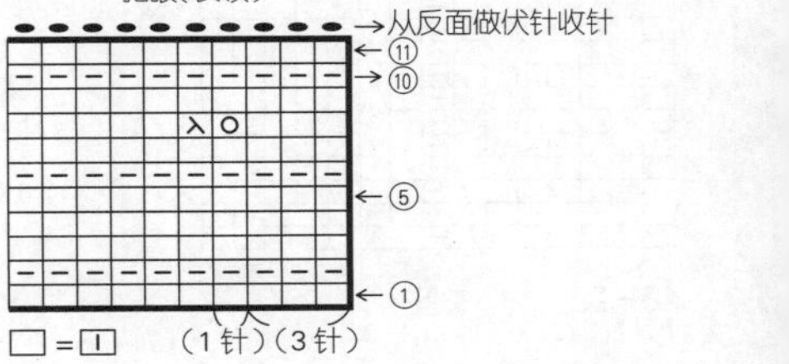

袖下的减针

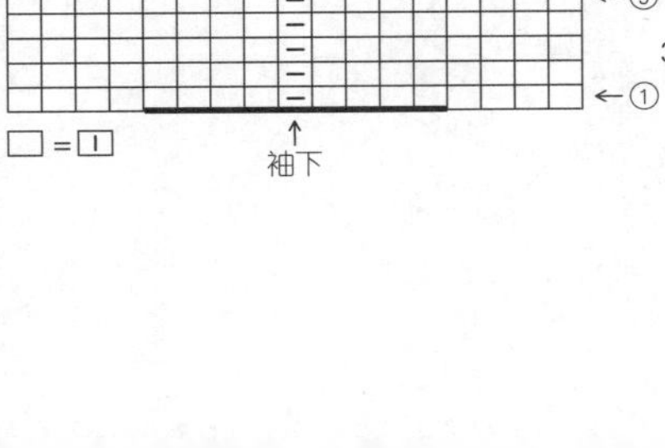

材料

芭贝 洛瑭缇(129)橙色系段染(2)270g/7团

工具

棒针7号

成品尺寸

胸围101cm，衣长64cm，连肩袖长74.5cm

编织密度

10cm×10cm面积内：下针编织、上针编织均为17针，26行

编织要点

●育克…事先另线锁针起针15针作为前领窝部分。另线锁针起针，做下针编织至第32行，往返编织。参照图示加针编织。然后从前领窝的15针另线锁针挑针，做环形编织。

●身片、袖…前、后身片从腋下的另线锁针和育克挑取指定数量的针目，环形做下针编织、上针编织和起伏针。编织终点做上针的伏针收针。衣袖从腋下拆开另线锁针的针目和育克的休针挑针，按照和身片相同的方法编织。编织终点和下摆相同。

●组合…衣领挑取指定数量的针目，编织起伏针。编织终点和下摆相同。

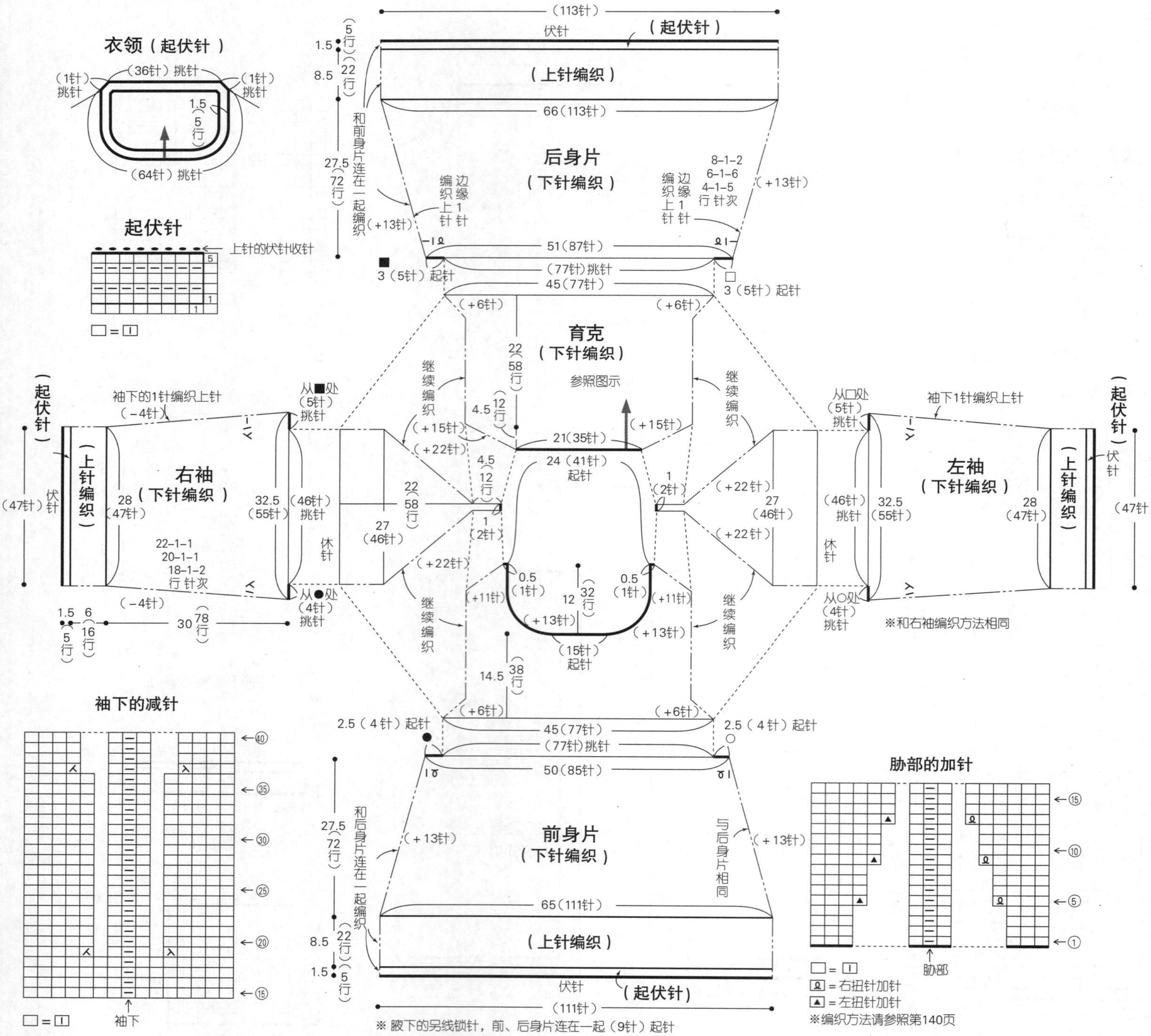

※ 腋下的另线锁针，前、后身片连在一起（9针）起针

※ 全部使用7号针编织

育克的编织方法

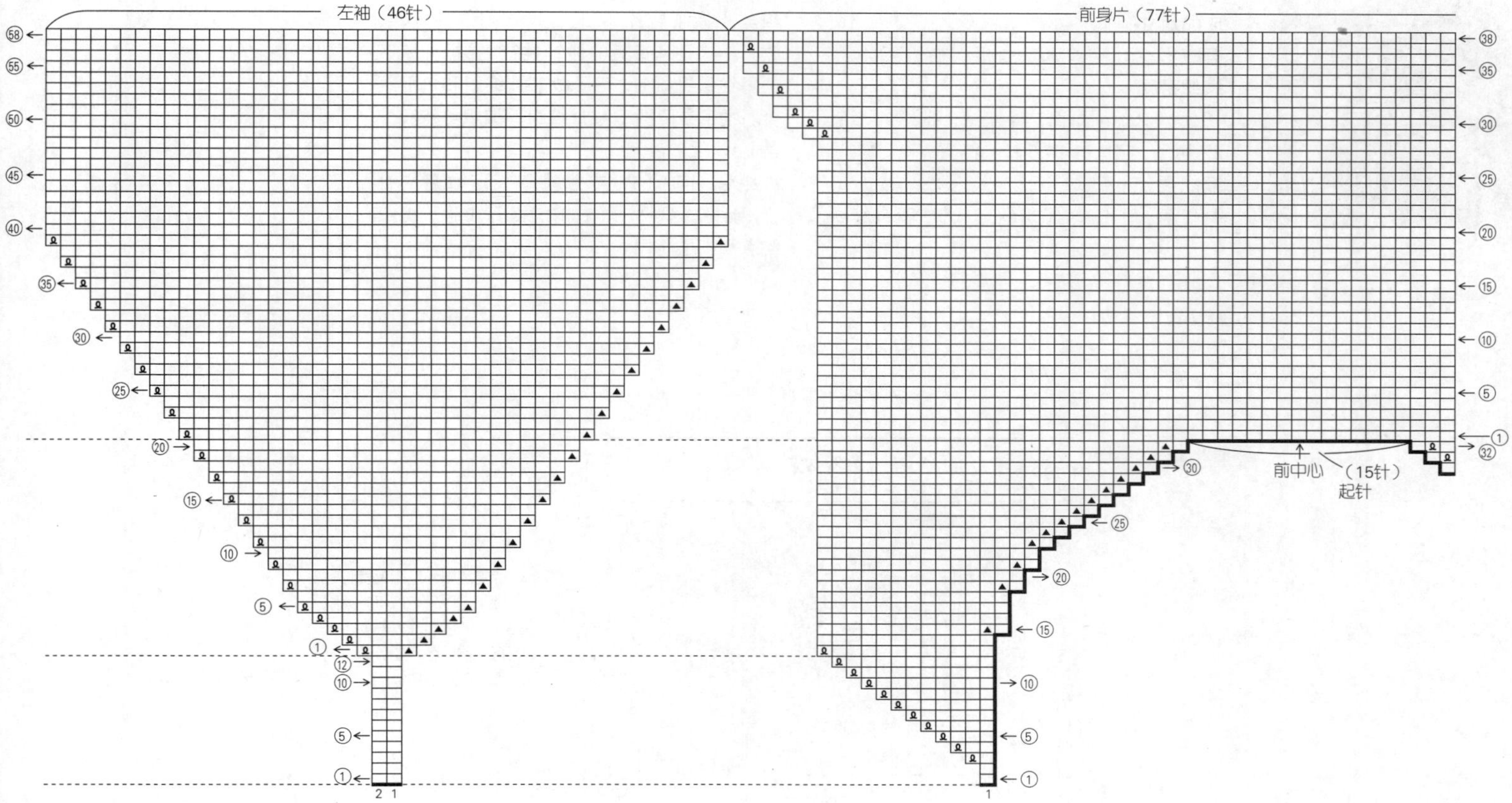

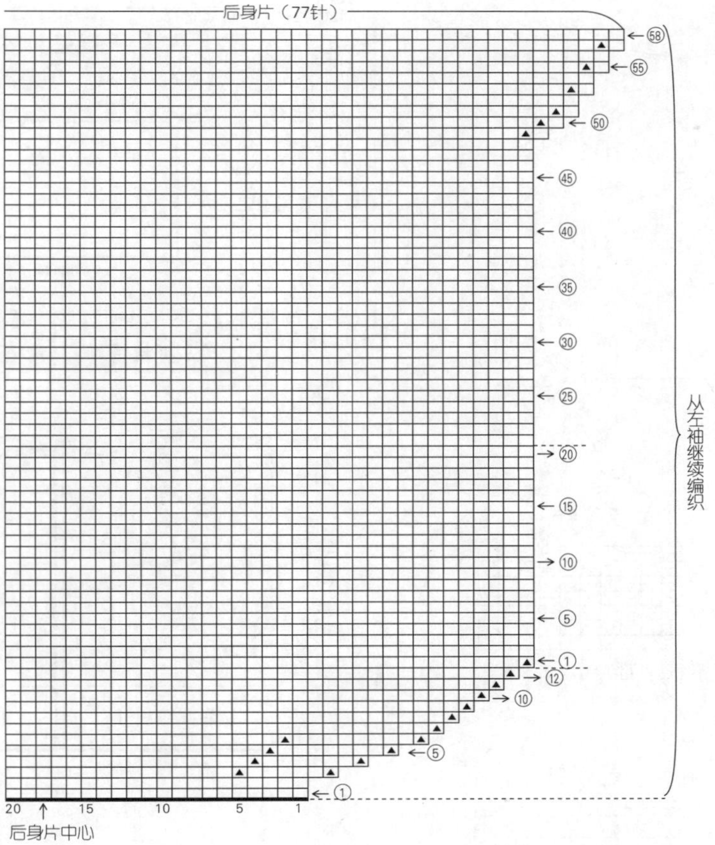

□ = Ⅰ

※ 从后身片中心对称编织

Ջ = 右扭针加针

▲ = 左扭针加针

※ 编织方法请参照第 140 页

绒球的制作方法

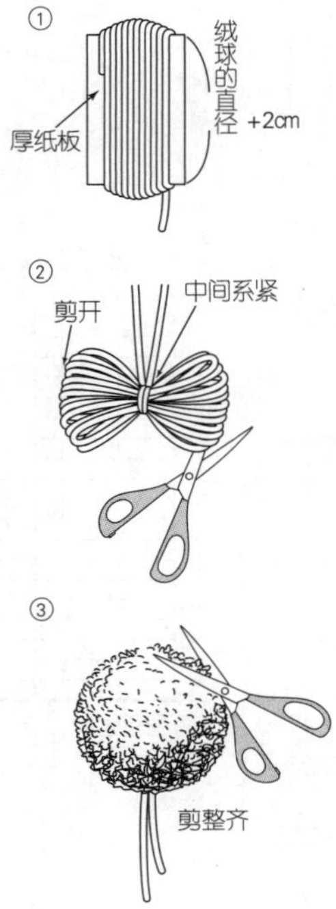

材料

内藤商事 PARROZZO 橙色系混合(2) 290g/8团；直径18mm的纽扣7颗

工具

棒针9号、5号

成品尺寸

胸围92cm，衣长50cm，连肩袖长70cm

编织密度

10cm×10cm面积内：下针编织14.5针，22.5行；起伏针14.5针，25行

编织要点

●育克…手指起针，编织起伏针、下针编织，起伏针的边缘1针做下针编织。参照图示加针编织。

●身片、袖…前、后身片相差8行进行编织。前、后身片从腋下的另线锁针和育克挑取指定数量的针目，编织起伏针和单罗纹针。编织终点做下针织下针、上针织上针的伏针收针。衣袖从育克的休针挑针，并拆开腋下的另线锁针挑针，环形做下针编织和单罗纹针。袖下参照图示减针编织。编织终点和下摆相同。

●组合…前门襟、衣领挑取指定数量的针目，编织单罗纹针。右前门襟开扣眼。编织终点和下摆相同。

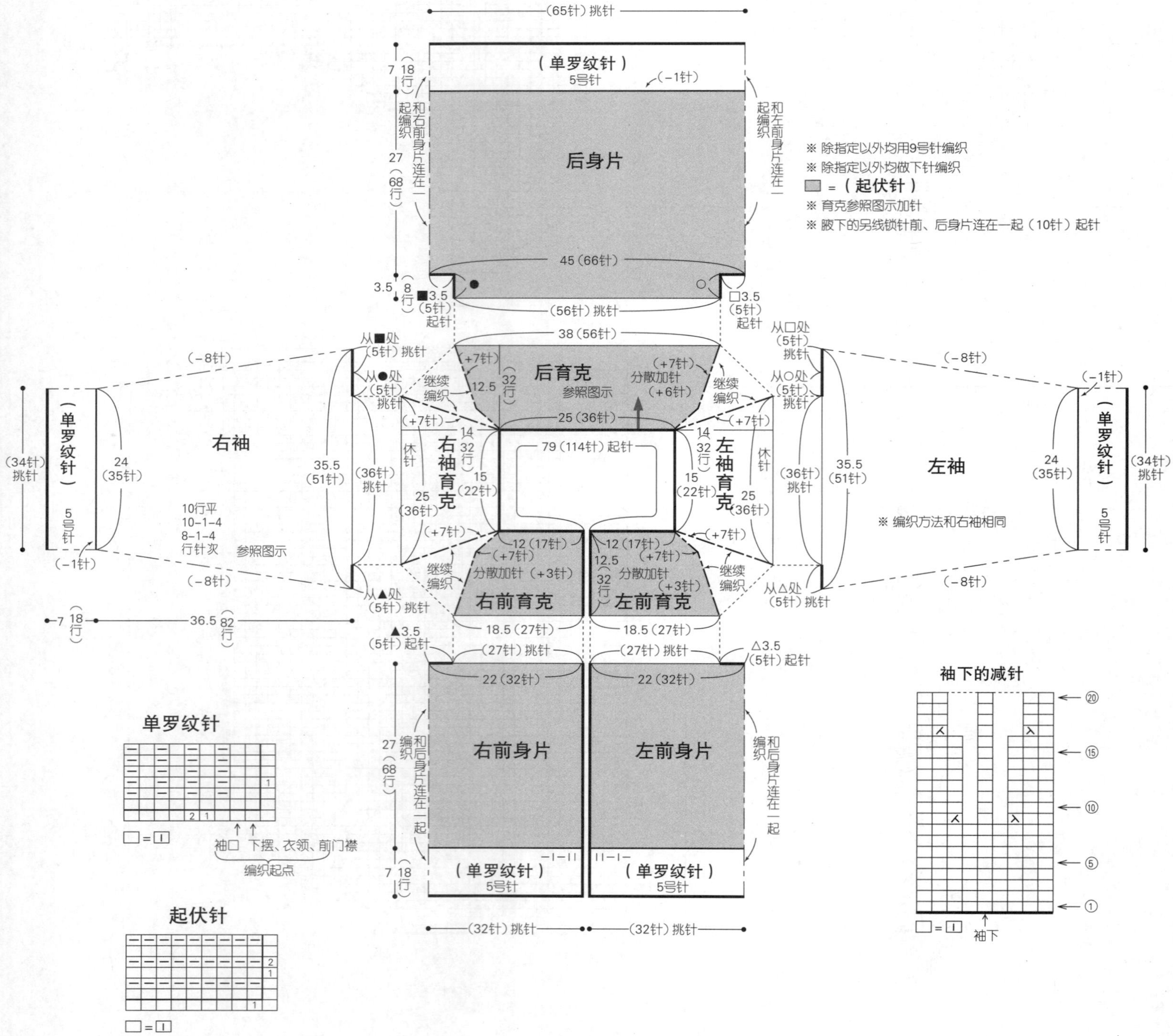

育克的编织方法

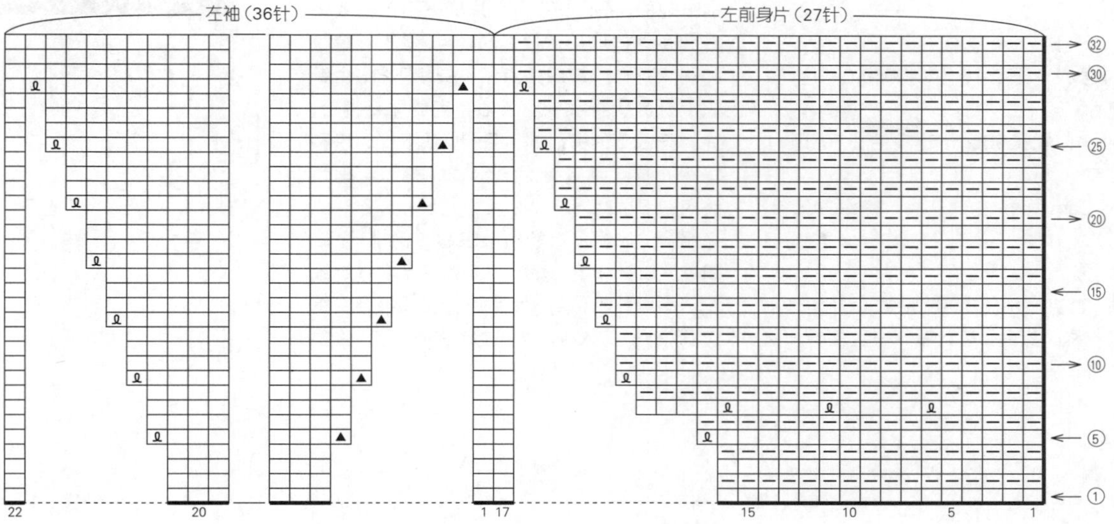

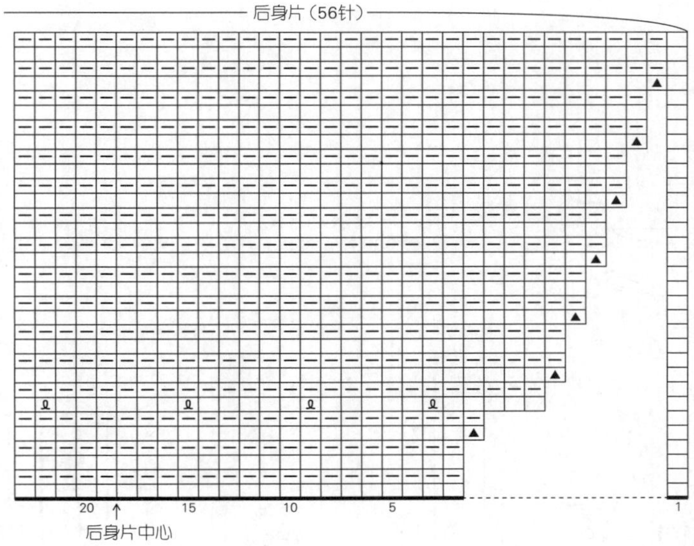

□ = I

Ձ = 右扭针加针

▲ = 左扭针加针

※ 编织方法请参照第140页

※ 从后身片中心对称编织

衣领、前门襟

（单罗纹针）5号针

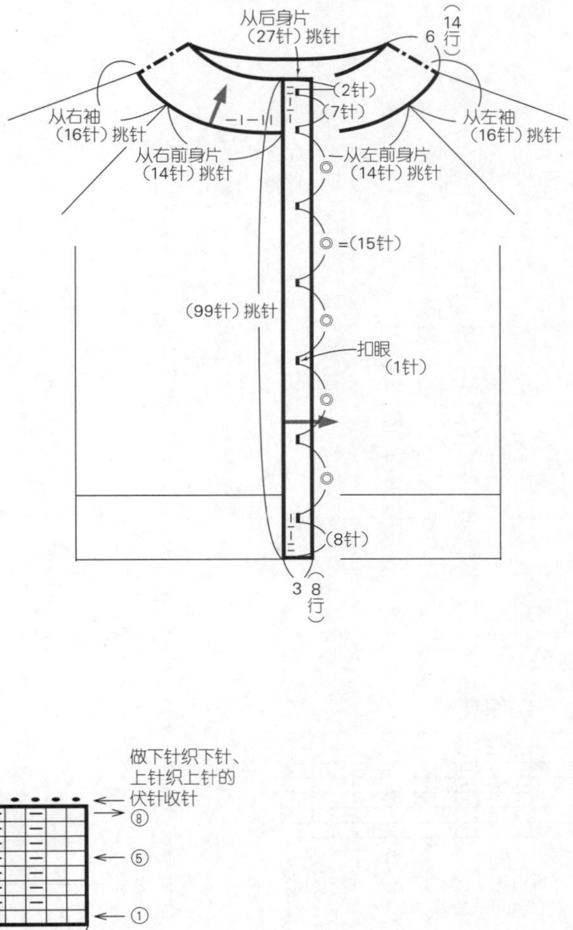

扣眼（右前门襟）

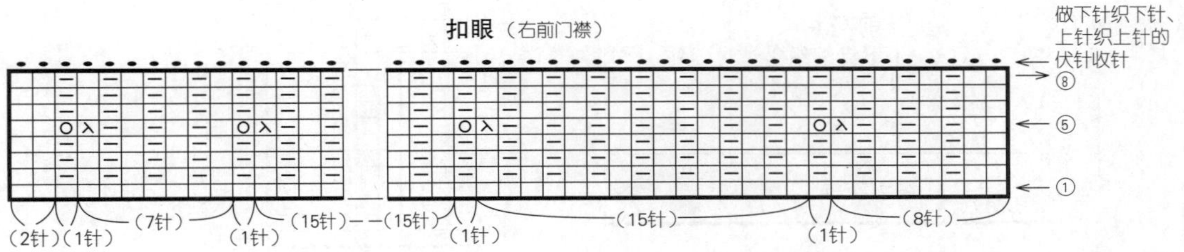

□ = I

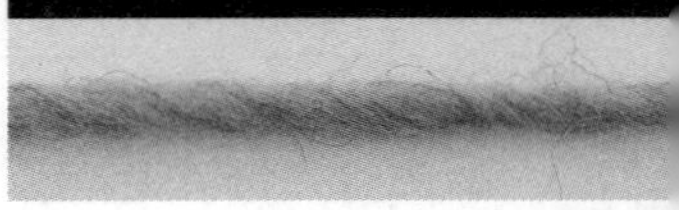

材料

内藤商事 Ecuador 黄绿色系段染(108) 365g/8团

工具

棒针14号、11号、10号，钩针6/0号

成品尺寸

胸围90cm，衣长56cm，连肩袖长70cm

编织密度

10cm×10cm面积内：下针编织14.5针，20.5行

编织要点

●衣领、育克…手指起针，从衣领开始环形做编织花样。然后，育克部分一边加针一边做下针编织，有编织上针的部分。

●身片、袖…后身片做6行往返编织，作为和前身片的差别。前、后身片从腋下的另线锁针和育克挑取指定数量的针目，做下针编织和编织花样。编织终点做下针织下针、上针织上针的伏针收针。衣袖育克的休针挑针，并拆开腋下的另线锁针挑针，做下针编织和编织花样。袖下参照图示减针编织。编织终点和下摆相同。

●组合…风帽从衣领的编织起点侧挑针，编织单罗纹针和下针编织。参照图示加减针编织。编织终点休针，使用钩针引拔接合。编织罗纹绳，穿入相应的位置，在一端打个结。

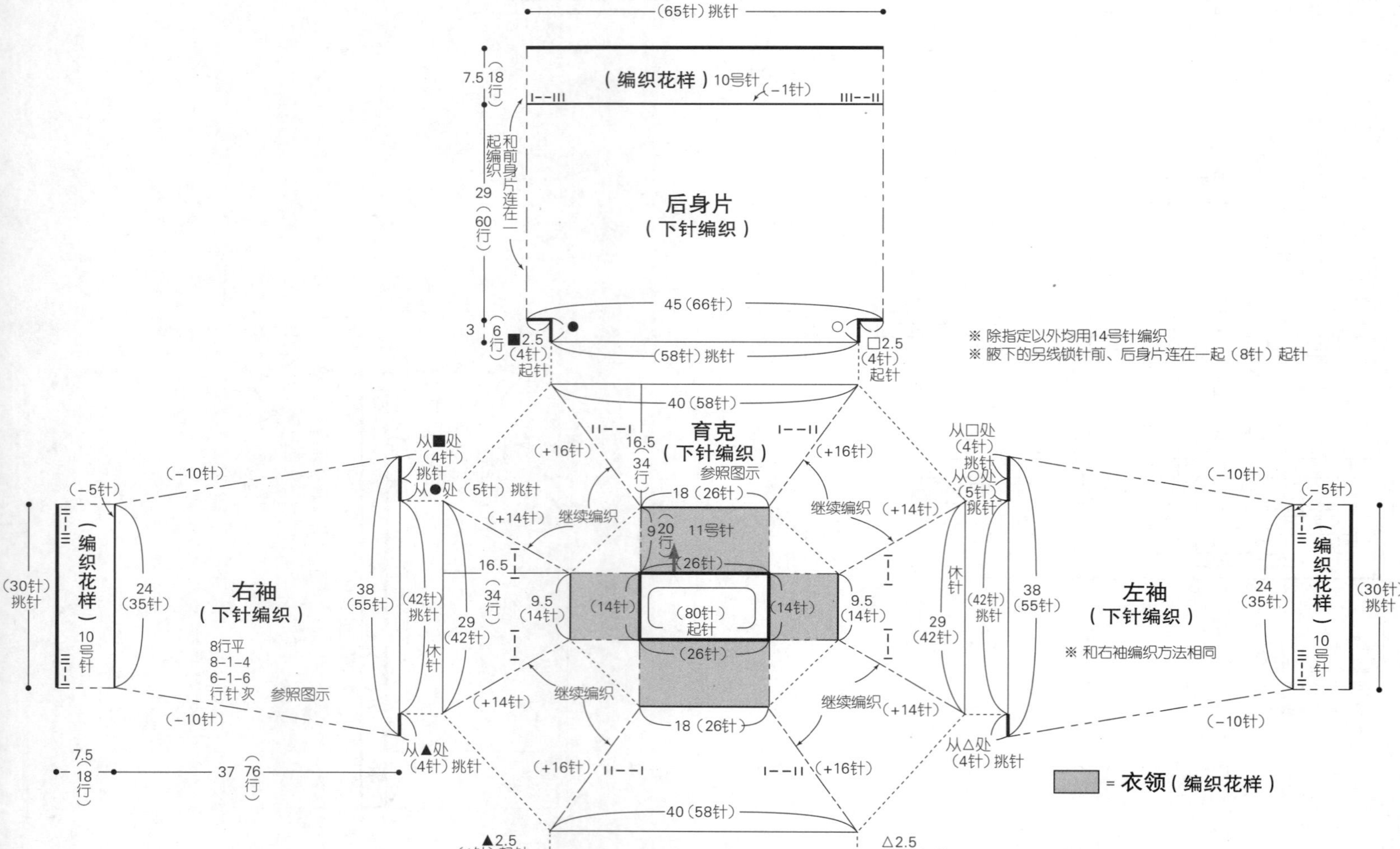

※ 除指定以外均用14号针编织

※ 腋下的另线锁针前、后身片连在一起（8针）起针

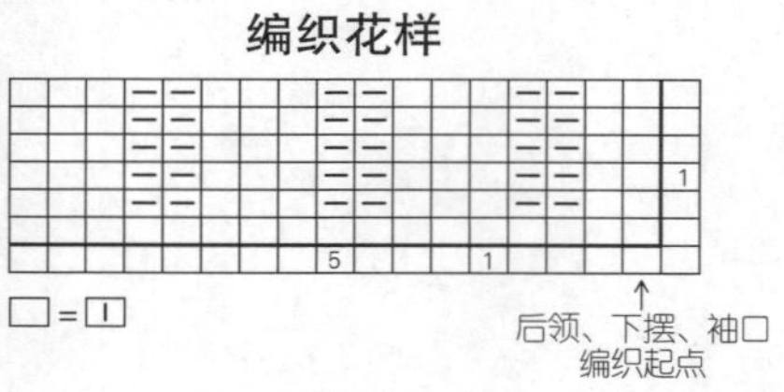

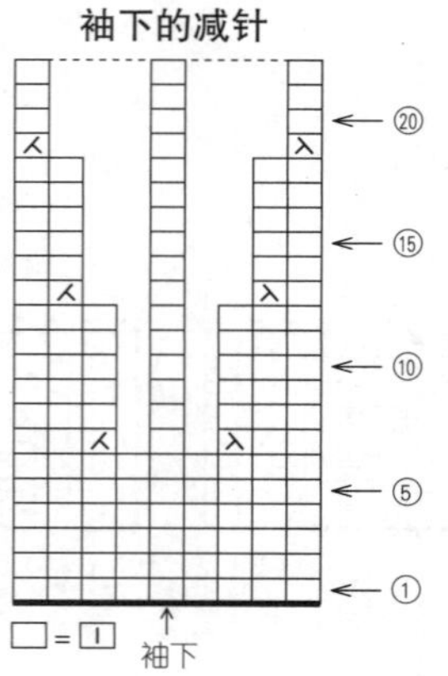

育克的编织方法

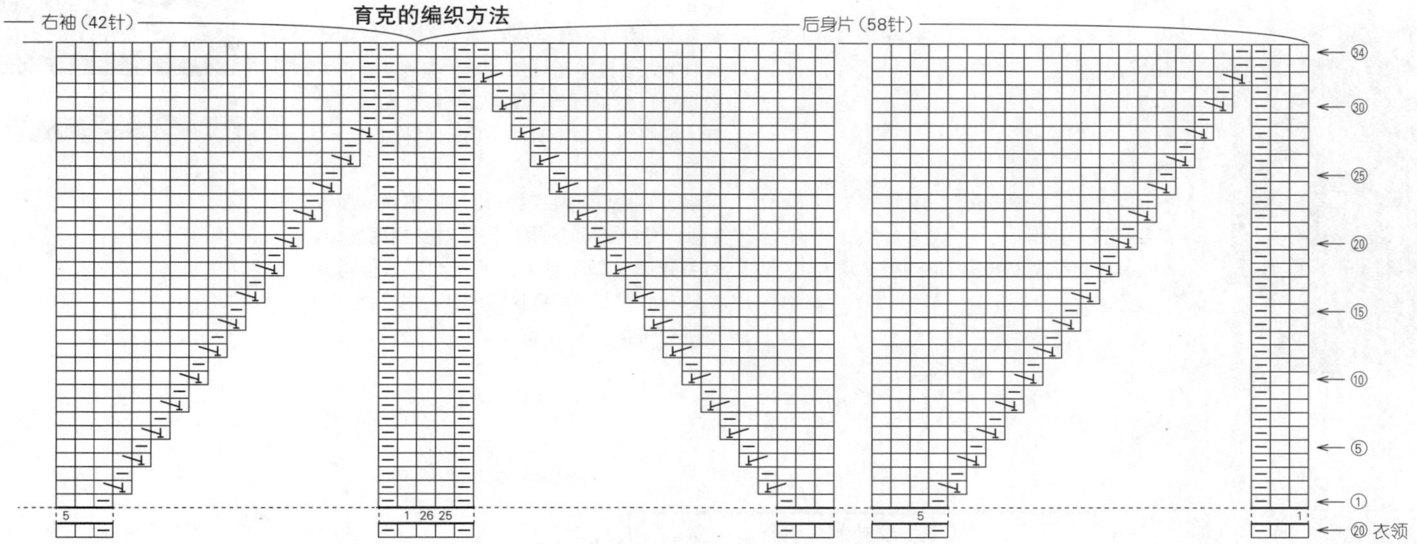

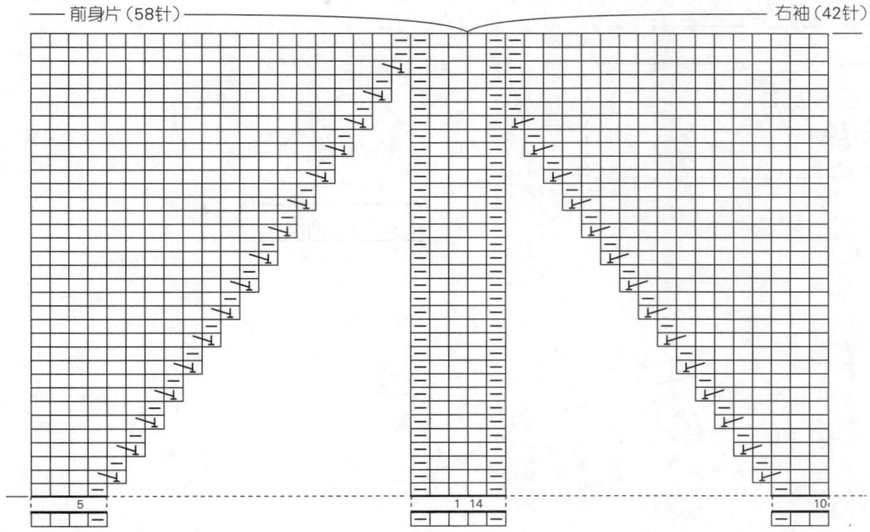

※ 前身片、左袖也按照相同的方法编织

□ = 丨

= 上针的左加针

= 上针的右加针

※ 编织方法请参照第 129 页

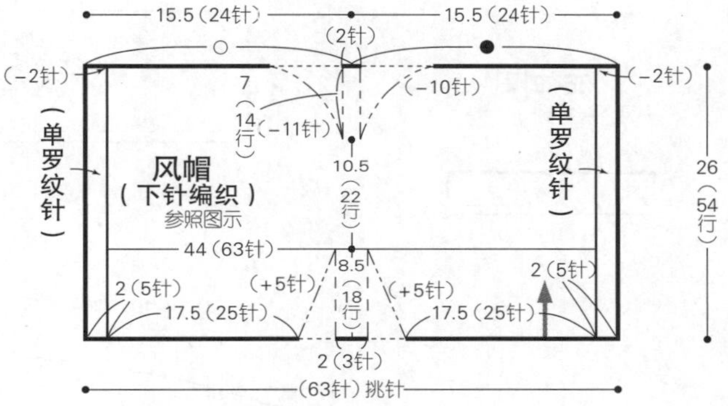

※ ○和●使用钩针引拔接合

罗纹绳（双重锁针） 6/0号针

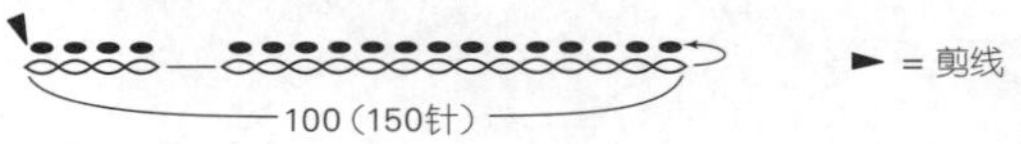

风帽的编织方法

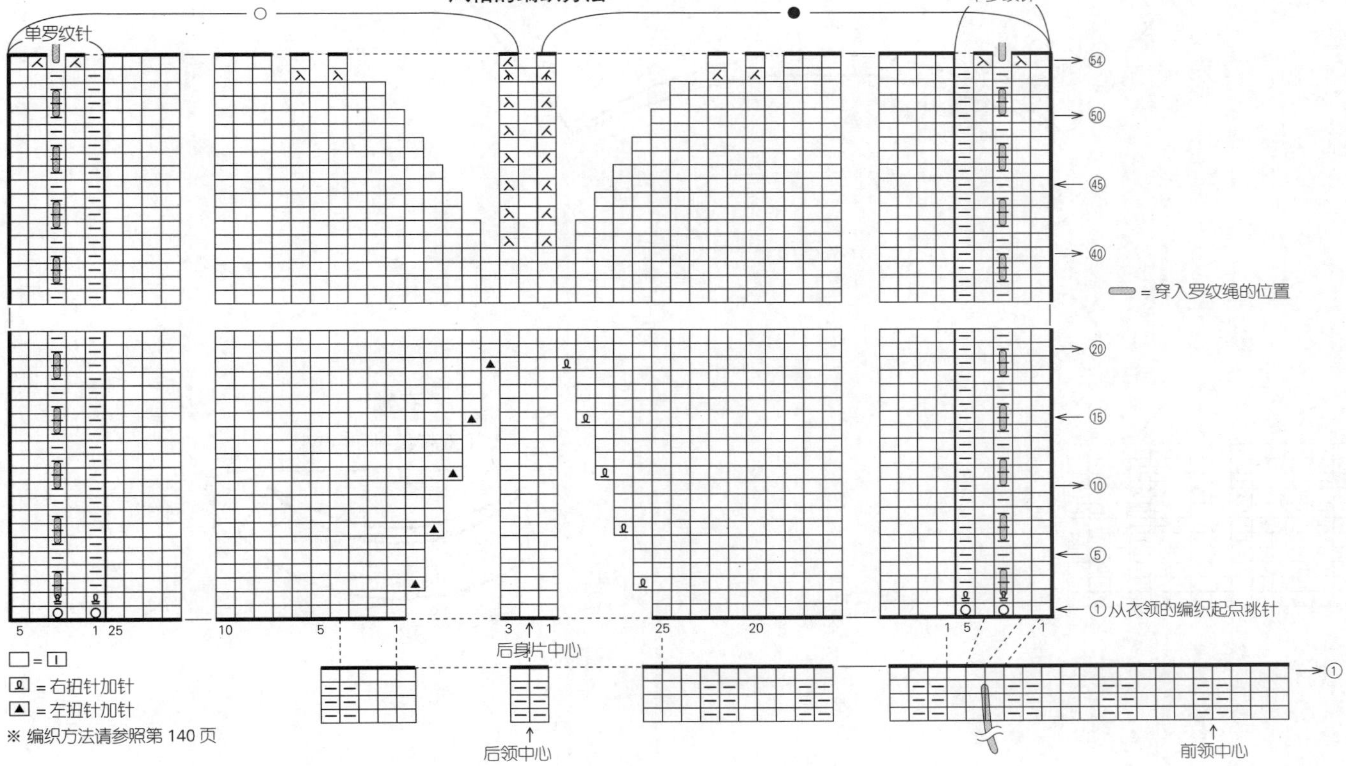

□ = 丨

= 右扭针加针

= 左扭针加针

※ 编织方法请参照第 140 页

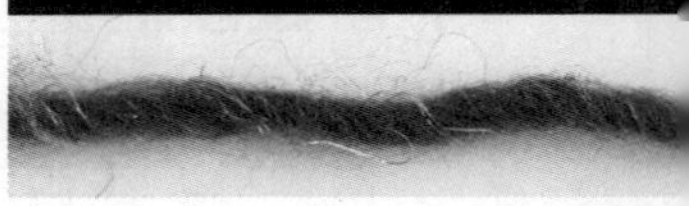

材料

内藤商事 Spark 黑色、灰色系段染(16) 400g/8团

工具

棒针10号、8号

成品尺寸

胸围105cm，衣长56cm，连肩袖长56.5cm

编织密度

10cm×10cm面积内：编织花样A、B均为16针，17.5行

编织要点

●育克、身片…育克另线锁针起针，做编织花样A。参照图示分散加针。身片从育克挑取指定数量的针目，做编织花样B和双罗纹针。编织终点做下针织下针、上针织上针的伏针收针。

●组合…袖口从育克挑针，环形编织双罗纹针。编织终点和下摆相同。对齐相同标记，用毛线缝针做下针的无缝缝合。衣领拆开锁针起针挑针，编织双罗纹针。编织终点和下摆相同。

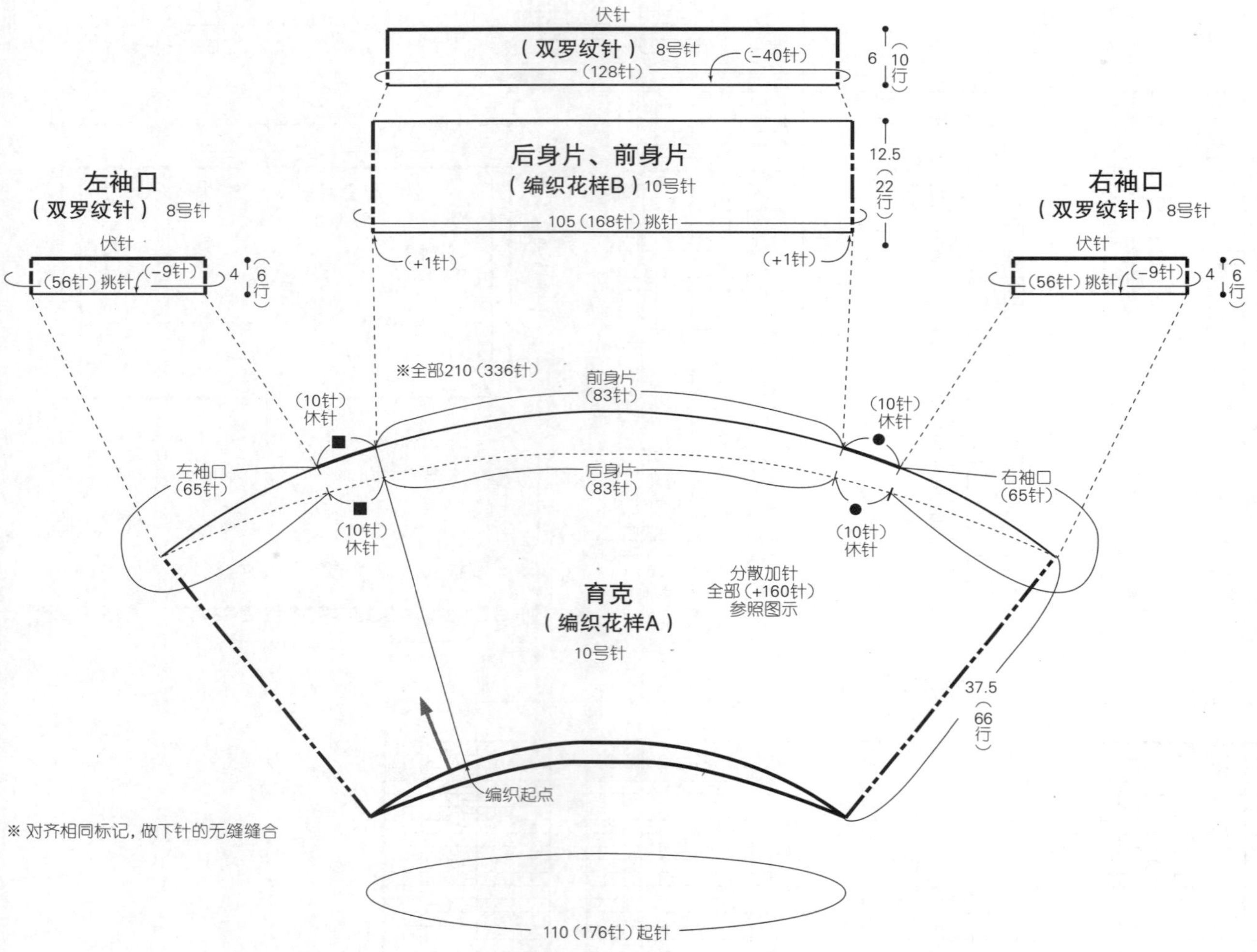

※ 对齐相同标记，做下针的无缝缝合

双罗纹针

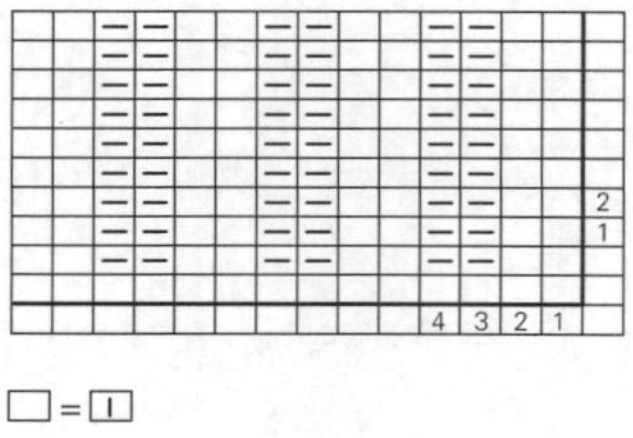

衣领

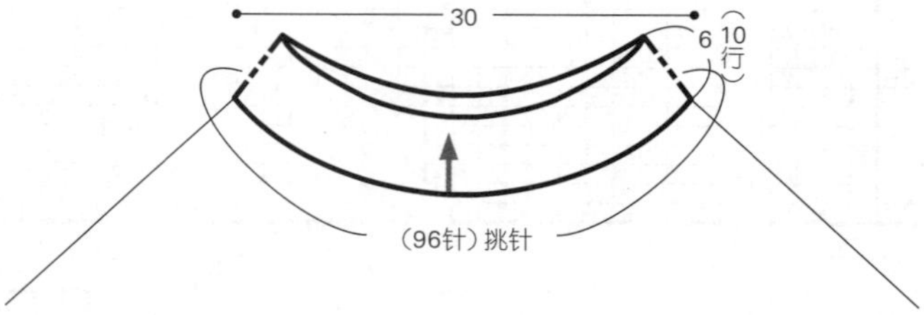

编织花样A和育克的分散加针

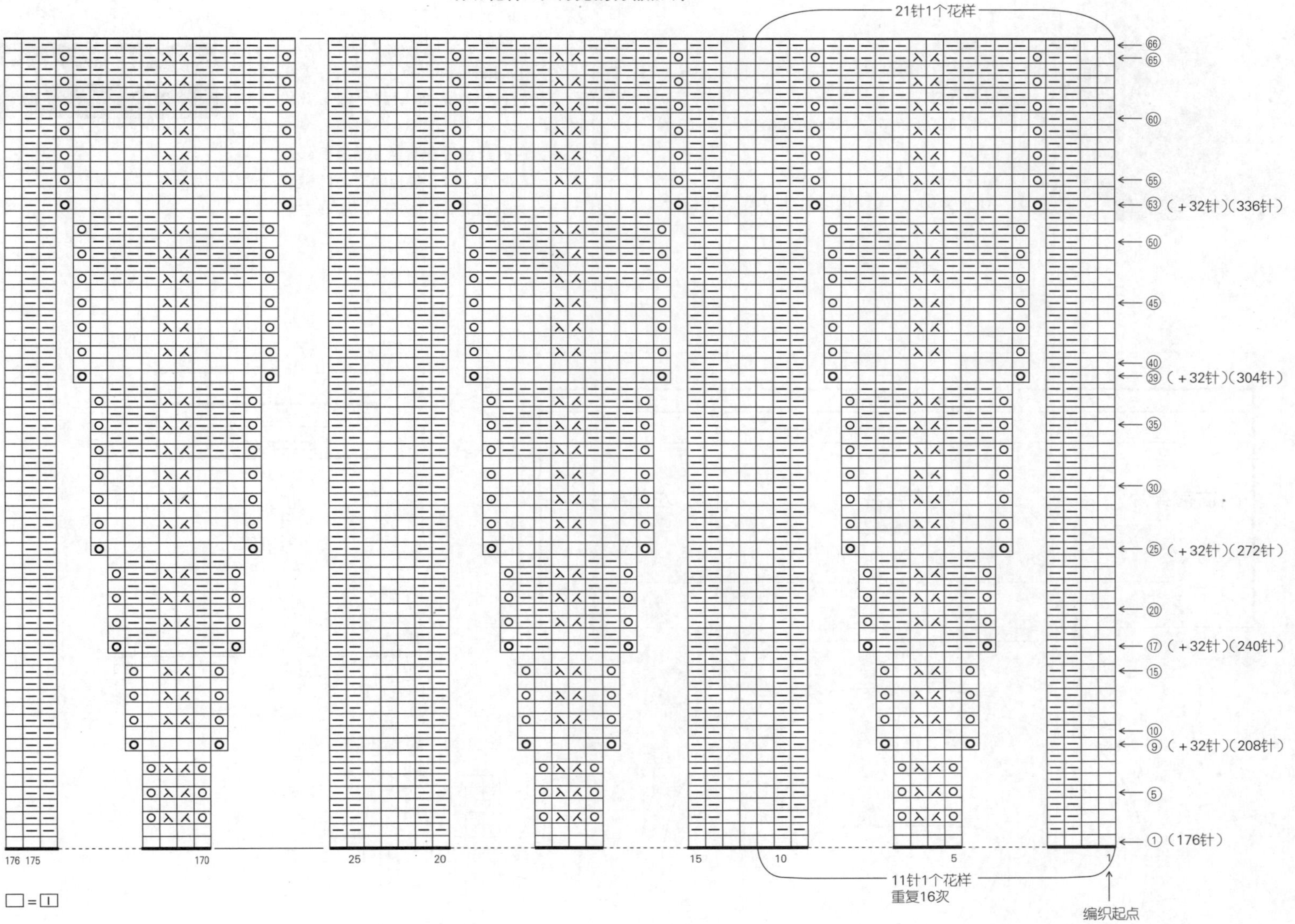

□＝Ⅰ

编织花样B

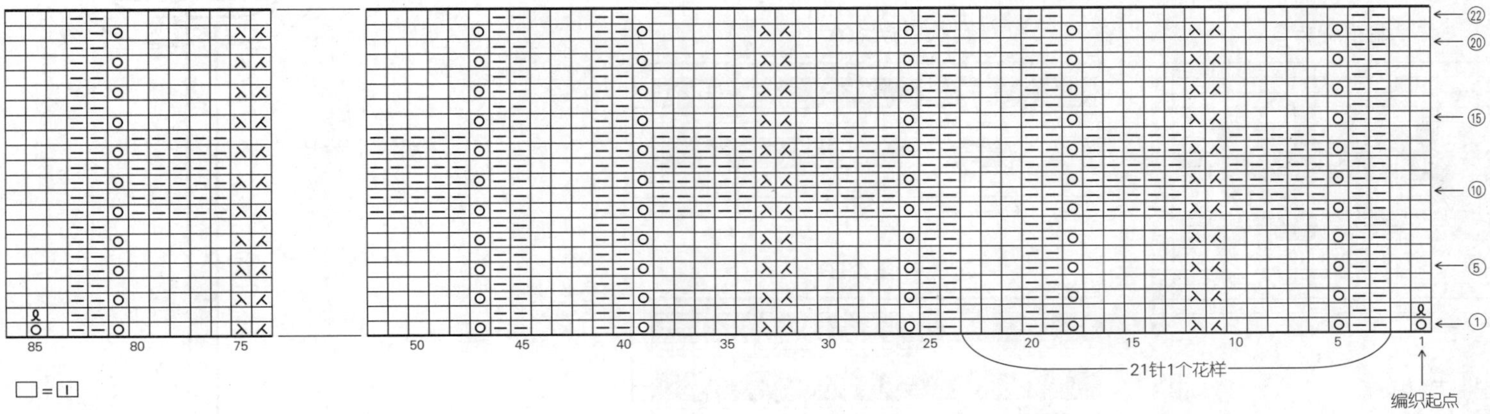

□＝Ⅰ

材料

内藤商事 Ecuador 粉色系段染(103) 310g/7团；Brando 酒红色(111)、深棕色(125) 各30g/各1团，米色(116) 20g/1团；直径17mm的纽扣7颗

工具

棒针7号、5号

成品尺寸

胸围100.5cm，衣长49.5cm，连肩袖长65.5cm

编织密度

10cm×10cm面积内：编织花样A 18.5针，32.5行；下针编织18.5针，25行

编织要点

●育克、身片、袖…育克另线锁针起针，做编织花样A。参照图示分散加针。前、后身片从腋下的另线锁针和育克挑取指定数量的针目，做下针编织、编织花样B、起伏针条纹A。编织终点从反面做伏针收针。衣袖从育克的休针和腋下针目挑针，环形做下针编织、编织花样B、起伏针条纹A。编织终点做上针的伏针收针。

●组合…衣领拆开锁针起针挑针，编织起伏针条纹A。编织终点和下摆相同。前门襟编织起伏针条纹B。在右前门襟开扣眼。在左前门襟缝上纽扣。

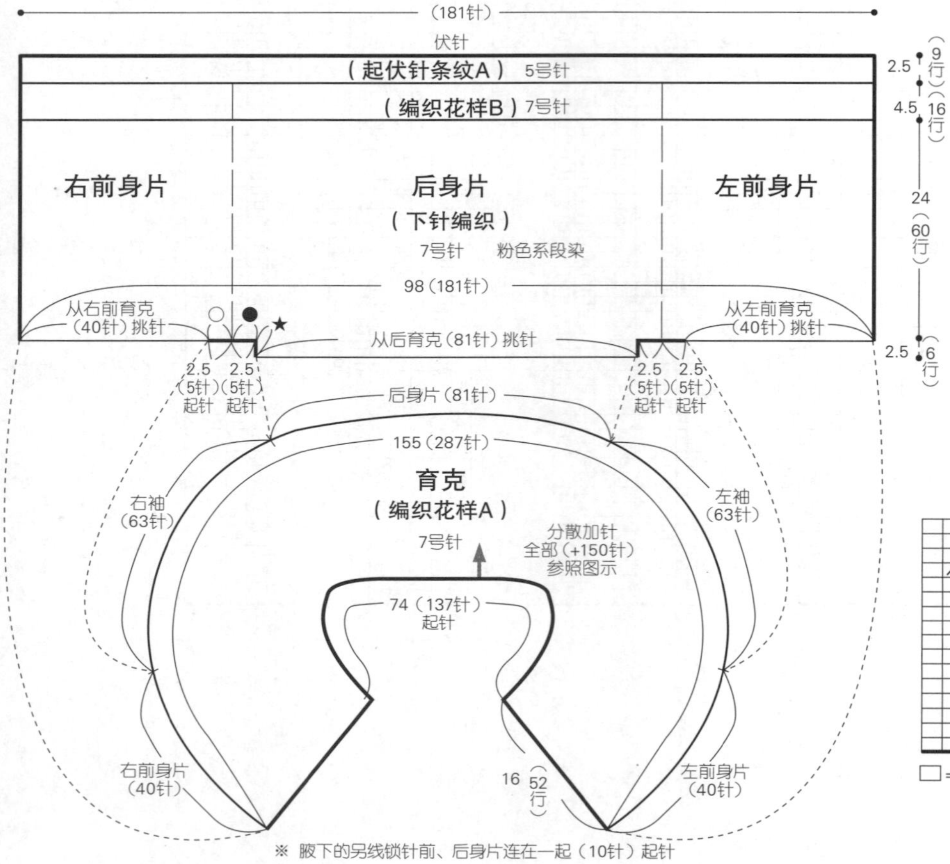

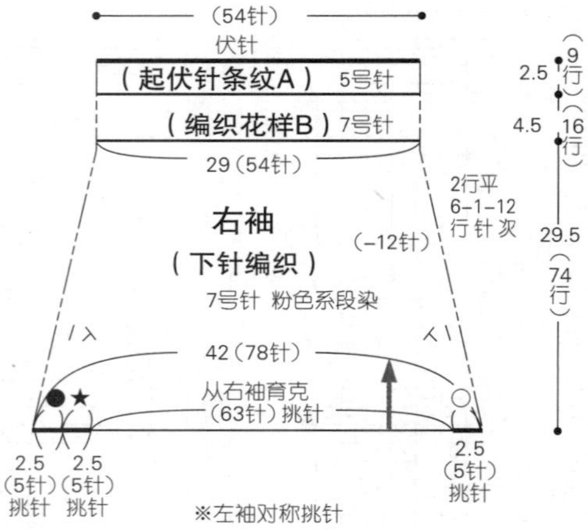

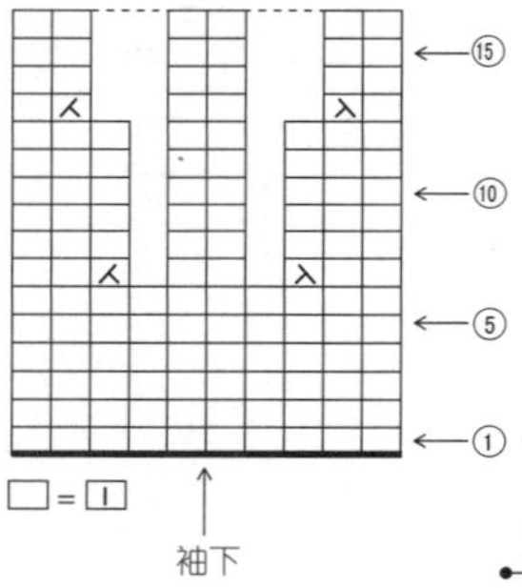

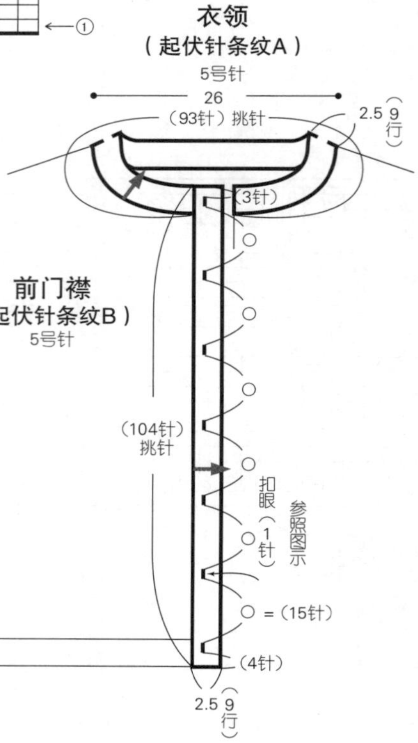

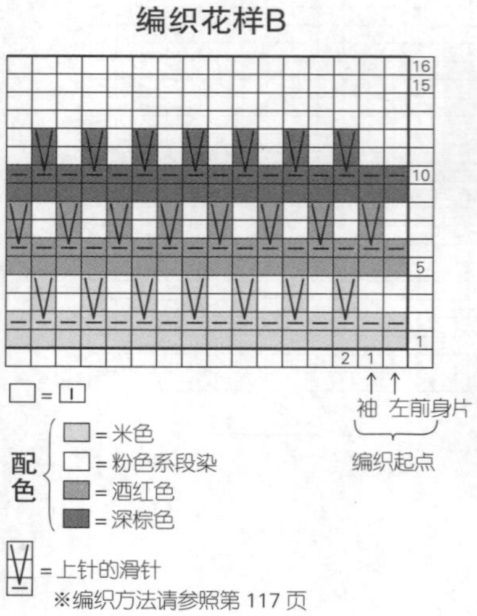

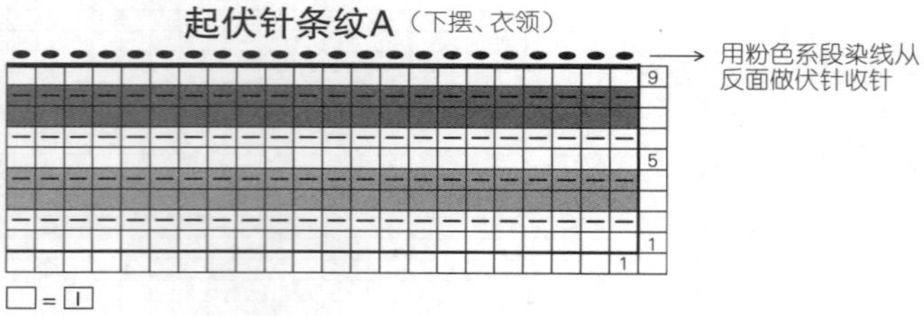

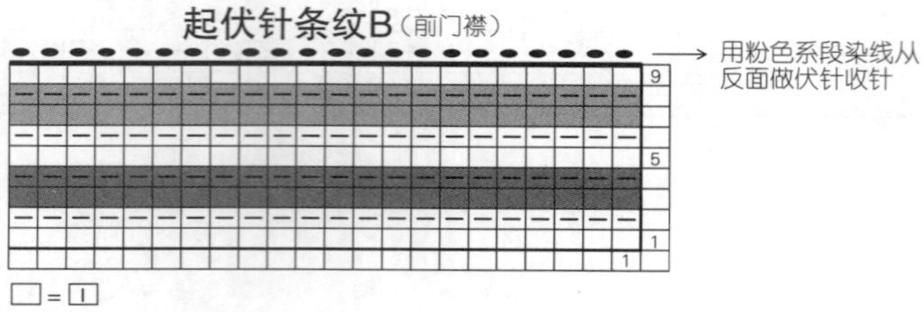

编织花样A和育克的分散加针

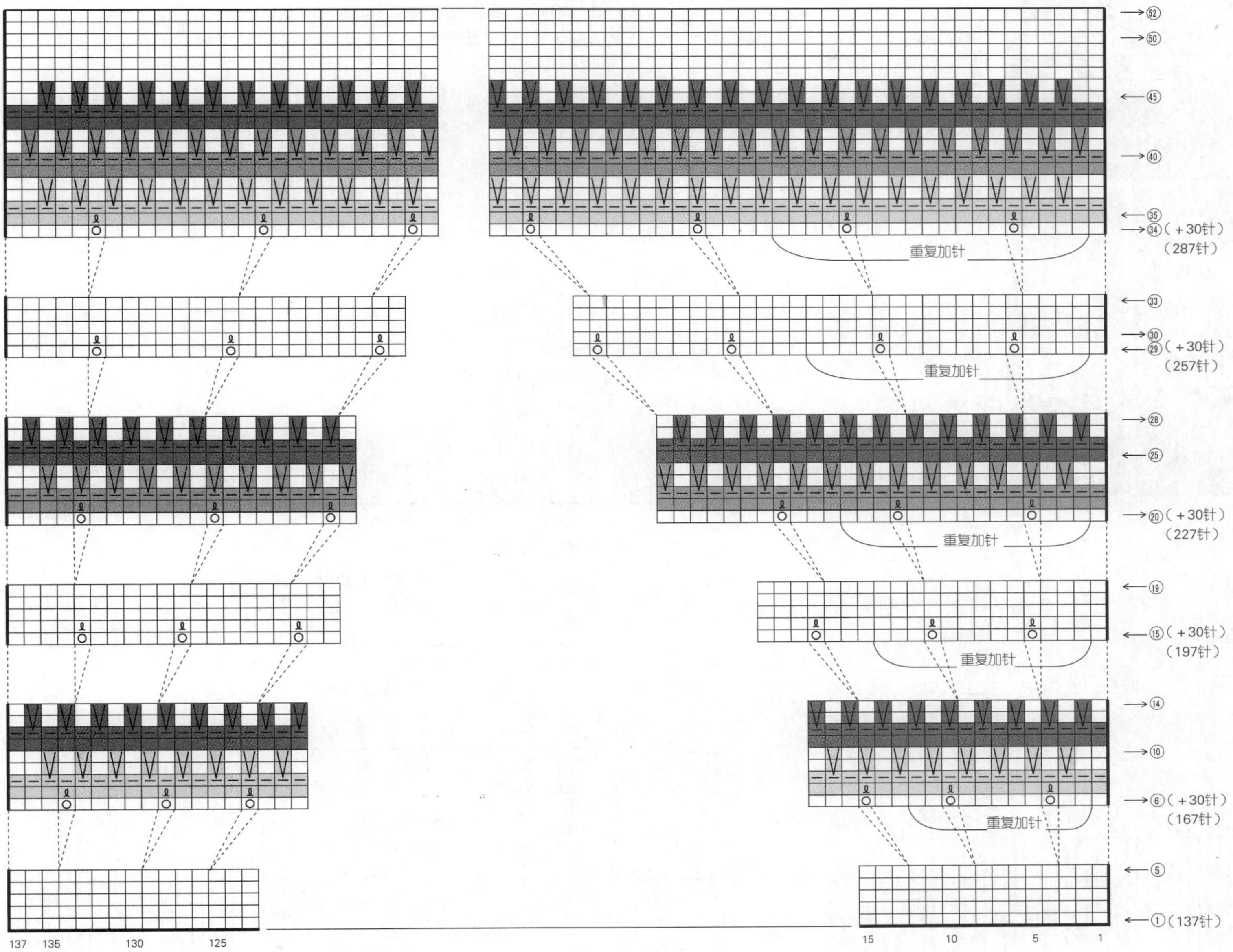

□=丨

配色
□=粉色系段染
▒=米色
■=深棕色
▓=酒红色

V（含—）= 上针的滑针
※ 编织方法请参照第117页

扣眼（右前门襟）

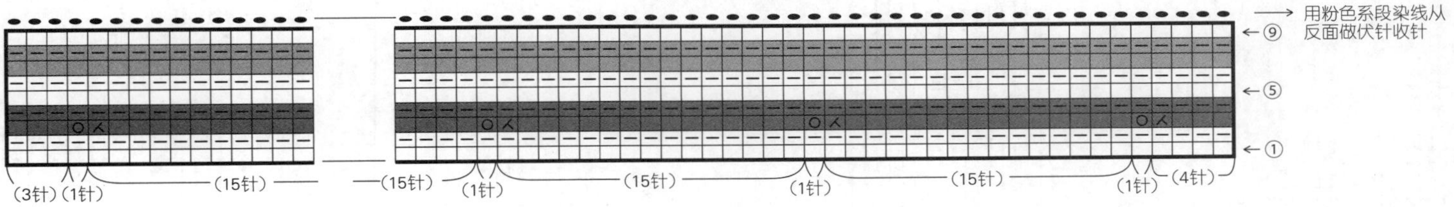

□=丨

配色
□=粉色系段染
■=深棕色
▓=酒红色

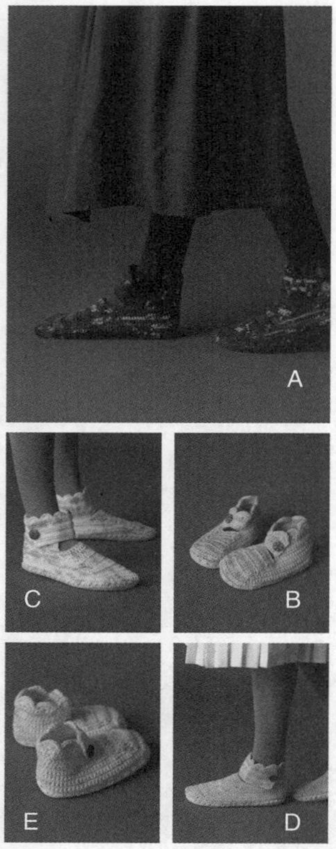

材料

奥林巴斯手编线 Make Make Socks Deux；奥林巴斯 编织用鞋底；色名、色号、用量、辅材等请参照图表

工具

钩针5/0号

成品尺寸

[A、C、D] 底长23cm，筒高12cm

[B、E] 底长15cm，筒高7.5cm

编织密度

10cm×10cm面积内：短针23针，28行；长针21针，10行

编织要点

●侧面和鞋面从鞋底挑针，钩织短针和长针。鞋口从侧面加线，鞋襻在指定位置加线，锁针起针，钩织长针，然后做边缘编织。缝上纽扣。

A、C、D（左脚）

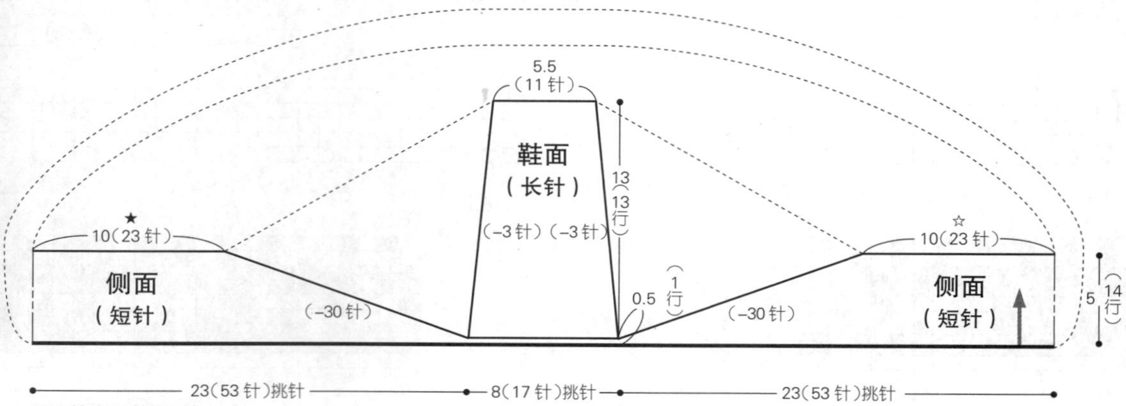

※ 全部（123针）挑针

※ 右脚做对称标记

※ 全部使用5/0号针钩织

A、C、D 的鞋口、鞋襻（左脚）

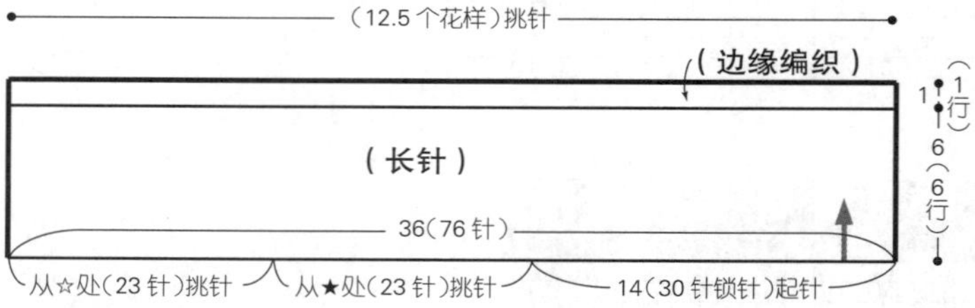

※ 右脚对称编织

用量

	Make Make Socks Deux	编织用鞋底	纽扣
A	茶色系（108）65g/3团	大人用（AS–11）	直径20mm 2颗
B	浅蓝色系（105）30g/2团	小孩用（AS–52）	直径15mm 2颗
C	原色系（101）65g/3团	大人用（AS–12）	直径20mm 2颗
D	绿色系（104）65g/3团	大人用（AS–12）	直径20mm 2颗
E	粉色系（102）30g/2团	小孩用（AS–51）	直径15mm 2颗

A、C、D 的编织方法

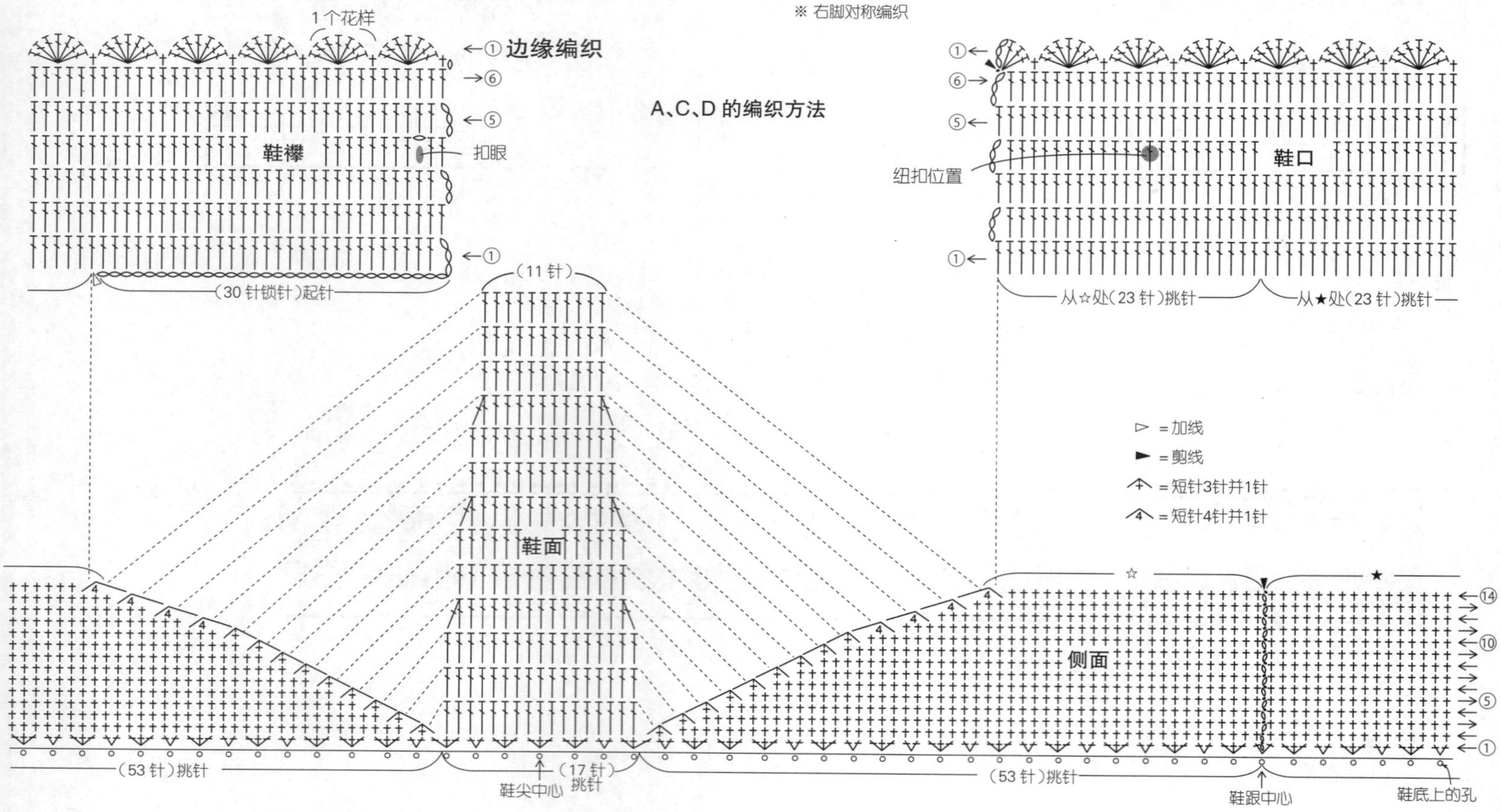

B、E（左脚）

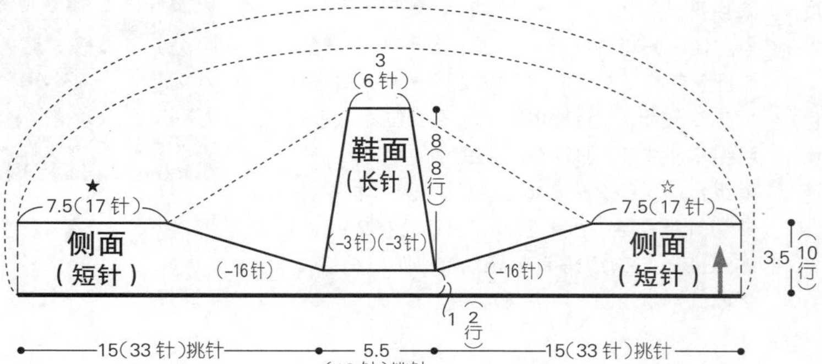

※ 全部（78针）挑针
※ 右脚做对称标记
※全部使用 5/0 号针钩织

B、E 的鞋口、鞋襻（左脚）

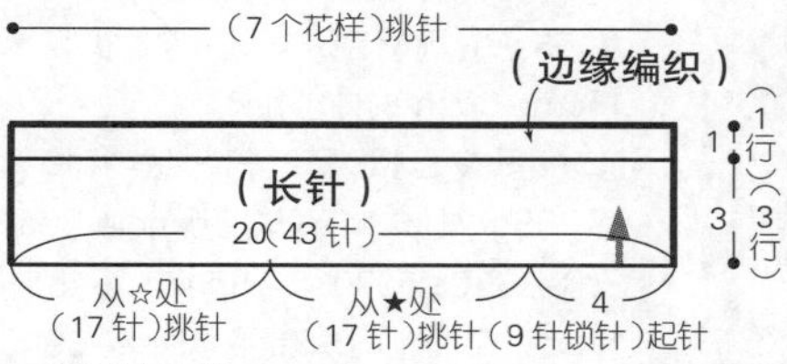

※右脚对称编织

组合方法（A~E 通用）

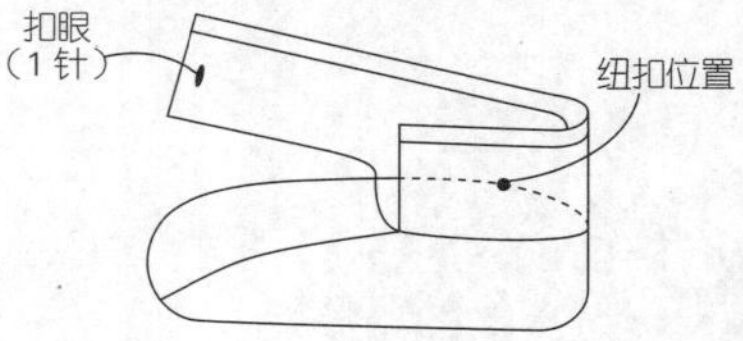

B、E 的编织方法

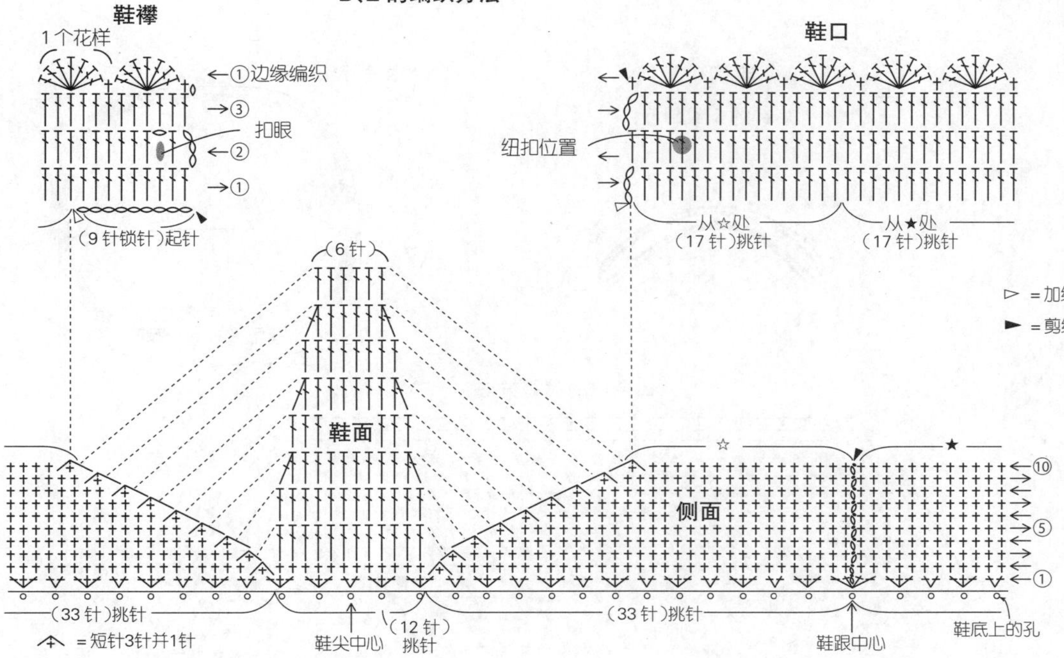

双罗纹针收针
（环形编织的情况）

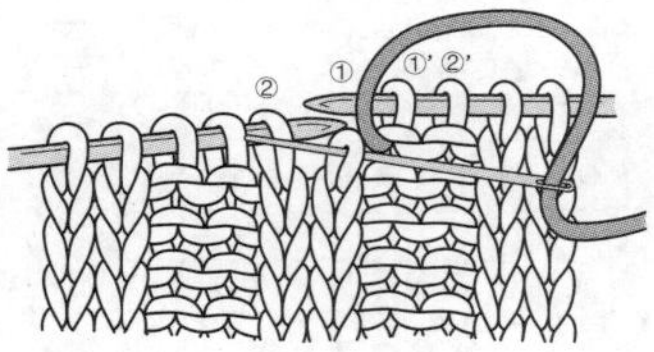

1 从针目①的后侧插入毛线缝针。

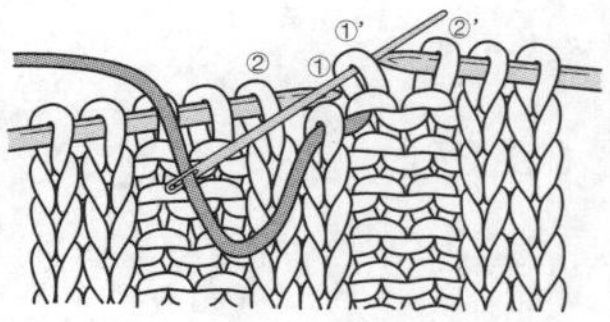

2 从针目①’的前侧插入毛线缝针。

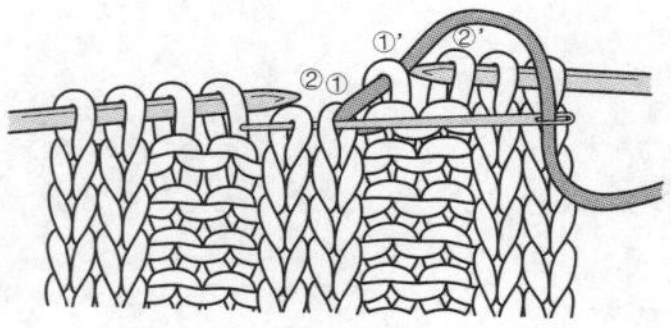

3 从针目①的前侧入针，从针目②的前侧出针。

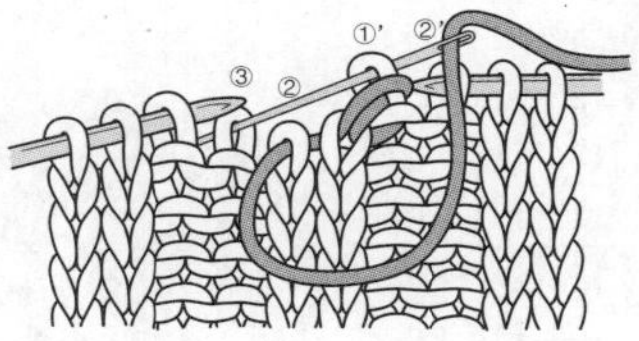

4 从针目①’的后侧入针，从针目③的后侧出针。

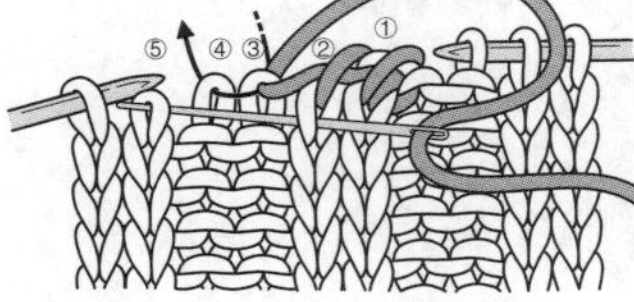

5 从针目②的前侧入针，从针目⑤的前侧出针。随后，从针目③的后侧入针，从针目④的后侧出针。重复步骤3~5。

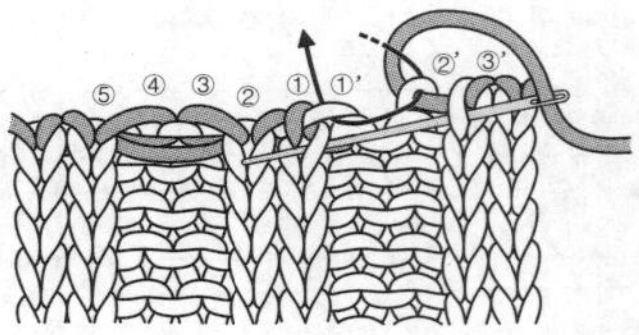

6 最后，从针目③’的前侧入针，从针目①的前侧出针。从针目②’的后侧入针，从针目①’的后侧出针。

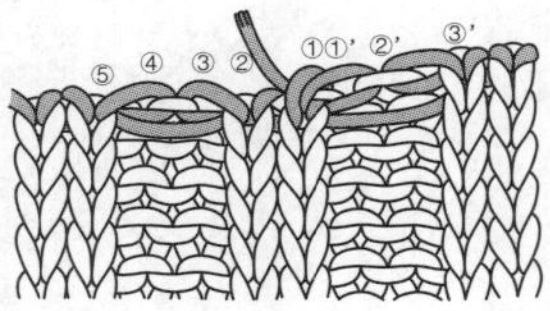

7 完成。

材料

[口金手包]达摩手编线 #30 葵蓝色(7)20g/1团；MIYUKI Triangle Beads 2.5mm（TR-1101）2820个； Sohiro 下田直子设计师口金 银色（JTM-B87S）1个；少量天蚕丝；15cm×30cm的内袋用布

[口金手拎包]达摩 鸭川线 #18 藏青色（3）75g/2团；MIYUKI Triangle Beads 3mm（TR-1830）5070个；Sohiro 下田直子设计师口金 带黑色圆珠 银色(JTM-B90S）1个；少量天蚕丝；22cm×44cm的内袋用布

工具

蕾丝针2号，钩针2/0号

成品尺寸

[口金手包]宽14cm，深13.5cm

[口金手拎包]宽22cm，深20.5cm

编织要点

●主体…先将珠子穿到线上。环形起针，编织配色花样。编入珠子的方法是先穿入珠子再钩织短针。加针和编入珠子的位置请参照图示。注意，加针有发生变化的地方。

●组合…钩织2片主体后，正面相对对齐并做卷针缝缝合，留出包口。包口处将2片主体连在一起钩织短针的条纹针，环形编织，整理好形状。缝上内袋和口金。

包口

（短针的条纹针）

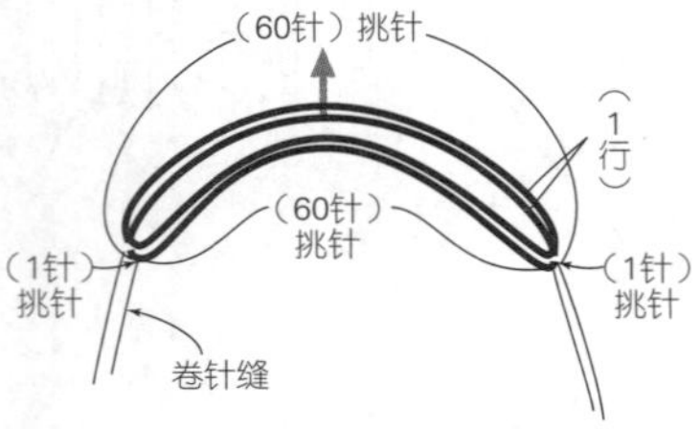

组合方法

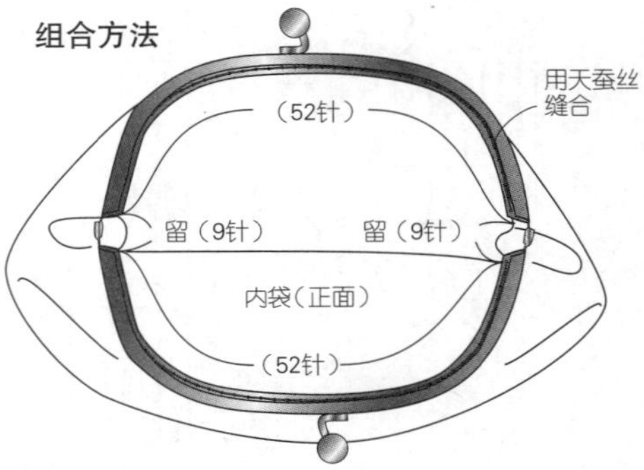

口金手包

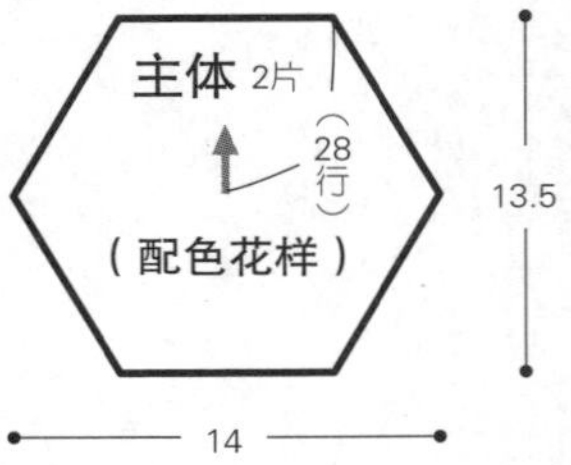

▷ = 加线
► = 剪线

※将反面作为正面使用
● = 编入珠子的位置
± = 短针的条纹针
※短针的条纹针的编织方法请参照第137页
※编入珠子的方法请参照第164页

※全部用2号蕾丝针编织

口金包的编织方法

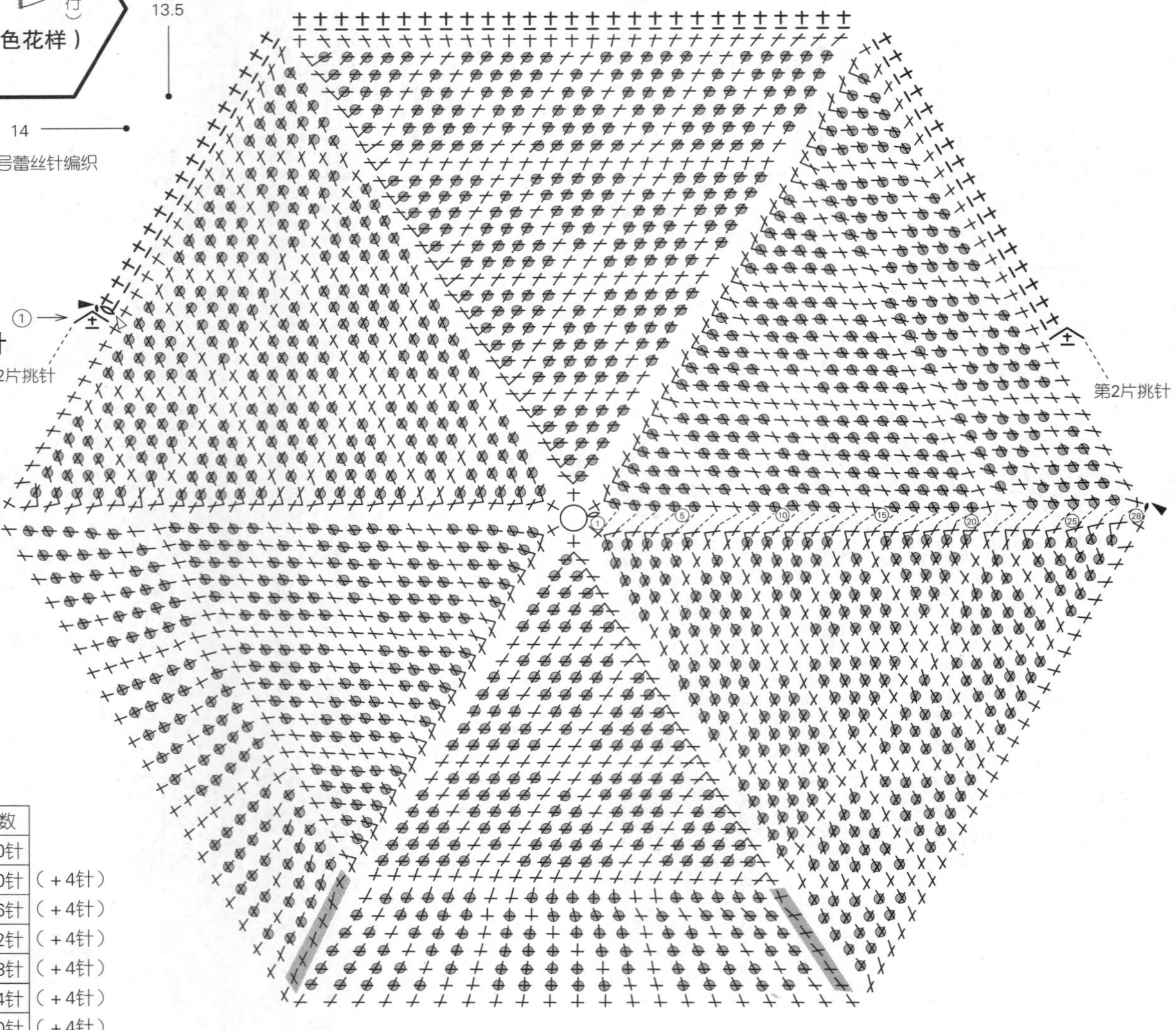

※ ▬▬处不加针

圈数	针数	
第21圈	126针	（+6针）
第20圈	120针	（+6针）
第19圈	114针	（+6针）
第18圈	108针	（+6针）
第17圈	102针	（+6针）
第16圈	96针	（+6针）
第15圈	90针	（+6针）
第14圈	84针	（+6针）
第13圈	78针	（+6针）
第12圈	72针	（+6针）
第11圈	66针	（+6针）
第10圈	60针	（+6针）
第9圈	54针	（+6针）
第8圈	48针	（+6针）
第7圈	42针	（+6针）
第6圈	36针	（+6针）
第5圈	30针	（+6针）
第4圈	24针	（+6针）
第3圈	18针	（+6针）
第2圈	12针	（+6针）
第1圈	6针	

圈数	针数	
第28圈	150针	
第27圈	150针	（+4针）
第26圈	146针	（+4针）
第25圈	142针	（+4针）
第24圈	138针	（+4针）
第23圈	134针	（+4针）
第22圈	130针	（+4针）

实物大小的内袋纸型

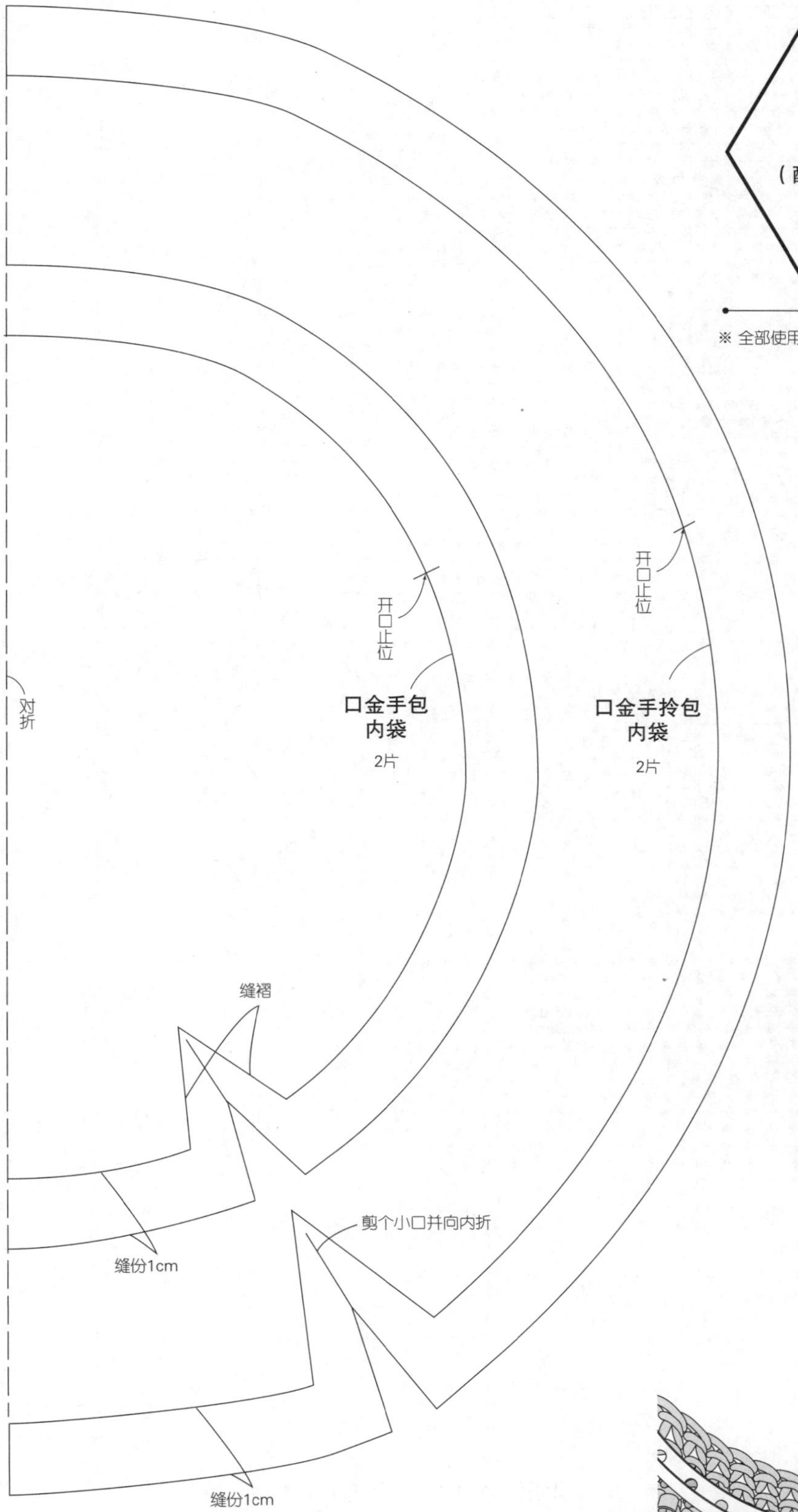

※将2片对齐，缝至开口止位

口金手拎包

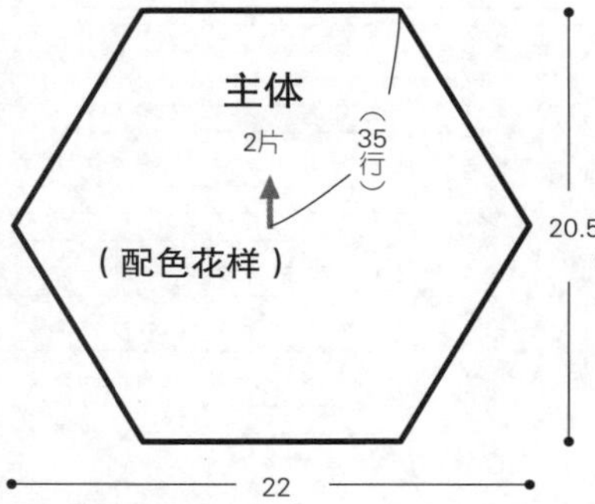

※ 全部使用2/0号针编织

包口
（短针的条纹针）

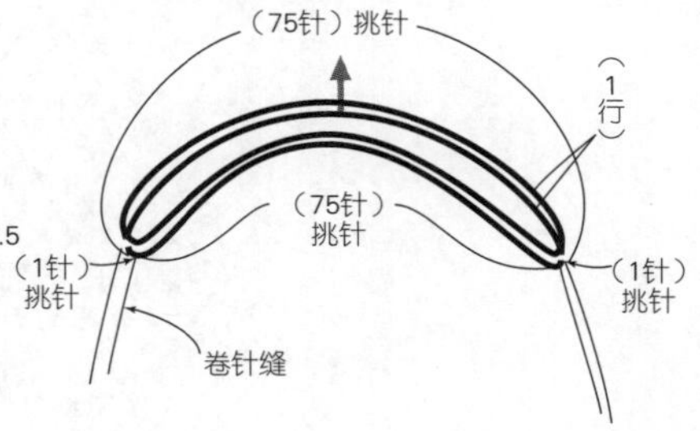

提手（短针）

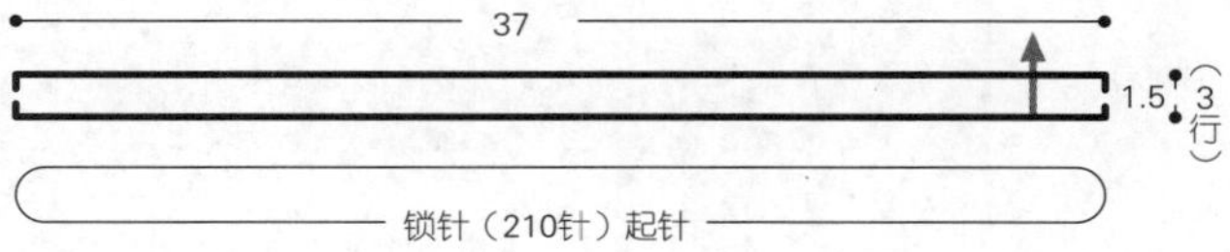

※ 事先将630颗珠子穿到线上

短针（提手）

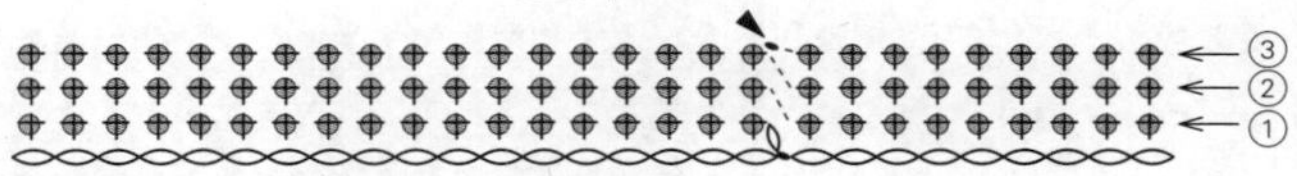

► = 剪线　● = 穿入珠子的位置
※将反面作为正面使用
※编入珠子的方法请参照第164页

组合方法

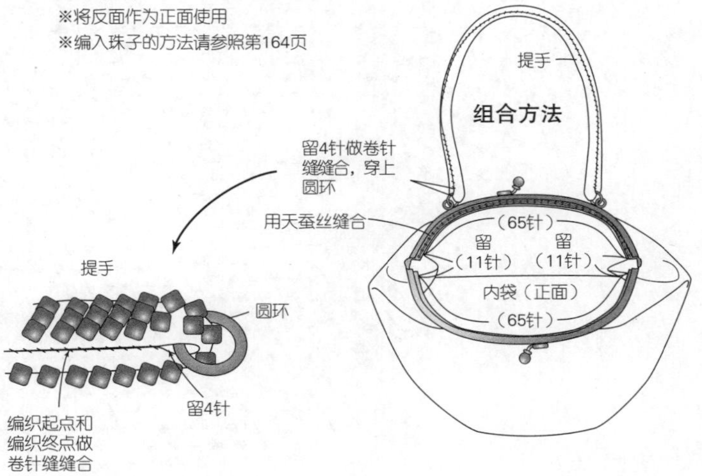

安装口金的方法

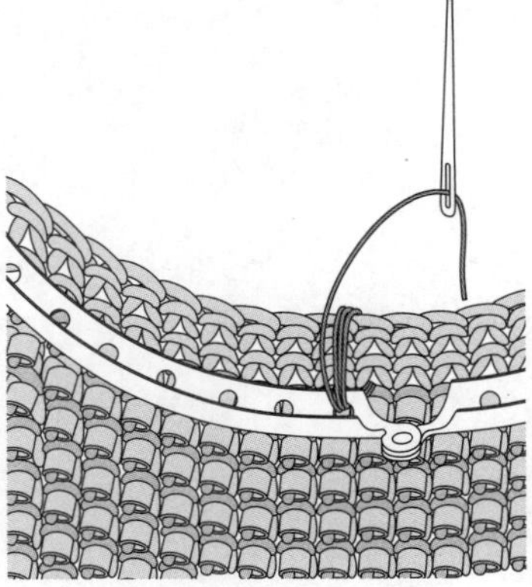

1 缝合起点处在同一口金孔内穿过两三次，再入针缝合。

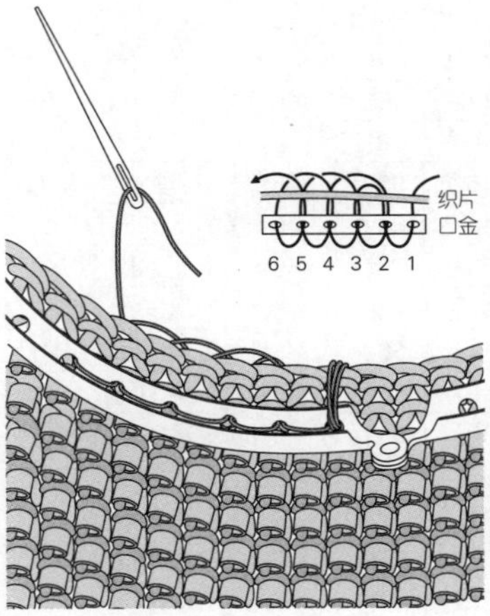

2 用半回针缝缝合。缝合过程中，要均匀地跳过主体上的针目，让口金的孔和主体的中心对齐。

口金手拎包的编织方法

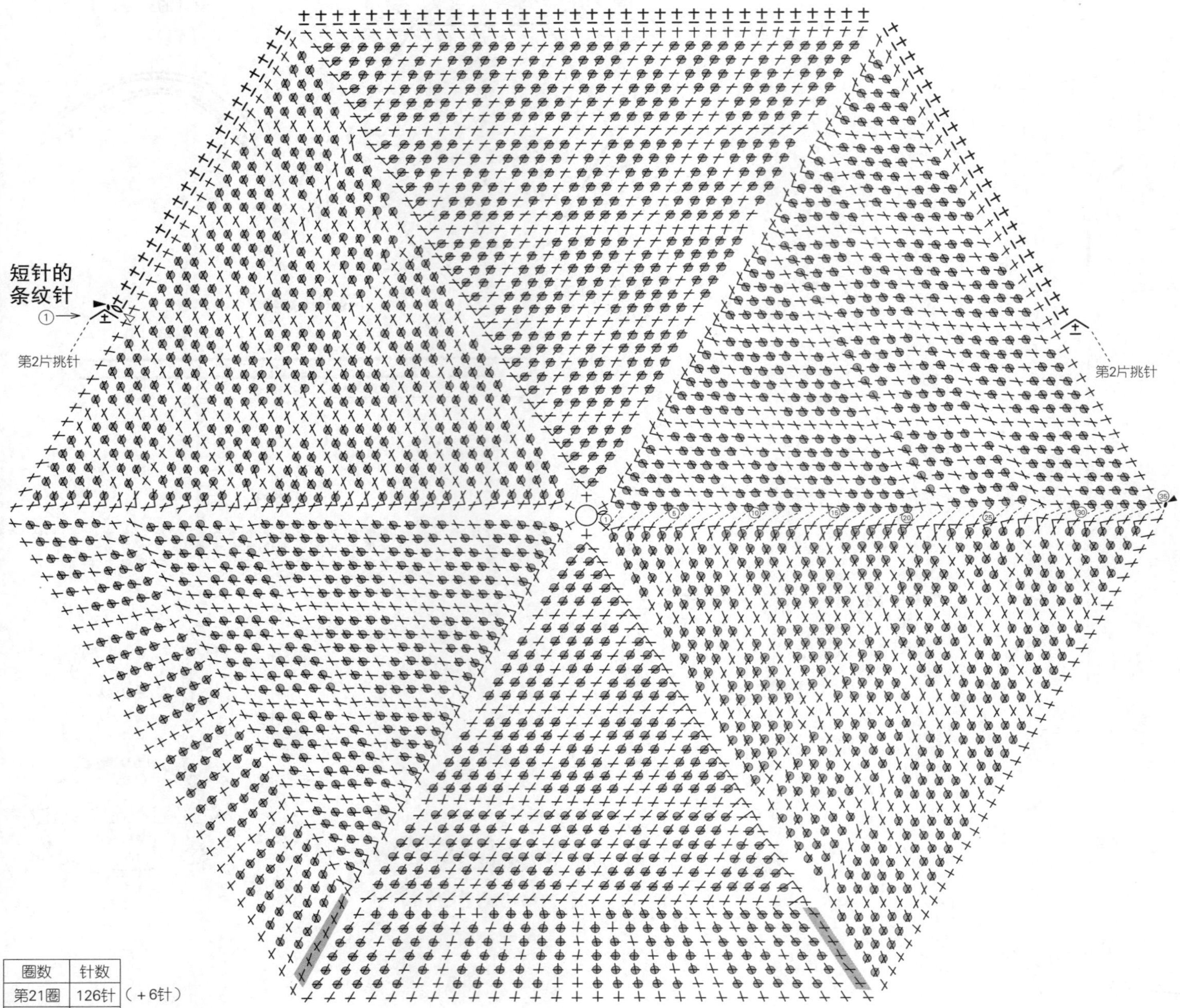

圈数	针数	
第21圈	126针	（＋6针）
第20圈	120针	（＋6针）
第19圈	114针	（＋6针）
第18圈	108针	（＋6针）
第17圈	102针	（＋6针）
第16圈	96针	（＋6针）
第15圈	90针	（＋6针）
第14圈	84针	（＋6针）
第13圈	78针	（＋6针）
第12圈	72针	（＋6针）
第11圈	66针	（＋6针）
第10圈	60针	（＋6针）
第9圈	54针	（＋6针）
第8圈	48针	（＋6针）
第7圈	42针	（＋6针）
第6圈	36针	（＋6针）
第5圈	30针	（＋6针）
第4圈	24针	（＋6针）
第3圈	18针	（＋6针）
第2圈	12针	（＋6针）
第1圈	6针	

圈数	针数	
第35圈	192针	
第34圈	192针	（＋4针）
第33圈	188针	（＋4针）
第32圈	184针	（＋4针）
第31圈	180针	（＋4针）
第30圈	176针	（＋4针）
第29圈	172针	（＋4针）
第28圈	168针	（＋6针）
第27圈	162针	（＋6针）
第26圈	156针	（＋6针）
第25圈	150针	（＋6针）
第24圈	144针	（＋6针）
第23圈	138针	（＋6针）
第22圈	132针	（＋6针）

▷ ＝加线
► ＝剪线

※将反面作为正面使用
● ＝编入珠子的位置
± ＝短针的条纹针
※短针的条纹针的编织方法请参照第137页

※ ▬ 处不加针

钩织短针时编入珠子的方法

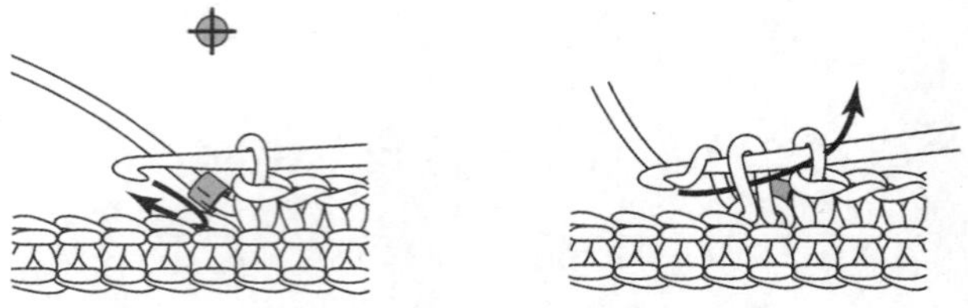

1 穿入1颗珠子，按照图示将钩针插入前一行的针目，挂线并拉出。

2 再次挂线，从钩针上的2个线圈中引拔出，钩织短针。

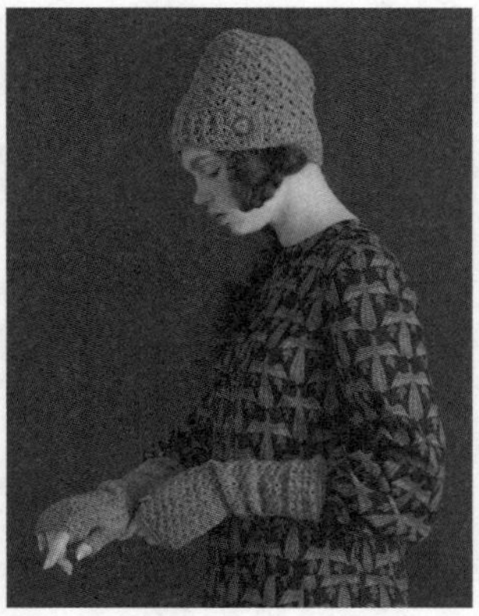

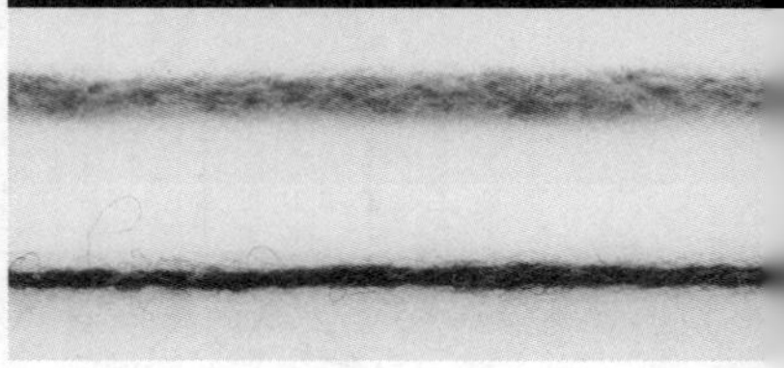

材料

[帽子] 手织屋 Original Moke Wool B 黄绿色（04）50g，灰绿色（06）25g；直径27mm的纽扣1颗

[长筒手套] 手织屋 Original Moke Wool A 黄绿色（04）50g，灰绿色（06）20g

工具

钩针 8/0号、5/0号

成品尺寸

[帽子] 头围54cm，帽深23cm

[长筒手套] 手掌围20cm，长33cm

编织密度

10cm×10cm面积内：编织花样A 21针、12行（8/0号针），24针、18行（5/0号针）；编织花样B 1个花样3.9cm、10.5行为10cm（8/0号针），1个花样2.5cm、14.5行为10cm（5/0号针）

编织要点

●帽子…帽带锁针起针，做编织花样A。参照图示，帽带端头钩织短针，然后挑取帽带的锁针起针，主体部分环形编织短针和编织花样B。参照图示减针编织。缝上纽扣。

●长筒手套…锁针起针，环形做编织花样B和短针的菱形针编织。拇指处的编织方法参照图示。挑取锁针起针，做编织花样A和短针的菱形针编织。拇指挑取指定数量的针目，钩织短针。

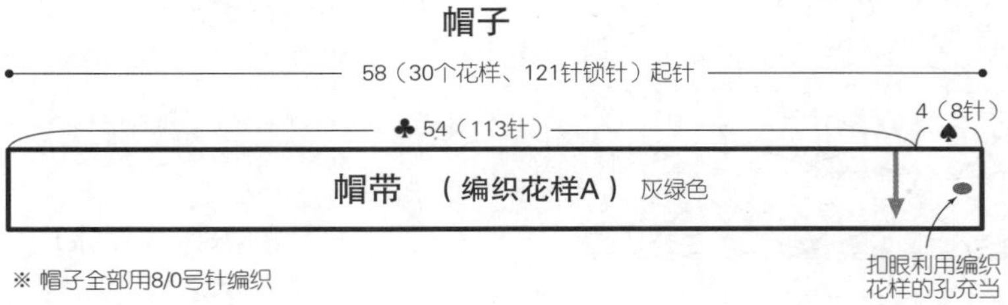

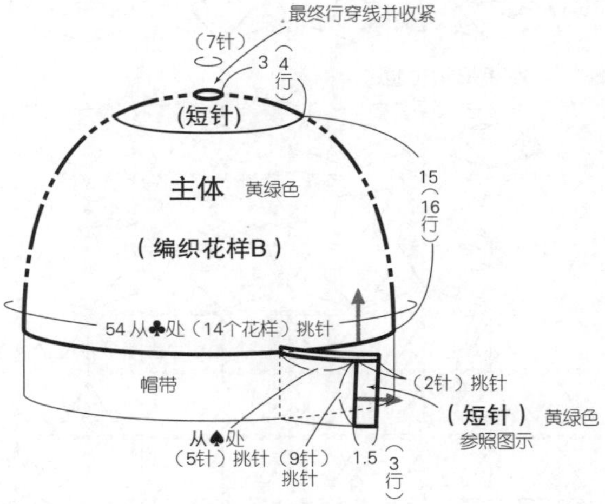

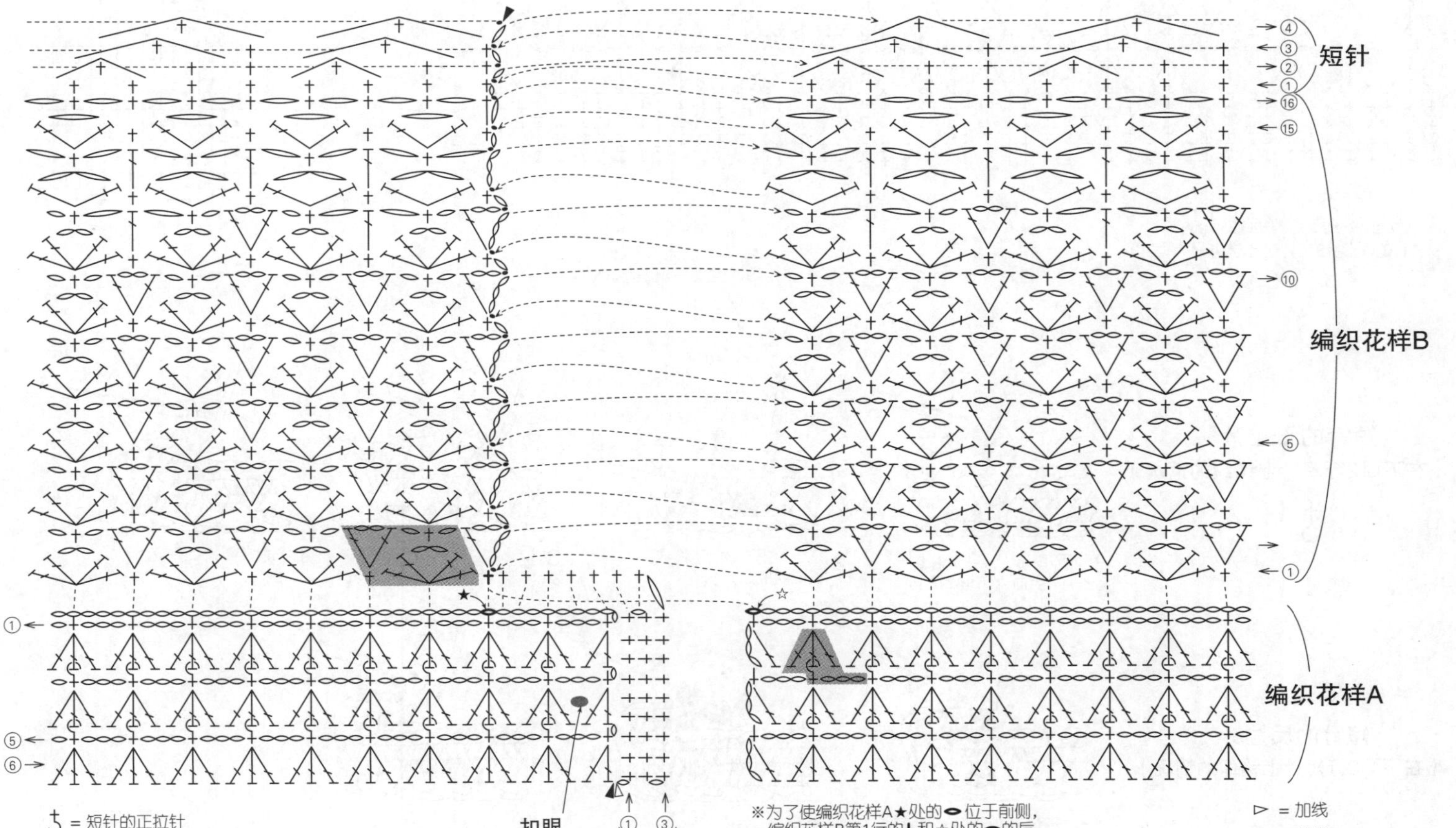

= 短针的正拉针
（从反面编织时，钩织短针的反拉针）

※ 编织方法请参照第166页

※为了使编织花样A★处的⬭位于前侧，编织花样B第1行的+和☆处的⬭的后侧重叠在一起挑针

▷ = 加线

▶ = 剪线

■ = 1个花样

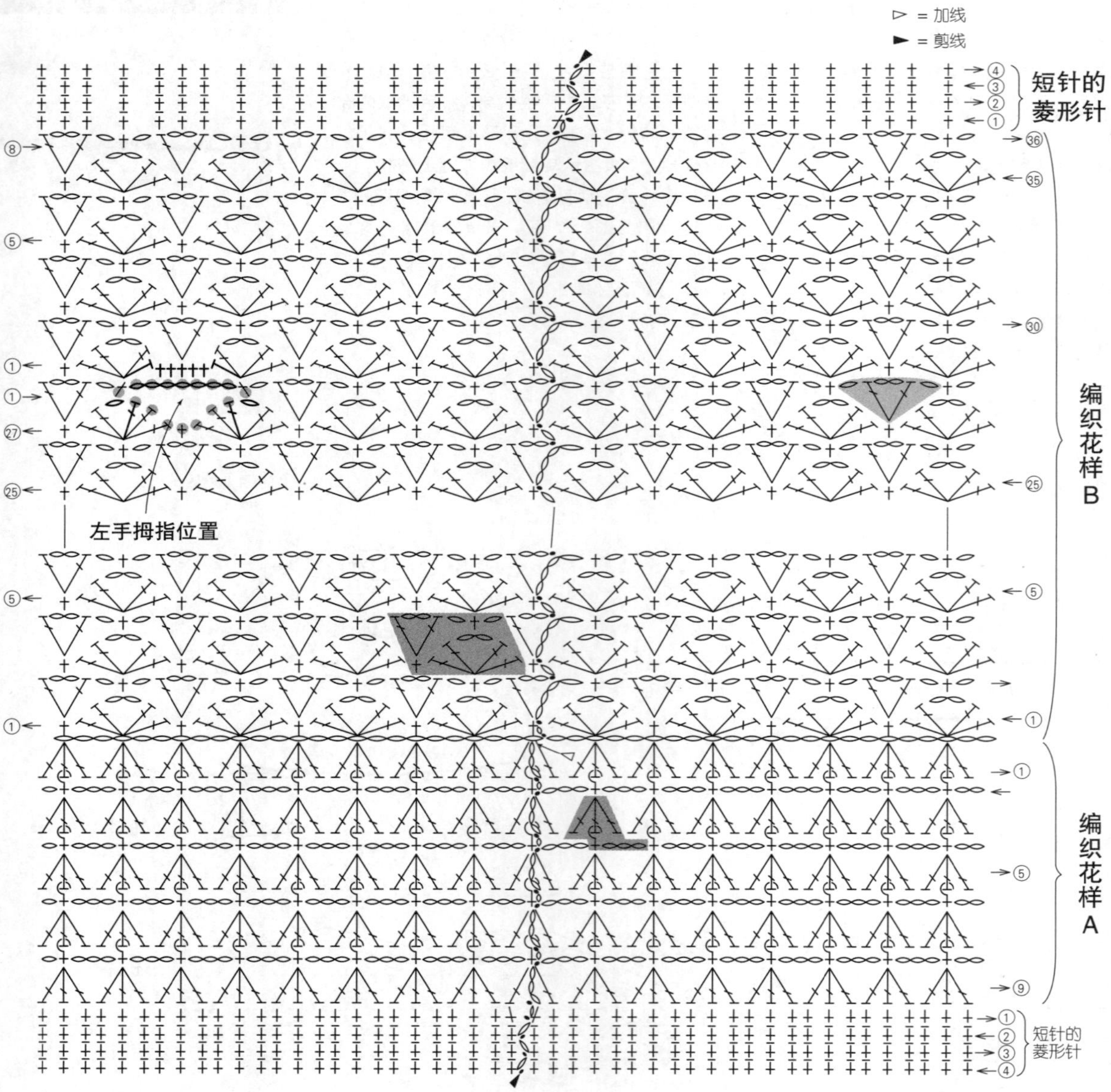

ち = 短针的正拉针
（从反面编织时，钩织短针的反拉针）
※短针的菱形针的编织方法请参照第123页

■ = 1个花样
● = 拇指的挑针
▼ = 右手拇指位置

※和左手拇指位置的编织方法相同

长筒手套

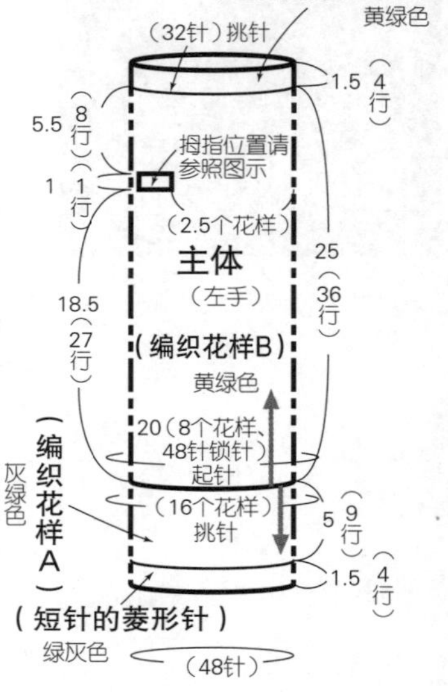

※长筒手套全部用5/0号针编织
※右手拇指位置对称

拇指（短针）

短针（拇指）

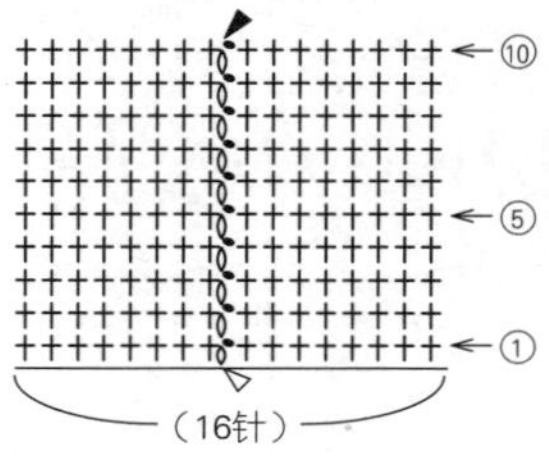

短针的正拉针
（在下面2行短针上钩织的情况）

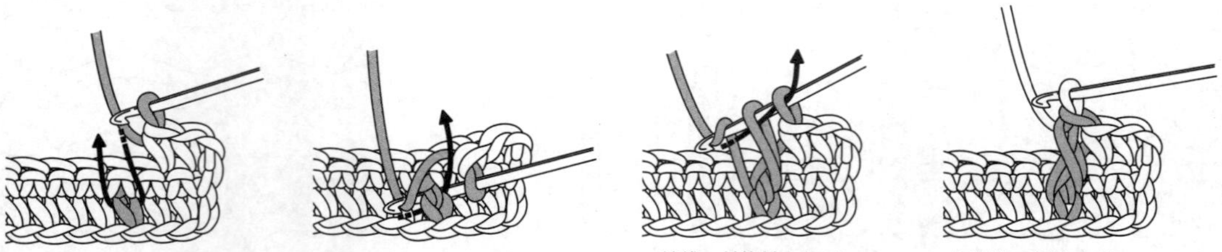

1 按照图示，从正面将钩针完全插入下面2行的短针中。
2 挂线，如箭头所示将线长长地拉出。
3 挂线，从钩针上的2个线圈中引拔出。
4 短针的正拉针完成。

短针的反拉针
（在下面2行短针上钩织的情况）

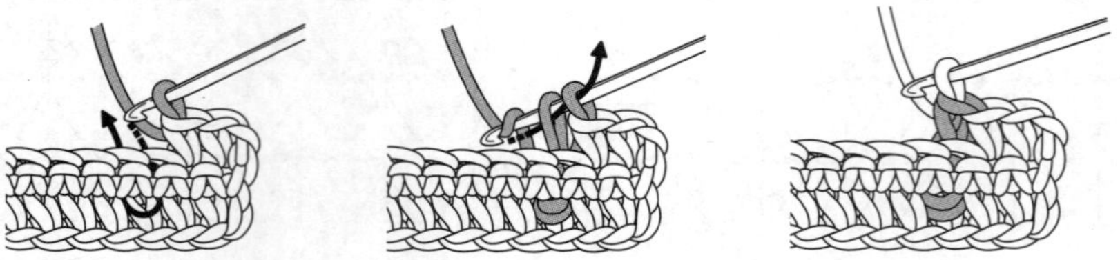

1 按照箭头方向，从反面将钩针插入下面2行的短针中，将线长长地拉出。
2 挂线，从钩针上的2个线圈中引拔出。
3 短针的反拉针完成。

材料

[开衫] 手织屋 Original Moke Wool B 灰绿色(06) 360g，黄土色(03) 150g，黄绿色(04) 80g；直径27mm的纽扣3颗

[帽子] 手织屋 Original Moke Wool B 黄土色(03) 65g，黄绿色(04) 10g，灰绿色(06) 5g；直径22mm的纽扣1颗

工具

钩针8/0号

成品尺寸

[开衫] 胸围116cm，衣长70cm，连肩袖长65.5cm

[帽子] 头围53cm，帽深24cm

编织密度

10cm×10cm面积内：编织花样A 16.5针、7.5行（开衫），16针、7行（帽子）；条纹花样B 21针，13行

编织要点

●开衫…事先另线锁针起针44针。后身片、前身片<上>钩织锁针起针，做编织花样A。◎标记处用引拔的锁针接合。衣袖从指定位置挑针，环形编织短针、编织花样A、条纹花样B。袖下参照图示减针编织。后身片、前身片<下>从指定位置挑针，环形做条纹花样B。下摆、前门襟、衣领环形编织2行短针和边缘编织。然后，前门襟做2行往返编织。

●帽子…环形起针，钩织长针、编织花样A。参照图示加减针编织。然后一边在第3圈开扣眼，一边钩织短针的菱形针条纹。缝上纽扣。

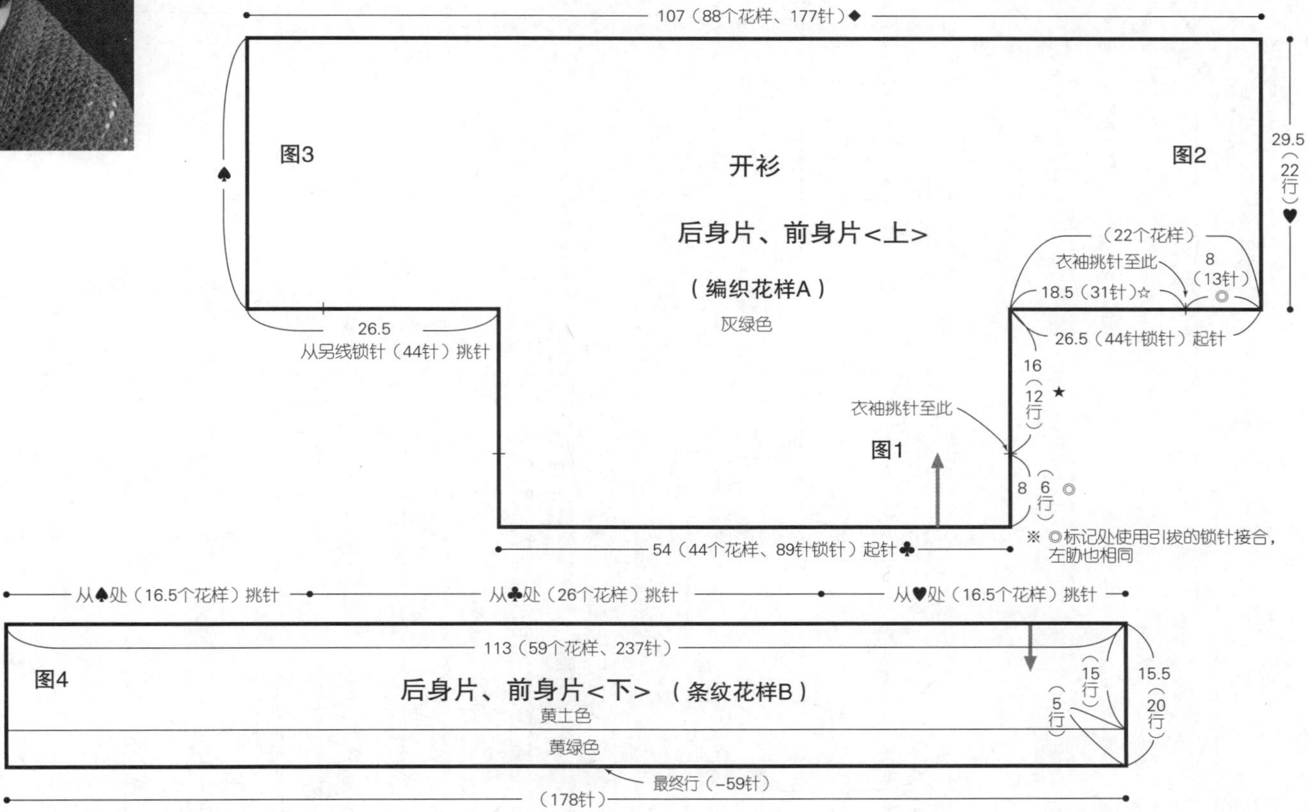

※开衫、帽子全部使用8/0号针编织

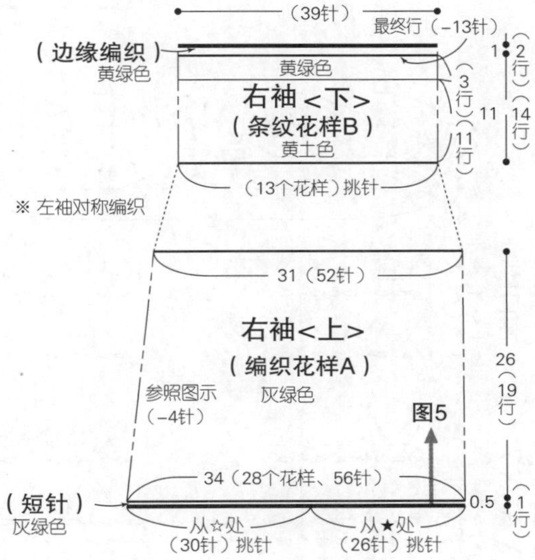

编织花样A

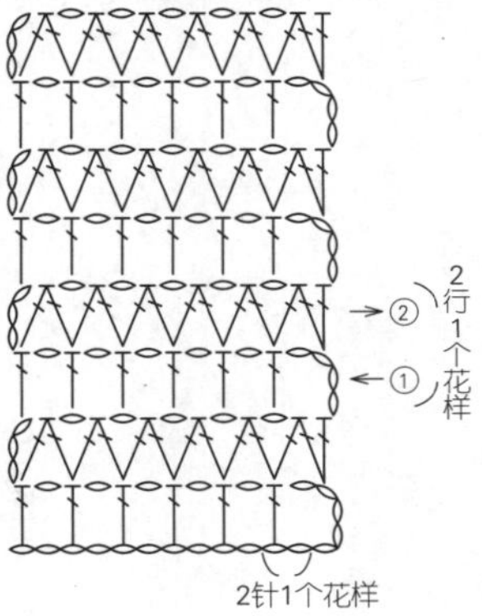

条纹花样B

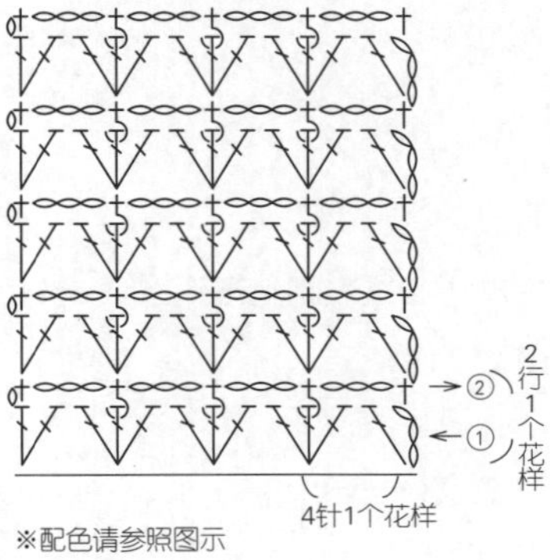

※配色请参照图示

= 短针的正拉针

（从反面钩织时，钩织短针的反拉针）

※ 编织方法请参照第166页

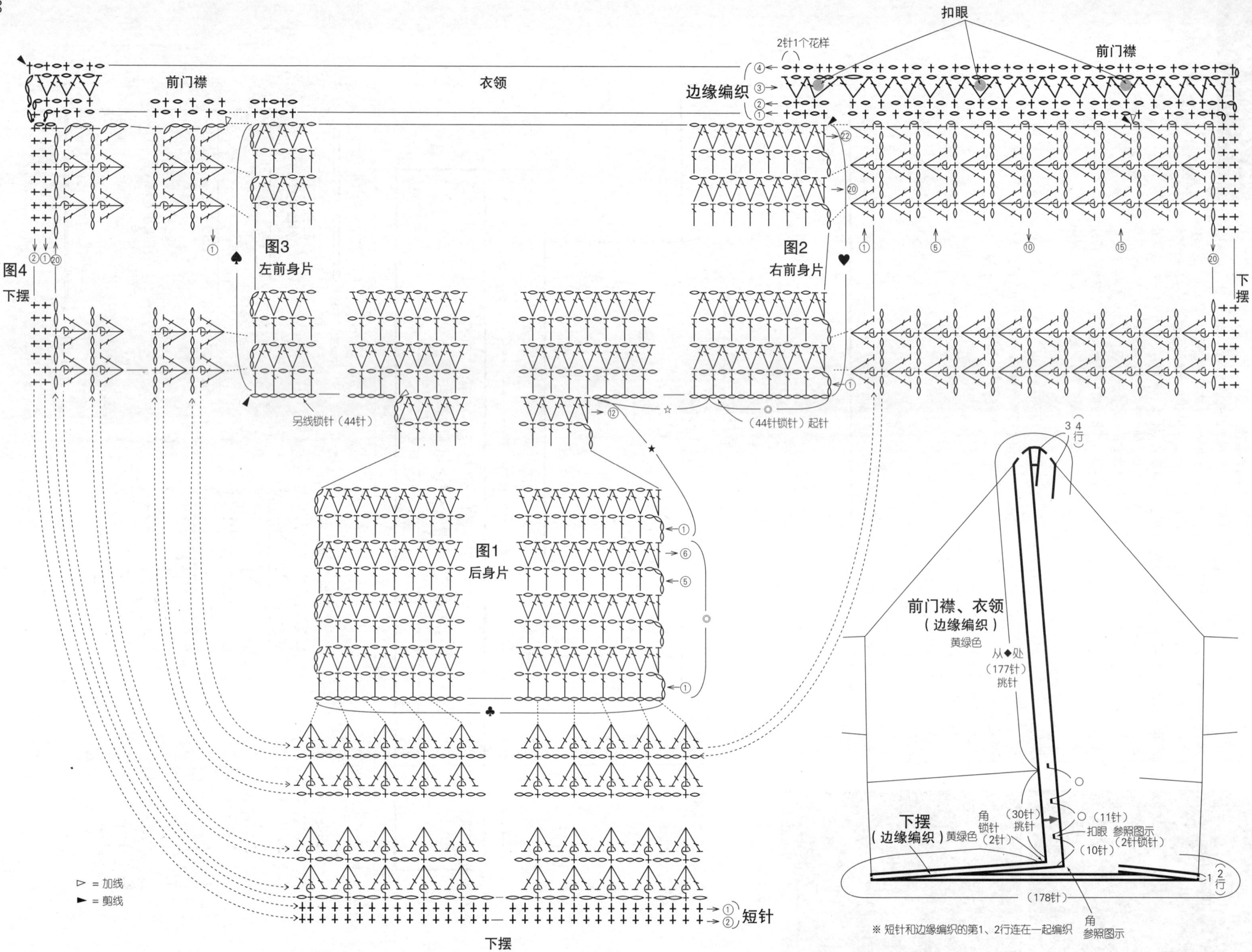

扣眼
2针1个花样
前门襟
边缘编织
前门襟
衣领
图4
下摆
图3
左前身片
图2
右前身片
下摆
另线锁针（44针）
（44针锁针）起针
图1
后身片
短针
下摆
▷ = 加线
► = 剪线
前门襟、衣领
（边缘编织）
黄绿色
从◆处
（177针）
挑针
下摆
（边缘编织）黄绿色
角
锁针
（2针）
（30针）
挑针
（11针）
扣眼 参照图示
（2针锁针）
（10针）
（178针）
角
参照图示
※ 短针和边缘编织的第1、2行连在一起编织

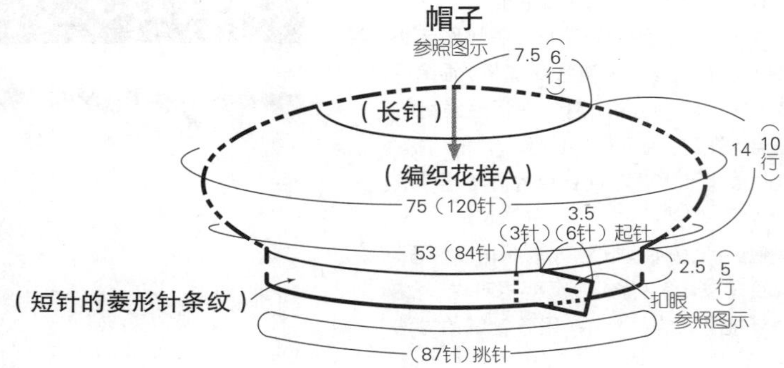

※全部使用8/0号针编织
※除指定以外均用黄土色线钩织
※短针的菱形针的编织方法请参照第123页

※ 和 重叠在一起编织
= 挑取前一行顶部的后侧半针
= 挑取前一行顶部的前侧半针

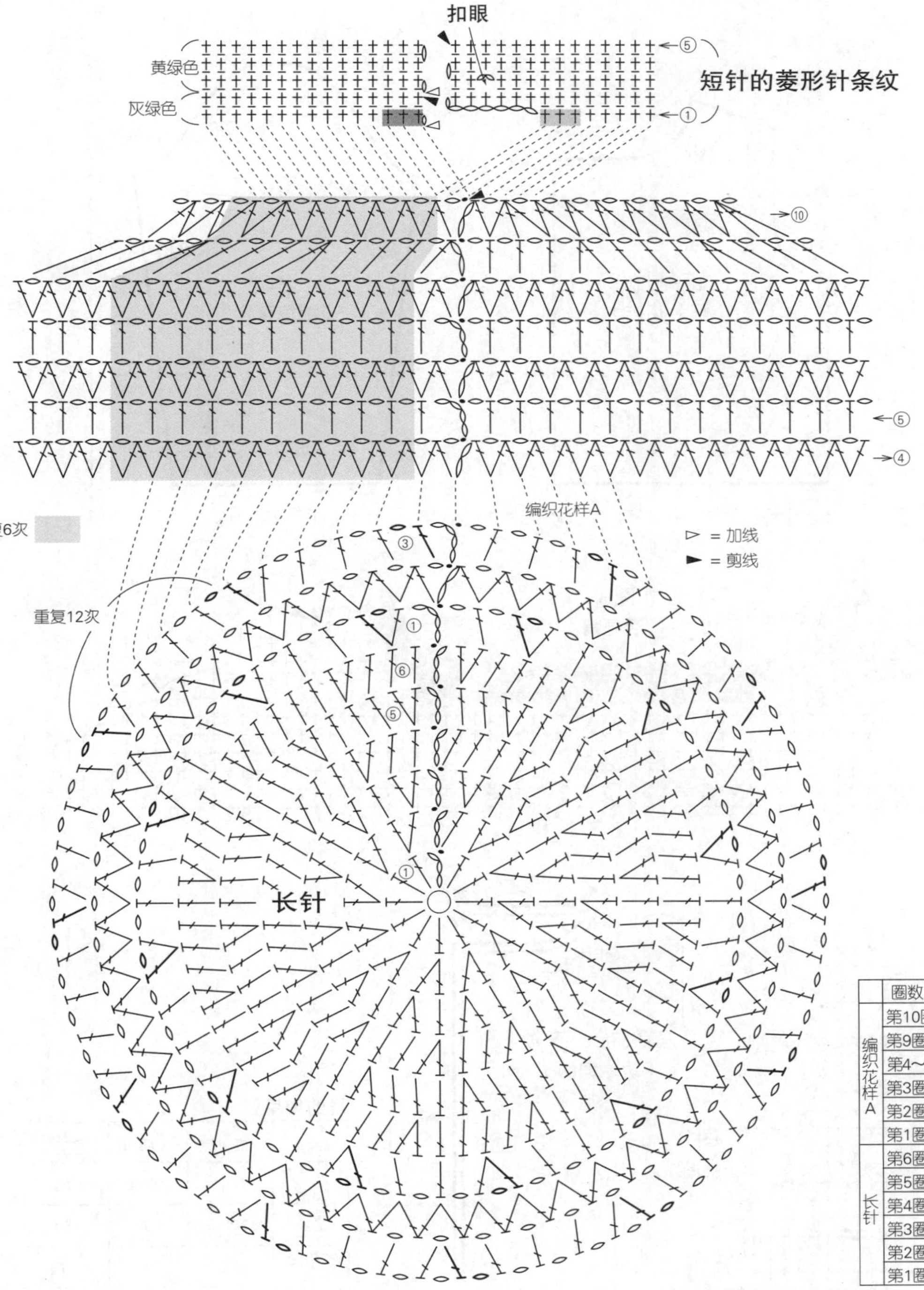

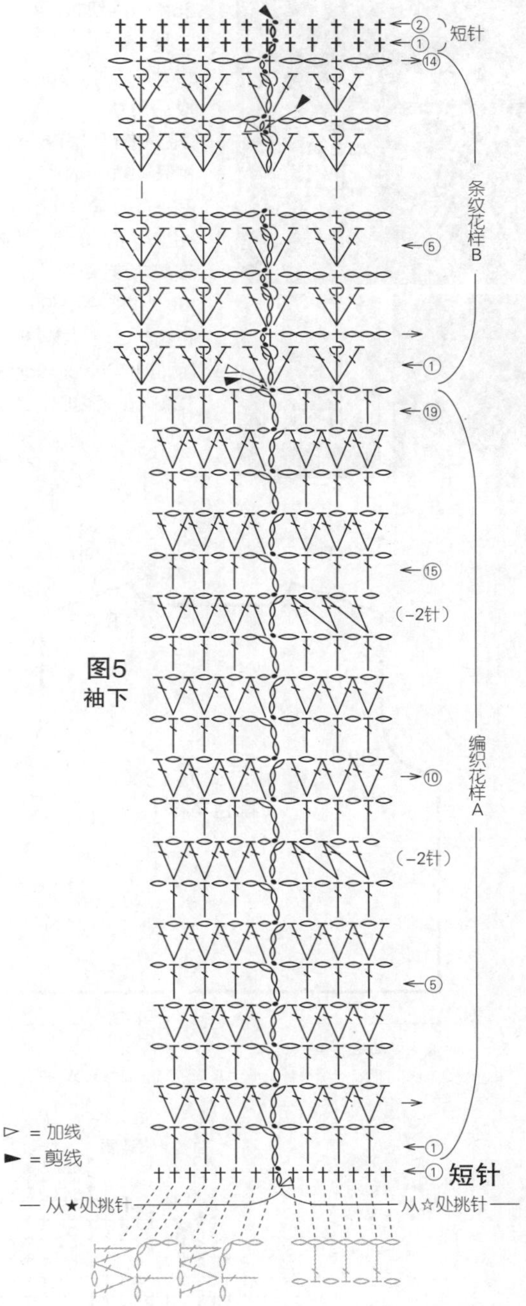

图5
袖下

	圈数	针数	
编织花样A	第10圈	84针	(−12针)
	第9圈	96针	(−24针)
	第4~8圈	120针	
	第3圈	120针	(+24针)
	第2圈	96针	
	第1圈	96针	(+24针)
长针	第6圈	72针	(+12针)
	第5圈	60针	(+12针)
	第4圈	48针	(+12针)
	第3圈	36针	(+12针)
	第2圈	24针	(+12针)
	第1圈	12针	

材料

手织屋 Original Wool N 色号、用量请参照图表；长7cm的别针1个（夹克）；直径25mm的纽扣4颗（围脖）

工具

钩针6/0号、8mm

成品尺寸

[短外搭] 胸围96cm，肩宽36cm，衣长45cm，袖长49.5cm

[手提包] 宽31cm，深38.5cm

[围脖] 宽18cm，领内围41cm

编织密度

[短外搭、手提包] 10cm×10cm面积内：配色花样21针，24行（提手除外）

[围脖] 10cm×10cm面积内：编织花样10针，13.5行（领内围）；10针，5行（领外围）

编织要点

●短外搭…锁针起针，钩织配色花样。采用纵向渡线的方法钩织配色花样。参照图示钩织加减针，在指定位置做直线绣。将1根编织线分成2根，用来缝合。肩部使用毛线缝针挑针缝合，胁部、袖下也挑针缝合。前门襟、衣领做边缘编织。用半回针缝的方法连接衣袖。

●手提包…和短外搭起针方法相同。侧面、包底钩织短针，将2片织片反面相对对齐，钩织反短针接合。钩织提手，用卷针缝的方法固定在指定位置。

●围脖…取3根指定颜色的线钩织。锁针起针，参照图示做编织花样。然后一边开扣眼，一边钩织短针。领内围钩织引拔针。编织起点侧挑取锁针起针的半针钩织短针。缝上纽扣。

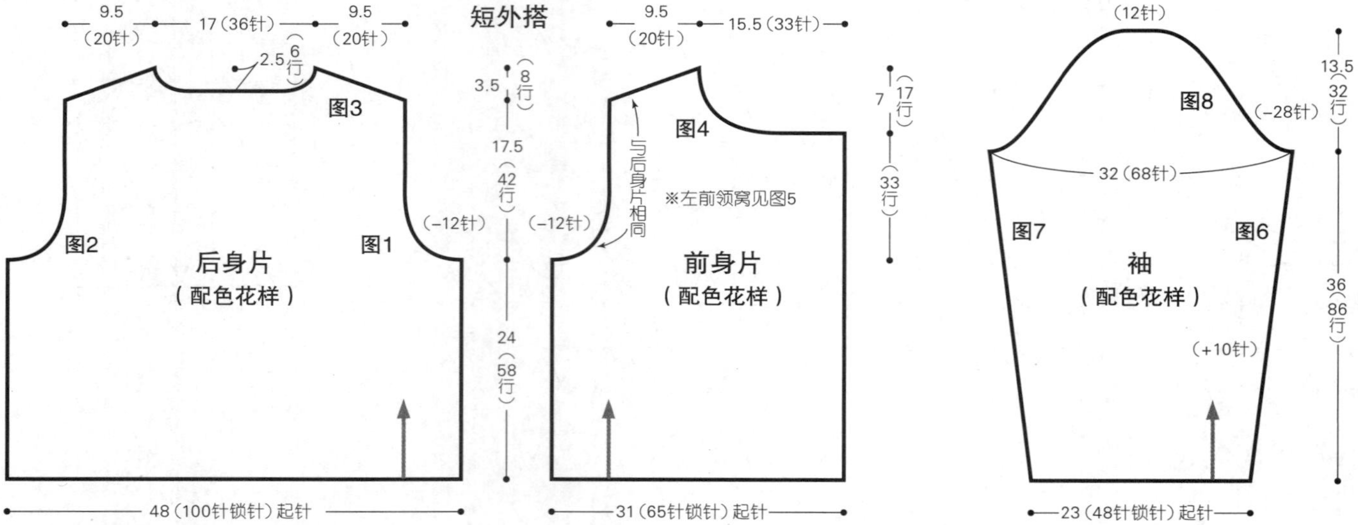

※全部使用6/0号针编织

※纵向渡线钩织长针的配色花样的方法请参照第193页

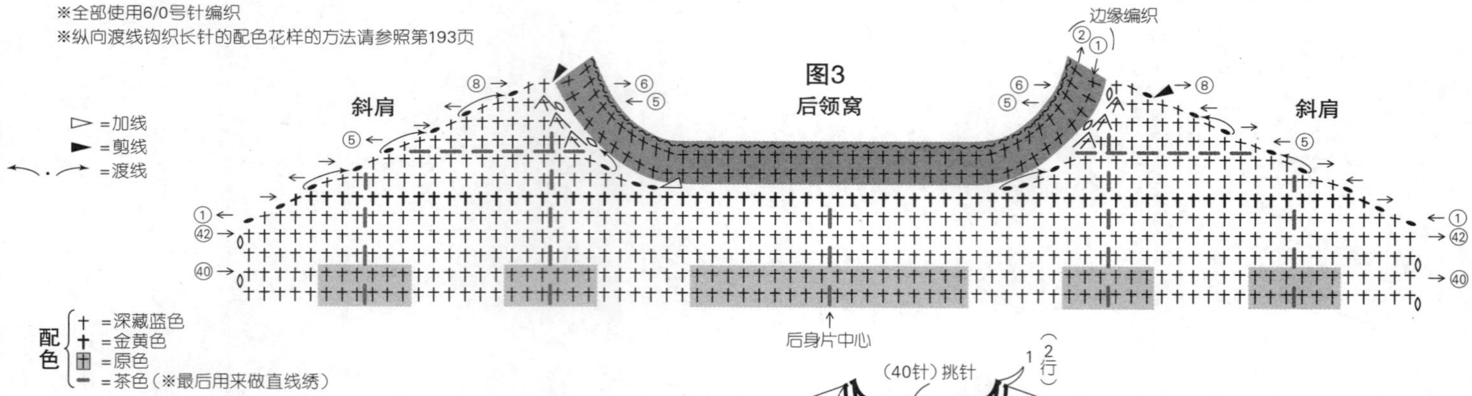

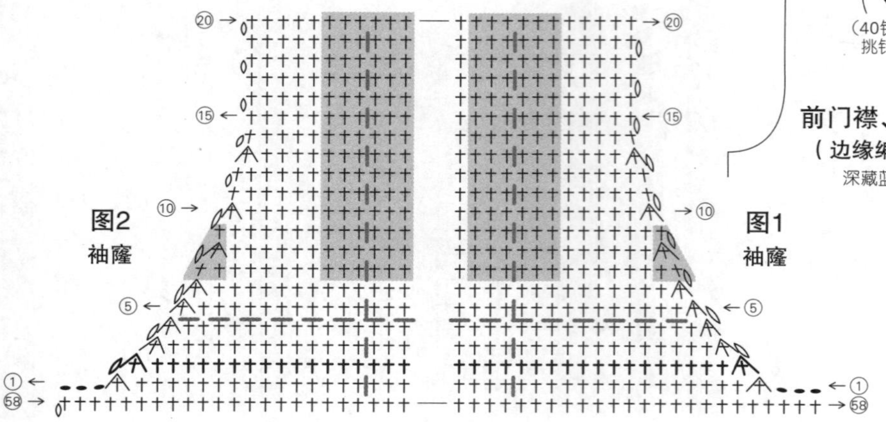

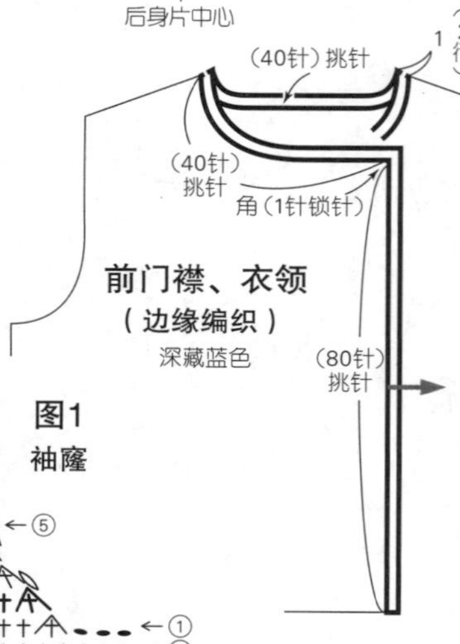

线的使用量

颜色（色号）	短外搭	手提包	围脖
深藏蓝色（36）	350g	150g	65g
原色（29）	200g	80g	45g
金黄色（42）	35g	15g	
茶色（03）	15g	10g	45g

配色花样

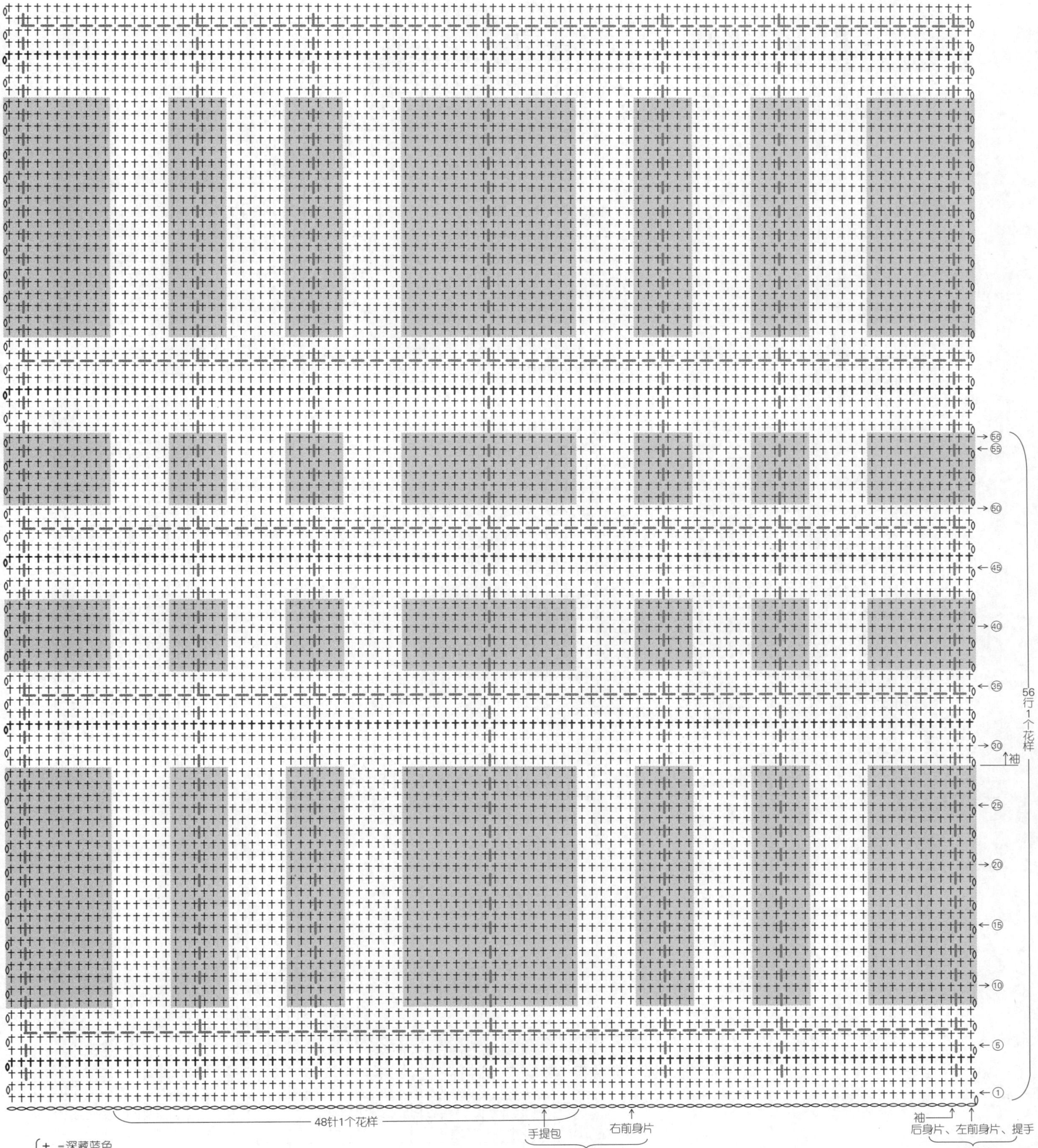

配色
- + =深藏蓝色
- **+** =金黄色
- ⊞ =原色
- ━ =茶色（※最后用来做直线绣）

直线绣

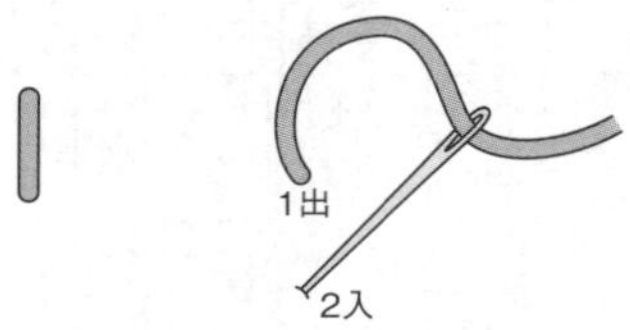

边缘编织

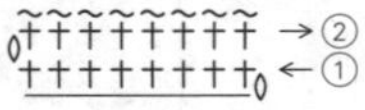

配色
- ┼ =深藏蓝色
- ✝ =金黄色
- ⊞ =原色
- ━ =茶色（※最后用来做直线绣）

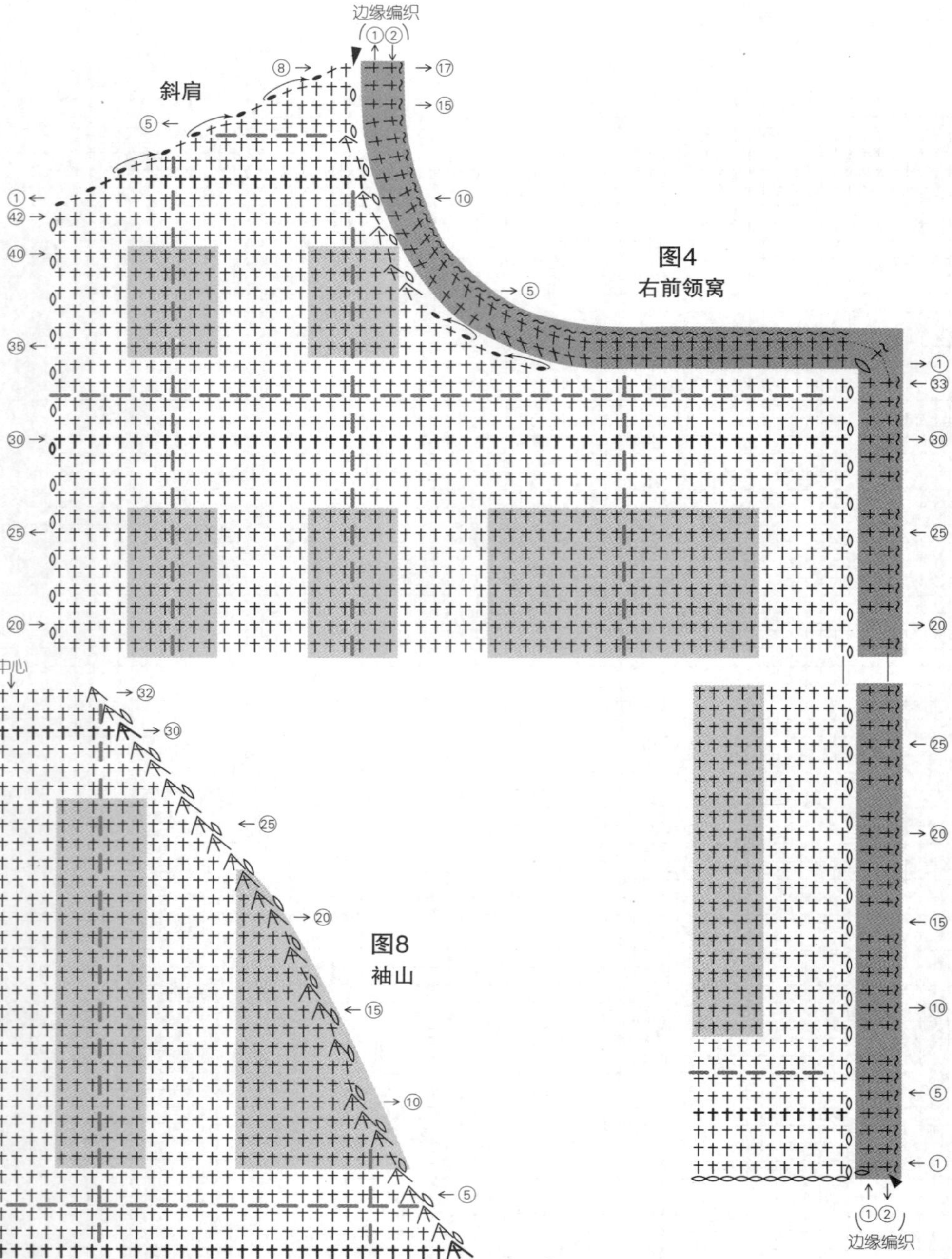

图4
右前领窝

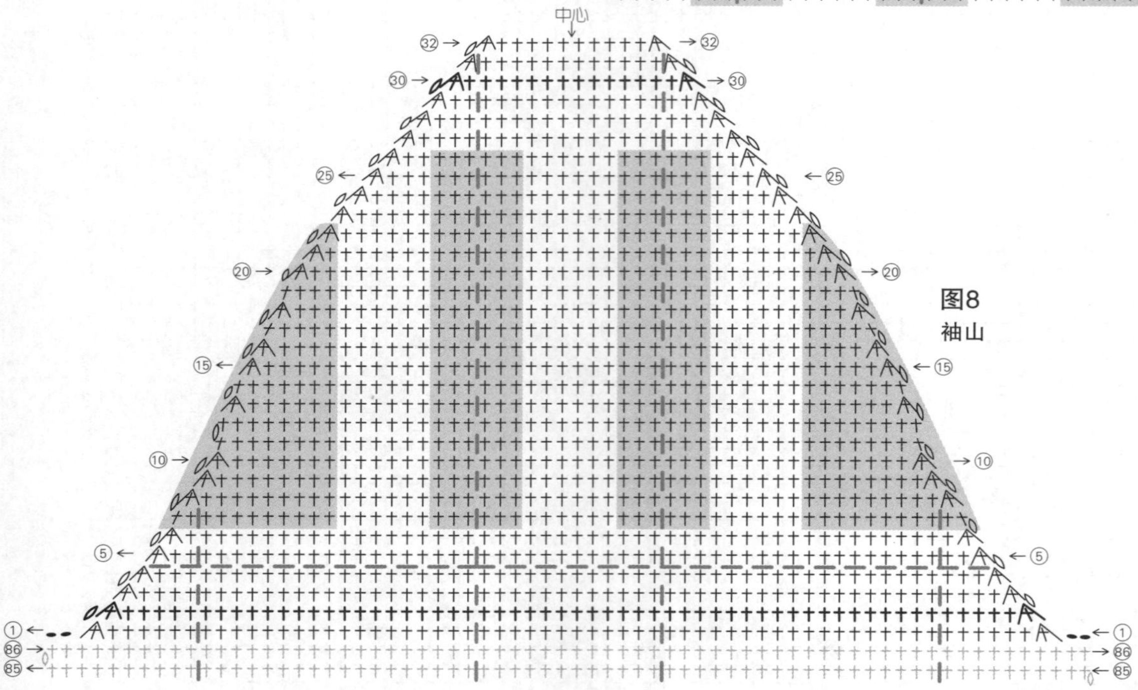

图8
袖山

- ▷ =加线
- ▶ =剪线
- ⌒·⌒ =渡线

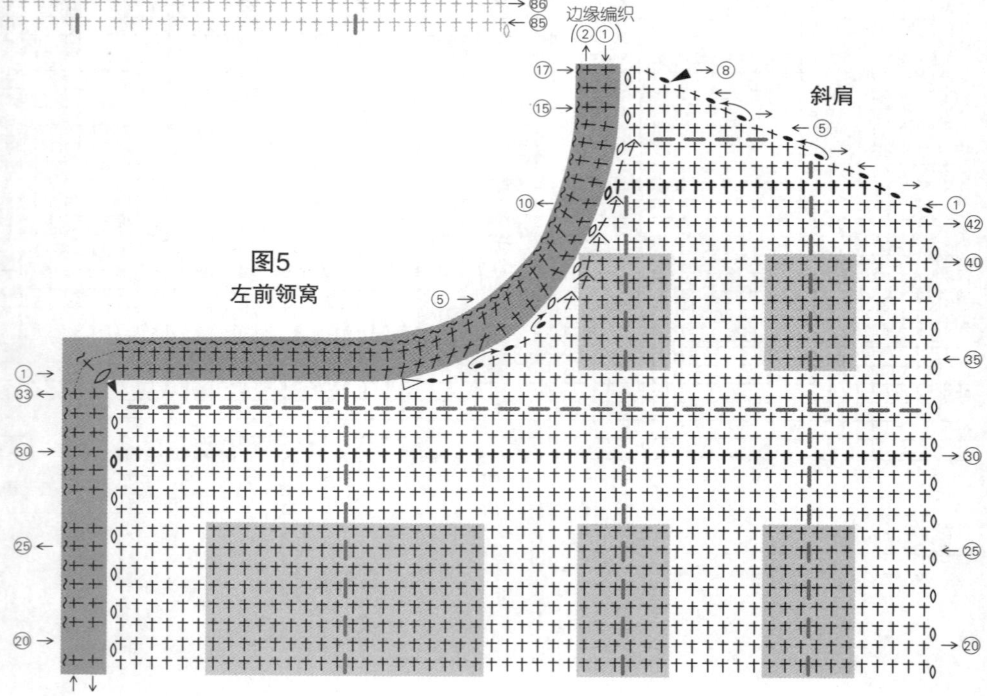

图5
左前领窝

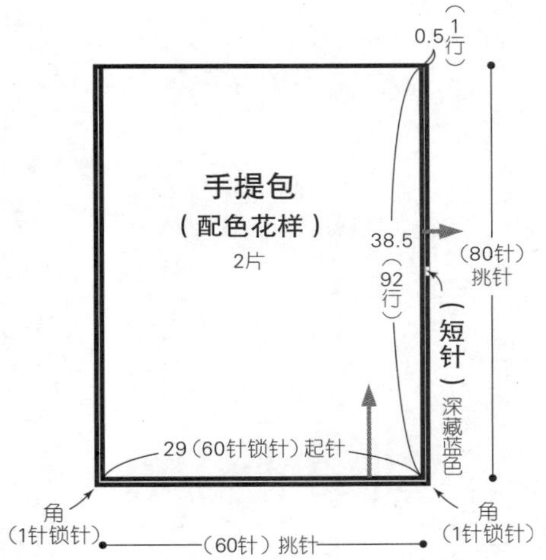

※全部使用6/0号针编织
※纵向渡线钩织长针的配色花样的方法请参照第193页

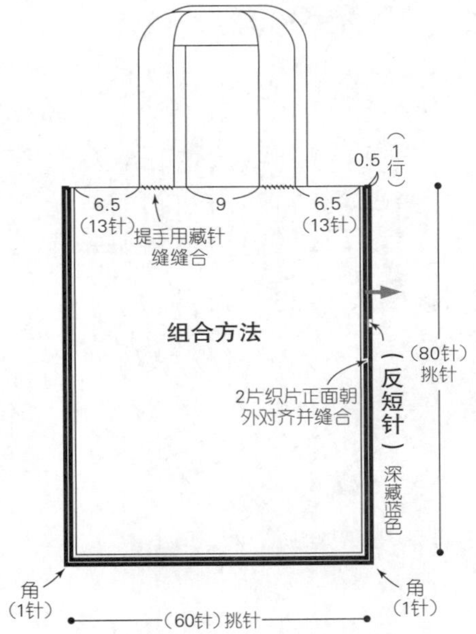

提手（配色花样）2片

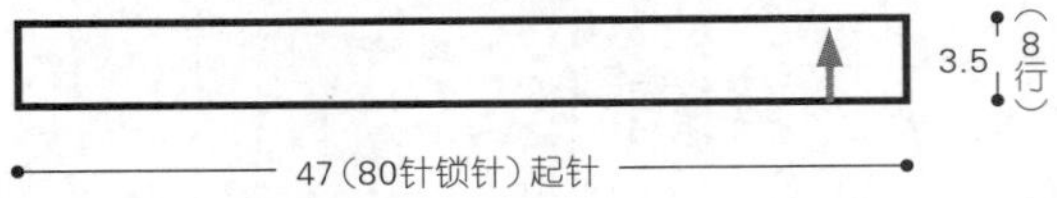

※纵向不做直线绣

角的编织方法

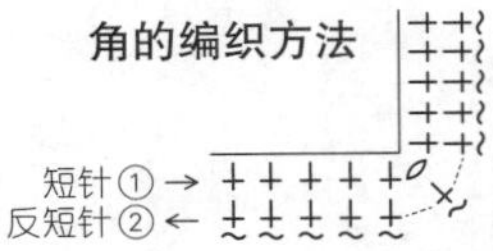

反短针

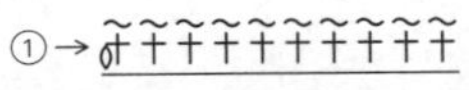

※编织方法请参照第200页

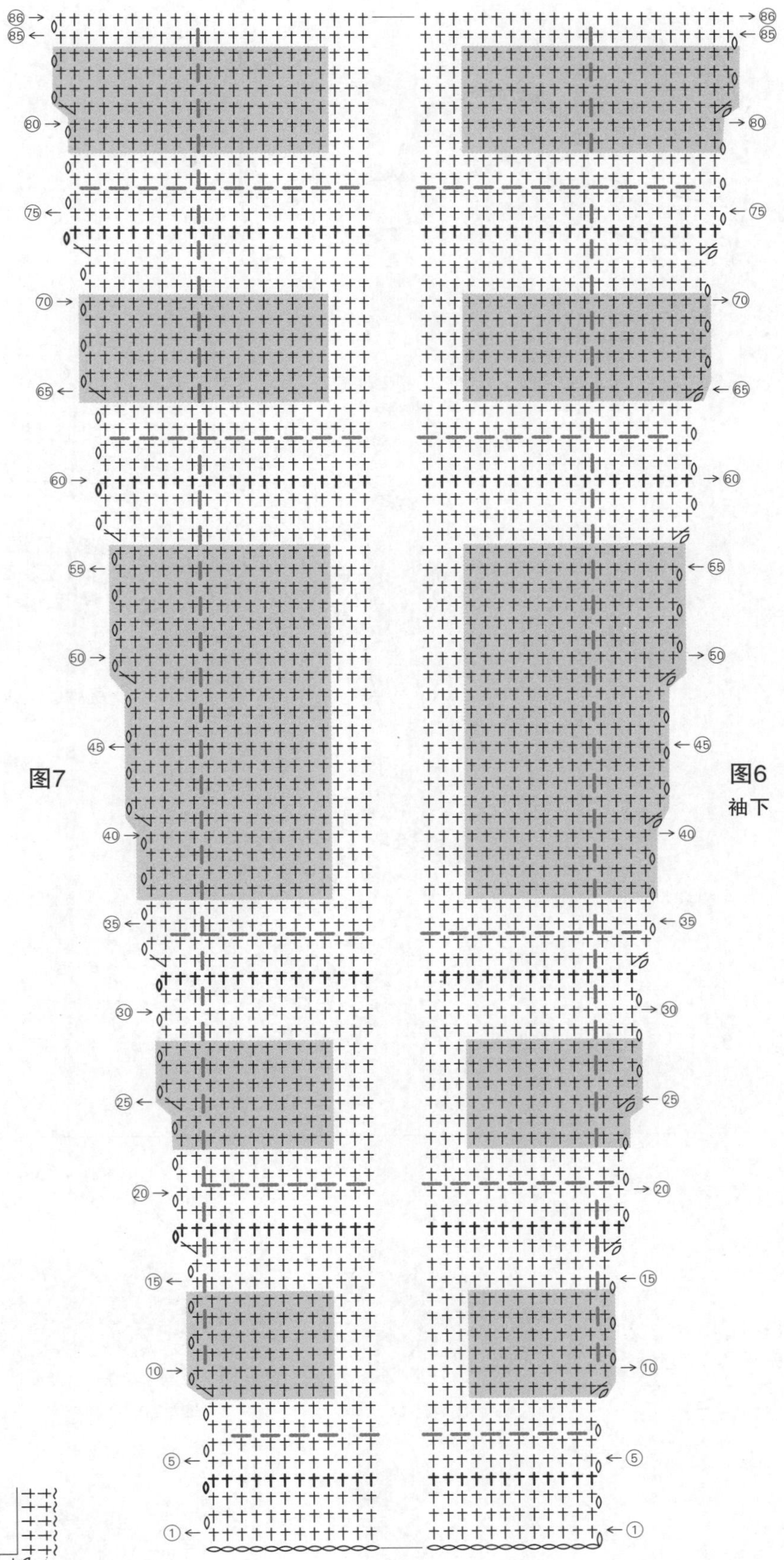

配色
+ =深藏蓝色
+ =金黄色
⊞ =原色
— =茶色（※最后用来做直线绣）

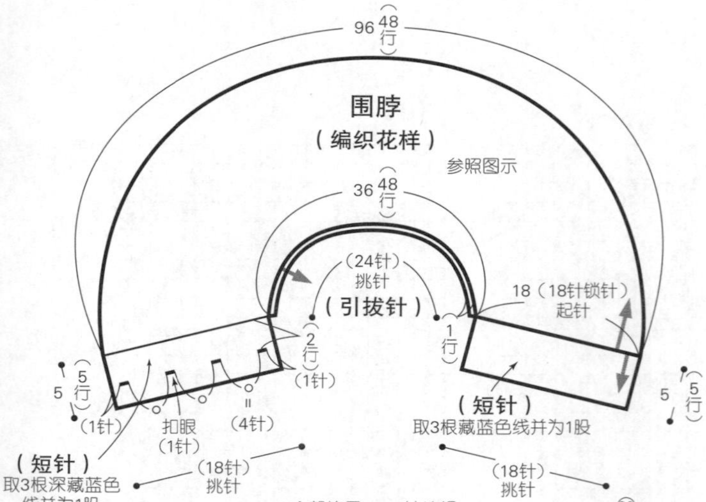

※全部使用8mm针编织

※除指定以外均各取1根原色线、深藏蓝色线、茶色线并为1股编织

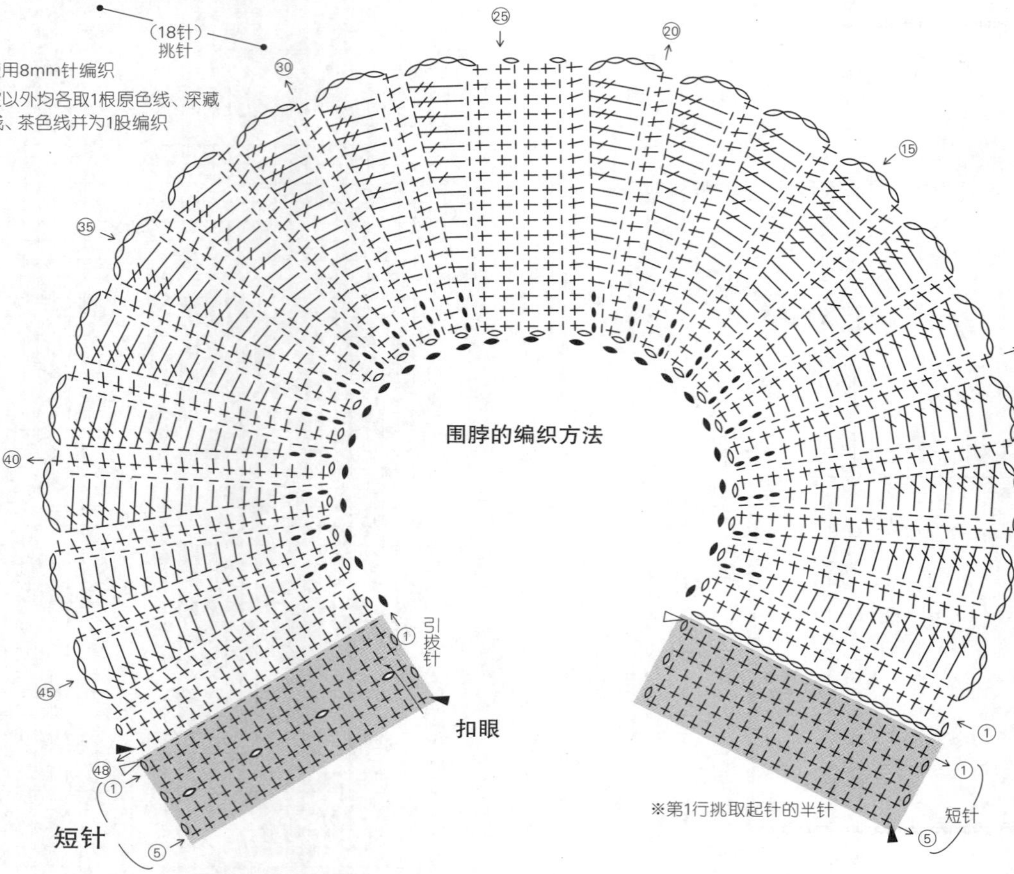

编织花样

※奇数行全部挑取前一行后侧半针编织

▷ =加线

▶ =剪线

± =短针的条纹针

※编织方法请参照第137页

配色
□ =原色、深藏蓝色、茶色线各取1根
▩ =取3根藏蓝色线

右上扭针的1针交叉（中央编入1针上针）

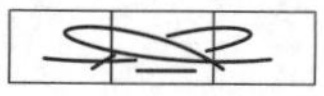

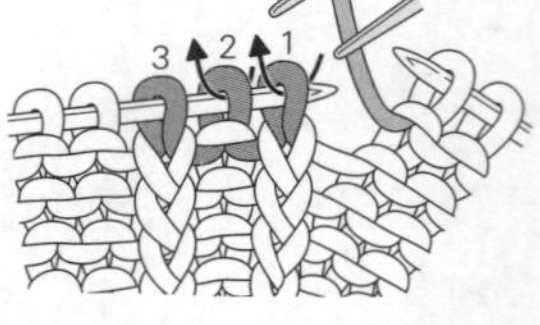

1 将针目1、2移至2根麻花针上。

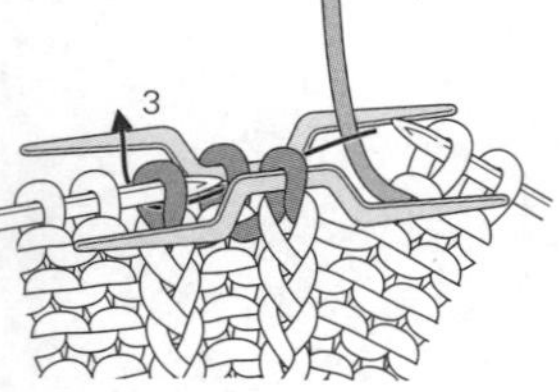

2 针目1留在织片前侧，针目2留在织片后侧。按照箭头的方向，将右棒针插入针目3中。

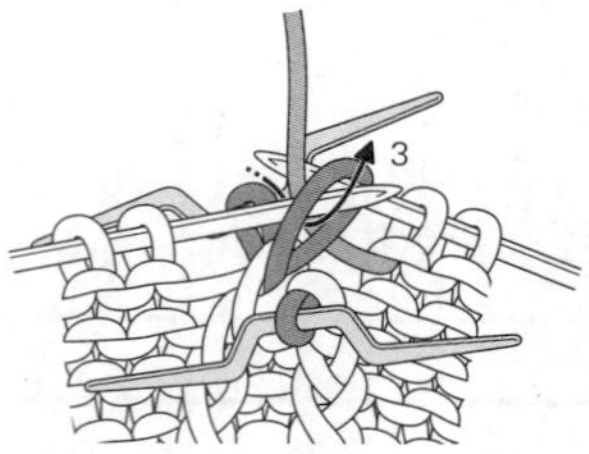

3 编织下针的扭针。

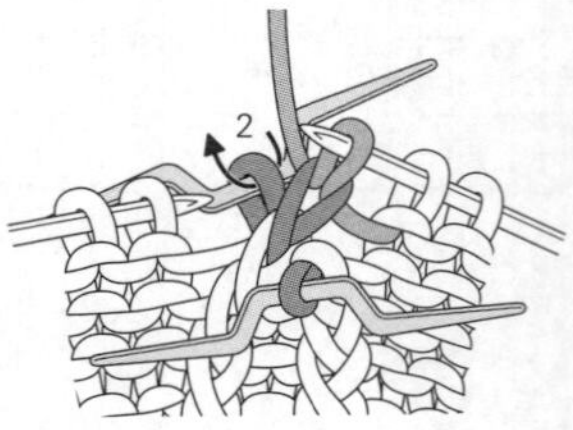

4 从针目2的后侧插入右棒针。

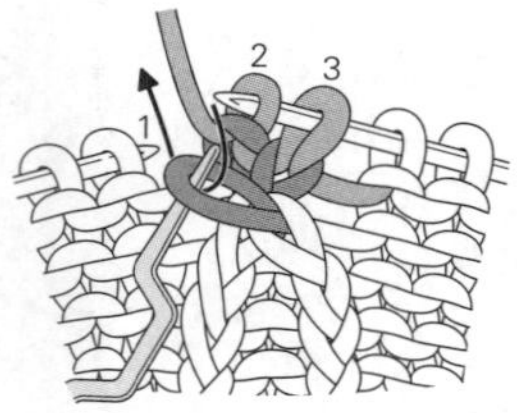

5 编织上针。按照箭头的方向，将右棒针插入针目1中。

6 编织下针的扭针。右上扭针的1针交叉（中央编入1针上针）编织完成。

材料

钻石线Dia Tasmanian Merino原色(702) 385g/10团

工具

棒针5号、6号、3号、7号(用于衣袖的起针)

成品尺寸

胸围94cm，肩宽34cm，衣长57cm，袖长53.5cm

编织密度

10cm×10cm面积内：编织花样A 25针，33行(5号针)；编织花样B 27针，32行

编织要点

●身片、袖…手指起针，组合编织起伏针和编织花样A、B，第1行是从反面编织的行。编织花样A的分散减针请参见图示。衣袖按编织花样A编织的同时调整编织密度。袖窿、领窝处减针时，2针及2针以上时做伏针减针，1针时立起侧边1针减针。袖下加针时在1针内侧编织扭针加针。编织花样B由挂针和2针并1针构成，加减针时若少了其中一种，则不编织对应的另一种。

●组合…肩部做盖针接合，胁、袖下使用毛线缝针挑针缝合。衣领挑取指定数量的针目，环形编织编织花样C。编织终点做扭针的单罗纹针收针。使用钩针将衣袖引拔接合到身片上。

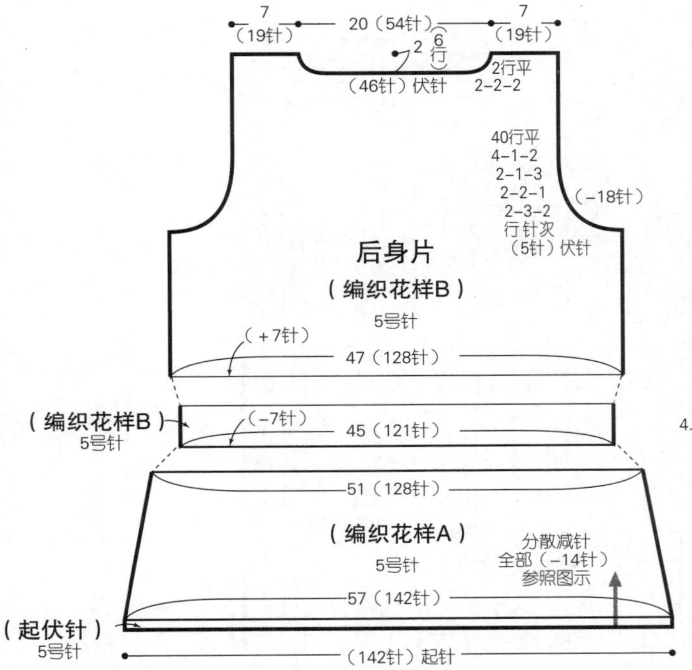

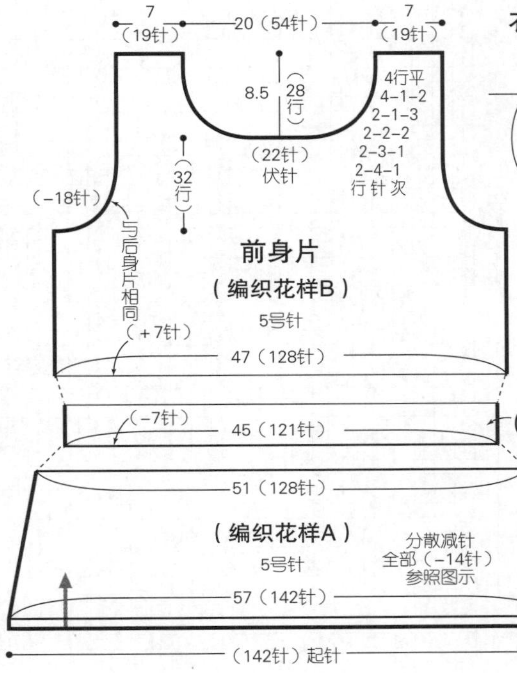

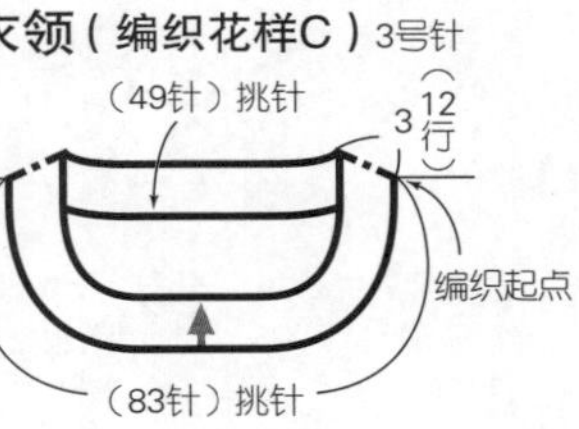

※ 起针使用6号针

※ 扭针的单罗纹针收针的方法参见第130页

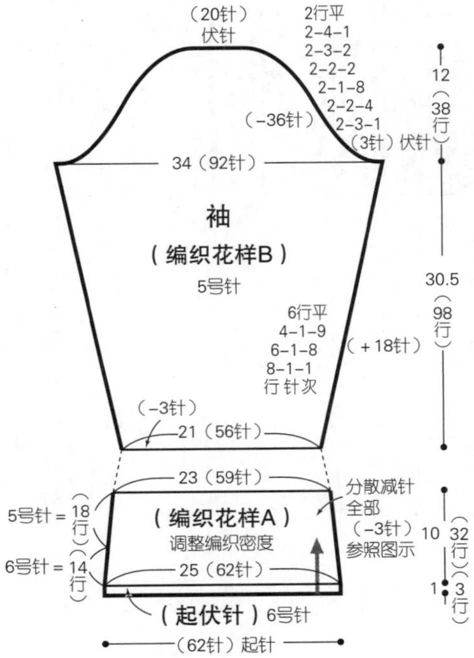

※ 起针使用7号针

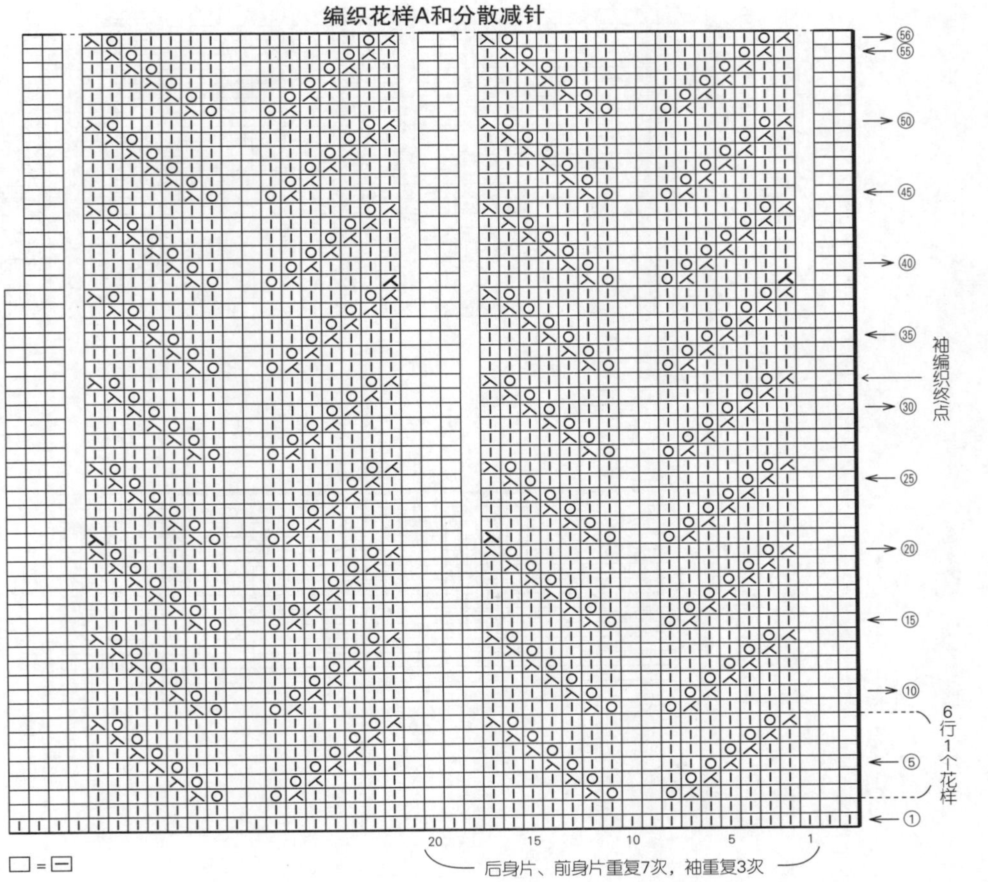

编织花样B（后身片、前身片）

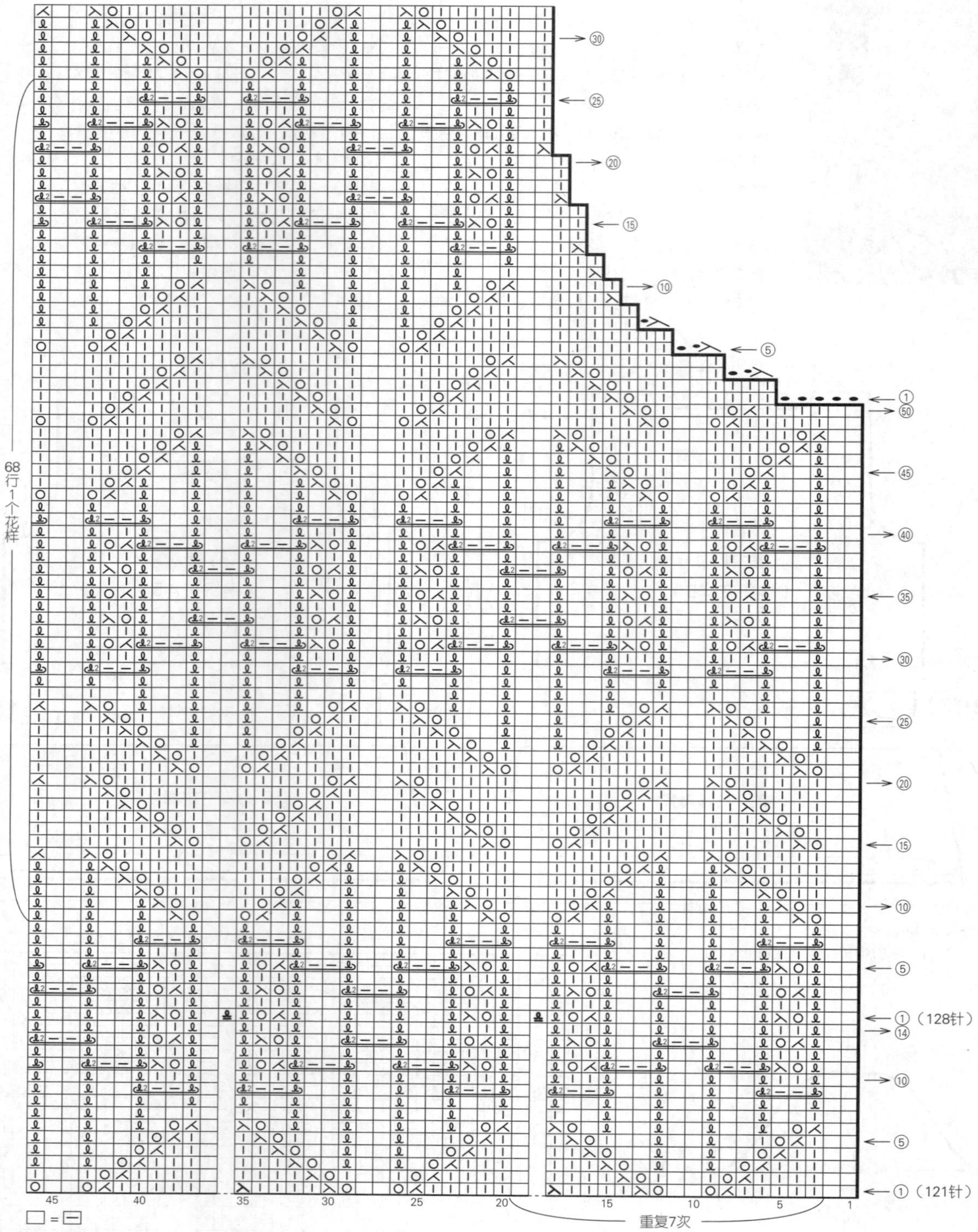

□ = ⊟

= 上针的扭针加针

= 2卷绕线编

编织花样C

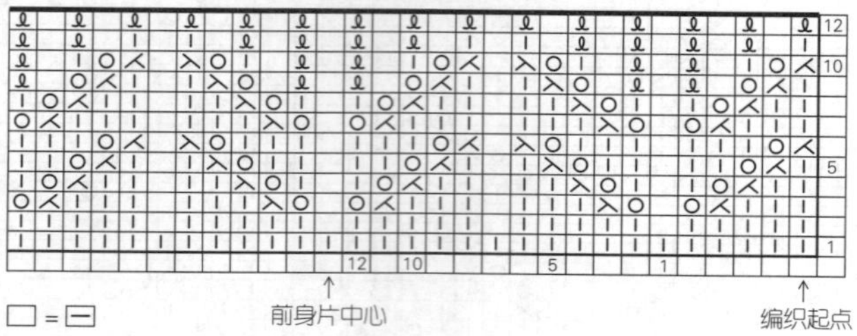

□ = ⊟

起伏针

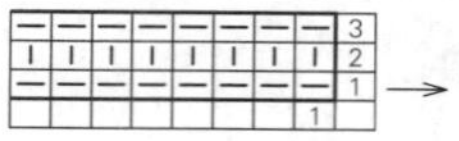

2卷绕线编

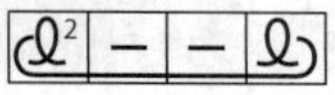

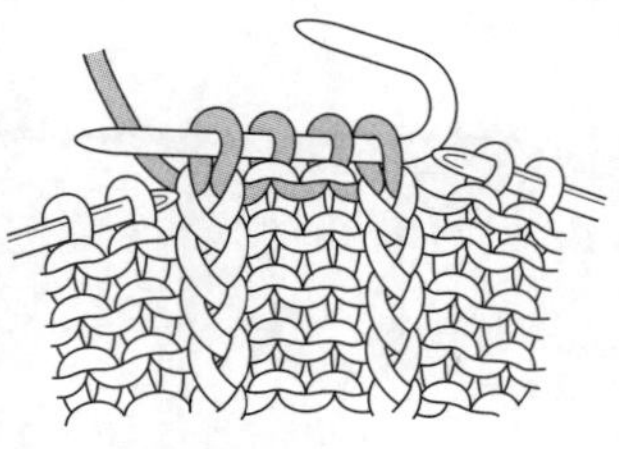

1 编织扭针和上针共4针后，移至麻花针上。

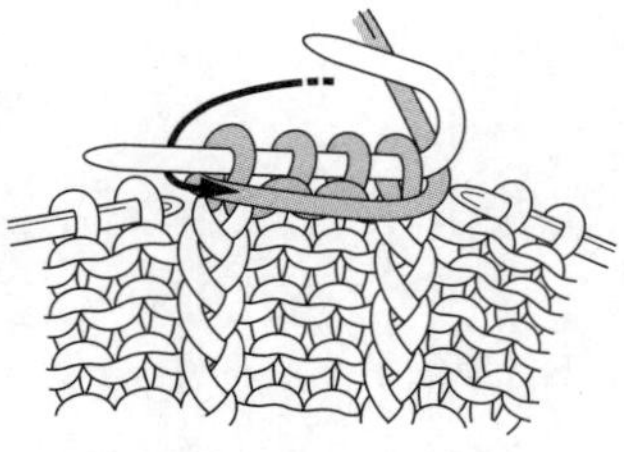

2 按照箭头的方向，围着移动后的4针绕线。

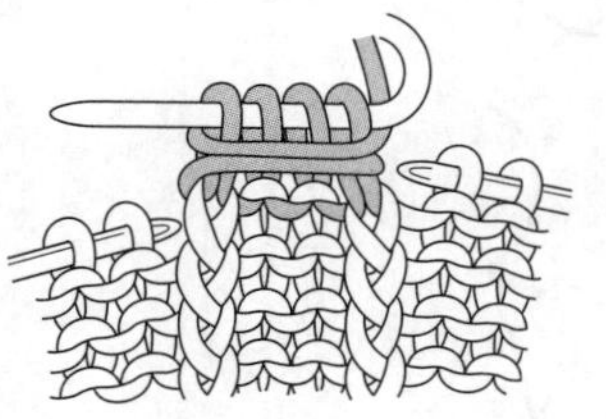

3 按照逆时针的方向绕2圈。

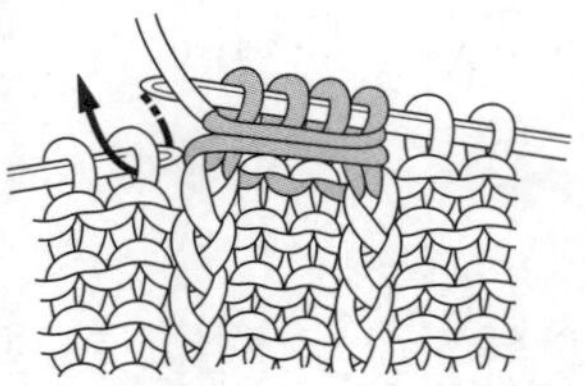

4 从麻花针上移回右棒针上，完成。

编织花样B（袖）

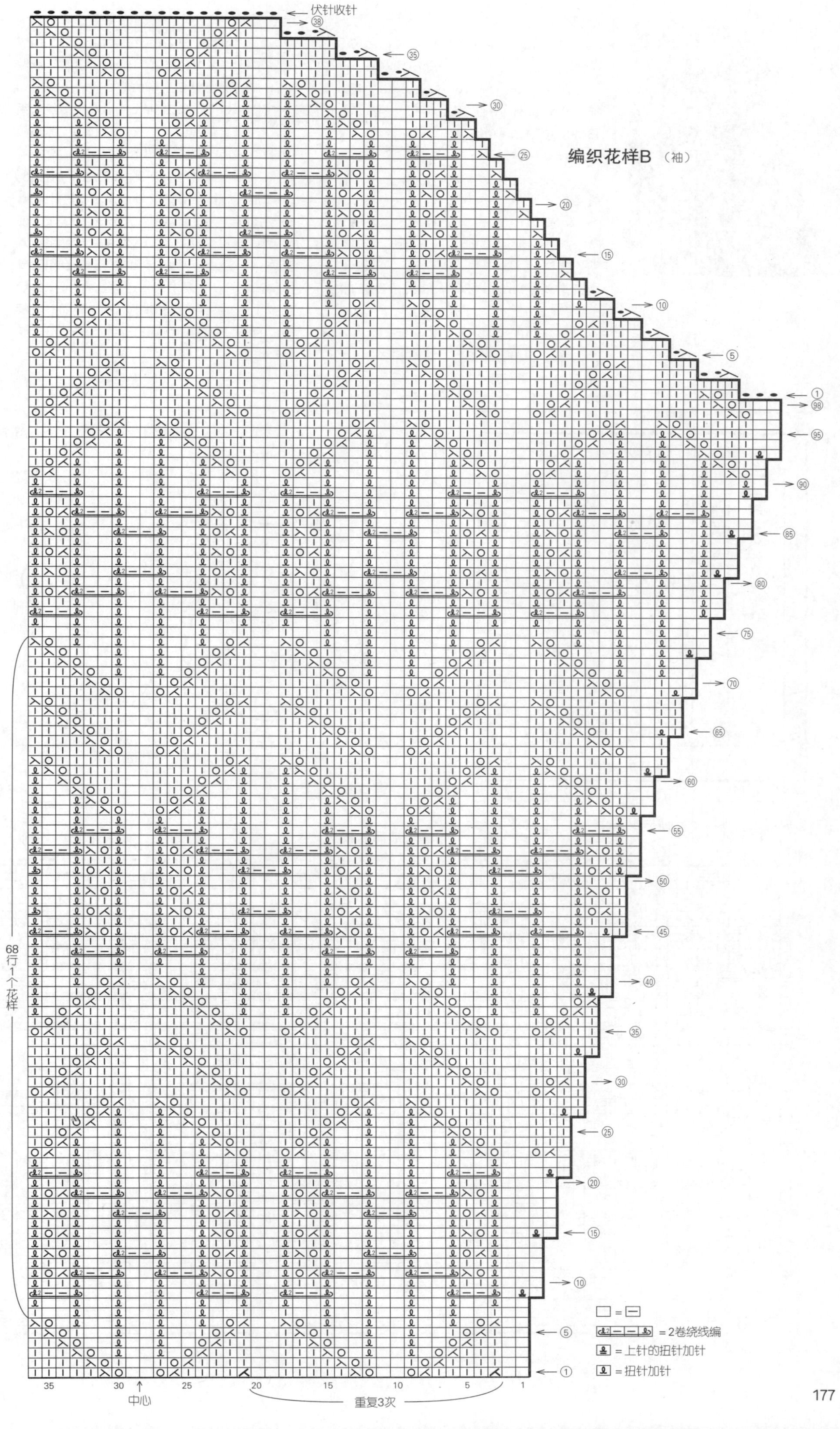

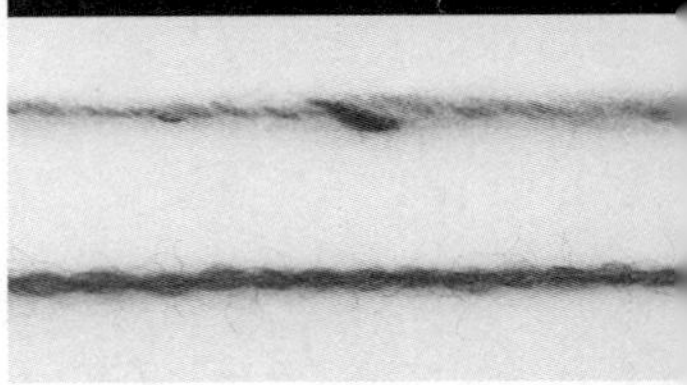

材料

［披肩］Isager Tweed（Oak）265g/6 桄；Highland Wool（Sand）215g/5 团

［狗狗毛衣］Isager Tweed（Oak）45g/1 桄；Highland Wool（Sand）35g/1 团；直径 18mm 的纽扣 1 颗

工具

棒针4号、6号，钩针5/0号

成品尺寸

［披肩］宽 50cm，长 145cm

［狗狗毛衣］腰围 40cm，长 33cm

编织密度

编织花样 A 1 个花样 20 针，8.5cm；编织花样 B 1 个花样 13 针，5.5cm；编织花样 A、B 均为 30.5 行，10cm；10cm×10cm 面积内：编织花样 C 29 针，30.5 行；编织花样 D 30 针，30.5 行；下针编织 20 针，30.5 行

编织要点

●披肩…全部取 2 根线编织。手指起针，编织双罗纹针和编织花样 A、B、C。编织终点做下针织下针、上针织上针的伏针收针。

●狗狗毛衣…全部取 2 根线并为 1 股编织。手指起针，背部做编织花样 D、下针编织，腹部做下针编织。背部加针时做卷针加针。腹部加针时，2 针以上时做卷针加针，1 针时在 1 针内侧编织扭针加针。减针时，2 针以上时做伏针减针，1 针时立起侧边 1 针减针。对齐★、☆标记，使用毛线缝针挑针缝合。下摆、袖口环形编织双罗纹针。编织终点做下针织下针、上针织上针的伏针收针。衣领挑取指定数量的针目，编织双罗纹针，编织终点和下摆、袖口相同。衣领开口下方 4 行使用毛线缝针挑针缝合，缝上纽扣和扣襻。

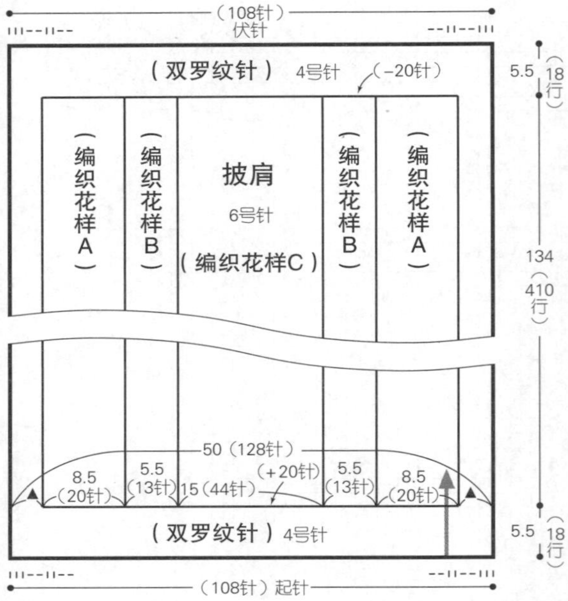

※全部都是Isager Tweed、Highland Wool各取1根合股编织 ▲=3.5（9针）

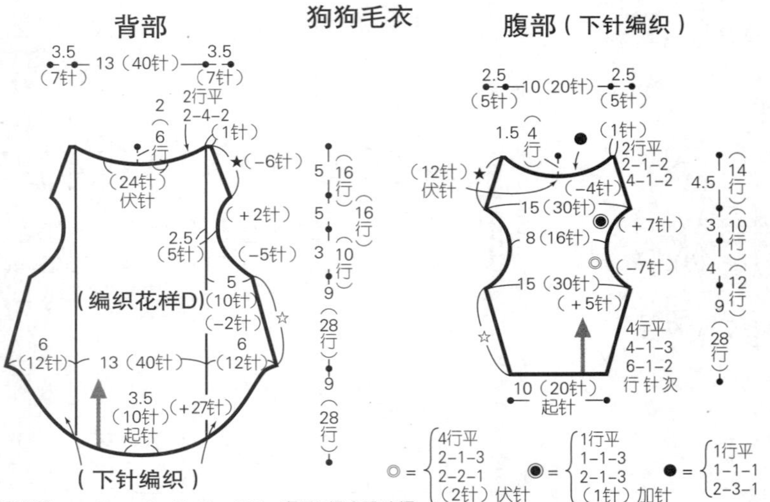

※全部都是Isager Tweed、Highland Wool各取1根合股编织

※除指定以外均用6号针编织

※背部参照图示加减针

= 扭针加针

= 左上扭针1针交叉（下侧是上针）

= 右上扭针1针交叉（下侧是上针）

披肩的编织方法

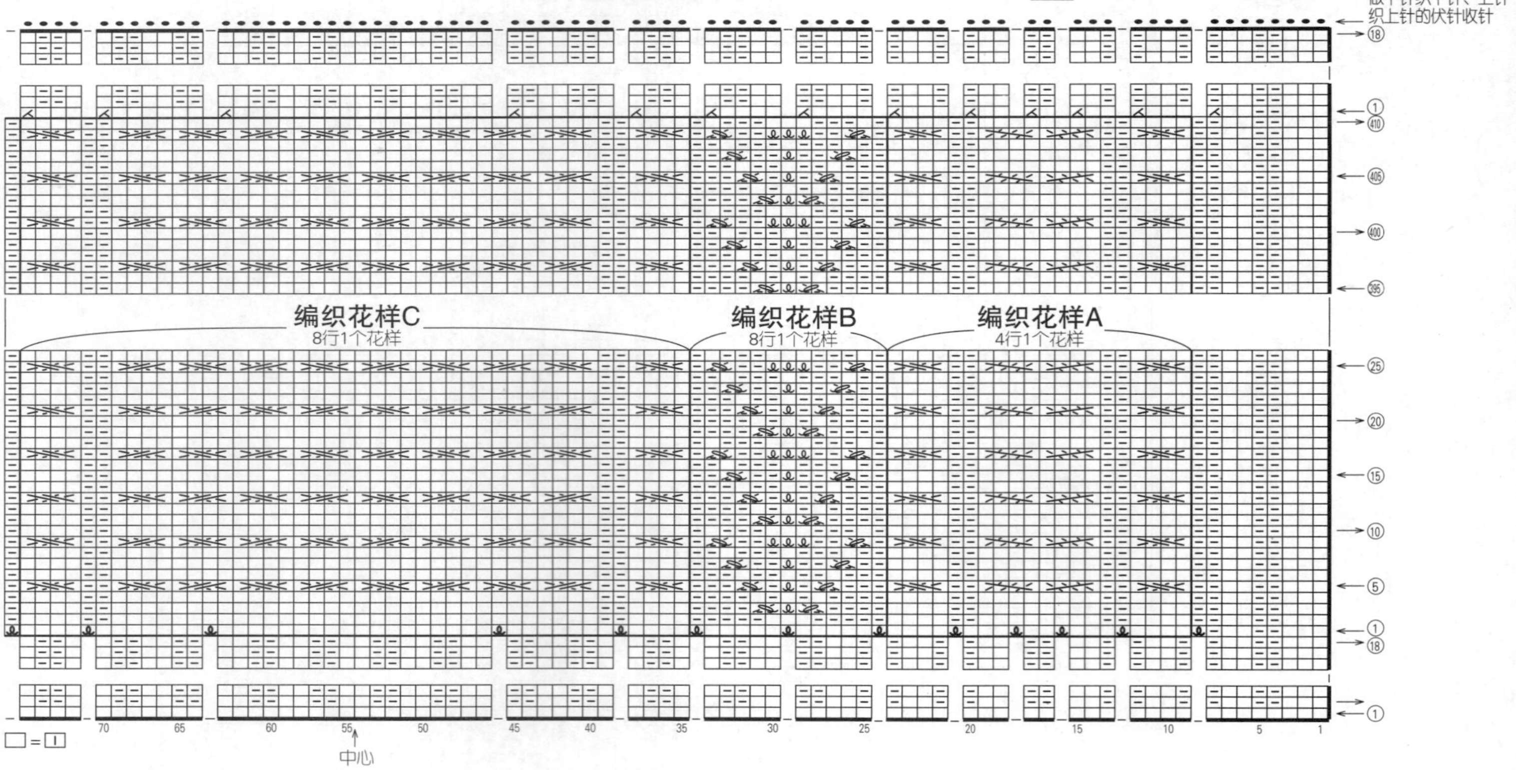

背部

编织花样D

8行1个花样

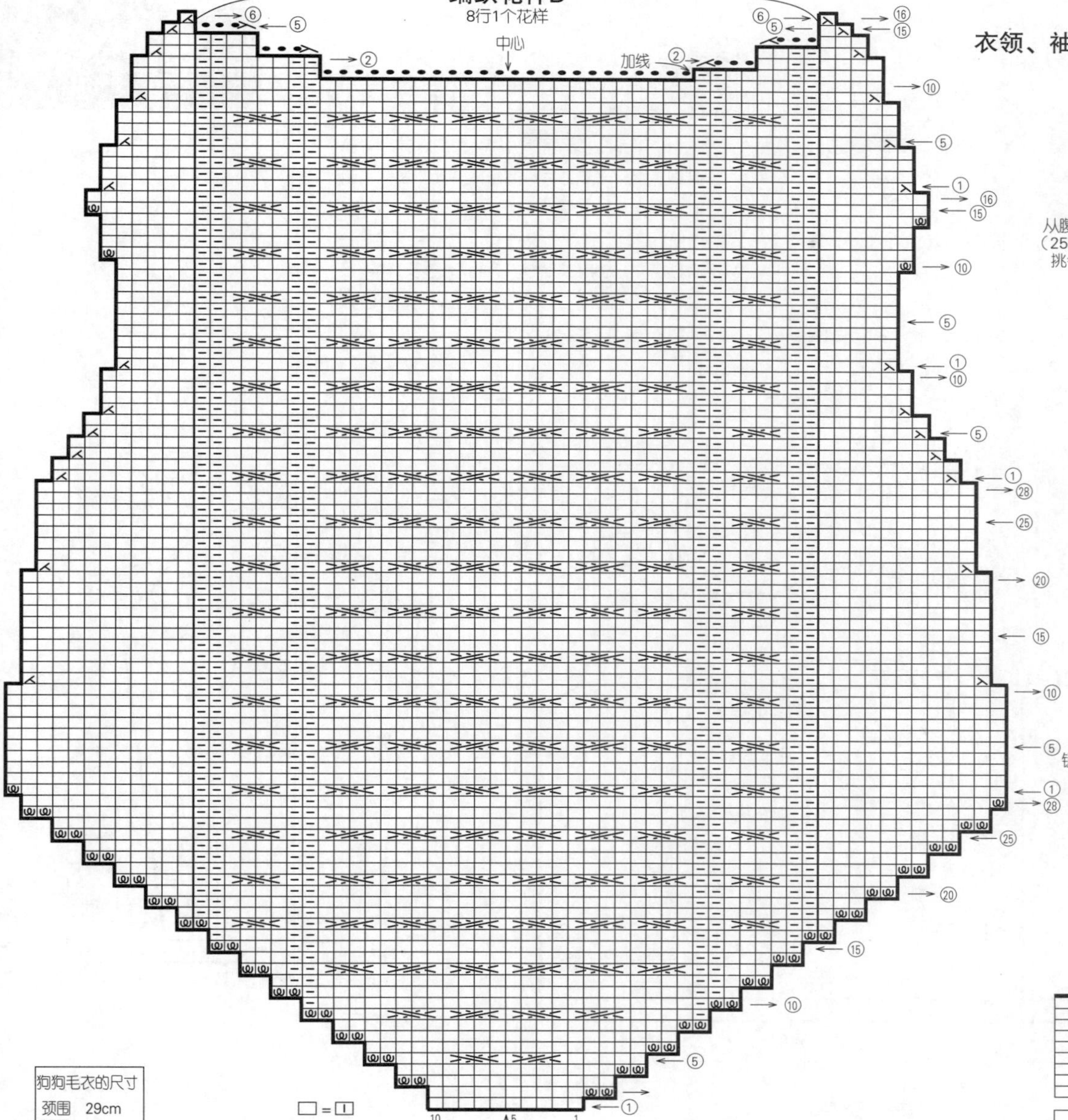

□ = Ⅰ

(卷针加针符号) = 卷针加针

※编织方法请参照第143页

狗狗毛衣的尺寸	
颈围	29cm
腰围	44cm
衣长	30cm

衣领、袖口、下摆（双罗纹针）

4号针

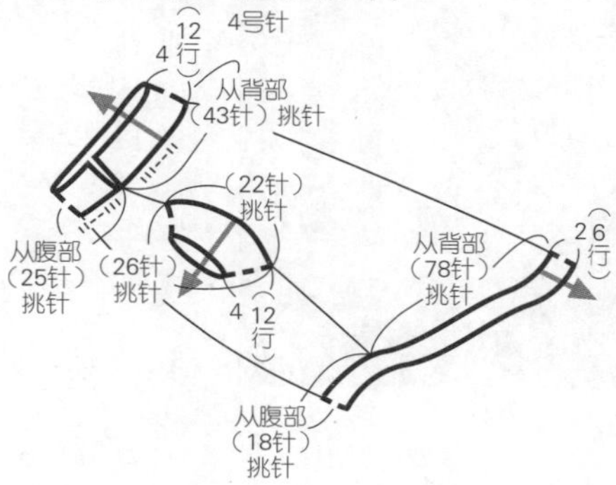

双罗纹针

□ = Ⅰ

组合方法

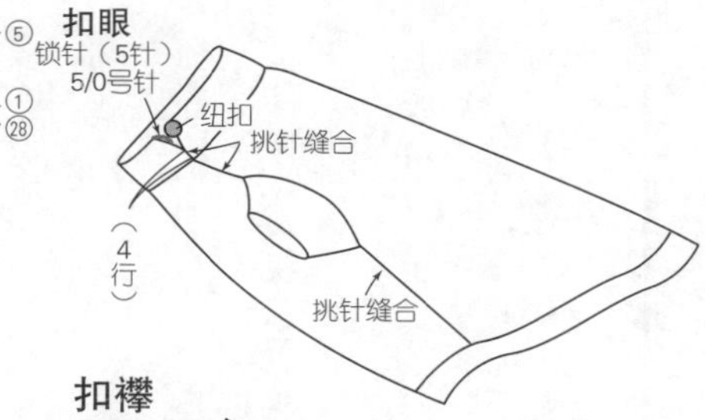

扣襻

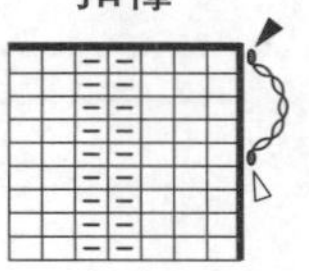

□ = Ⅰ

▷ = 加线

▶ = 剪线

左上扭针1针交叉（下侧为上针）

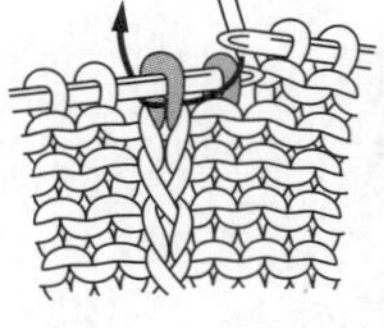

1 如箭头所示，从右侧针目的前侧将右棒针插入左棒针上的左侧针目。

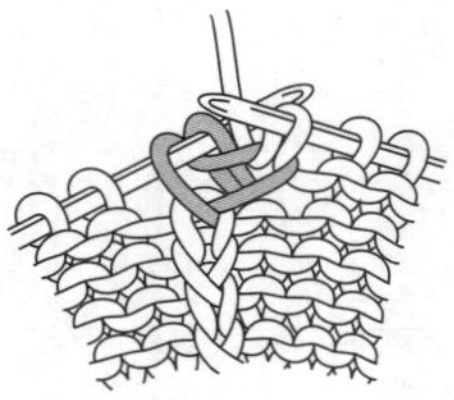

2 将针目拉至左侧针目的右侧，编织扭针。

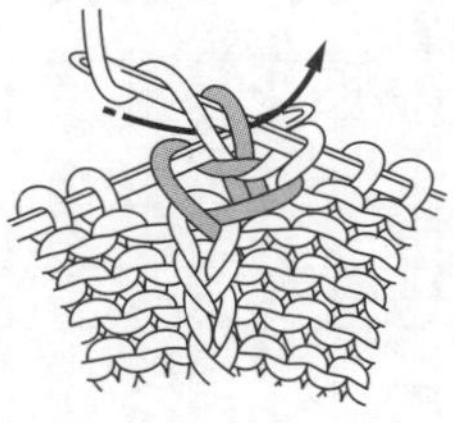

3 编织过的左侧针目保持不动，右侧针目编织上针。移下左侧针目，完成。

右上扭针1针交叉（下侧为上针）

1 如箭头所示，将右棒针从左棒针上左侧针目的后侧插入。

2 将针目拉至右侧针目的右侧，编织上针。

3 编织过的左侧针目保持不动，如箭头所示将右棒针插入右侧针目，编织扭针。移下左侧针目，完成。

材料

钻石线Dia Mohair Deux<Alpaca>白色（701）270g/7团

工具

棒针6号

成品尺寸

胸围92cm，肩宽35cm，衣长57.5cm，袖长52.5cm

编织密度

10cm×10cm面积内：编织花样A、A'、B均为27针，28行

编织要点

●身片、袖…共线锁针起针，组合做编织花样A、A'、B。减针时，2针及2针以上时做伏针减针，1针时立起侧边1针减针。加针时，在1针内侧编织扭针加针。编织花样A、A'、B由挂针和2针并1针构成，加减针时若少了其中一种，则不编织对应的另一种。

●组合…肩部做盖针接合，胁、袖下使用毛线缝针挑针缝合。衣领、下摆、袖口另线锁针起针，编织边缘编织。编织终点休针，拆开编织起点一侧的另线锁针，使用毛线缝针做下针编织无缝缝合，连接成环形。下摆、袖口使用毛线缝针做对齐针与行的缝合，使用毛线缝针做对齐针与行的缝合及挑针缝合，将衣领与身片、衣袖连接在一起。使用钩针将衣袖引拔接合到身片上。

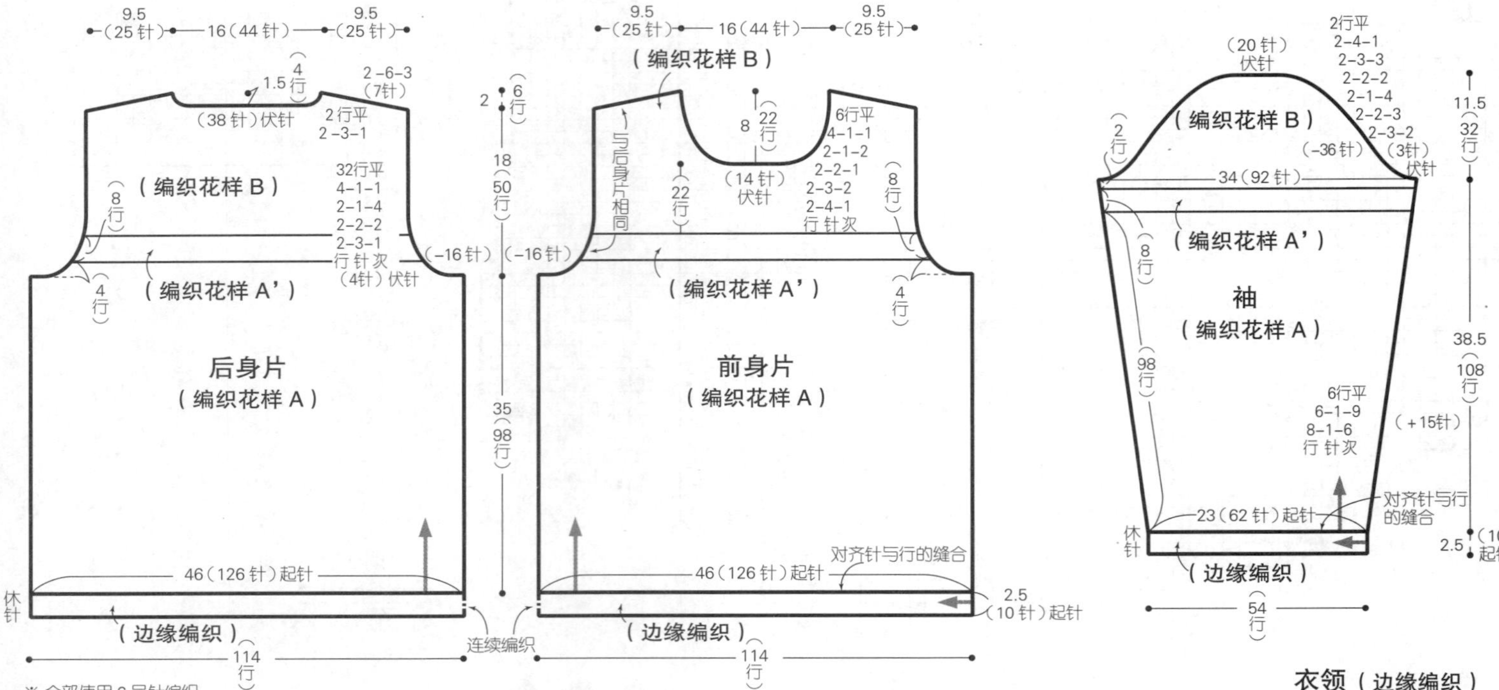

※ 全部使用6号针编织

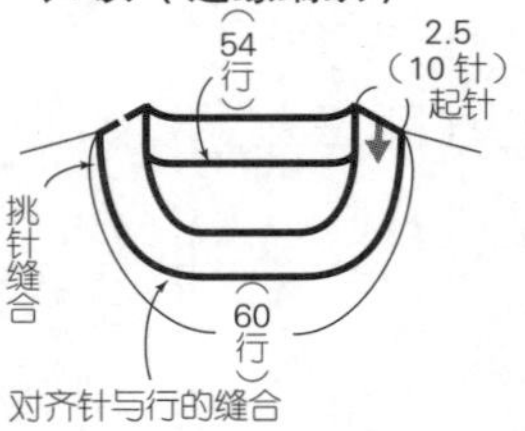

编织花样A

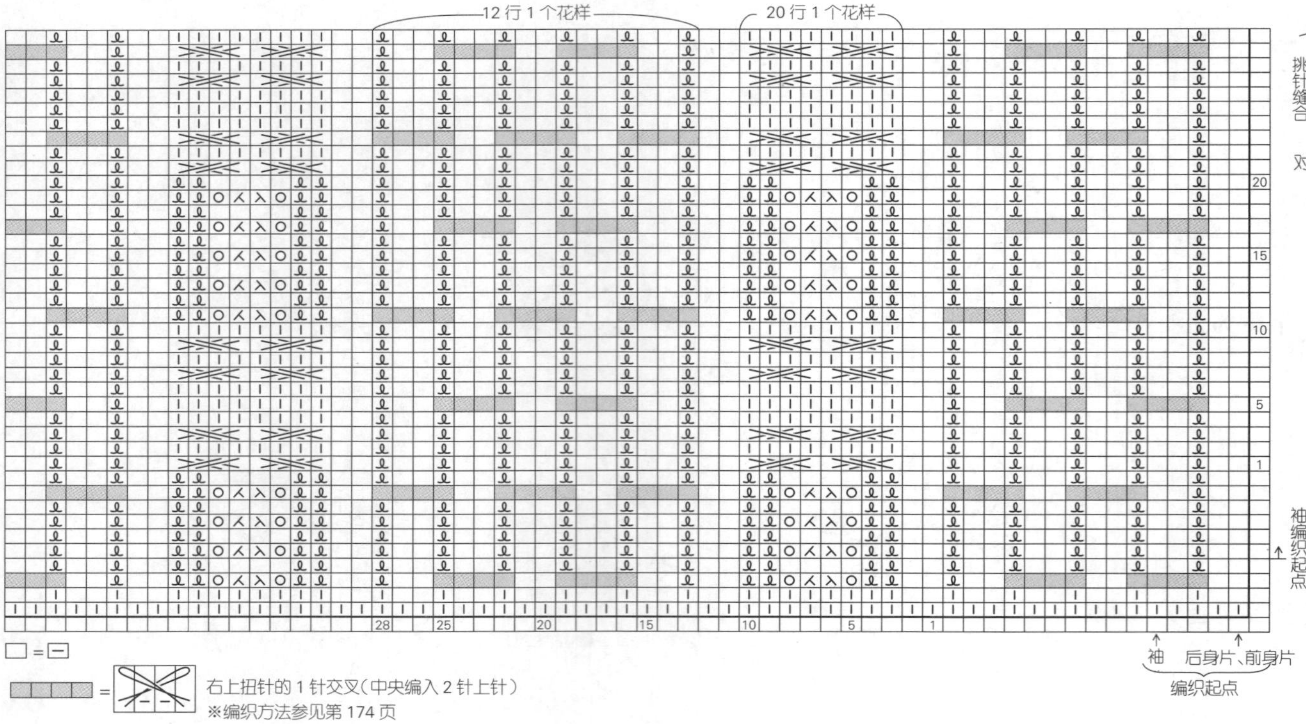

□ = ⊟

右上扭针的1针交叉（中央编入2针上针）
※编织方法参见第174页

边缘编织

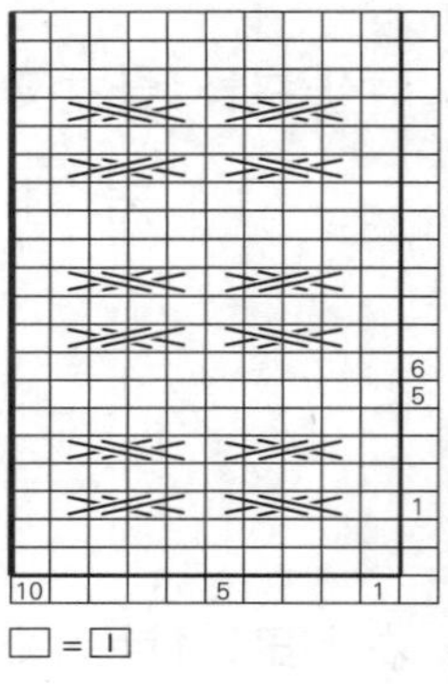

□ = ⊡

袖窿和前领窝的编织方法

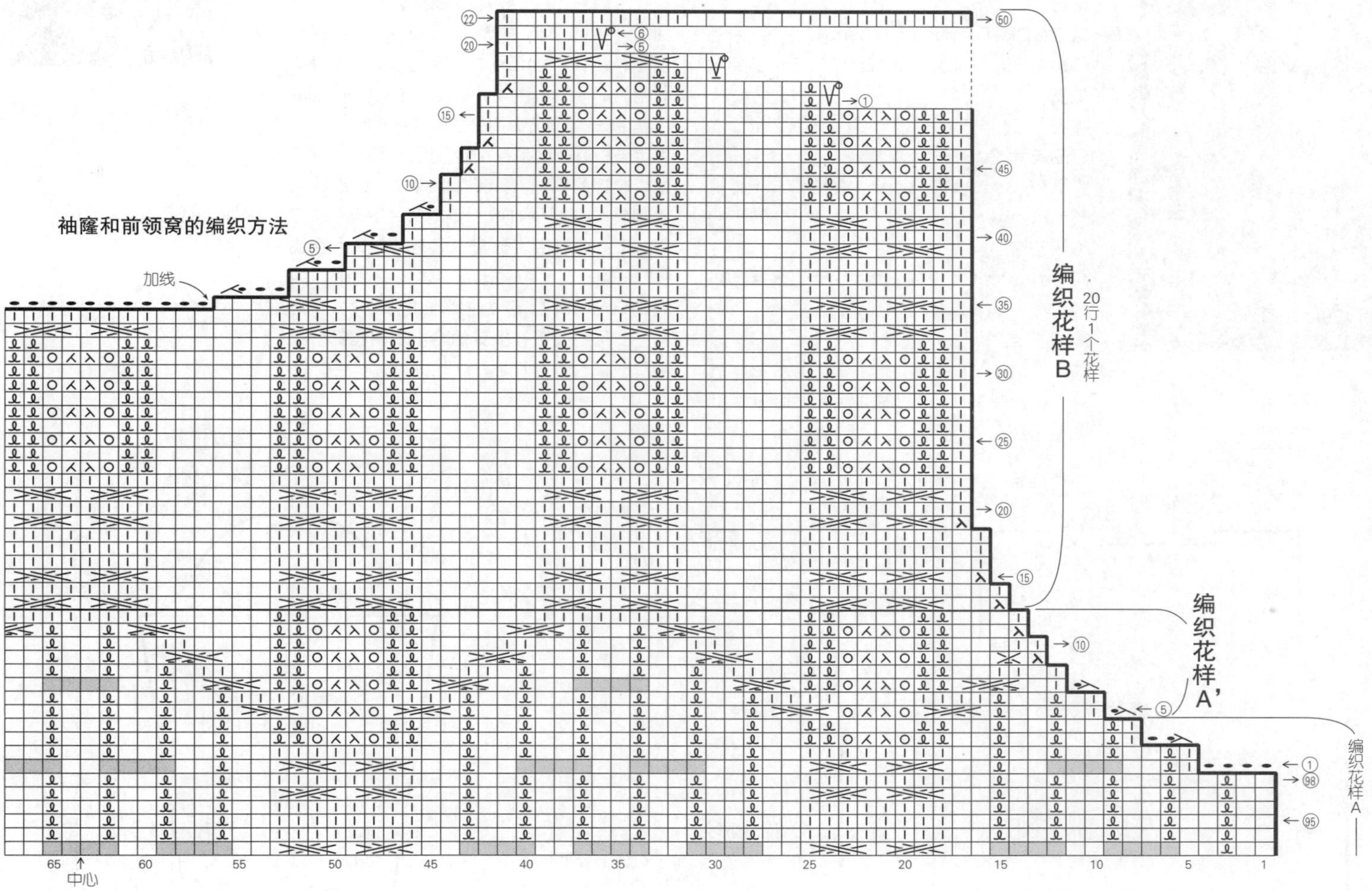

□ = ⊟ ※ 以中心为轴对称编织

袖的编织方法

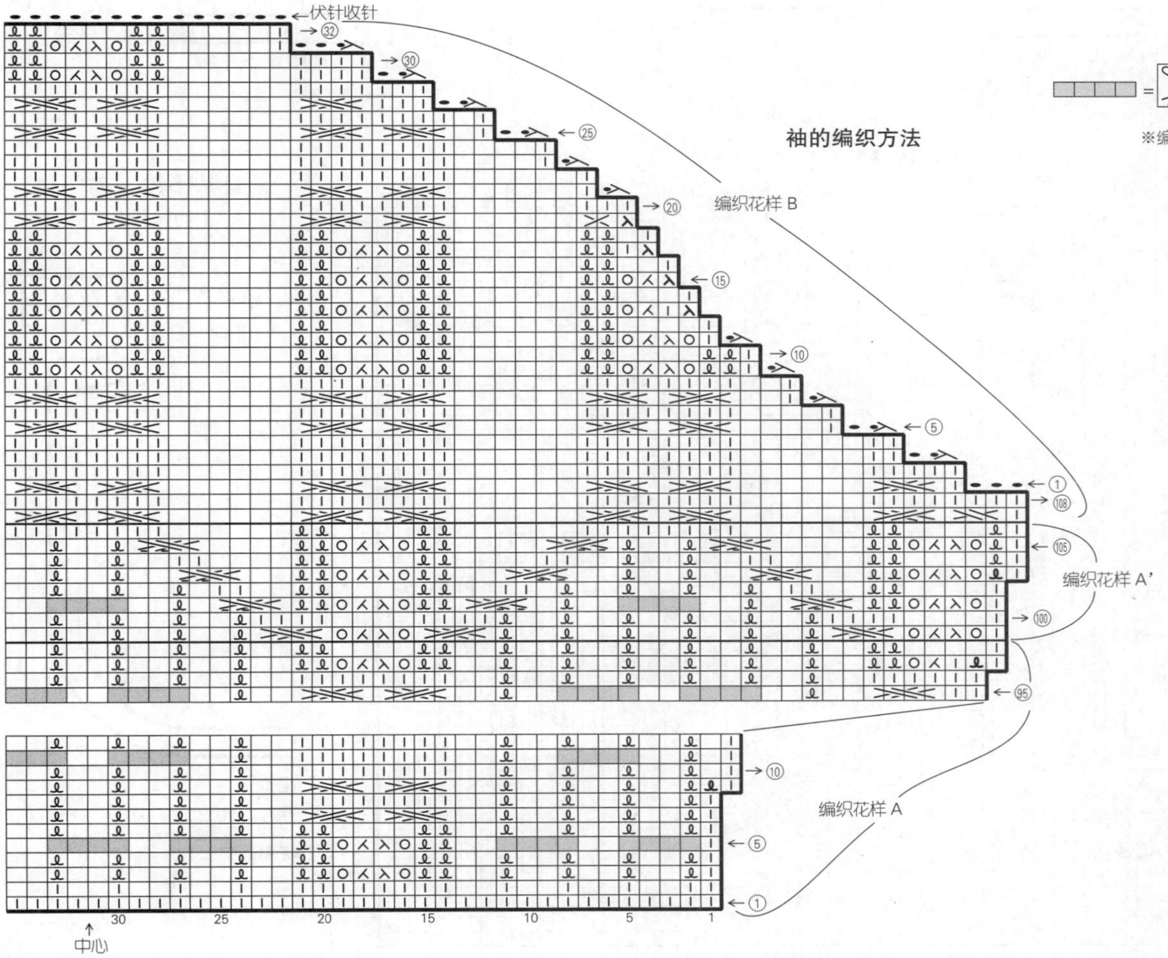

▭▭▭▭ = 右上扭针的 1 针交叉（中央编入 2 针上针）

※编织方法参见第 174 页

□ = ⊟ ※ 以中心为轴对称编织 ⓠ = 扭针加针

材料

钻石线Dia Tasmanian Merino<Lame>米色（602）350g/9团；直径12mm的纽扣3颗

工具

棒针6号、4号

成品尺寸

胸围95.5cm，肩宽36cm，衣长47.5cm，袖长50.5cm

编织密度

10cm×10cm面积内：编织花样28针，34行

编织要点

●身片、袖…另线锁针起针，按编织花样编织。身片减针时，2针及2针以上时做伏针减针，1针时立起侧边1针减针。前身片下摆的加针参见图示，袖下加针时，在1针内侧编织扭针加针。袖山的减针参见图示。编织花样由挂针和2针并1针构成，加减针时若少了其中一种，则不编织对应的另一种。

●组合…肩部做盖针接合。拆开后身片下摆、袖口起针的锁针，编织边缘编织。编织终点做扭针的单罗纹针收针。前身片下摆、前门襟、衣领挑取指定数量的针目，编织边缘编织。在右前门襟的指定位置编织扣眼。编织终点与后身片下摆的处理方法相同。胁、袖下使用毛线缝针挑针缝合。使用钩针将衣袖引拔接合到身片上。钉上纽扣后即完成。

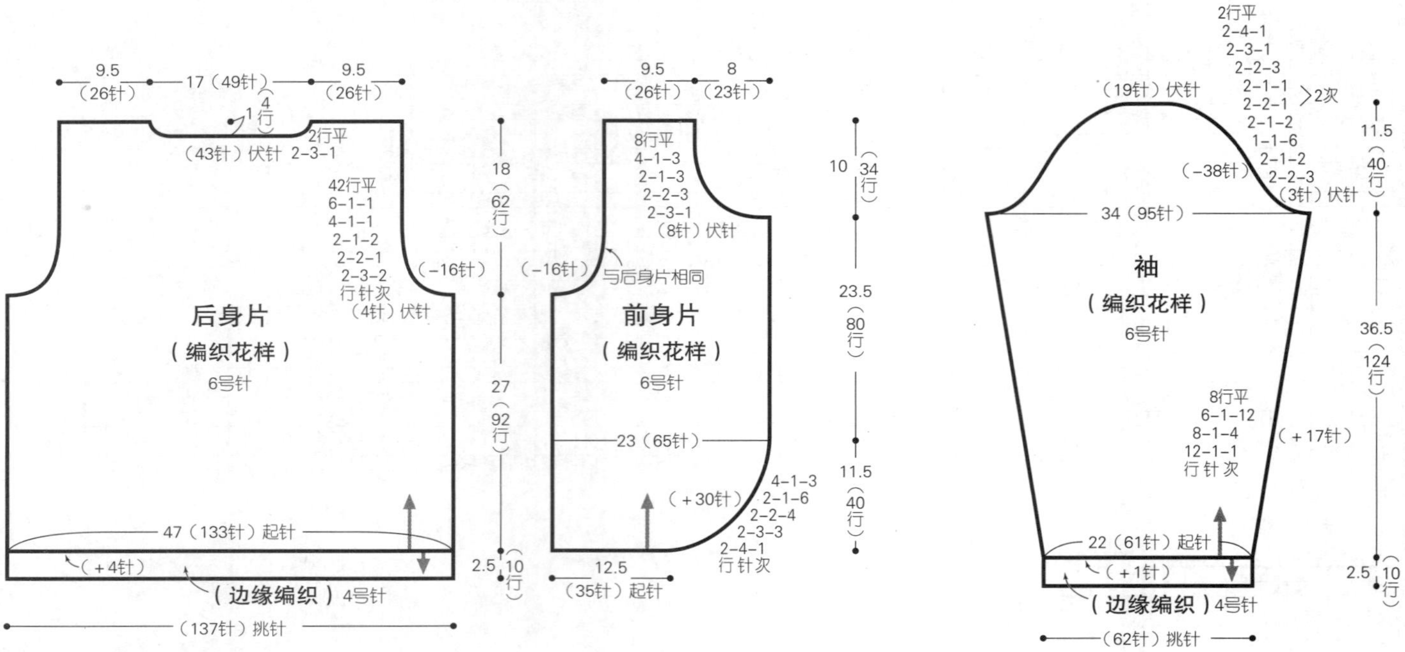

※扭针的单罗纹针收针的方法参见第130页

编织花样

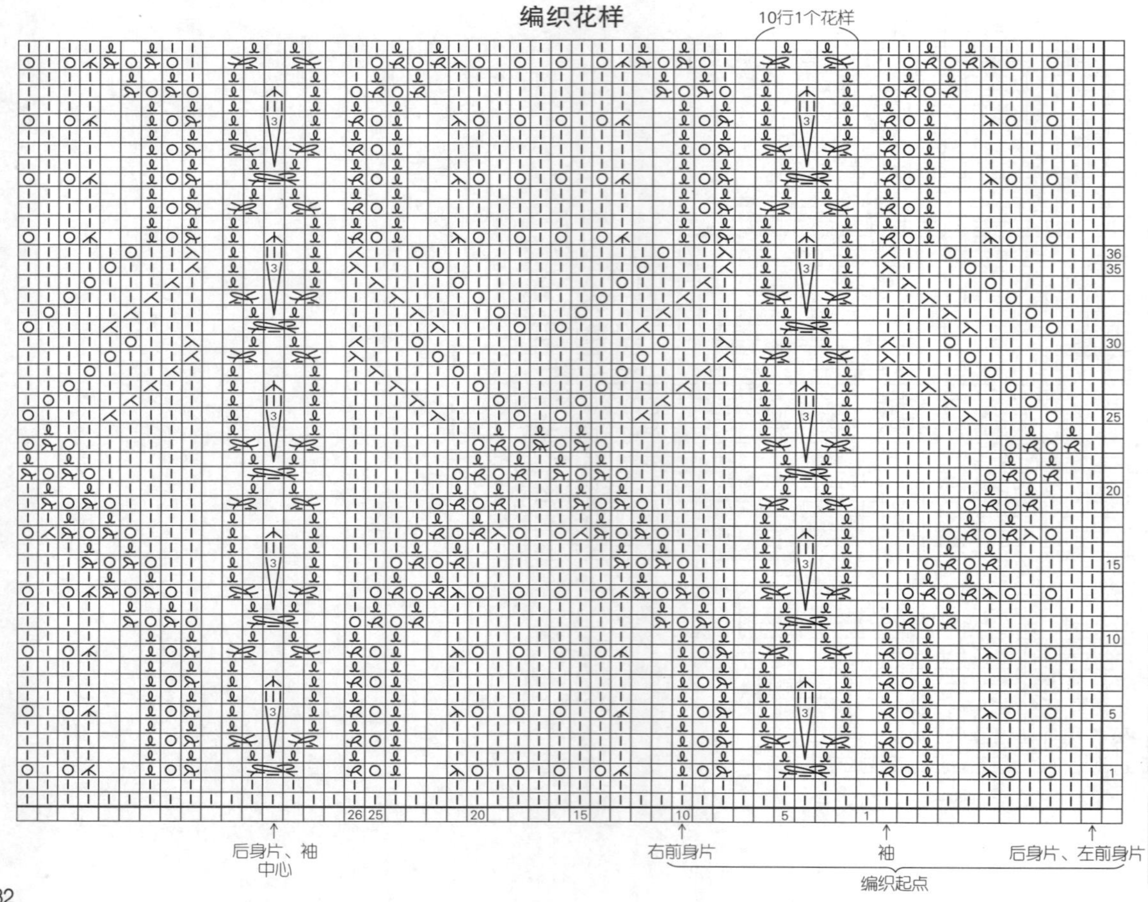

前身片下摆、前门襟、衣领

（边缘编织）4号针

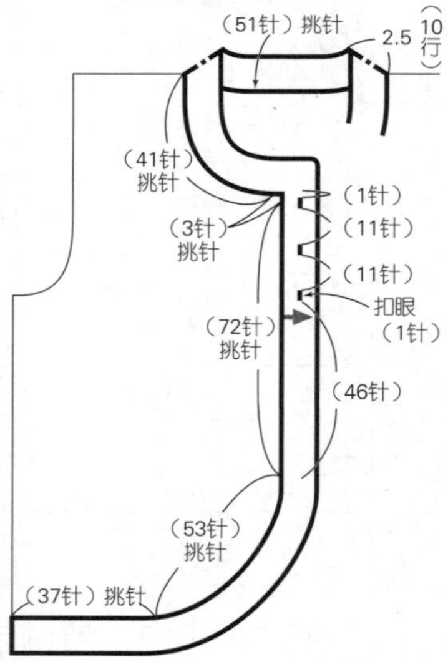

□ = ⊟

= 右上扭针的1针交叉（中央编入1针上针） ※ 编织方法参见第174页

= 扭针的左上2针并1针

= 扭针的右上2针并1针

= 扭针的右上3针并1针

= 下滑3行的小球球

※ 编织方法参见第189页

右前身片下摆的编织方法

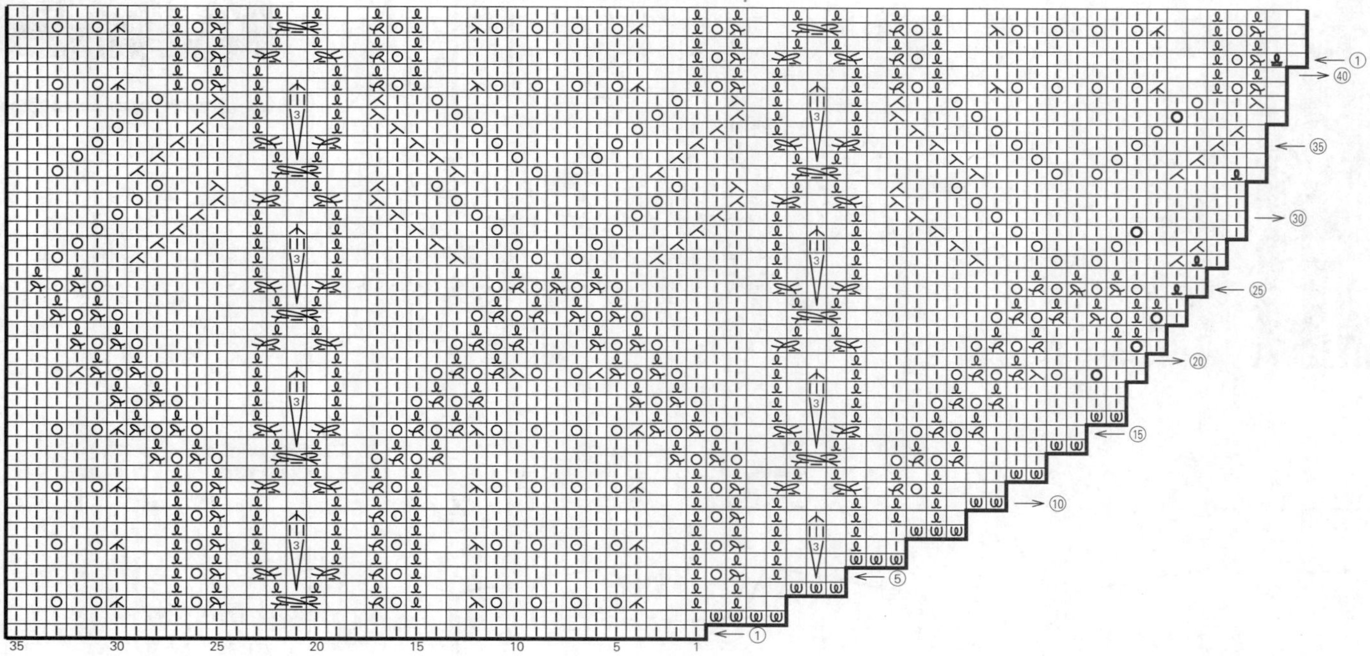

袖山的编织方法

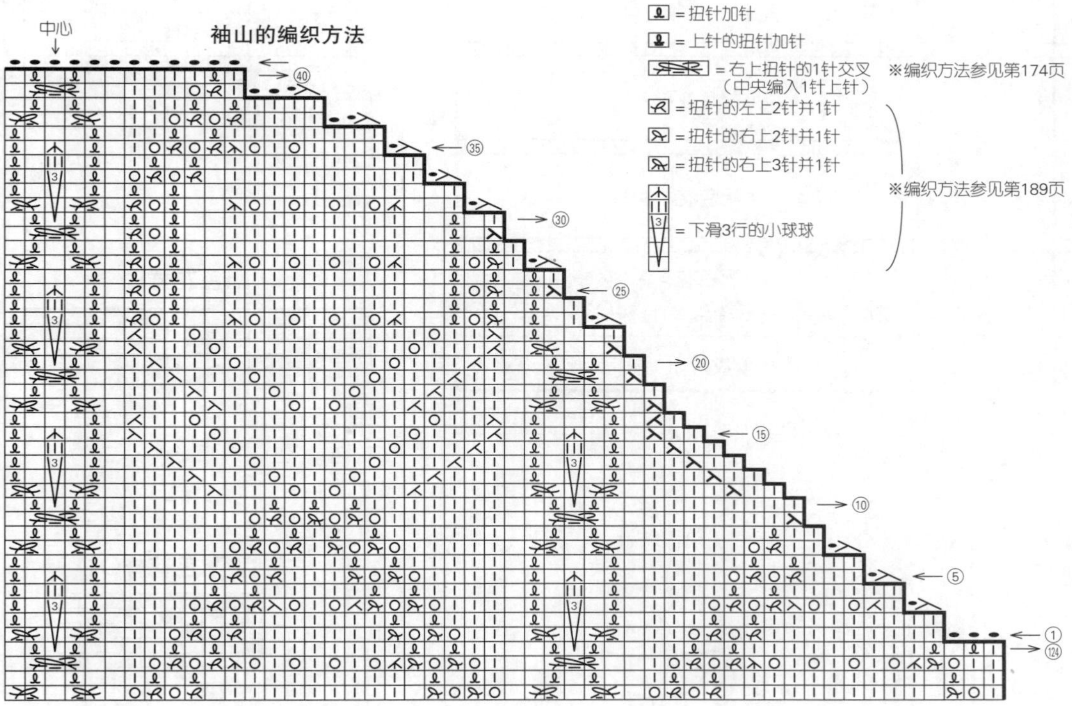

□ = ⊟
= 扭针加针
= 上针的扭针加针
= 右上扭针的1针交叉（中央编入1针上针） ※编织方法参见第174页
= 扭针的左上2针并1针
= 扭针的右上2针并1针
= 扭针的右上3针并1针
= 下滑3行的小球球
※编织方法参见第189页

边缘编织

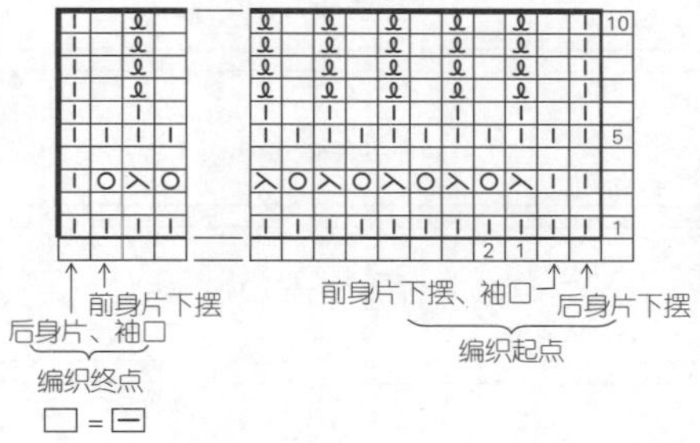

扣眼和转角的编织方法（右前门襟）

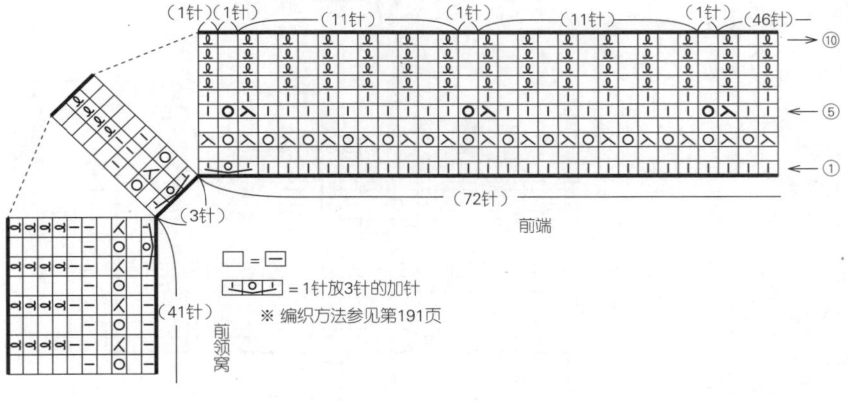

□ = ⊟
= 1针放3针的加针
※ 编织方法参见第191页

材料

MONDO FIL Stipe红色(71) 220g，米色(59) 190g，深棕色(44) 65g

工具

棒针7号、6号、5号、4号

成品尺寸

胸围98cm，衣长58cm，连肩袖长70.5cm

编织密度

10cm×10cm面积内：配色花样A、B、C均为24针，26行；下针编织24针，30行

编织要点

●身片、袖…单罗纹针起针，编织单罗纹针。随后组合编织配色花样A、B、C和下针编织。配色花样采用横向渡线的方法编织。减针时，2针及2针以上时做伏针减针，1针时立起侧边1针减针。袖下加针时，在1针内侧编织扭针加针。

●组合…肩部做盖针接合，肋、袖下使用毛线缝针挑针缝合。衣领挑取指定数量的针目，环形编织单罗纹针。编织18行后，变换针号，参照图示做往返编织。编织终点做单罗纹针收针。使用钩针将衣袖引拔接合到身片上。

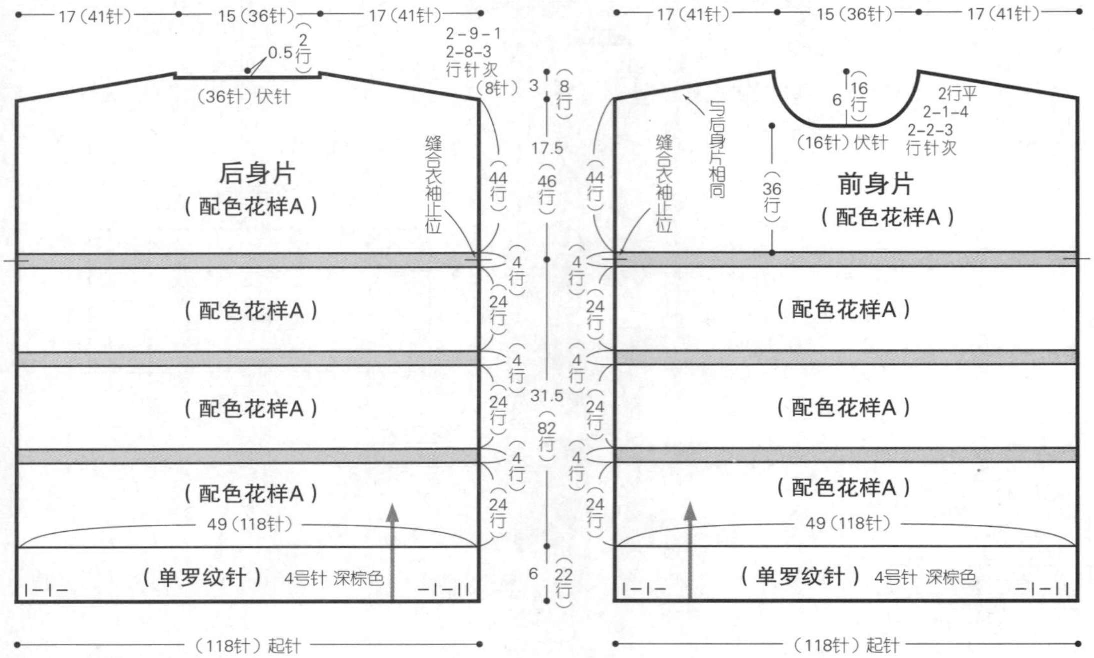

※ 除指定以外均用7号针编织

▭ =(配色花样B)

※ 单罗纹针的起针参见第203页

※ 配色花样横向渡线的编织方法参见第126页

配色花样A

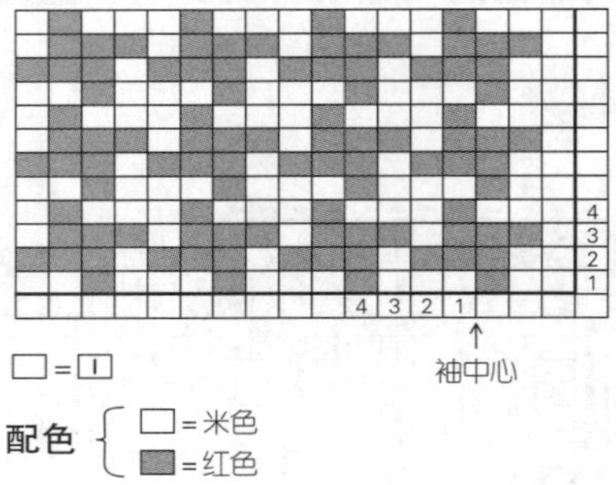

配色花样B

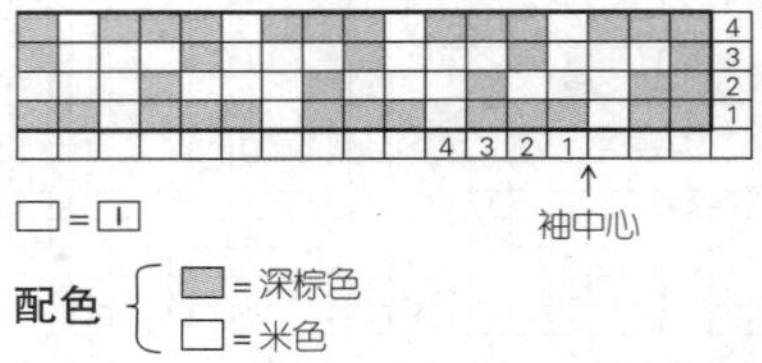

衣领
(单罗纹针)

红色 参照图示

调整编织密度

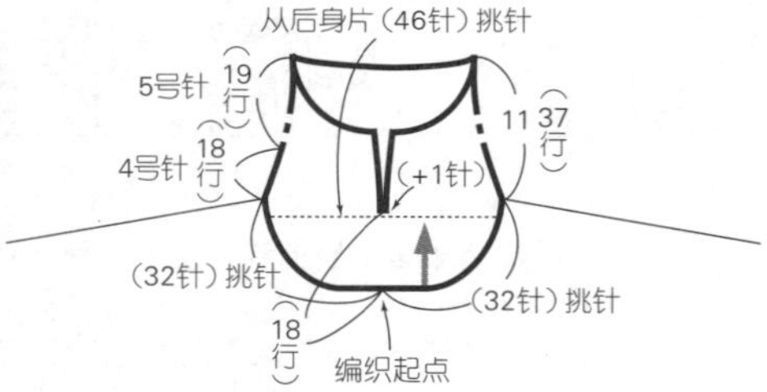

配色花样C

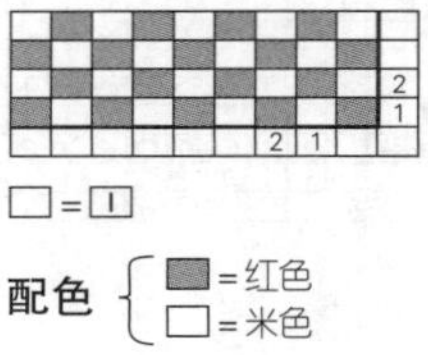

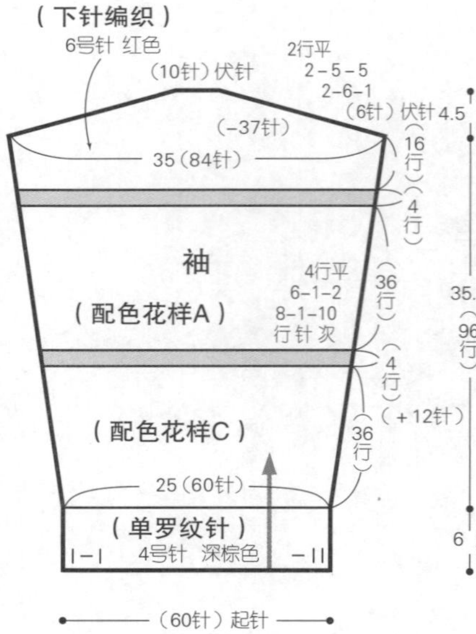

衣领的编织方法

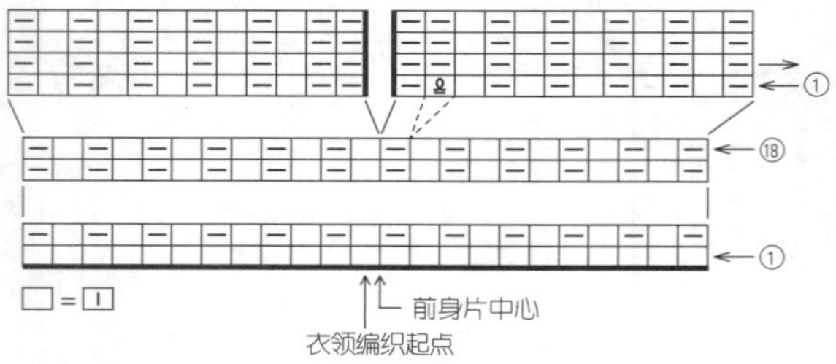

单罗纹针

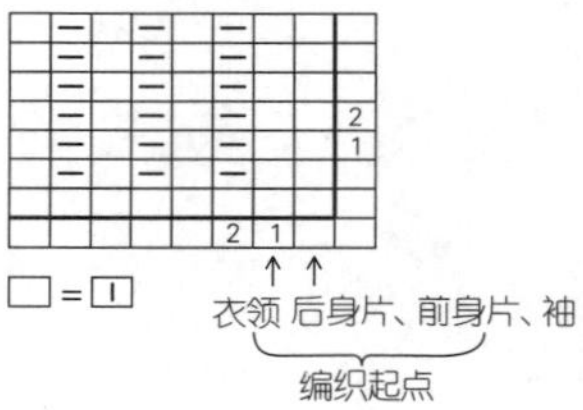

材料

钻石线Dia Alpaca Due浅灰色(6601) 425g/15团

工具

棒针8号、6号、7号、9号

成品尺寸

胸围100cm，肩宽43cm，衣长57cm，袖长49cm

编织密度

10cm×10cm面积内：下针编织20针，28行；编织花样B 27针，28行；编织花样A 1个花样20针为7cm，28行为10cm

编织要点

●身片、衣领、袖…身片另线锁针起针，后身片做下针编织，前身片组合做下针编织和编织花样A、B。开衩止位处参照编织图编织。领窝处减针时，2针及2针以上时做伏针减针，1针时立起侧边1针减针。肩部做盖针接合，在肩前部编织花样A部分的两处编织2针并1针减为20针。衣领挑取指定数量的针目，编织扭针的双罗纹针，从第11行开始向上，在上针的部分编织扭针。编织终点将扭针的部分扭转后做双罗纹针收针。衣袖从身片上挑取针目，与前身片使用同样的方法编织，减针时，立起侧边2针减针。随后编织袖口，编织终点做扭针的双罗纹针收针。

●组合…胁、袖下使用毛线缝针挑针缝合。对齐标记之间使用毛线缝针做对齐针与行的缝合。拆开下摆起针的锁针挑取针目，编织扭针的双罗纹针。开衩部分挑取指定数量的针目，与下摆使用同样的方法编织。编织终点均与袖口的处理方法相同。开衩的边与身片之间使用毛线缝针做对齐针与行的缝合。

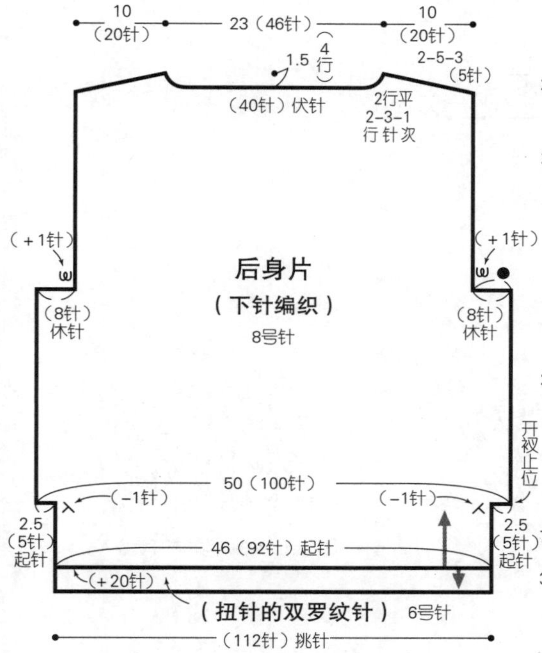

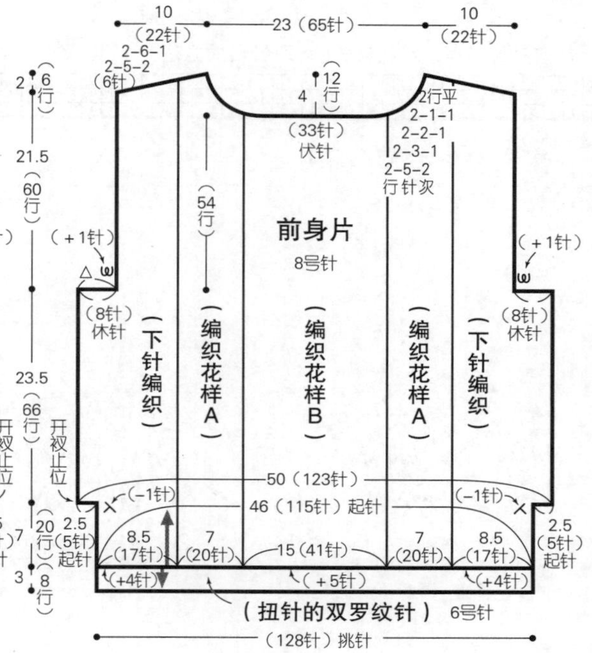

开衩止位部分的加针

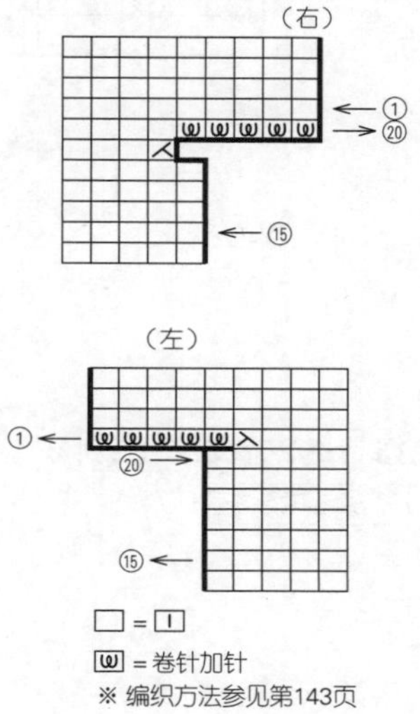

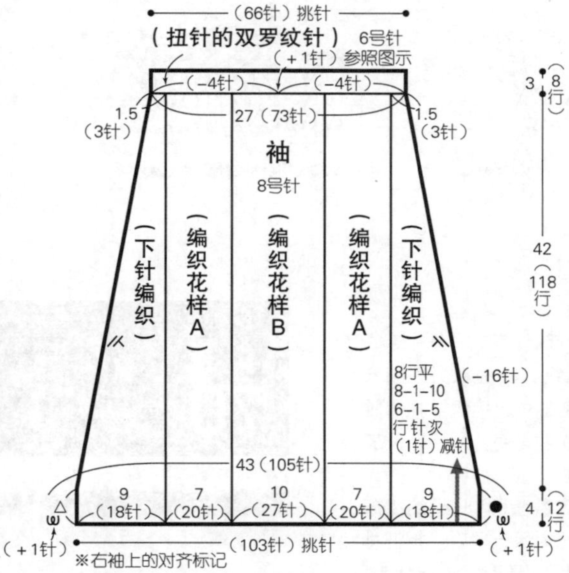

编织花样A

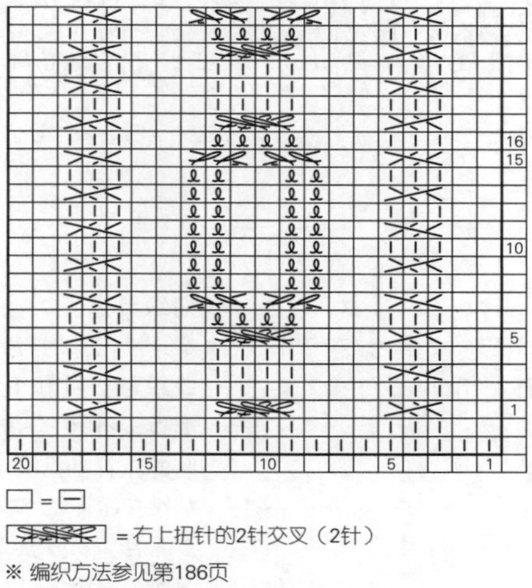

衣领

(扭针的双罗纹针) 参照图示

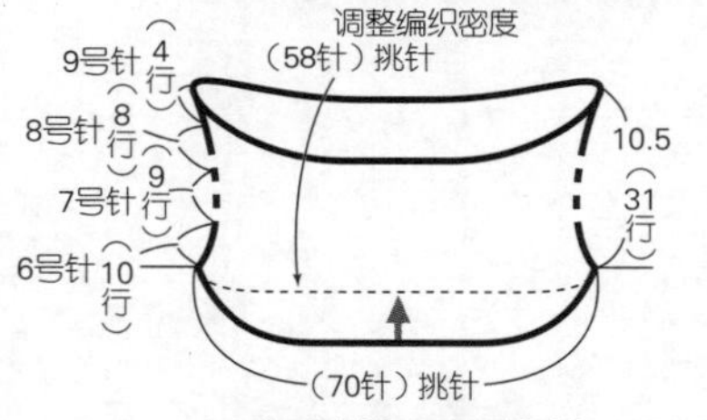

扭针的双罗纹针

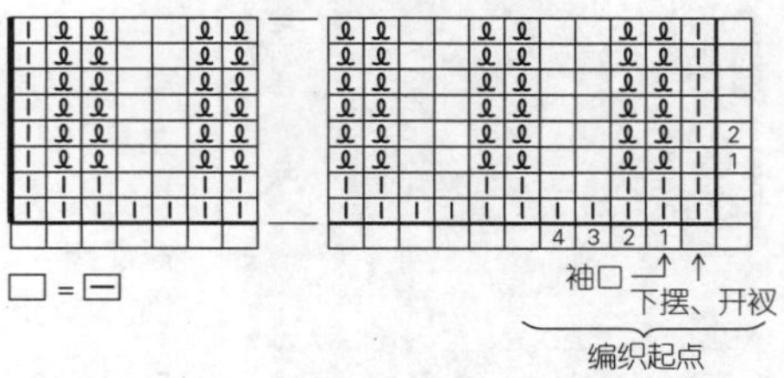

袖口的针目的挑取方法

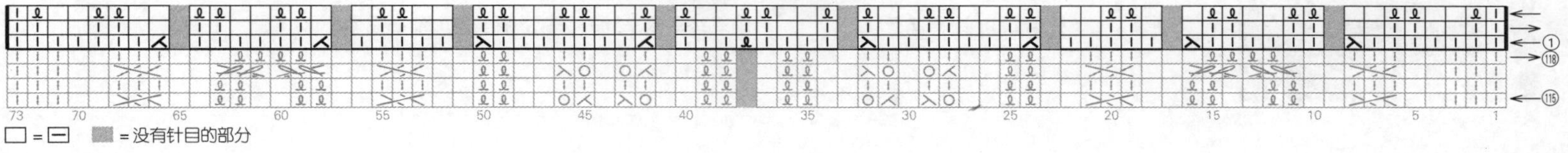

编织花样B

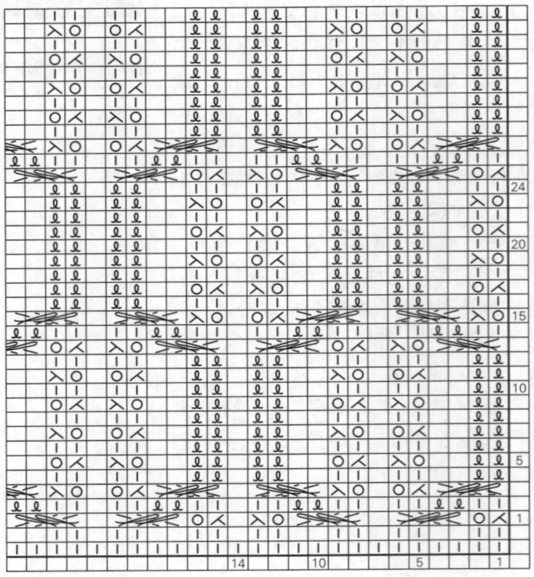

□ = ⊟

扭针的双罗纹针（衣领）

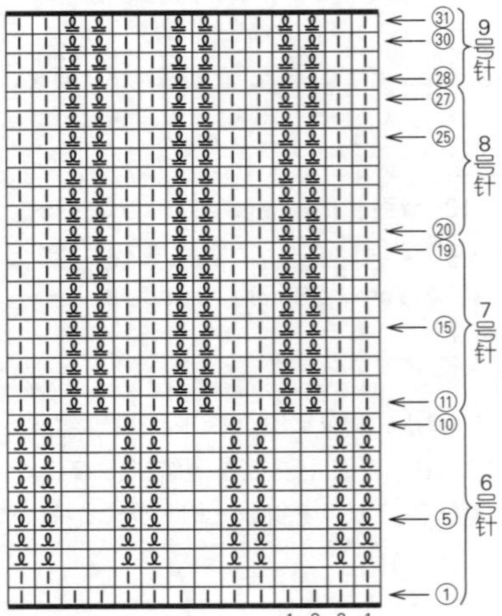

□ = ⊟

= 上针的扭针

开衩
（扭针的双罗纹针）

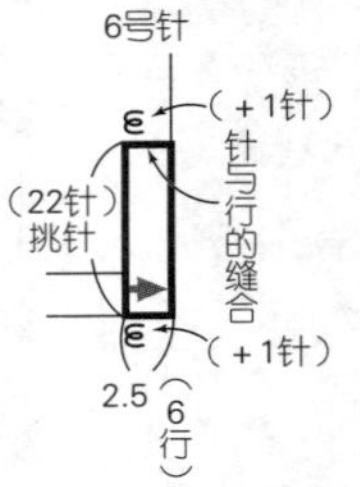

※衣领部分编织完成后使用8号针将上针部分扭一下，不编织直接移动针目，做双罗纹针收针

从前身片下摆编织花样B上挑取针目的方法

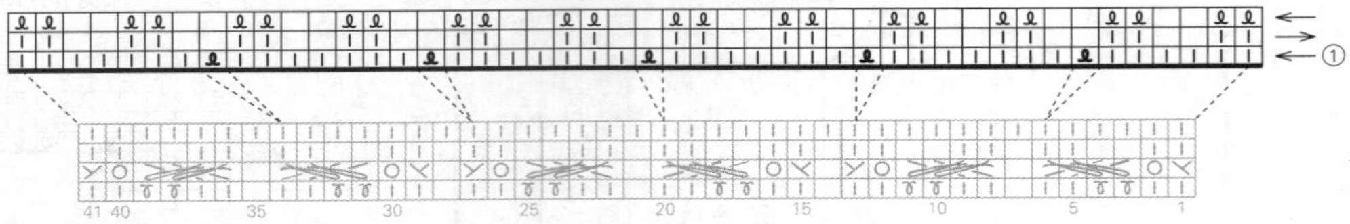

□ = ⊟

= 扭针加针

右上扭针的2针交叉（2针）

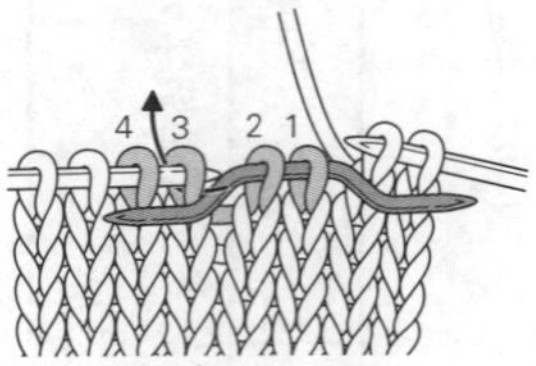

1 将右侧的2针移至麻花针上，留在织片前侧。按照箭头的方向将右棒针插入针目3中。

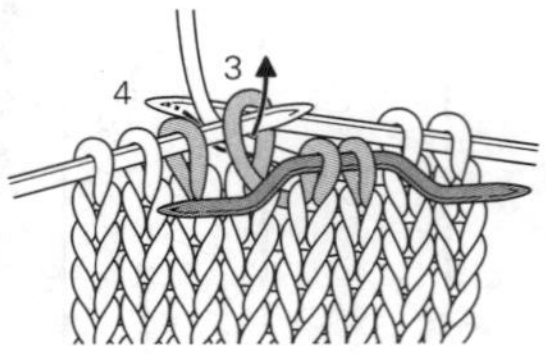

2 编织扭针。针目4也使用同样的方法编织。

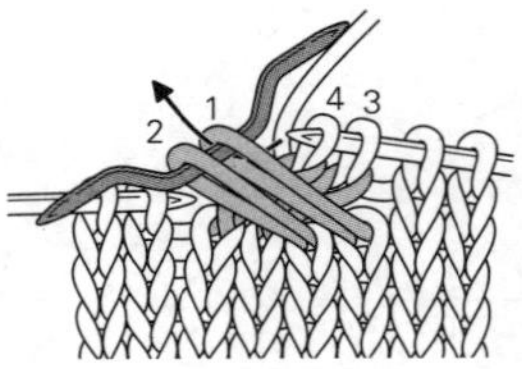

3 按照箭头的方向将右棒针插入针目1中。

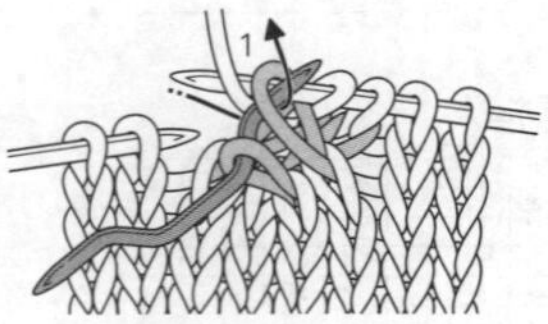

4 编织扭针。

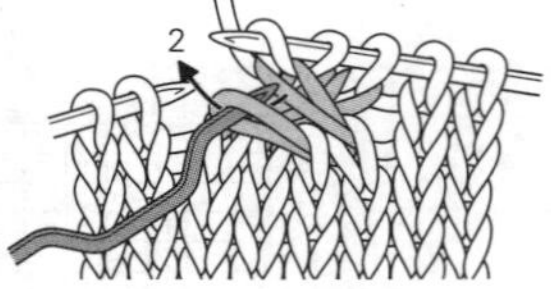

5 按照箭头的方向将右棒针再插入针目2中，编织扭针。

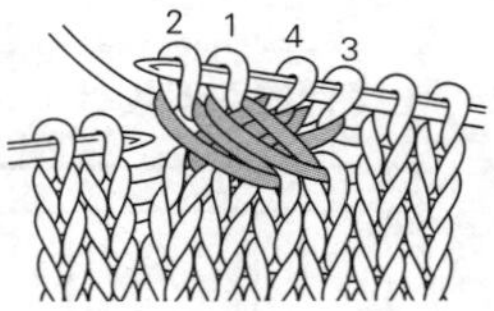

6 右上扭针的2针交叉（2针）完成。

材料

K’s K Premium Cashmere黑色、灰色系段染（1）215g/1团；直径18mm的纽扣2颗

工具

棒针12号、11号

成品尺寸

胸围94cm，衣长37cm，连肩袖长32.5cm

编织密度

10cm×10cm面积内：起伏针19针，27行（12号针）；下针编织18针，27行

编织要点

●身片、袖…身片手指起针，前、后身片连续编织起伏针和下针编织。衣袖从另线锁针上挑取针目，与衣袖连在一起编织。插肩袖窿的减针参见图示。在右前身片的指定位置编织扣眼。

●组合…衣领挑取指定数量的针目，编织起伏针。编织终点从反面做伏针收针。拆开袖口起针的锁针，挑取针目，环形编织起伏针。编织终点做上针的伏针收针。钉上纽扣后即完成。

70 页的作品 ★★

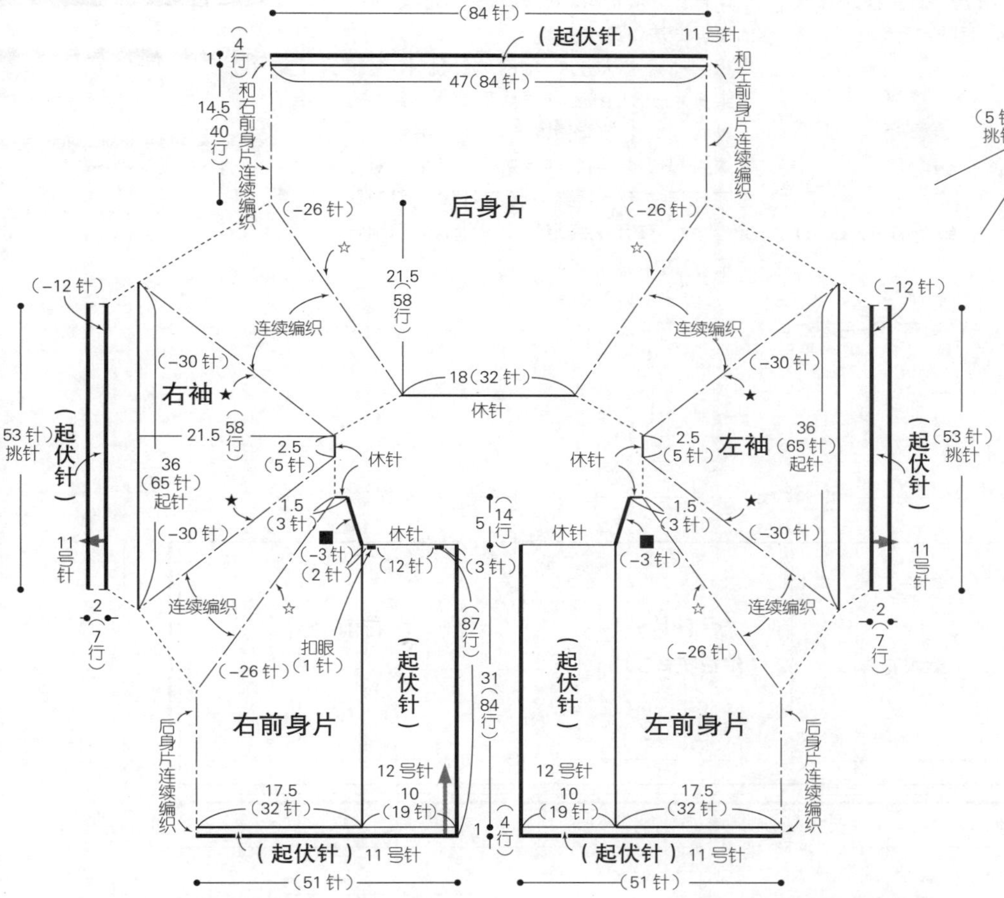

※ 除指定以外均用12号针做下针编织

※ 身片起针是前、后连续（186针）起针

※插肩袖窿和衣领的减针参照图示

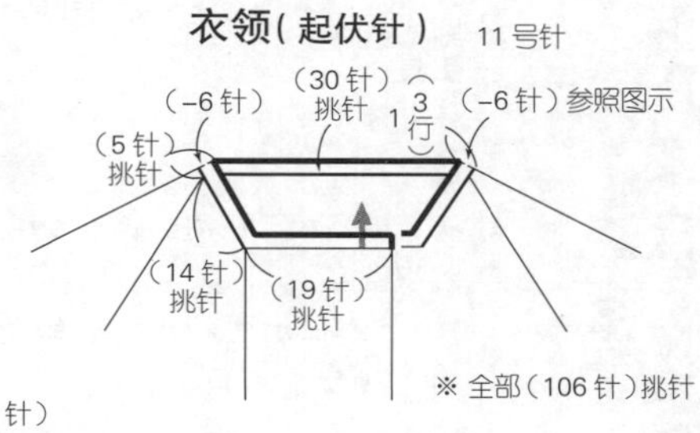

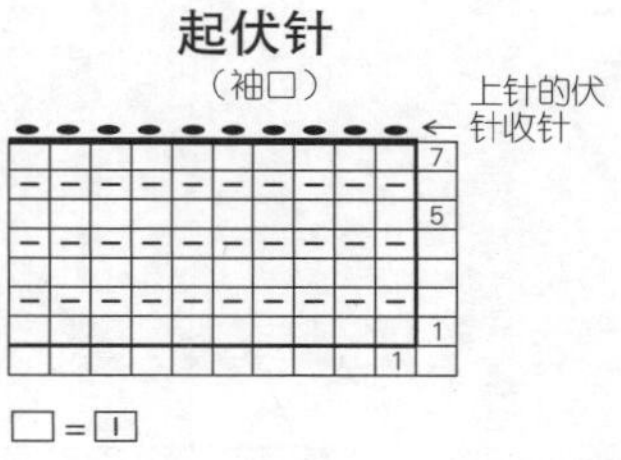

■ { 4行平 / 4-1-2 / 2-1-1

★ { 2行平 / 1-1-2 / 2-1-13 } 2次

☆ { 2行平 / 2-1-24 / 4-1-2 / 行针次

插肩袖窿、衣领的减针

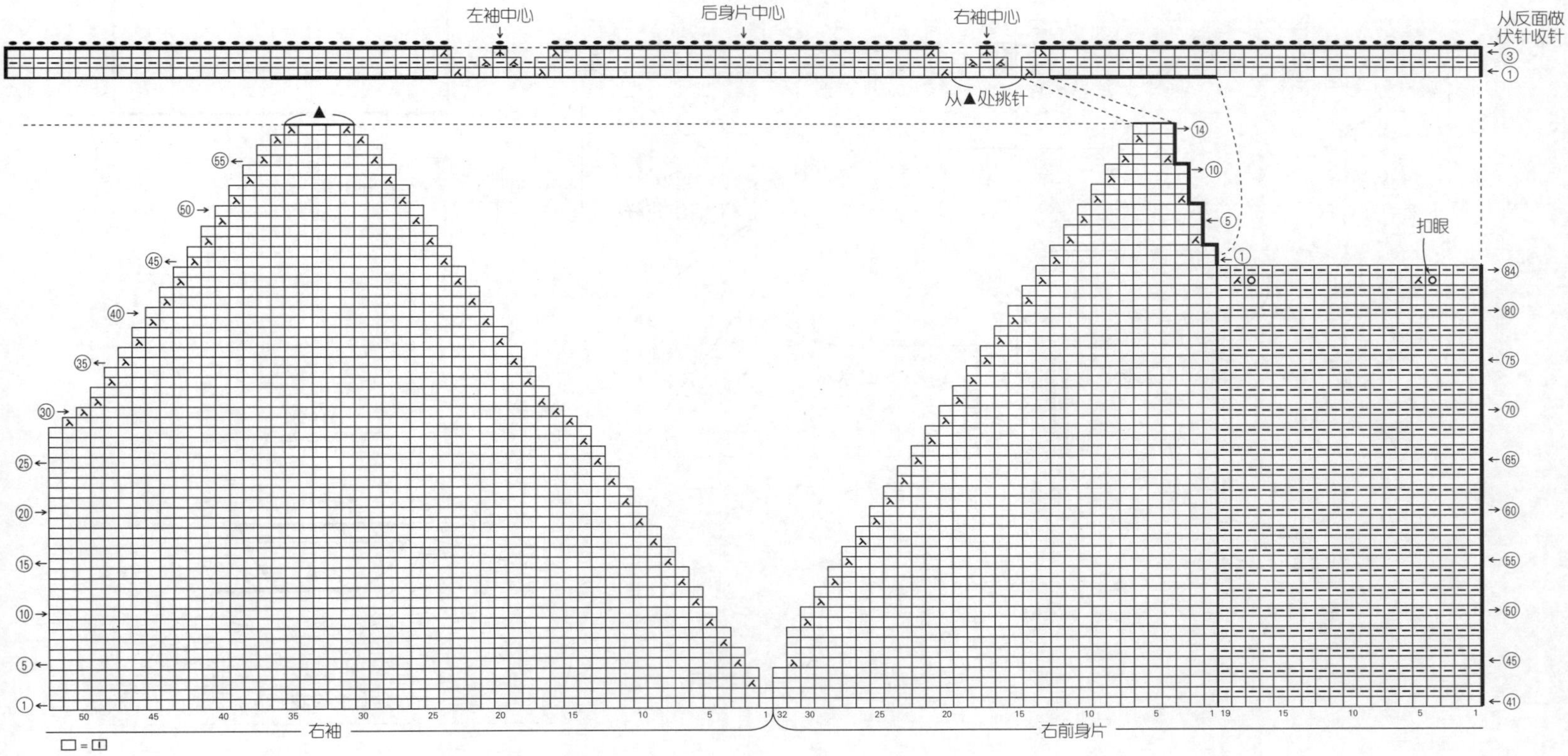

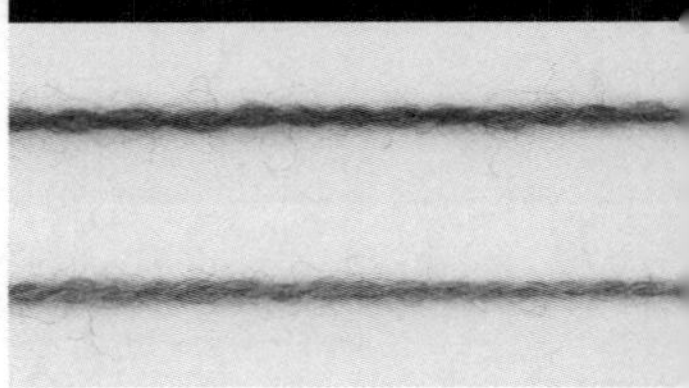

材料

Isager Highland Wool（Sky）200g/4 团；Alpaca 2 灰色（7s）200g/4 桄；直径 55mm 的纽扣 1 颗；长 2.5cm 的别针 1 个

工具

棒针 6 号

成品尺寸

衣长 47.5cm，连肩袖长 60cm

编织密度

10cm×10cm 面积内：编织花样 B、C、D 均为 20 针，30 行

编织要点

●身片、袖…身片手指起针，按照图示布局编织花样 A、起伏针和编织花样 B、C。第 80 行一边做伏针一边编织，剩余的休针。袖和身片起针方法相同，做编织花样 D。最终行的处理方法和身片相同。

●组合…育克从身片、袖的休针挑针，继续编织身片部分的编织花样。插肩线参照图示减针编织。前领窝做减针的往返编织。衣领编织起伏针，编织终点做伏针收针。对齐相同标记使用毛线缝针做下针编织的无缝缝合，袖下使用毛线缝针挑针缝合。用别针固定好纽扣。

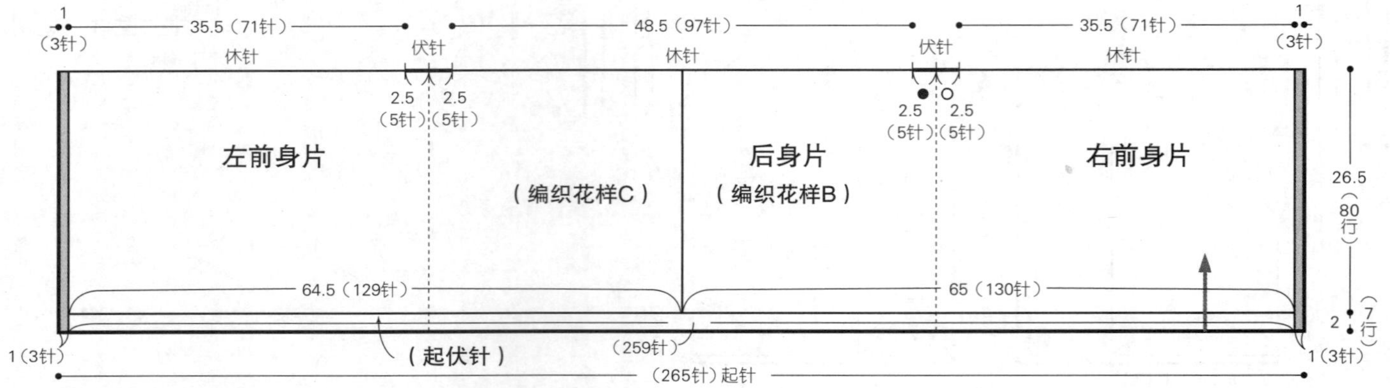

※全部使用6号针，Highland Wool线和Alpaca 2线各取1根合股编织

※●、○ 相同标记处做下针的无缝缝合

▭ =（编织花样A）

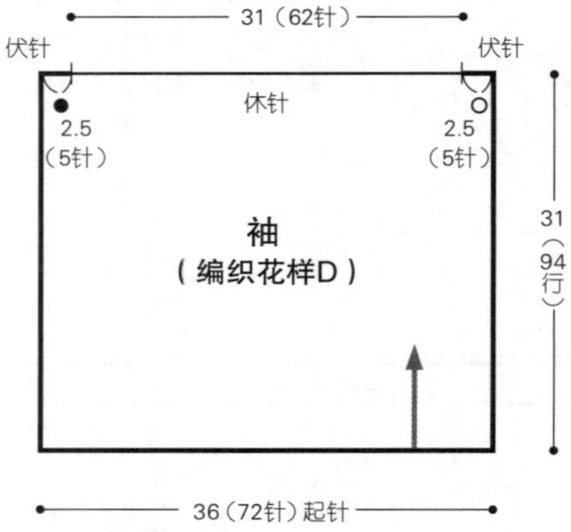

※右袖是相同标记

育克

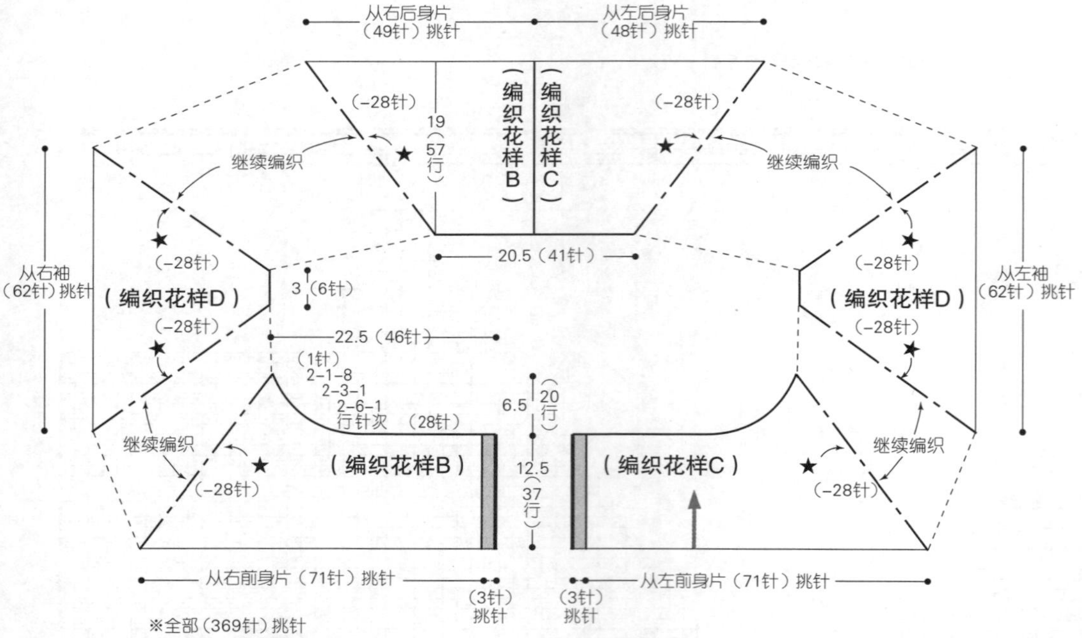

※全部（369针）挑针

▭ =（编织花样A）

★ 2行平 / 2-1-27 / 1-1-1

衣领
（起伏针）

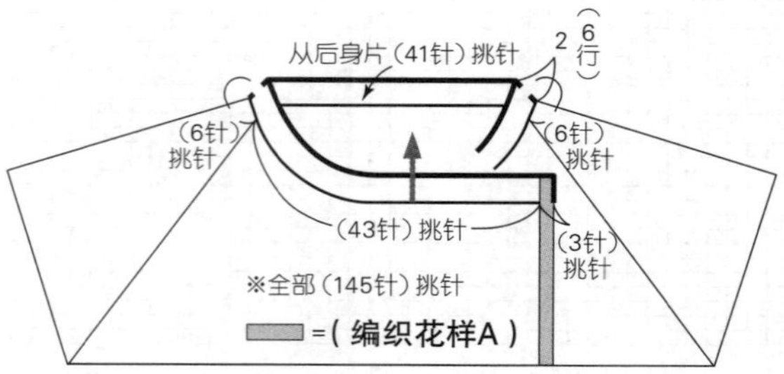

※全部（145针）挑针

▭ =（编织花样A）

编织花样A、B、C（身片）

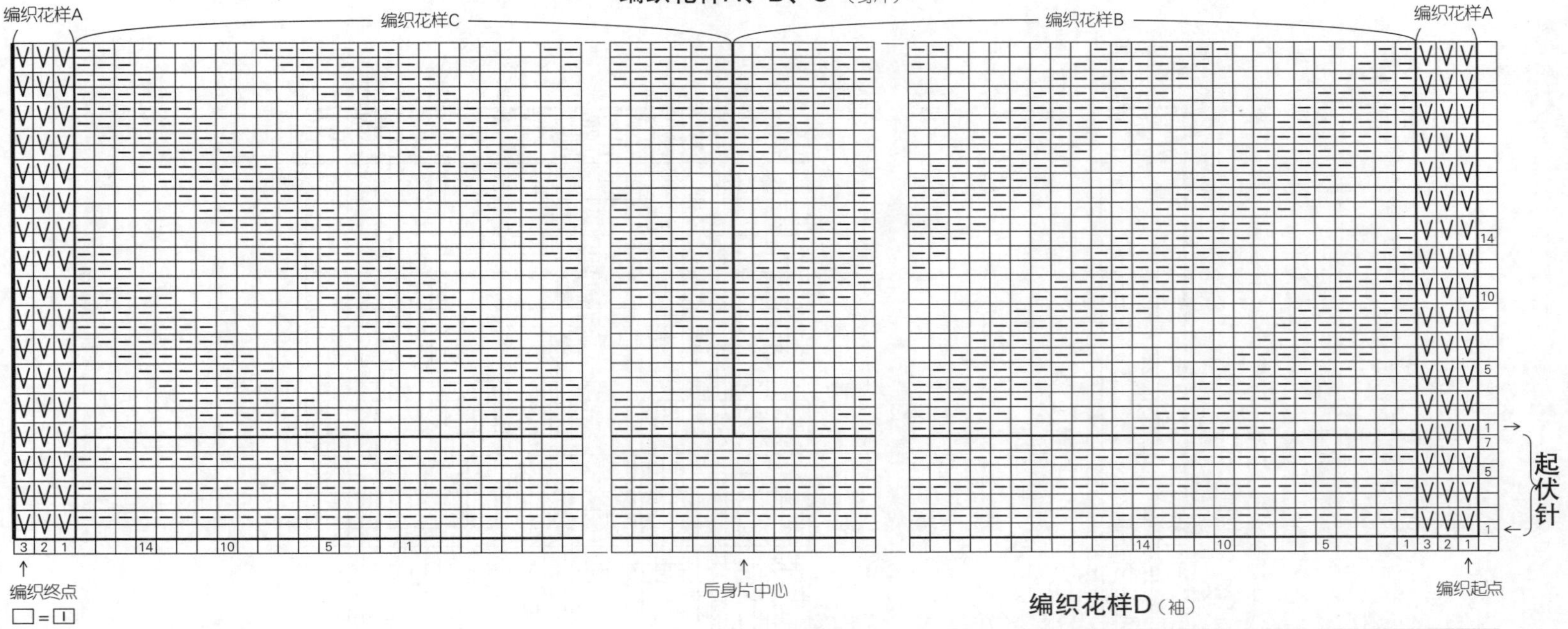

□＝⊡

※以后身片中心为界左右对称编织

V ＝滑针

编织花样D（袖）

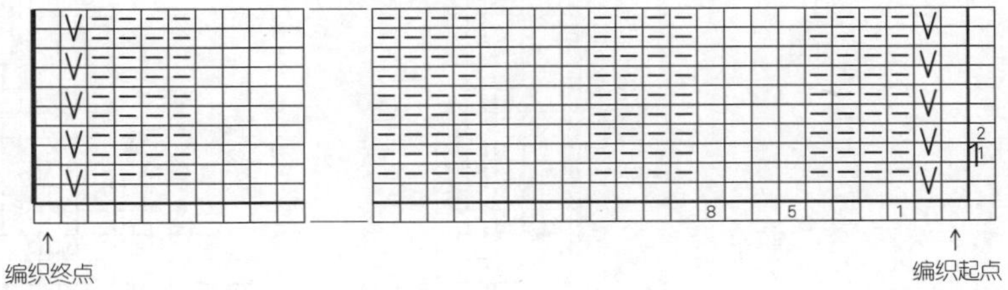

□＝⊡

扭针的右上2针并1针

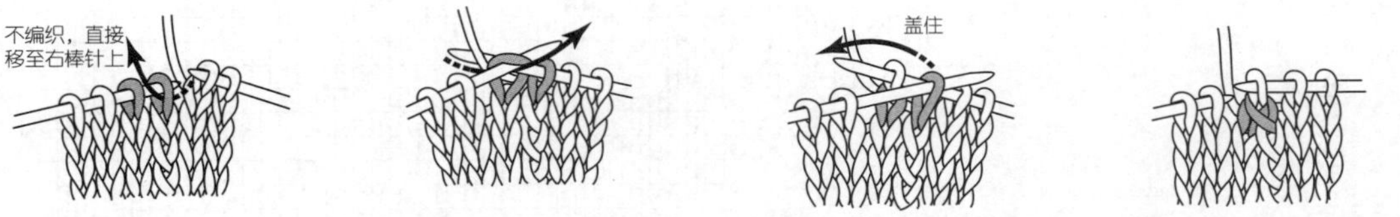

1 从左棒针右侧针目的后侧入针，不编织，直接移至右棒针上。

2 将针插入左棒针左侧的针目中，挂线后拉出，编织下针。

3 将左棒针插入移至右棒针上的针目中，用其盖住刚刚编织的针目。

4 扭针的右上2针并1针编织完成。

扭针的左上2针并1针

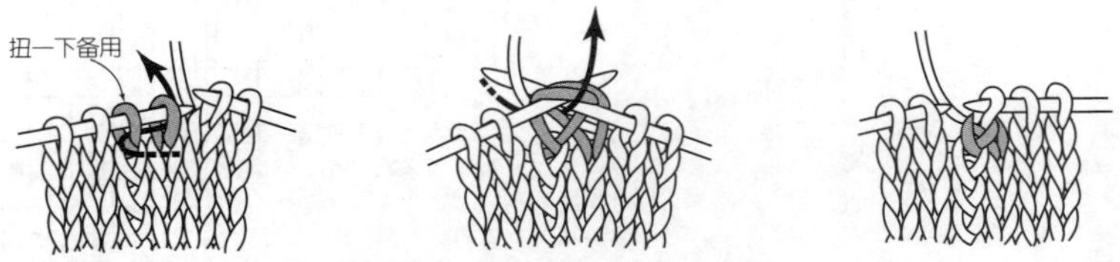

1 将左侧的针目扭一下备用。按照箭头的方向插入右棒针。

2 挂线后拉出，2针一起编织下针。

3 扭针的左上2针并1针完成。

扭针的右上3针并1针

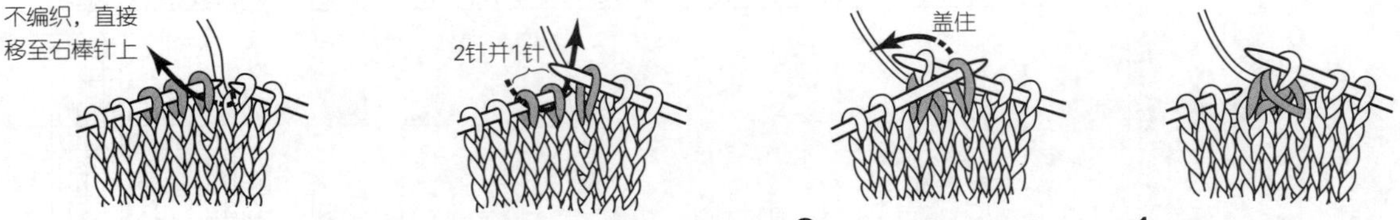

1 从第1针的后侧入针，不编织，直接移至右棒针上。

2 按照箭头的方向插入接下来的2针中，编织2针并1针。

3 将左棒针插入移过来的针目中，用其盖住刚刚编织的针目。

4 扭针的右上3针并1针完成。

下滑3行的小球球

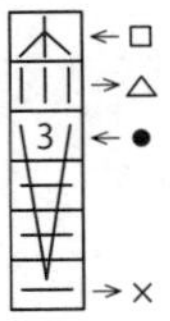

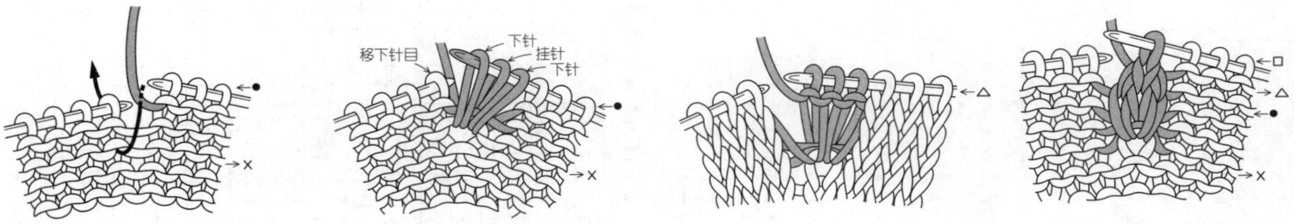

1 将右棒针按照箭头的方向，插入左棒针下面第3行（×行）的针目中，编织带有一定高度的下针。

2 编织挂针，将针插入同一针目中编织下针，退下左棒针上的针目，使其松开。

3 下一行是从反面编织的行，正常编织上针。

4 在□行，将该3针编织中上3针并1针，完成。

育克的编织方法

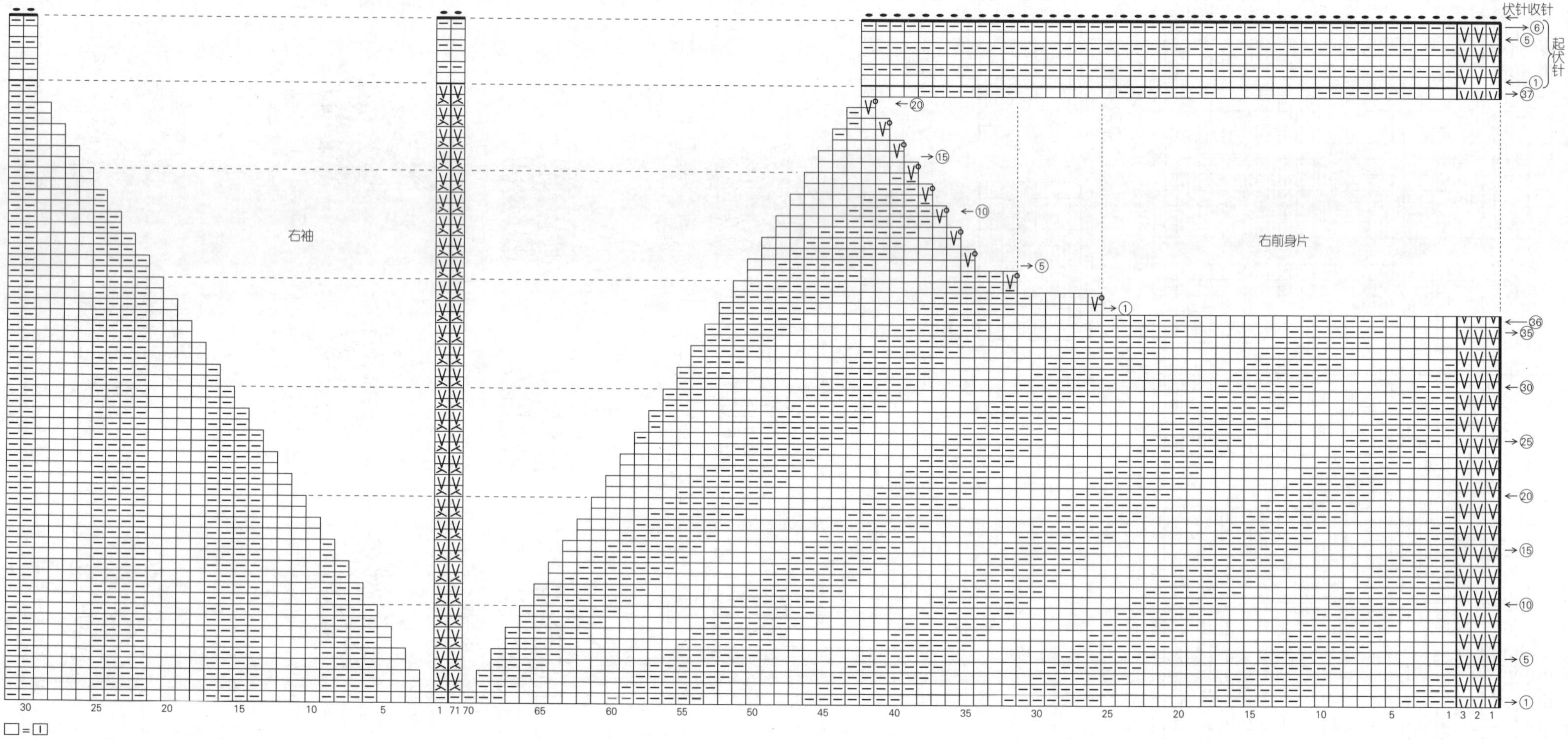

⋎ =左上2针并1针，下一行编织滑针

⋎ =右上2针并1针，下一行编织滑针

育克的编织方法

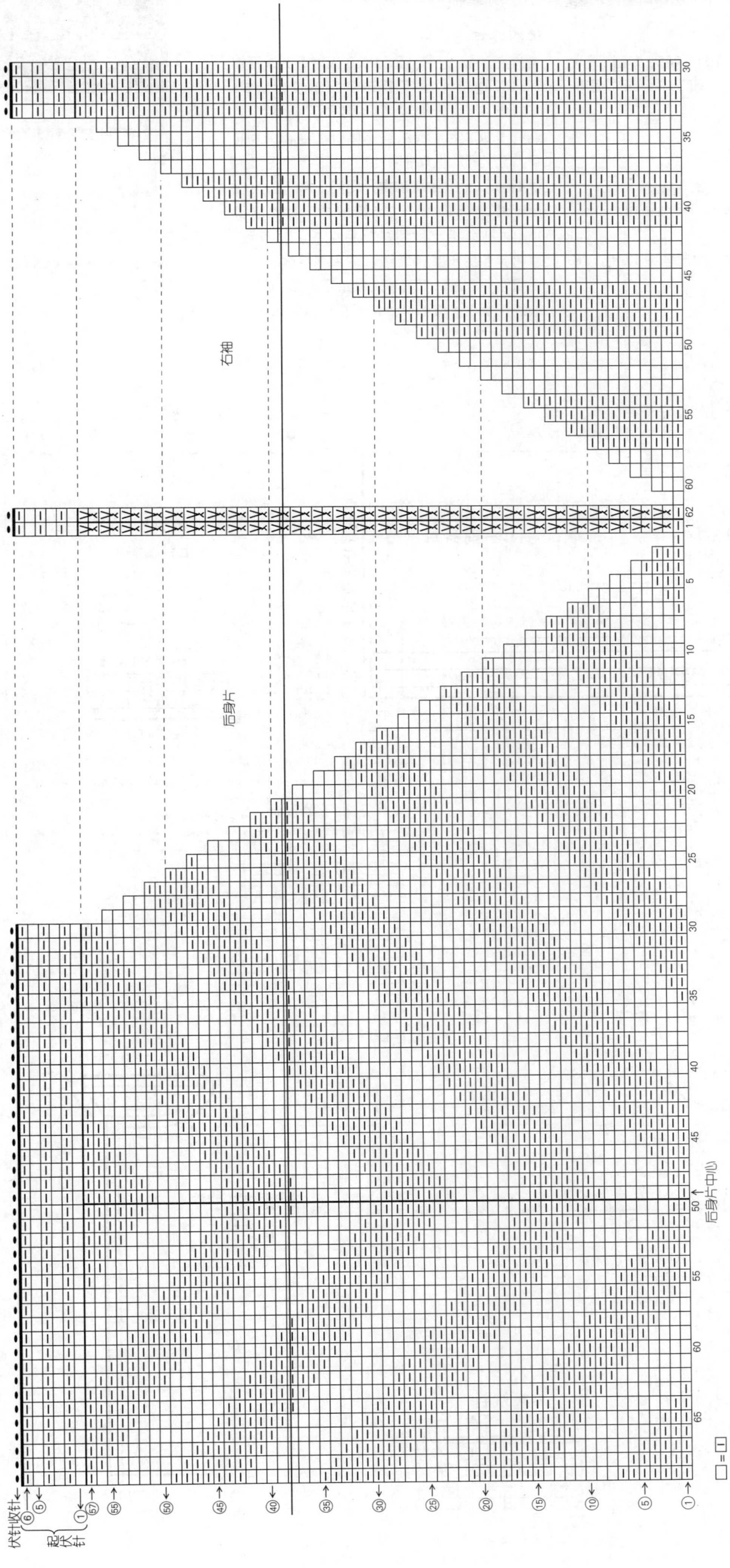

□ = ▯

※以后身片中心为界左右对称编织

⋋ = 右上2针并1针，下一行编织滑针

⋌ = 左上2针并1针，下一行编织滑针

下针的1针放3针的加针

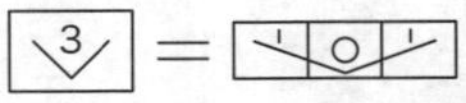

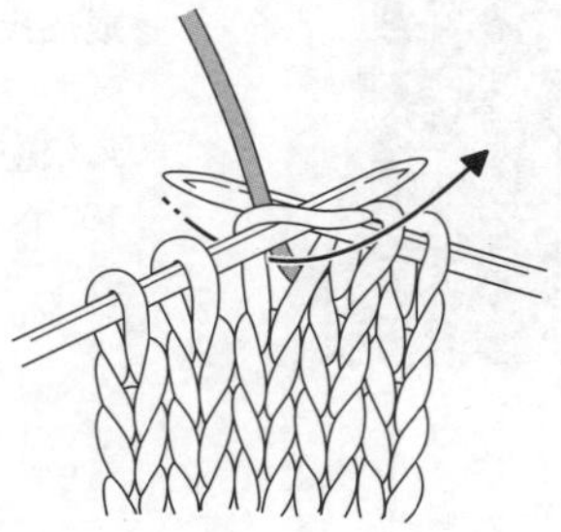

1 如箭头所示，用右棒针将线拉出来，编织1针下针。

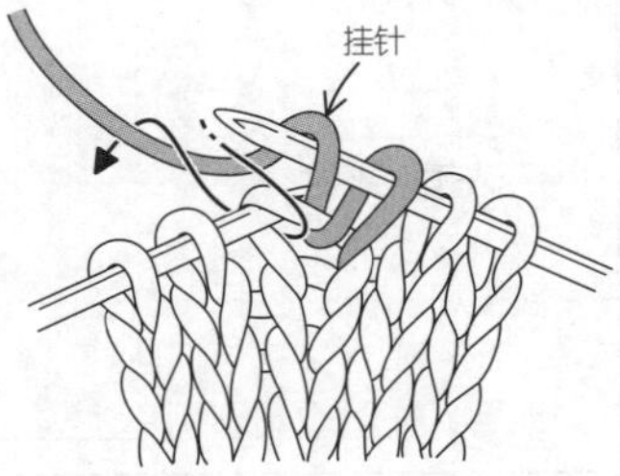

2 左棒针的针目保持原样，编织挂针，然后将右棒针插入同一个针目。

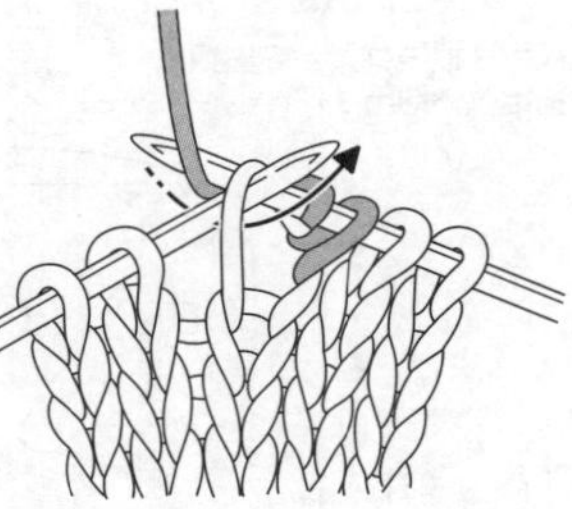

3 如箭头所示将线拉出来，编织1针下针。

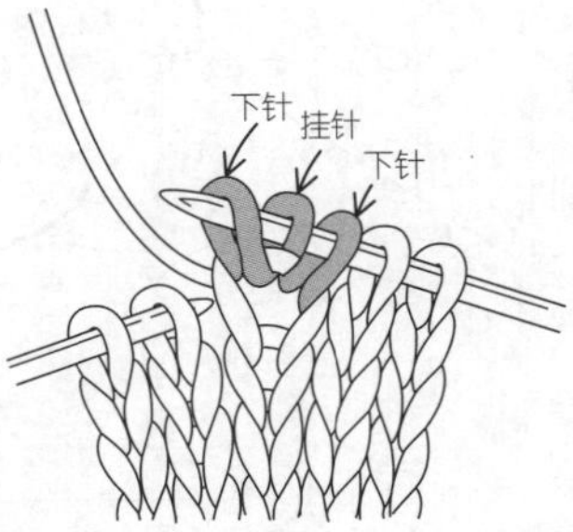

4 下针的1针放3针的加针编织完成。

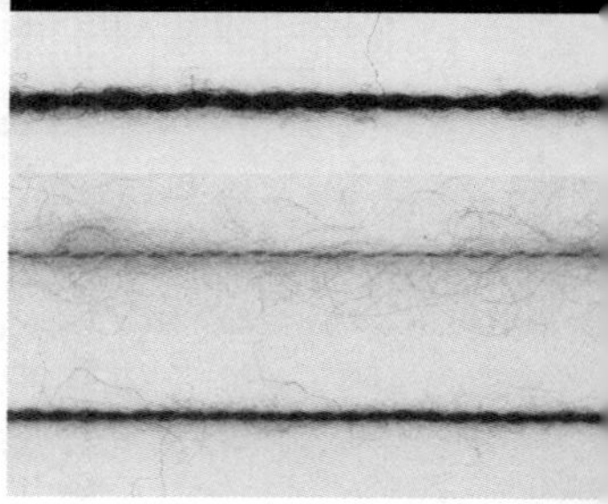

材料

Isager Tvinni 蓝色(101) 145g/2团；Silk Mohair 蓝色(44) 95g/4团；Alpaca 1 蓝色(54) 90g/2团

工具

棒针8号、7号

成品尺寸

胸围96cm，衣长55.5cm，连肩袖长66.5cm

编织密度

10cm×10cm面积内：上针编织17针，26行

编织要点

●身片、袖、育克…全部取3根线并为1股编织。手指起针，按照图示搭配编织起伏针、下针编织、上针编织、编织花样。前、后身片连在一起编织，编织终点休针。袖和身片起针方法相同，做环形编织。袖下参照图示加针编织。编织终点和身片相同。腋下针目使用毛线缝针做上针的无缝缝合。育克从身片、袖挑取指定数量的针目编织。插肩线、领窝参照图示减针编织。编织终点休针。

●组合…衣领、前门襟挑取指定数量的针目，编织起伏针。编织终点从反面做伏针收针。

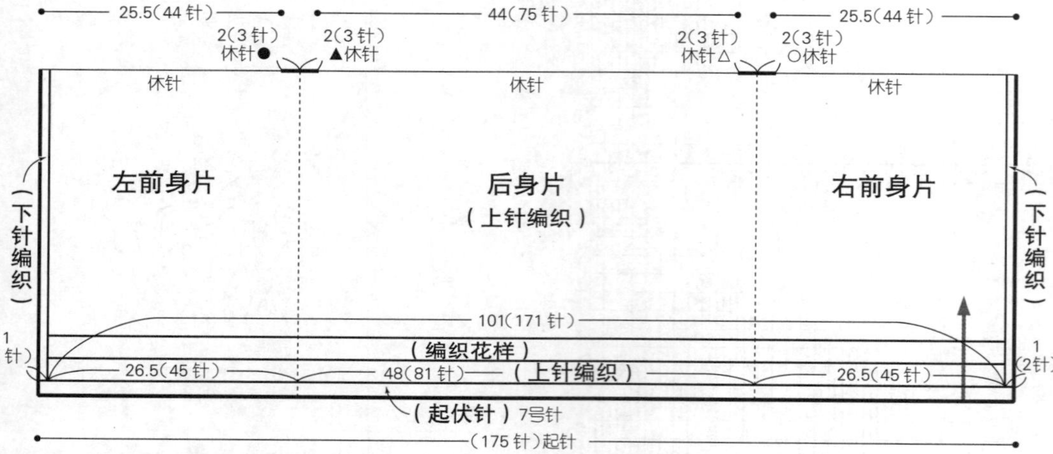

※全部取3根线并为1股编织
※除指定以外均用8号针编织

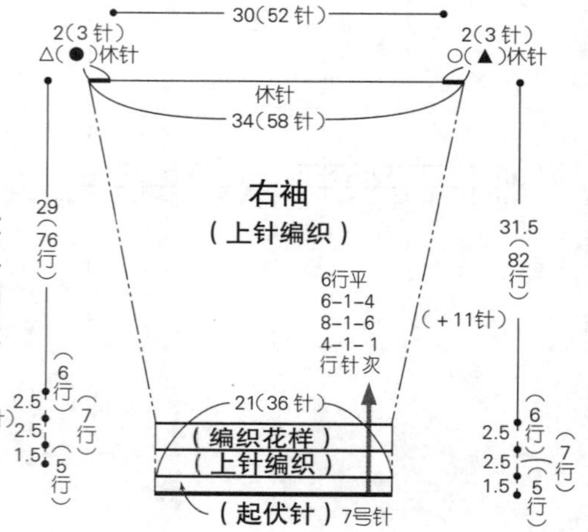

※( )内是左袖的相同标记

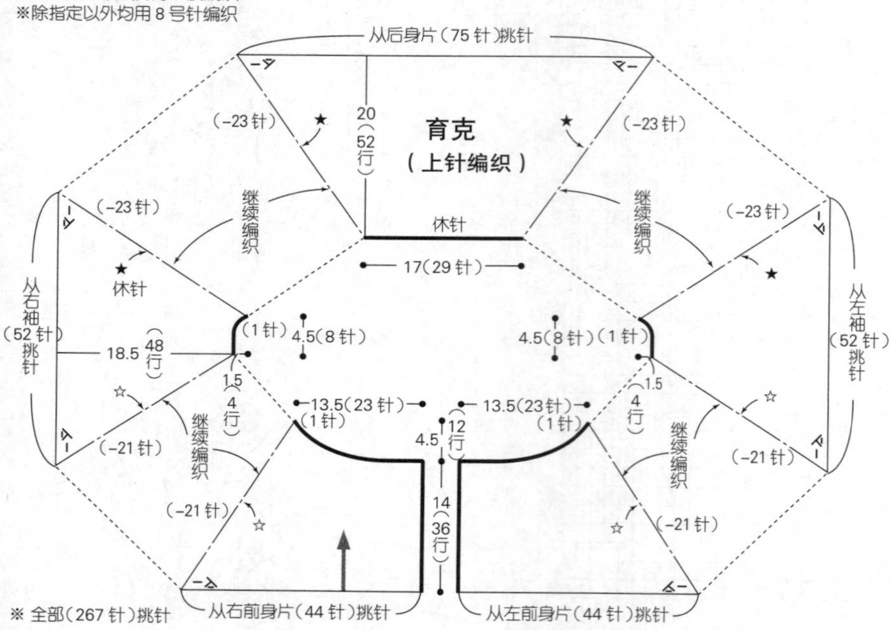

※ 全部(267针)挑针

☆ = 4行平 / 2-1-10 / 4-1-1 / 2-1-10 / 行 针 次

★ = 4行平 / 2-1-12 / 4-1-1 / 2-1-10

※ 前领窝的减针：2行平 / 2-1-1 / 2-2-1 / 2-3-3 / (10针)伏针

※ 衣袖处领窝的减针：2行平 / 2-2-1 / (5针)伏针

袖下的加针

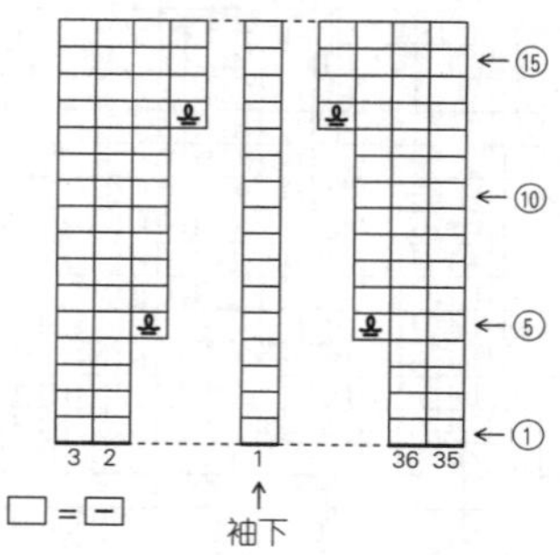

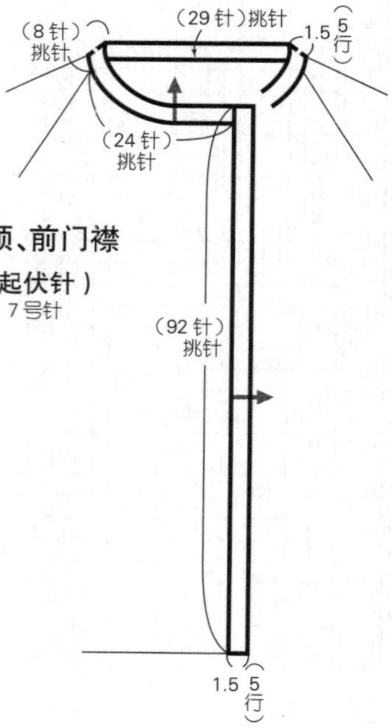

编织花样

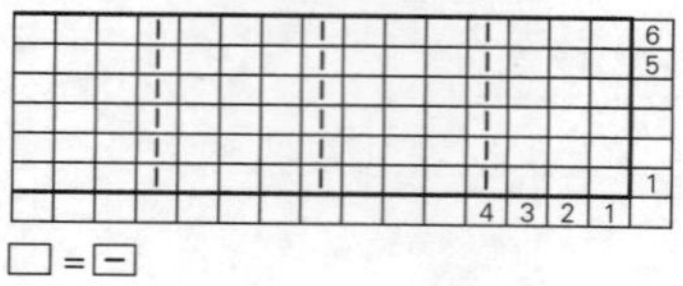

起伏针

(衣领、前门襟)

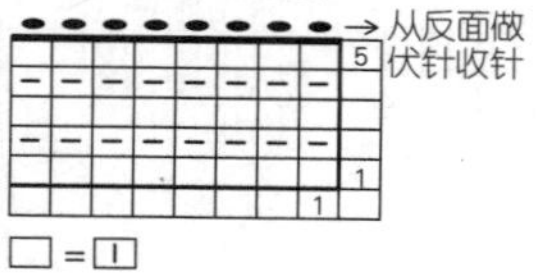

育克的减针

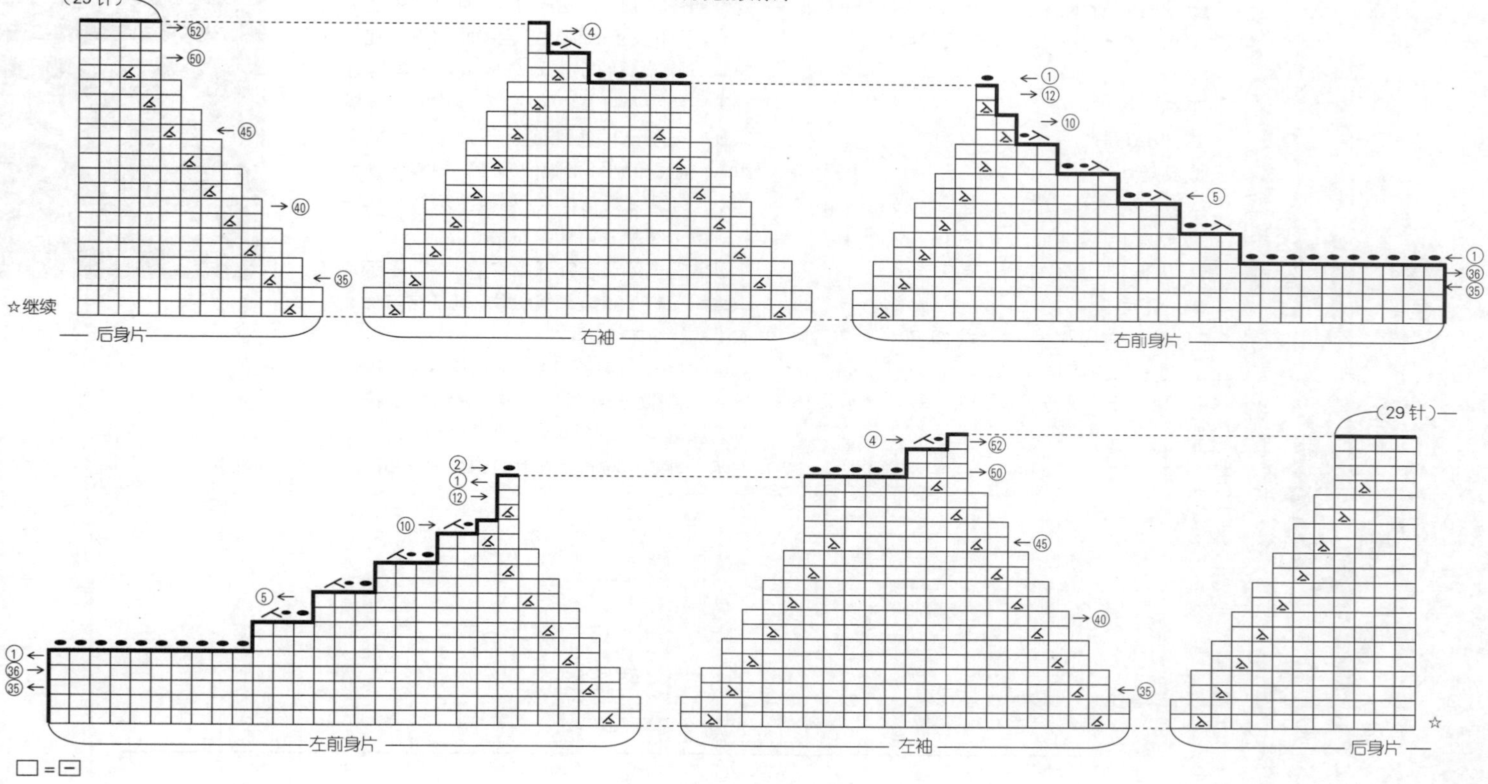

纵向渡线钩织长针的配色花样

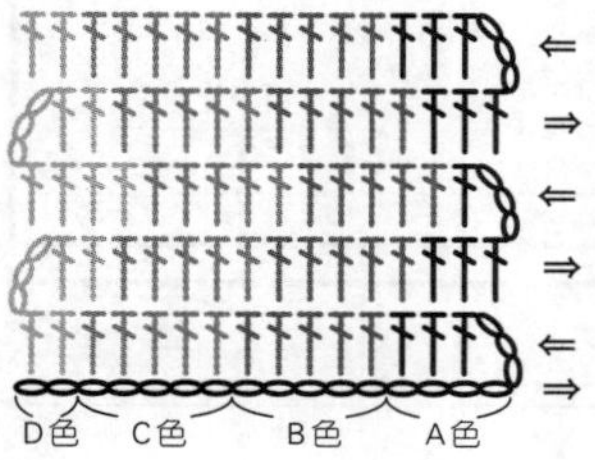

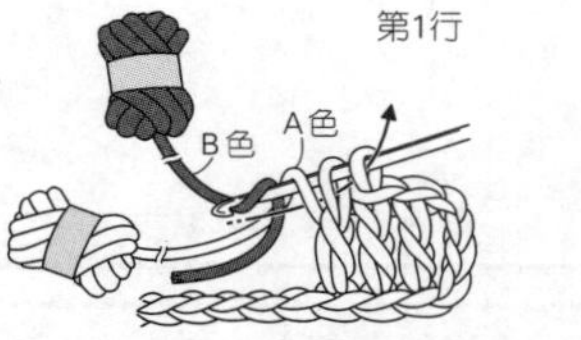

1 如图所示，用A色线引拔最后的针目时换为B色线。A色线从前向后挂在钩针上，用B色线从A色线的2个线圈中引拔出。A色线休针。

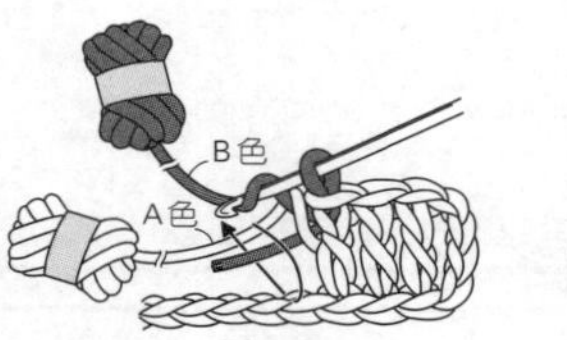

2 将B色线挂在钩针上，一边钩织长针，一边包住B色线的线头。

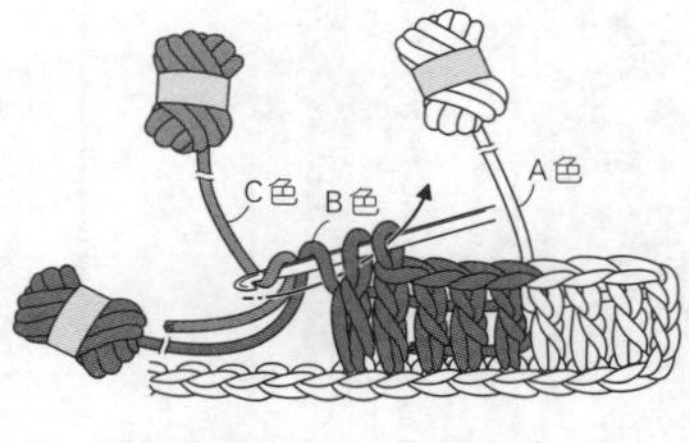

3 用B色线引拔最后的针目时换为C色线。B色线从前向后挂在钩针上，用C色线从B色线的2个线圈中引拔出。B色线休针。

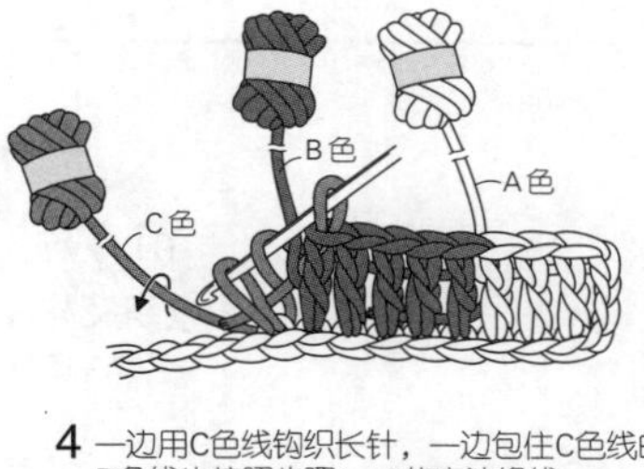

4 一边用C色线钩织长针，一边包住C色线的线头。D色线也按照步骤1、2的方法换线。

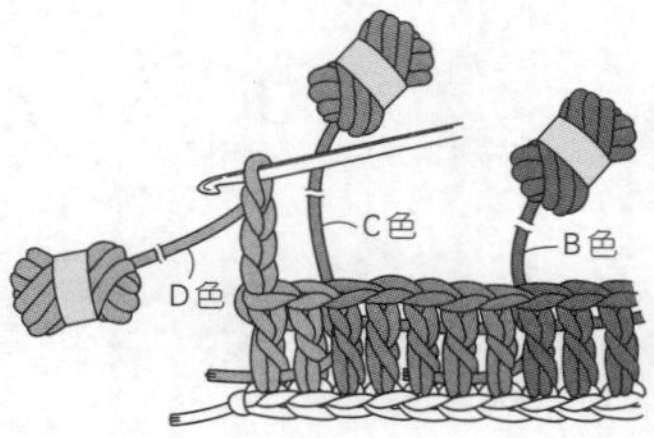

5 一边包住D色线的线头，一边用D色线钩织2针长针。用D色线立织3针锁针，将织片翻过来。

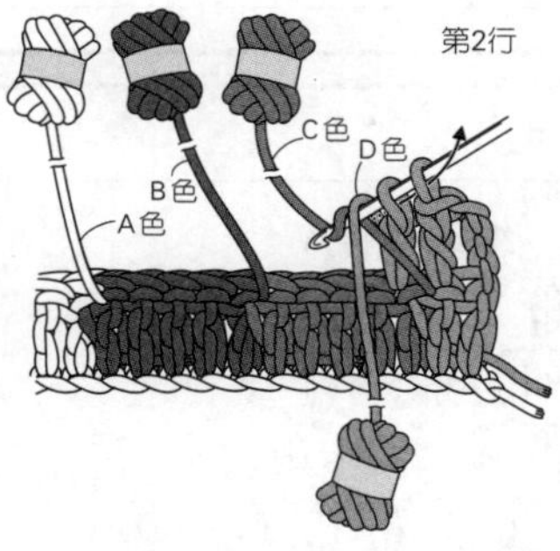

6 用D色线钩织2针长针，引拔第2针时，将D色线从后向前挂在钩针上，用C色线从D色线的2个线圈中引拔出。

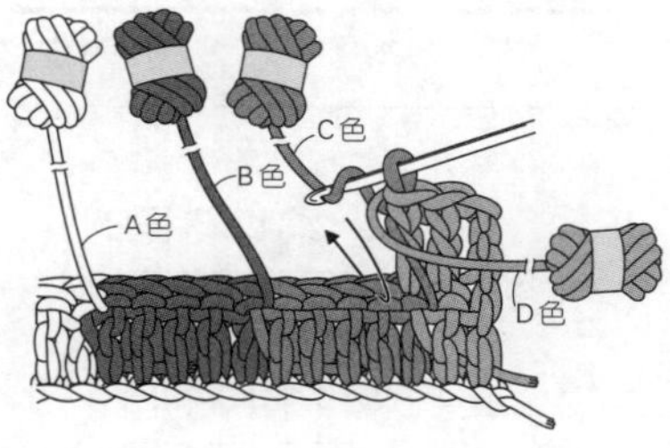

7 D色线休针，用C色线钩织长针。

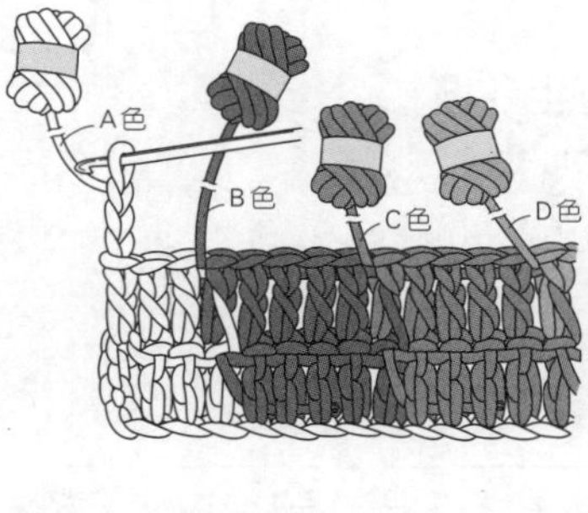

8 一边按照步骤6的方法换线，一边钩织至边缘。用A色线立织3针锁针，翻转织片。

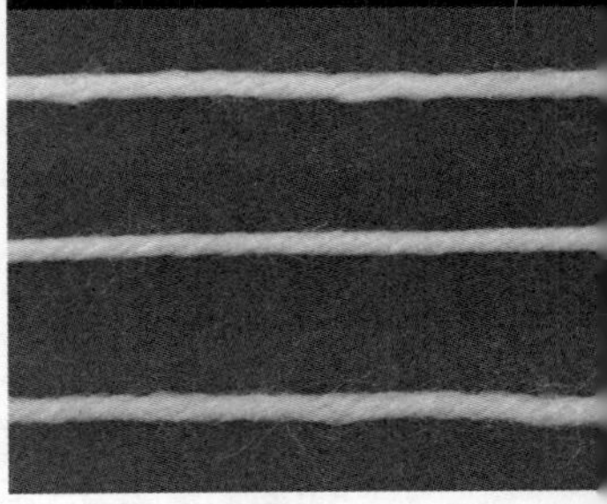

材料

奥林巴斯手编线Milky Baby Candy、Royal Baby、Milky Baby颜色名、色号、使用量请参见图表所示；直径13mm的纽扣1颗（长上衣）；奥林巴斯编织用鞋底儿童用AS-101（鞋）

工具

钩针5/0号

成品尺寸

［娃娃衫］衣长27.5cm，连肩袖长13.5cm

［贝雷帽］头围38cm，帽深15.5cm

［室内鞋］鞋底长12cm，高9.5cm

编织密度

10cm×10cm面积内：编织花样A 20针，13行；编织花样B 22.5针，21行；编织花样C 21针，12行；编织花样A' 21针，15行

编织要点

●娃娃衫…锁针起针，钩织编织花样A。袖窿参照图示减针。后身片、前身片钩织完成后，使用引拔针的锁针接合将胁部连接在一起。育克参照图示在做分散减针的同时往返编织编织花样B。随后，衣领钩织边缘编织B，衣领开口钩织短针。下摆钩织边缘编织A，袖窿分别环形编织短针。蝴蝶结锁针起针，钩织编织花样A，参照图示组合在一起。缝上纽扣及蝴蝶结即完成。

●贝雷帽…环形起针开始钩织，参照图示钩织编织花样C和边缘编织C。蝴蝶结与长上衣上的钩织方法相同。

●室内鞋…从编织用鞋底上挑取针目钩织短针，从第2圈开始换色，环形编织编织花样A'。接着钩织短针，有例外的部分，请参照图示。蝴蝶结与长上衣上的钩织方法相同。

娃娃衫

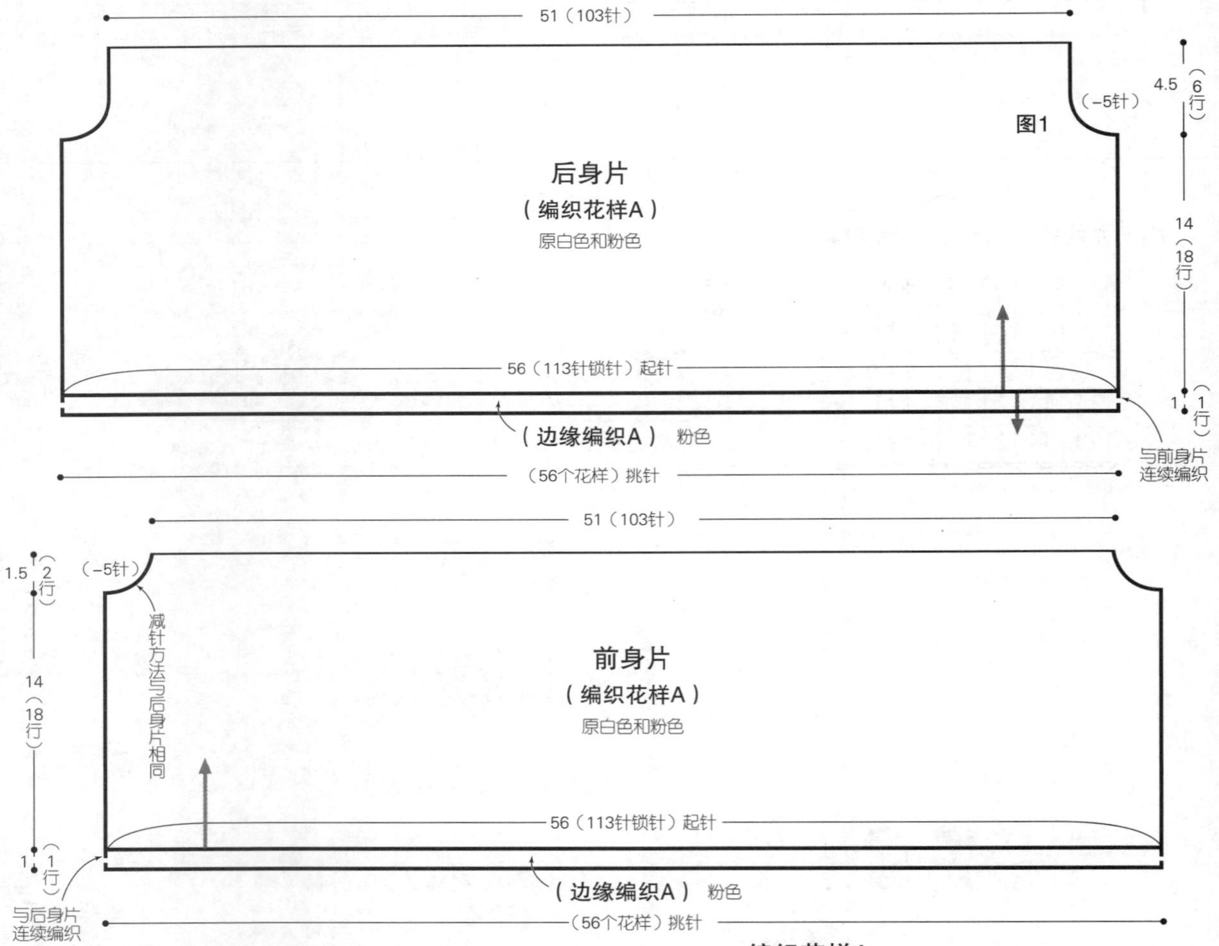

※ 全部使用5/0号针编织

边缘编织A（下摆）

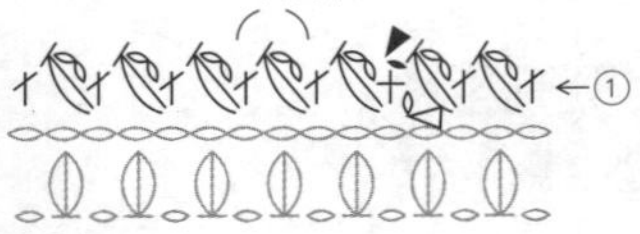

▷=加线

▶=剪线

边缘编织B（衣领）

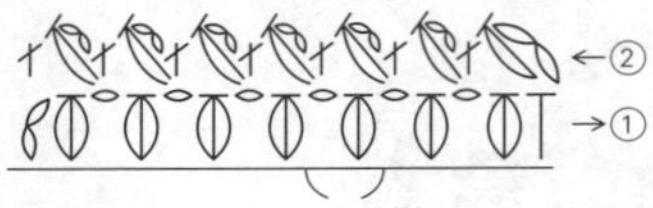

编织花样B

→②
←①
2行1个花样

编织花样A

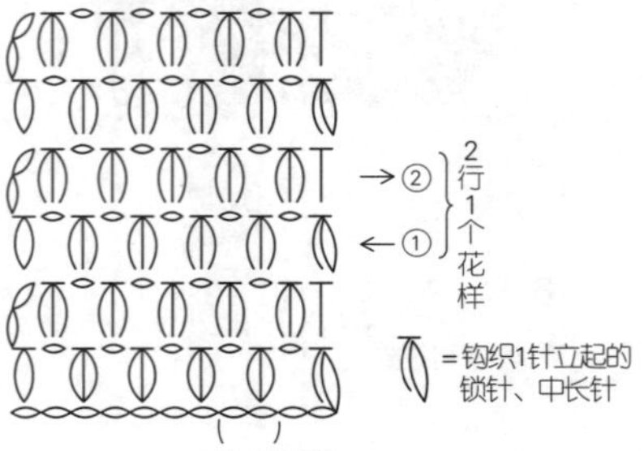

线的使用量

使用线	色名（色号）	娃娃衫	贝雷帽	室内鞋
Milky Baby Candy	原白色和粉色（201）	180g/5团	10g/1团	10g/1团
Royal Baby	浅褐色（109）	50g/2团	50g/2团	40g/1团
Milky Baby	粉色（3）	5g/1团	5g/1团	5g/1团

图1 袖窿

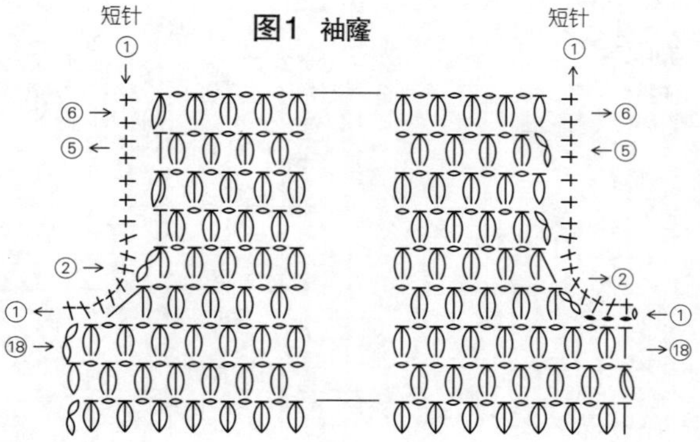

※前身片的袖窿钩织至第2行为止

育克（编织花样B）浅褐色

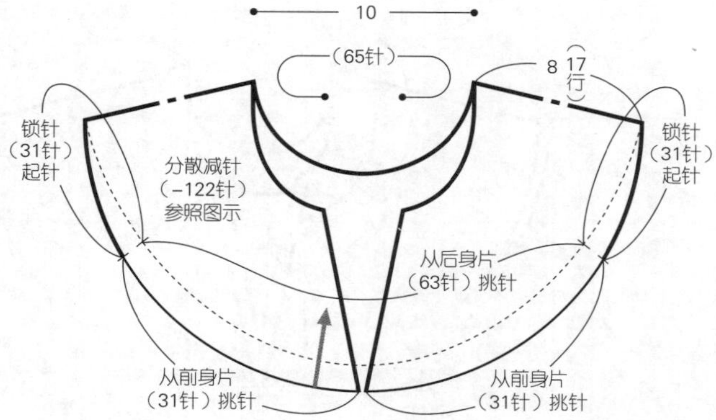

※ 全部（187针）挑针

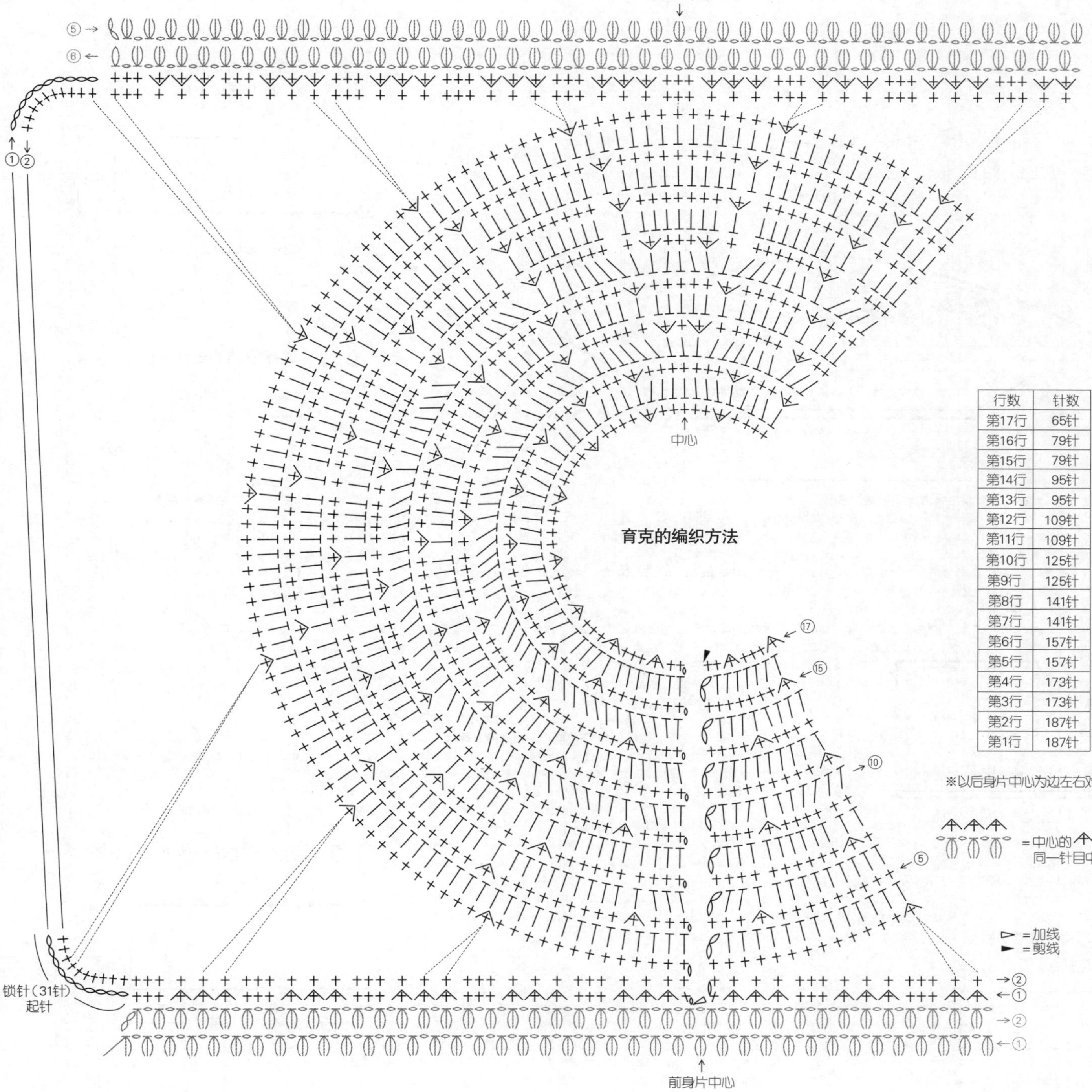

行数	针数	
第17行	65针	（-14针）
第16行	79针	
第15行	79针	（-16针）
第14行	95针	
第13行	95针	（-14针）
第12行	109针	
第11行	109针	（-16针）
第10行	125针	
第9行	125针	（-16针）
第8行	141针	
第7行	141针	（-16针）
第6行	157针	
第5行	157针	（-16针）
第4行	173针	
第3行	173针	（-14针）
第2行	187针	
第1行	187针	

※以后身片中心为边左右对称钩织

=中心的 与左右的 在同一针目中入针钩织

=加线
=剪线

衣领（边缘编织B）、衣领开口（短针） 浅褐色

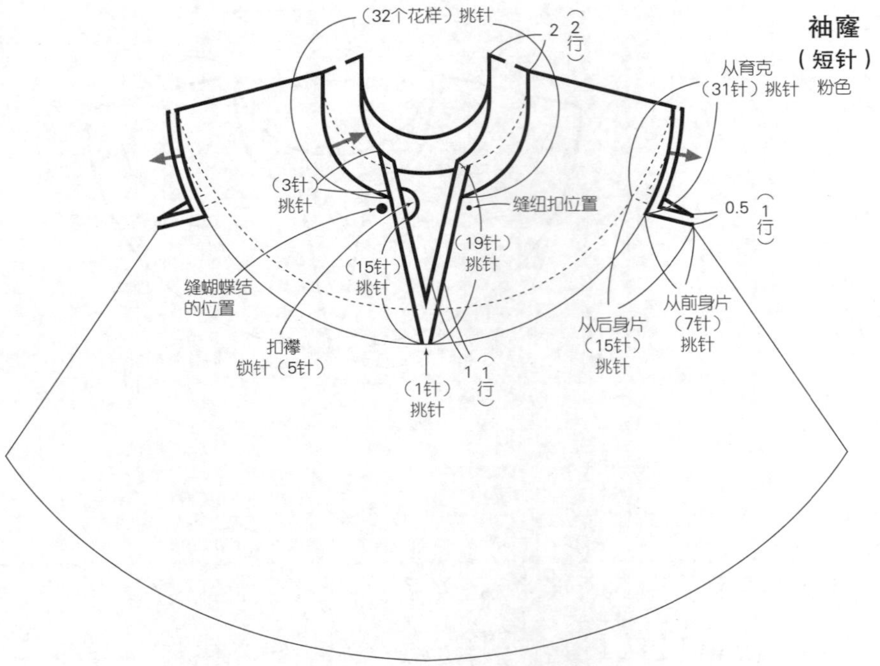

衣领、衣领开口、扣襻的编织方法

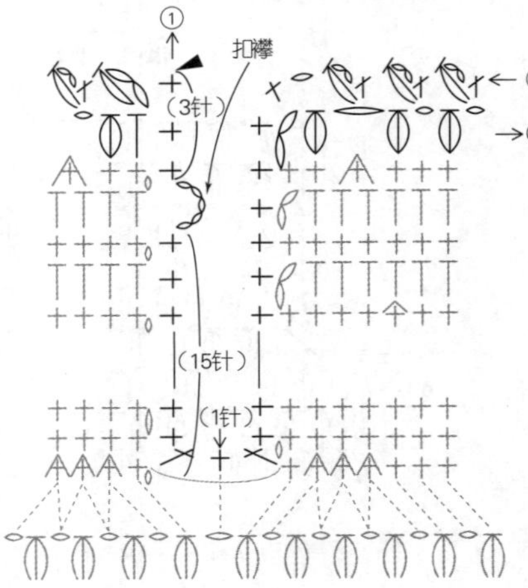

►＝剪线

贝雷帽

分散加减针 参照图示

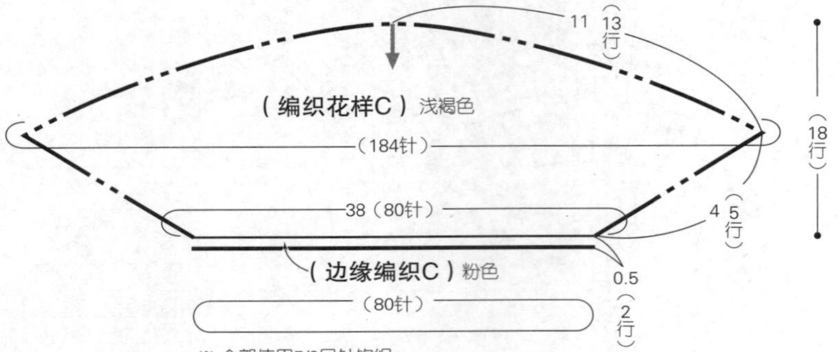

※ 全部使用5/0号针钩织

贝雷帽的蝴蝶结

（编织花样A）

原白色和粉色

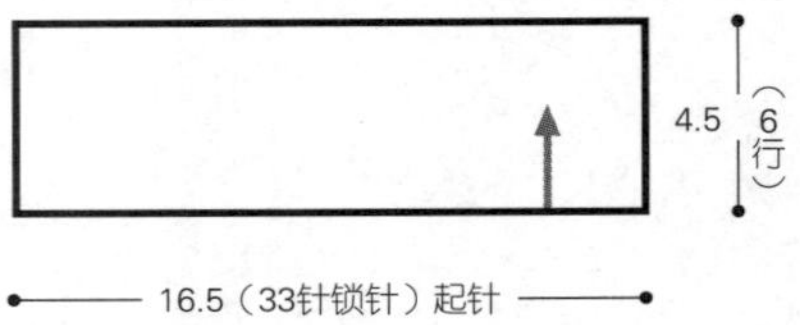

缝蝴蝶结的位置

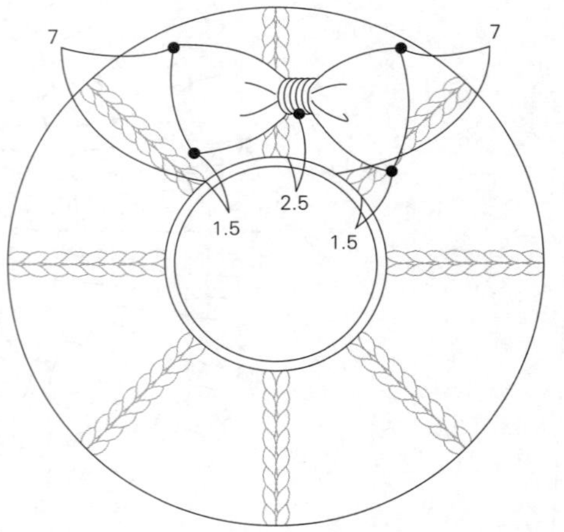

● ＝固定蝴蝶结的位置

蝴蝶结的组合方法（通用）

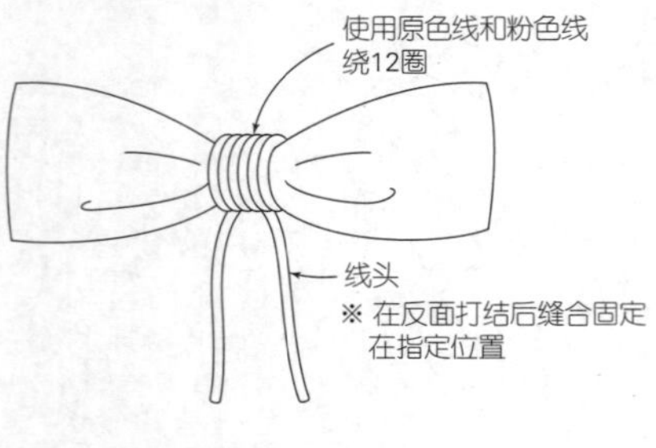

室内鞋

（短针）浅褐色

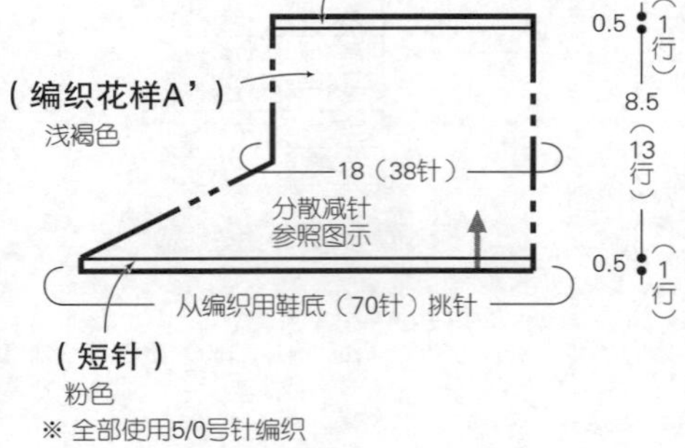

※ 全部使用5/0号针编织

缝蝴蝶结的位置

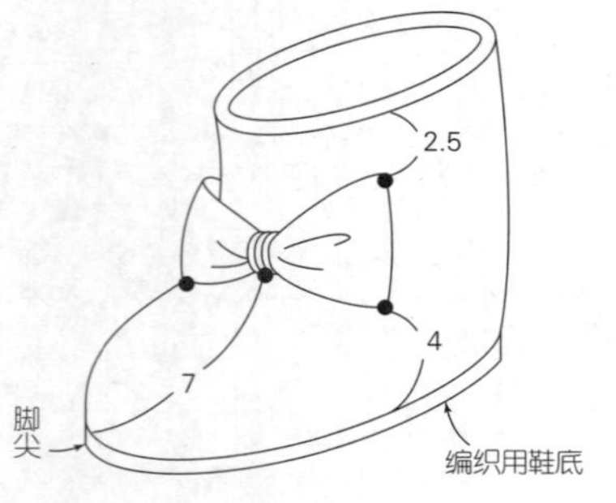

● ＝固定蝴蝶结的位置

室内鞋的蝴蝶结 2片

（编织花样A）原白色和粉色

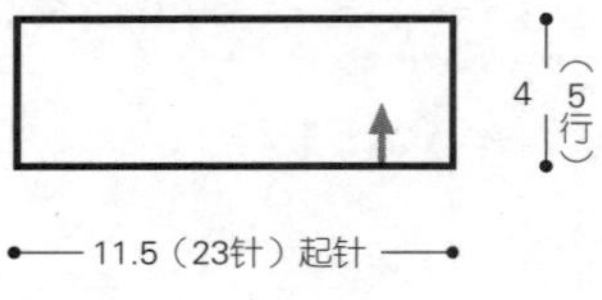

贝雷帽的蝴蝶结（编织花样A）

原白色和粉色

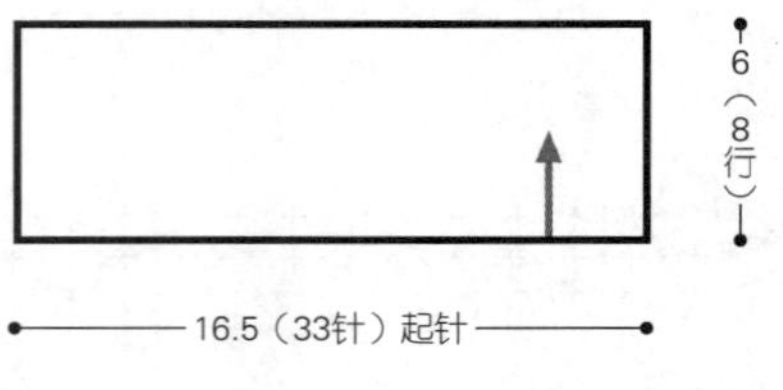

贝雷帽的编织方法

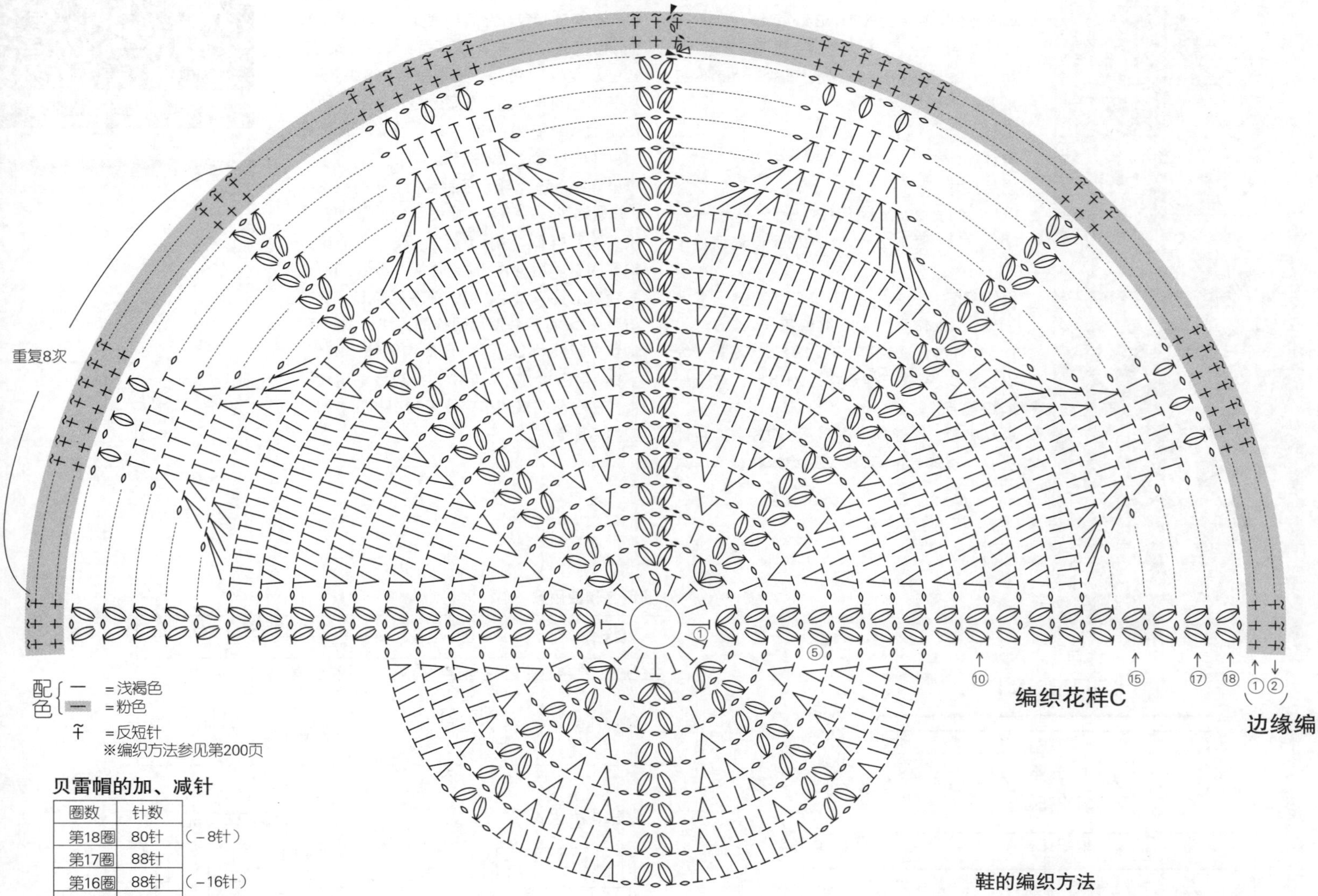

配色 { 一 = 浅褐色 ; ▬ = 粉色 }

〒 = 反短针
※编织方法参见第200页

贝雷帽的加、减针

圈数	针数	
第18圈	80针	（－8针）
第17圈	88针	
第16圈	88针	（－16针）
第15圈	104针	（－32针）
第14圈	136针	（－48针）
第13圈	184针	
第12圈	184针	（＋16针）
第11圈	168针	（＋16针）
第10圈	152针	（＋16针）
第9圈	136针	（＋16针）
第8圈	120针	（＋16针）
第7圈	104针	（＋16针）
第6圈	88针	（＋16针）
第5圈	72针	（＋16针）
第4圈	56针	（＋8针）
第3圈	48针	（＋16针）
第2圈	32针	（＋16针）
第1圈	16针	

配色 { ▬ = 粉色 ; 一 = 浅褐色 }

∀ = ⋎+⋎

∨ = ⋎

⫯ = 短针的反拉针
※编织方法参见第166页

鞋的减针

圈数	针数	
第7~13圈	38针	
第6圈	38针	（－6针）
第5圈	44针	（－8针）
第4圈	52针	（－12针）
第3圈	64针	（－6针）
第1、2圈	70针	

▷ = 加线

▶ = 剪线

鞋的编织方法

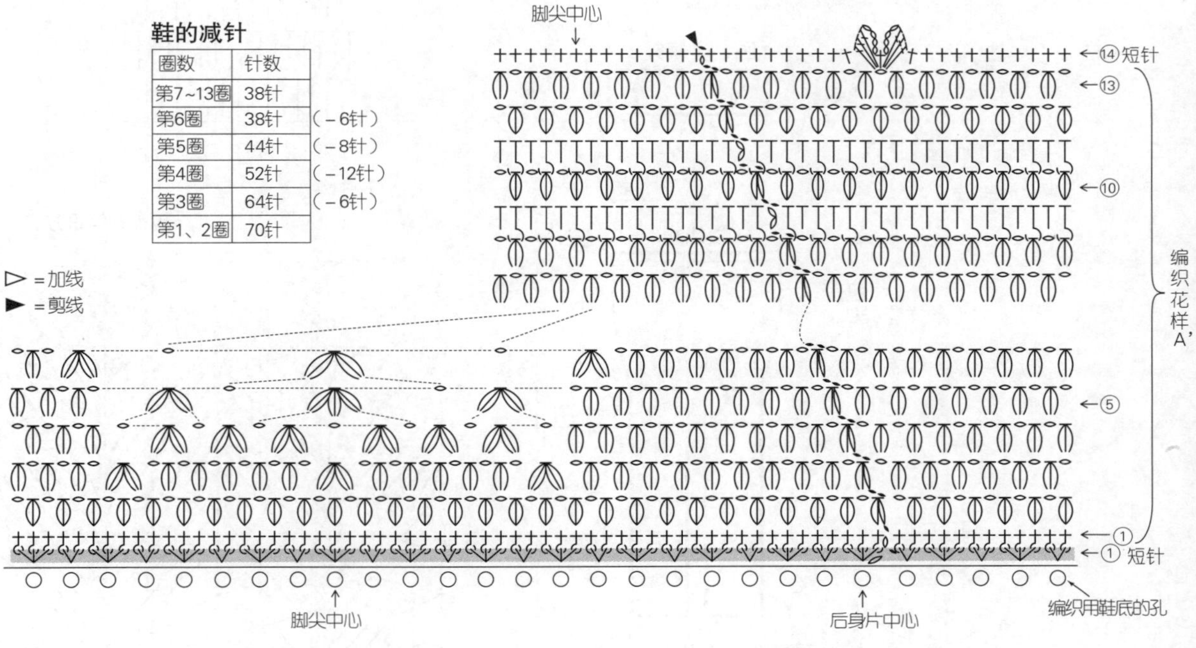

中长针的正拉针

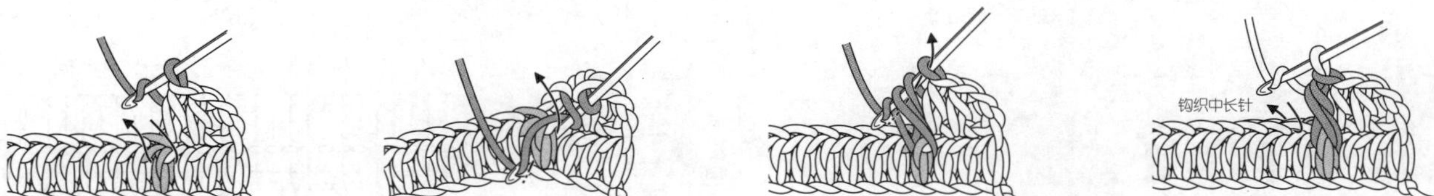

1 在针上挂线，按照箭头的方向从前侧插入前一行针目的下侧。

2 在针上挂线，拉出较长的一段线。

3 在针上挂线，从针上的3个线圈中一次性引拔出。

4 下一针中长针越过前一行的1针钩织。中长针的正拉针编织完成。

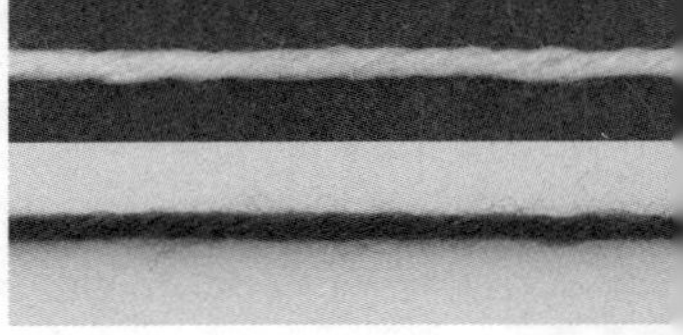

材料

奥林巴斯手编线Milky Baby Candy、Milky Kids颜色名、色号、使用量请参见图表所示；宽7mm的松紧带48cm（背包）；直径15mm的纽扣4颗（开衫）

工具

钩针6/0号

成品尺寸

[双肩包]宽22cm，包深20.5cm

[小开衫]胸围61cm，衣长22cm，连肩袖长23.5cm

编织密度

10cm×10cm面积内：编织花样A、B均为18针，11行；编织花样C 19针，7.5行；编织花样D、条纹花样D均为21.5针，7.5行

编织要点

●双肩包…底部锁针起针，钩织短针。主体从底部挑取针目，环形编织编织花样A、B。随后在包口位置，包裹着连成了环形的松紧带钩织长针。包盖与底部使用同样的方法起针，钩织条纹花样D，随后钩织边缘编织。背带从包盖的起针上挑取针目，钩织短针，从第7行到第50行的部分卷成环形，两端使用毛线缝针卷针缝合。将包盖和背带缝到主体的指定位置即完成。

●小开衫…育克部分锁针起针，从编织花样C开始钩织。接下来参照图示做分散加针钩织条纹花样D。钩织6行后，在指定的位置钩织锁针。后身片、前身片从育克和钩针上的锁针上挑取针目，钩织编织花样D。衣袖与后身片、前身片使用同样的方法挑取针目，钩织条纹花样D。袖口环形编织边缘编织。下摆、前门襟、衣领连续钩织边缘编织和短针。在右前门襟的指定位置钩织扣眼。钉上纽扣后即完成。

颜色名和使用量

使用线	色名（色号）	使用量	
		背包	开衫
Milky Baby Candy	浅蓝色和黄色（207）	70g / 2团	75g / 2团
Milky Kids	浅褐色（52）	30g / 1团	各10g / 各1团
	黄色（53）	各5g / 各1团	
	黄绿色（55）		
	原白色（64）		

背包

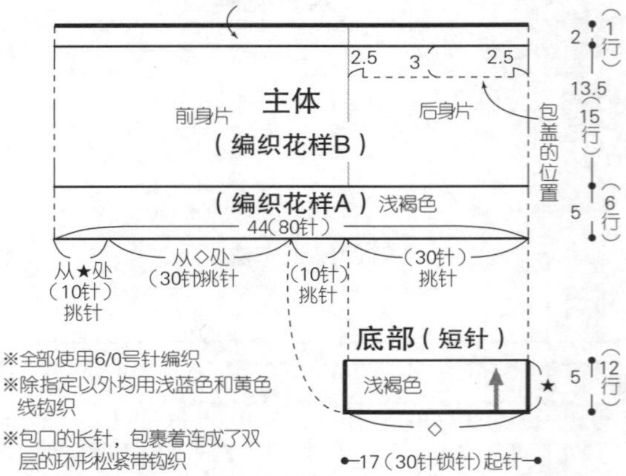

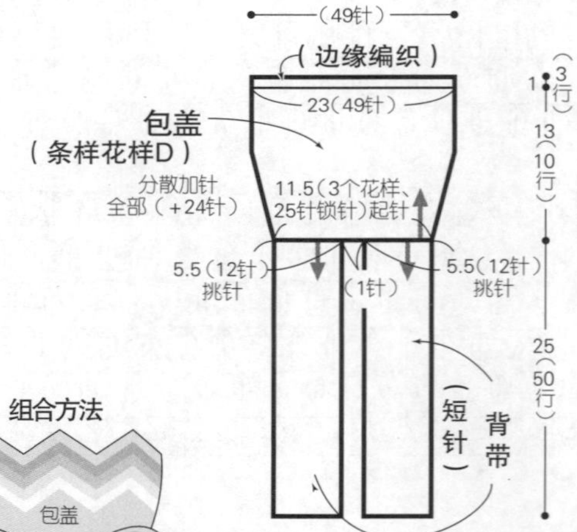

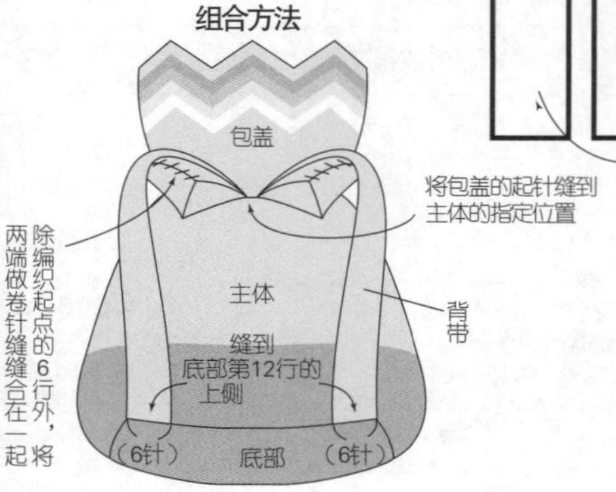

编织花样A

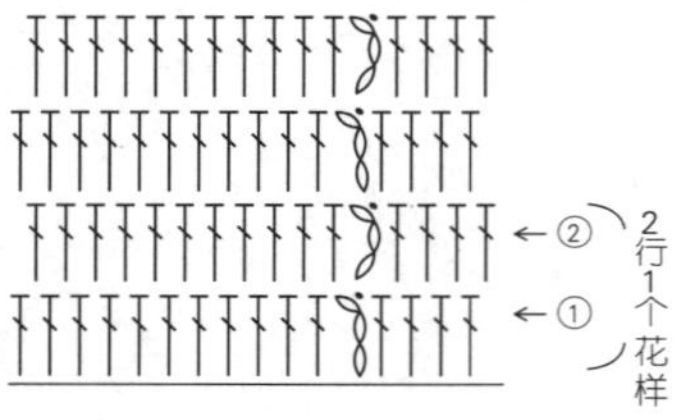

编织花样B

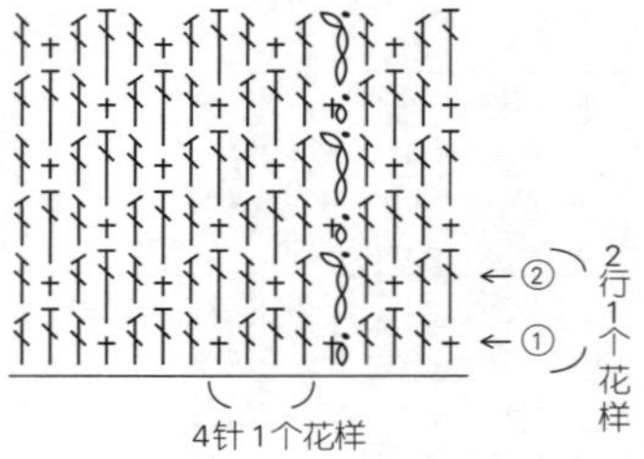

包盖的编织方法

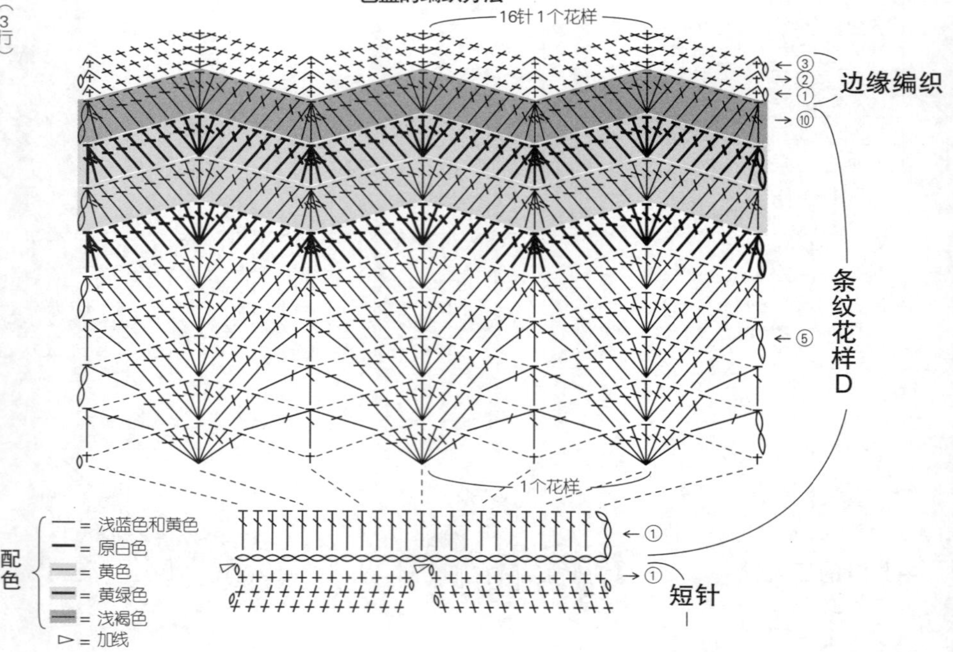

开衫

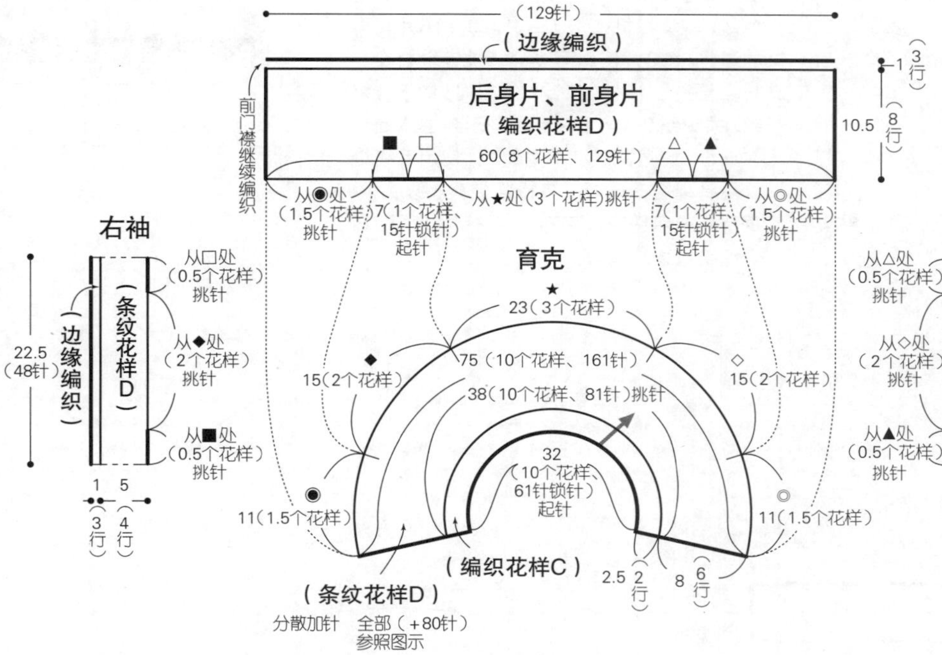

※全部使用6/0号针编织

※除指定以外均用浅蓝色和黄色线钩织

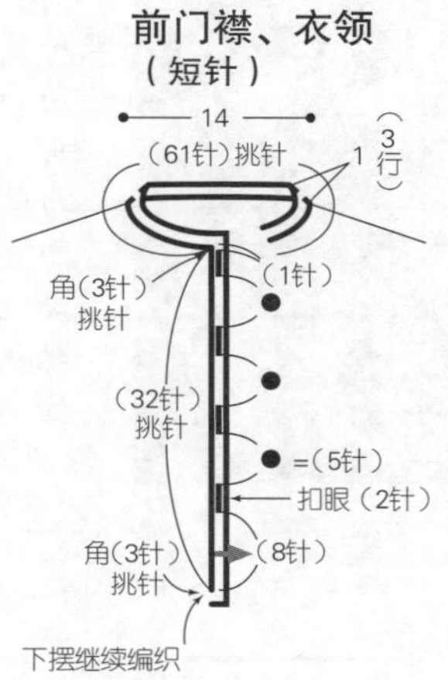

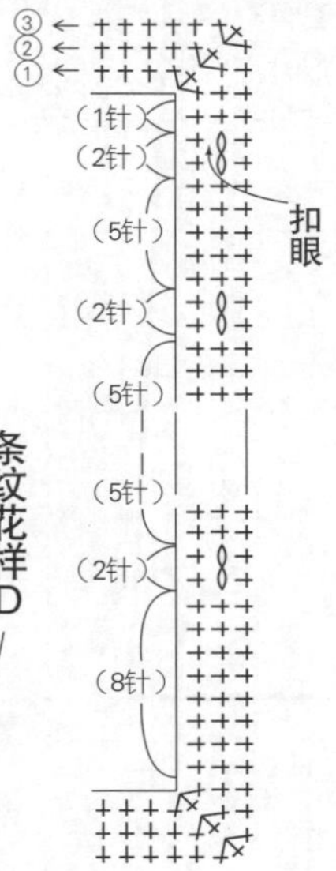

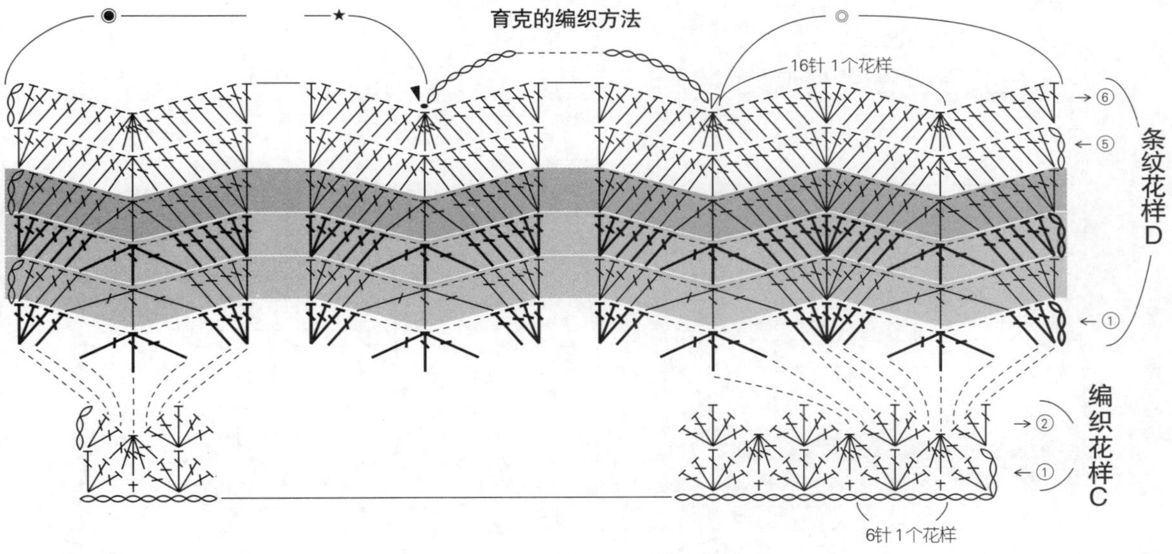

▷ = 加线

► = 剪线

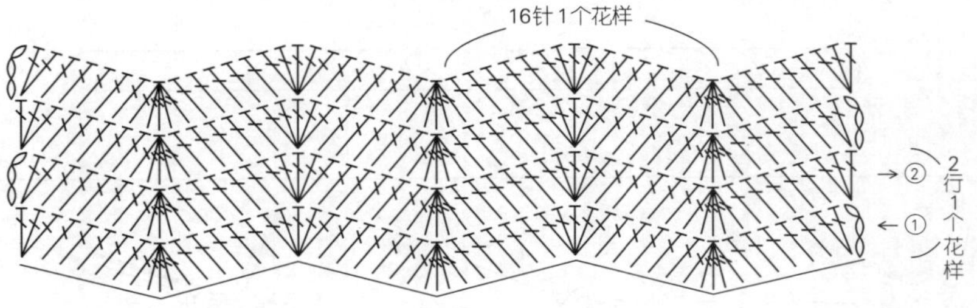

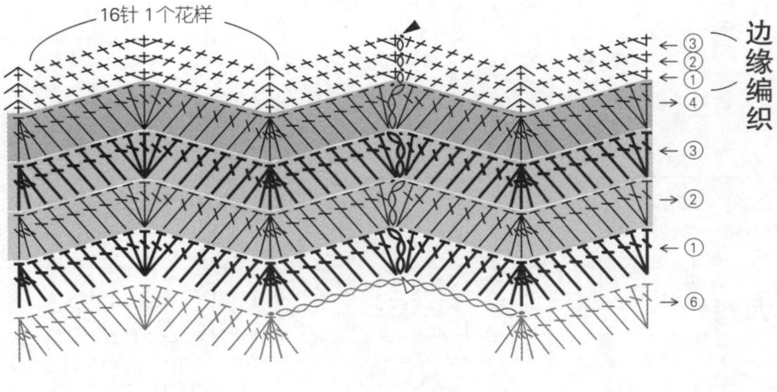

配色
- = 浅蓝色和黄色
- = 原白色
- = 黄色
- = 黄绿色
- = 浅褐色

材料

和麻纳卡 Rich More Soff Alpaca 绿色（18）215g/9团；宽25mm的松紧带65cm

工具

编织机 Amimumemo（6.5mm），钩针5/0号

成品尺寸

腰围68cm，裙长80cm

编织密度

10cm×10cm面积内：下针编织21.5针，33行

编织要点

●主体用另色线起针，做下针编织。减针编织方法参见第83页。编织终点编织几行另色线，从编织机上取下织片。编织6片相同的织片，每3片使用毛线缝针挑针缝合在一起。腰头与主体的起针方法相同，做下针编织，共编织2片。腰头参照图示与主体缝合在一起。侧边除腰头的内侧外，使用毛线缝针挑针缝合在一起。将松紧带穿入腰头中，重叠1cm后缝合成环形。下摆引拔收针，环形编织边缘编织。

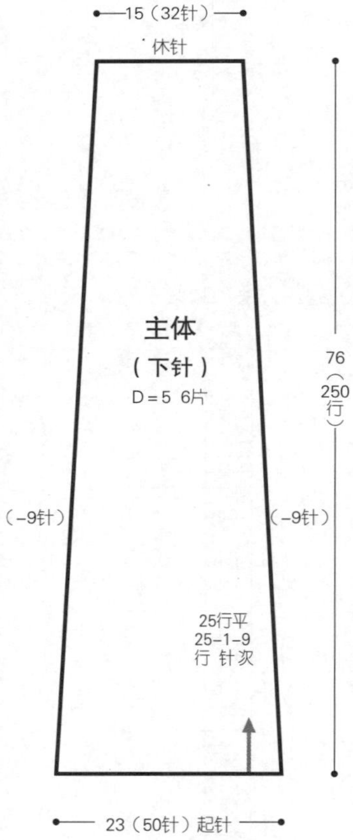

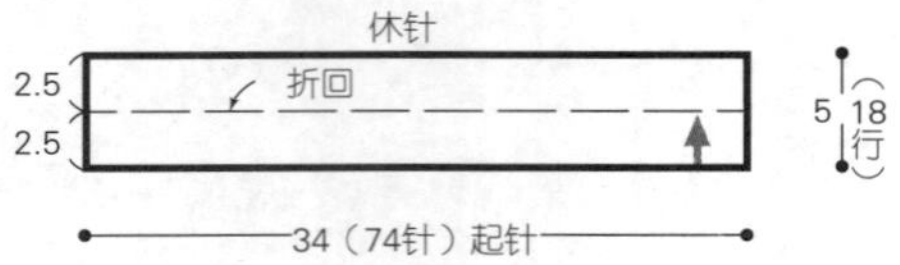

腰头的连接方法

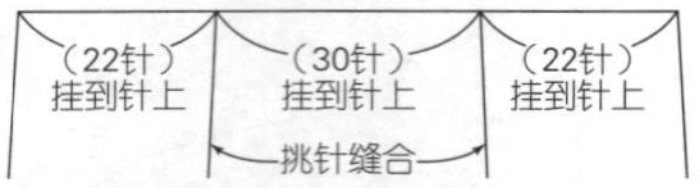

1.看着主体的正面，将针目挂在针上，并使两侧的织片变为22针。

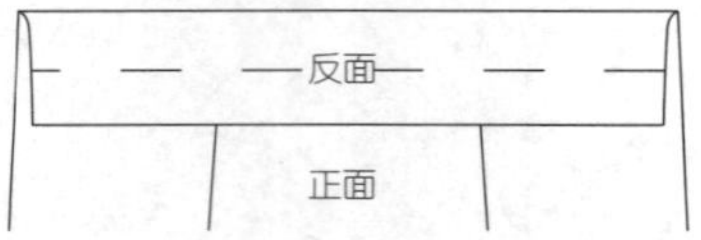

2.在与主体相同的针上，将腰头与其正面相对挂上，做针与针的无缝缝合。

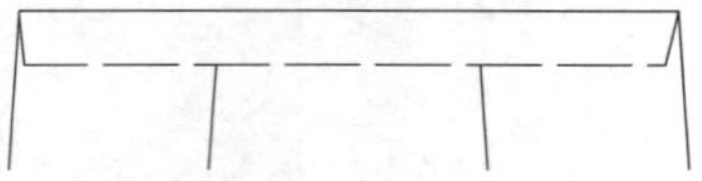

3.将腰头叠成双层编织1行，用另色线编织几行后从针上取下来。

组合方法

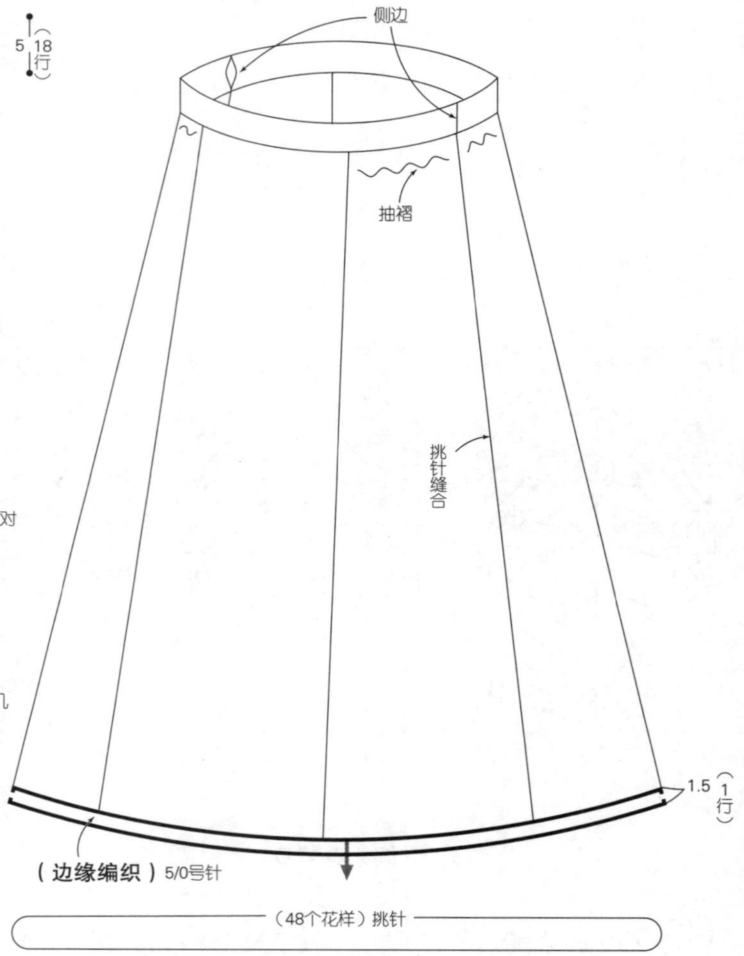

边缘编织

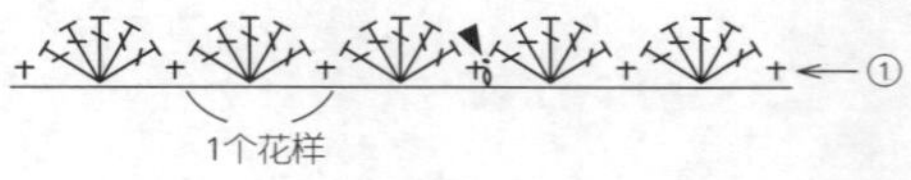

► ＝剪线

反短针

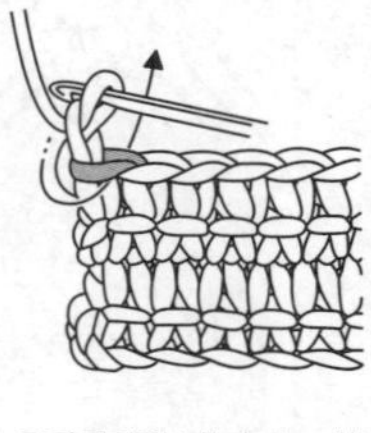

1 不改变织片的方向，钩织1针立起的锁针，按照箭头的方向旋转钩针，插入前一行的上侧2根线中。

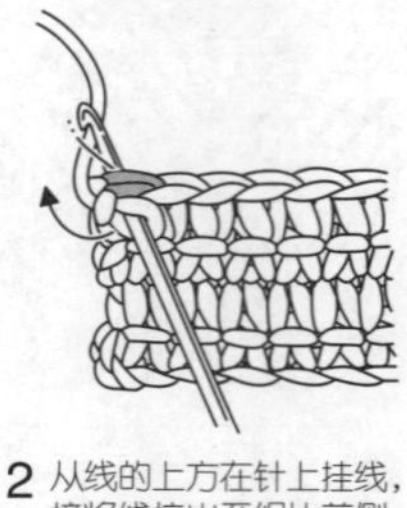

2 从线的上方在针上挂线，直接将线拉出至织片前侧。

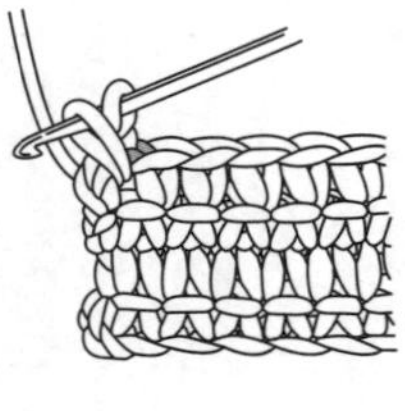

3 将线拉出至织片前侧的样子。

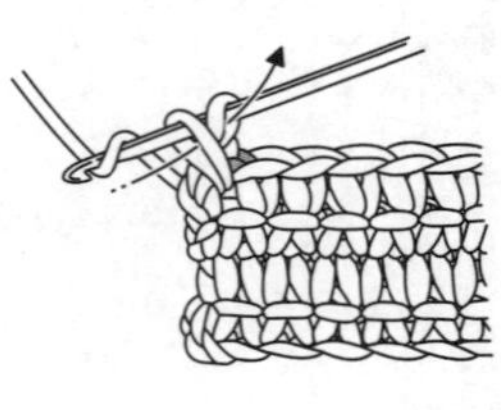

4 钩针上挂线，按照箭头的方向一次性地从2个线圈中引拔出，钩织短针。

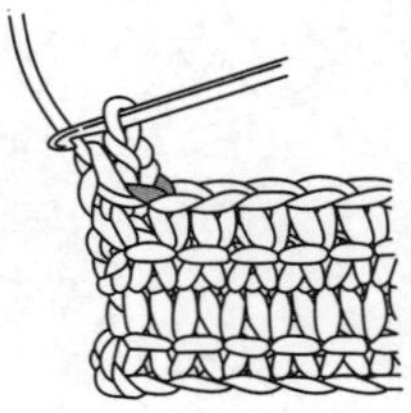

5 反短针编织完成。

材料

和麻纳卡Rich More Saie绿色、红色系段染（2）85g/2团；Chow Chow深棕色（4）65g/2团；手提包用底板24cm×10cm

工具

编织机Amimumemo（6.5mm），钩针10/0号

成品尺寸

宽24cm，包深24cm

编织密度

10cm×10cm面积内：下针编织14针，20行（花片）；14针，16.5行（包底、侧面、提手）

编织要点

●花片用另色线起针，做下针编织。下针编织每隔1针要将针按到位置A（拔针）编织。编织终点编织几行另色线，从编织机上取下织片，做引拔收针。编织起点一侧也做引拔收针，在四周钩织1行短针。底部、侧面、提手与花片使用同样的方法编织、收针。参照组合方法，将各个部分缝合在一起。将提手的指定部分使用毛线缝针挑针缝合在一起。缝上底板即完成。

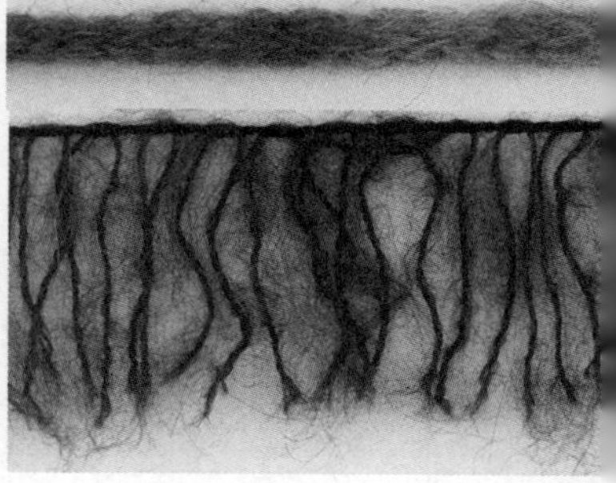

花片 8片

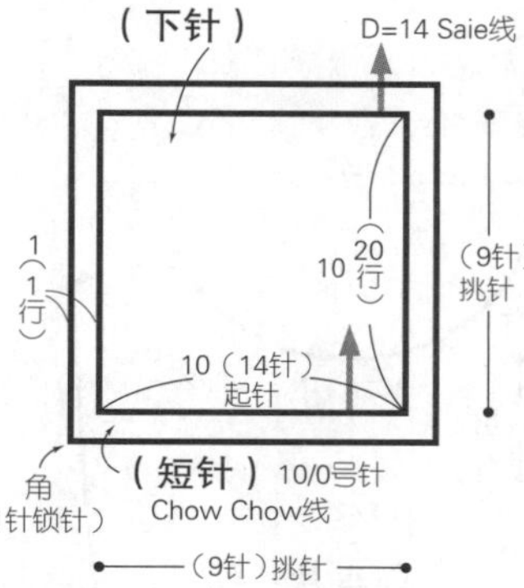

※下针编织的起针是拉出双倍的针，再每隔1针将针按到位置A编织

底部、侧面、提手

花片的转角的编织方法

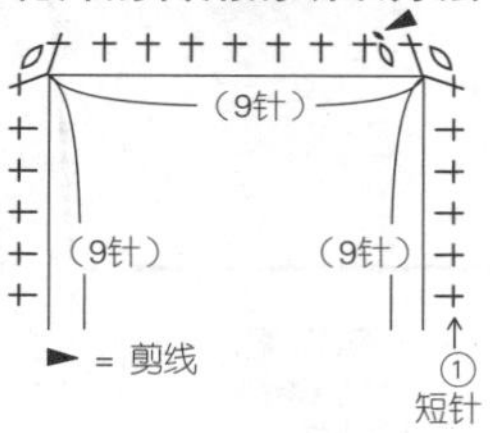

组合方法

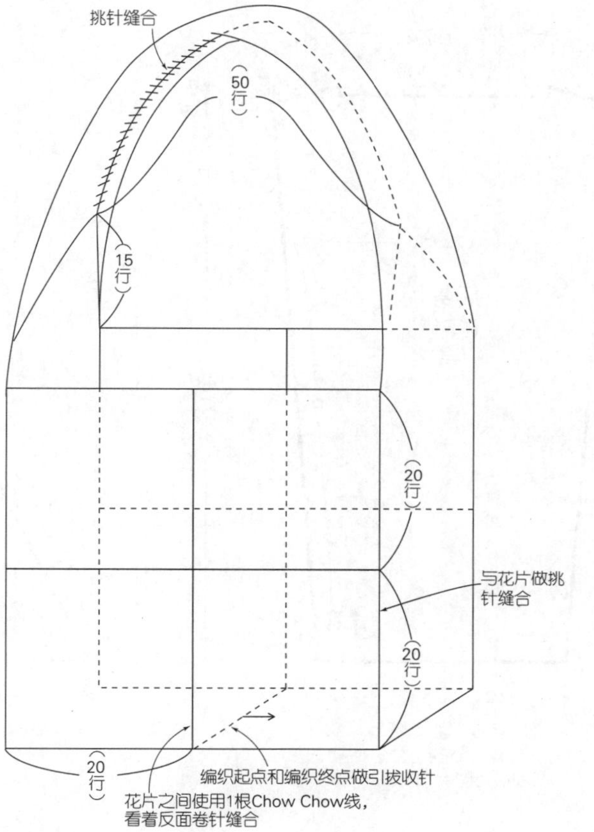

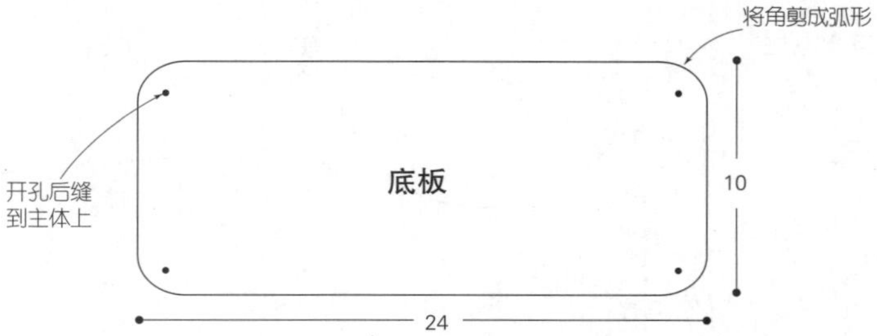

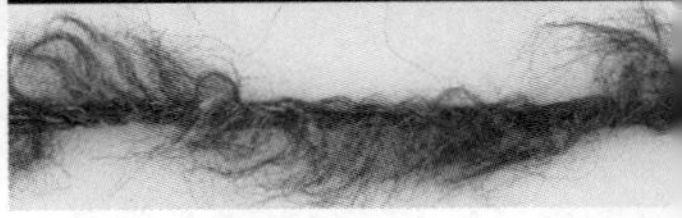

材料

[套头衫] 和麻纳卡 Rich More Maine Coon 粉色系段染(6) 260g/7团

[袖套] 和麻纳卡 Rich More Maine Coon 粉色系段染(6) 60g/2团

工具

编织机 Amimumemo(6.5mm)，钩针7/0号

成品尺寸

[套头衫] 胸围94cm，肩宽35cm，衣长62cm，袖长37.5cm

[袖套] 掌围21cm，长39cm

编织密度

10cm×10cm面积内：下针编织12.5针，25.5行

编织要点

●套头衫…身片、袖用另色线起针，做下针编织。做下针编织时每隔1针要将针按到位置A（拔针）编织。加1针时，要将边上的针目移至外侧的针上，将边上第2针下面1行的针目挑起，挂到空出来的针上。减针编织参见第83页。衣领看着织片的正面，挂到指定数量的针上，前、后身片分别做下针编织。肩部正面相对，做针与针的无缝缝合后，编织1行，引拔收针。身片和胁部、袖下、前领和后领使用毛线缝针挑针缝合。身片、袖的编织起点以及衣领的编织终点使用2根线并为1股做引拔收针。使用钩针将衣袖引拔接合到身片上。

●袖套…与套头衫的编织方法相同。编织起点和编织终点使用2根线并为1股做引拔收针。参照组合方法挑针缝合成环形。

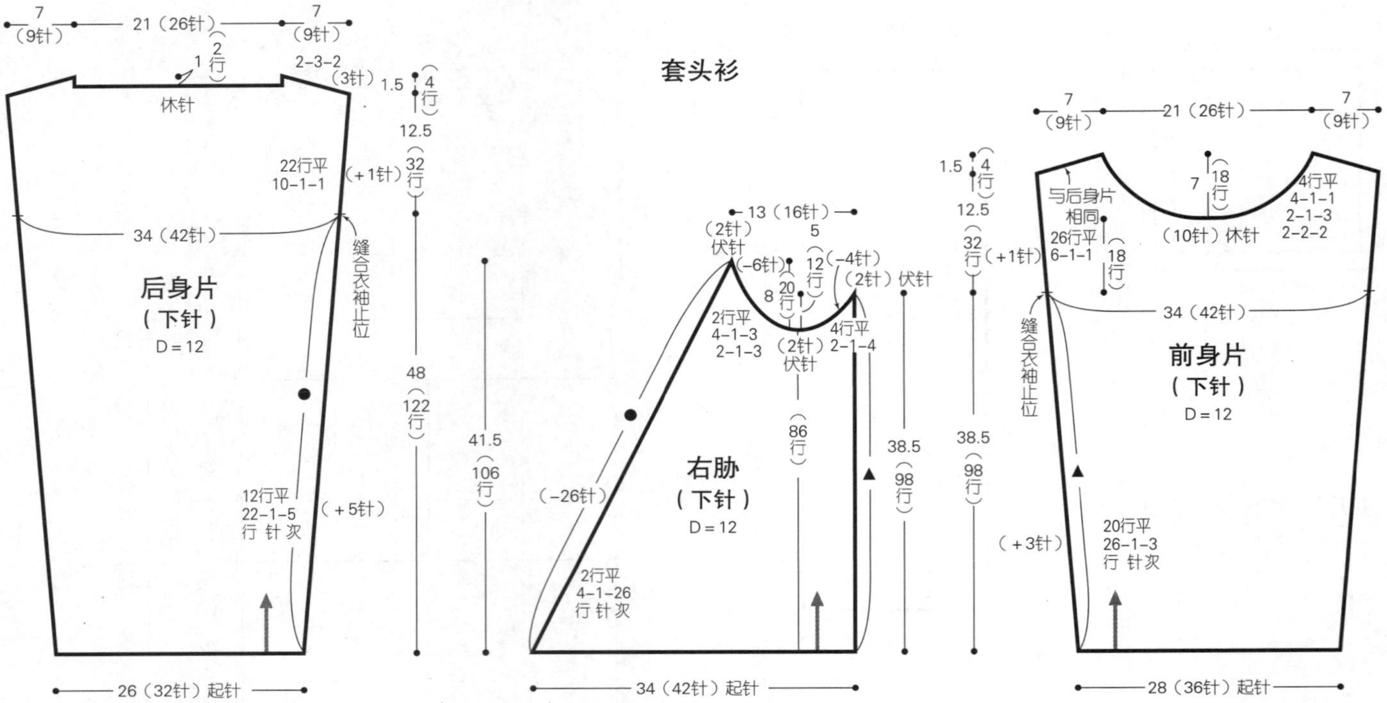

※ 对齐标记之间挑针缝合

※ 下针编织的起针是拉出双倍的针，再每隔1针将针按到位置A编织

※ 左胁对称编织

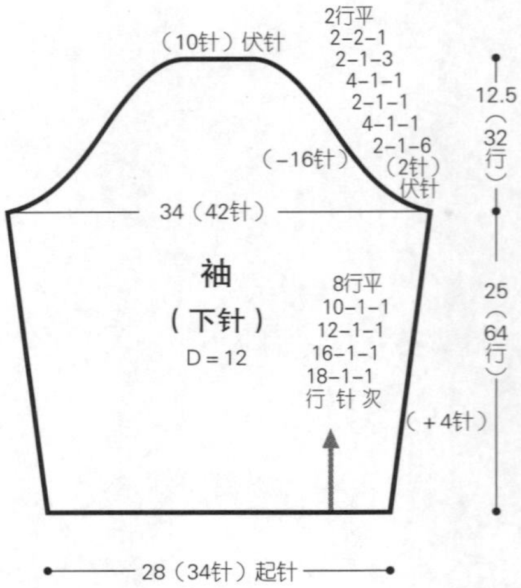

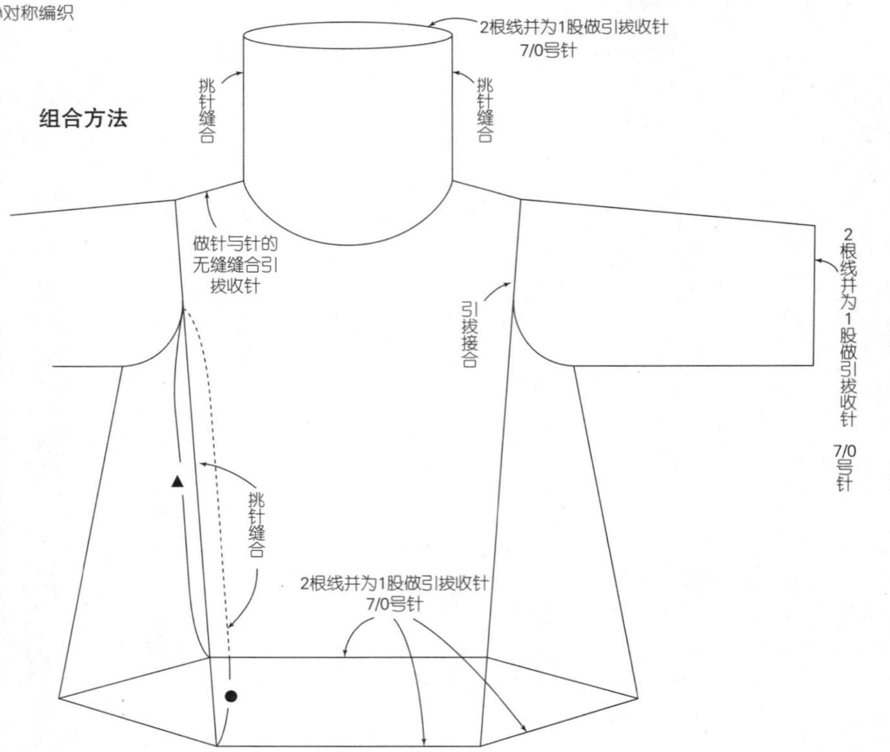

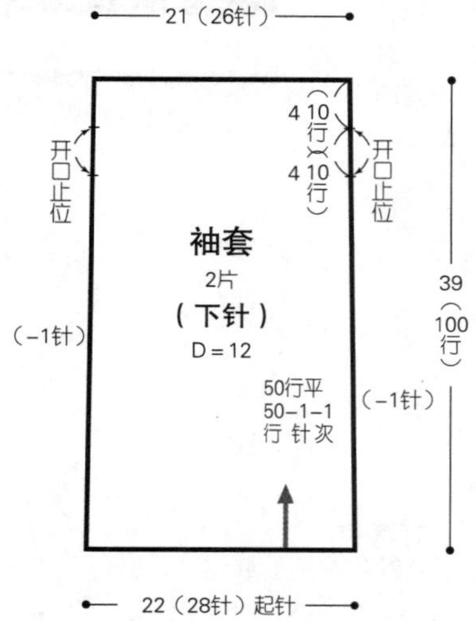

组合方法

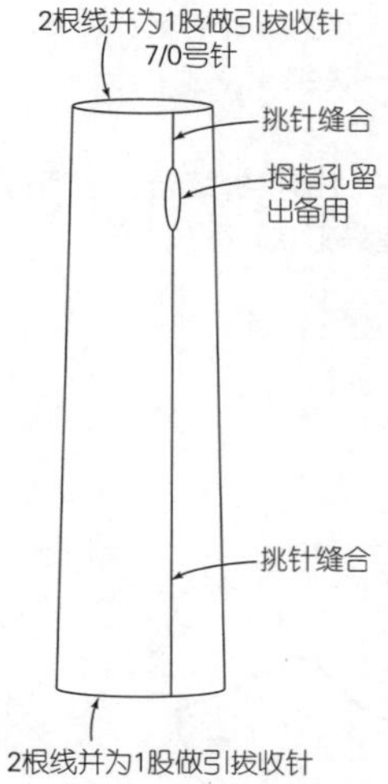

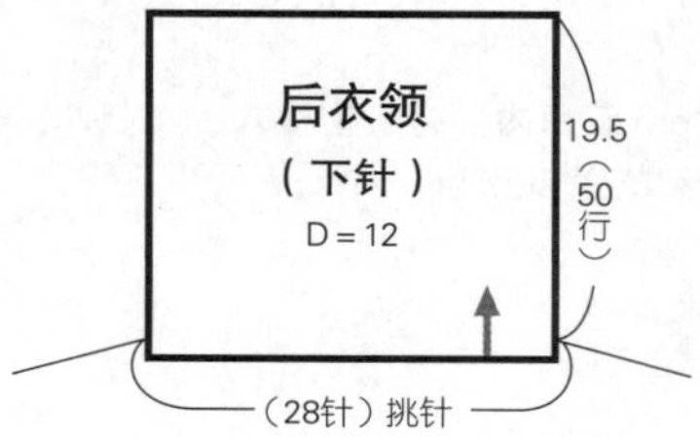

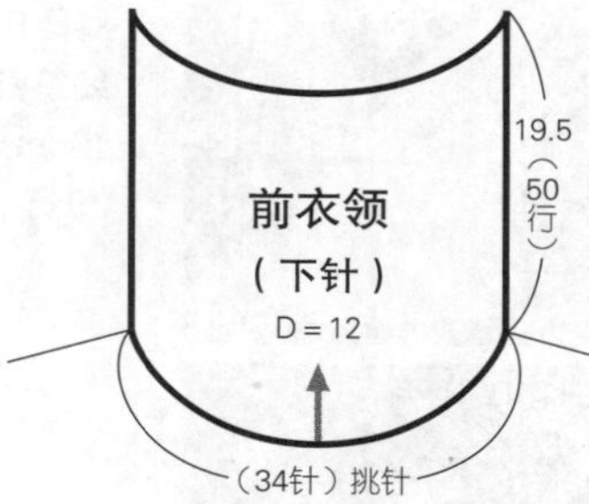

手指挂线编织单罗纹针起针
右端为2针下针、左端为1针的情况

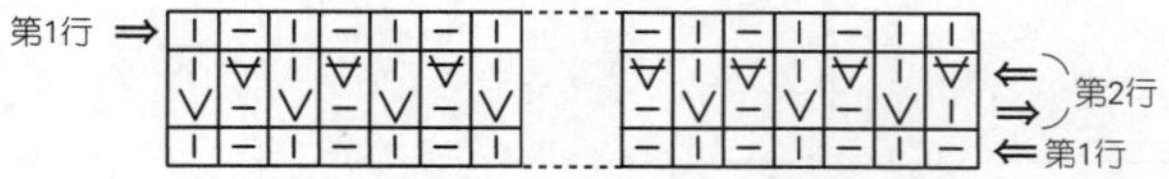

V ＝从反面编织时编织浮针

∀ ＝浮针

※短线头的一端留出大约3倍编织宽度的长度，短线头挂在拇指上，连接着毛线球的一端挂在食指上

第1行

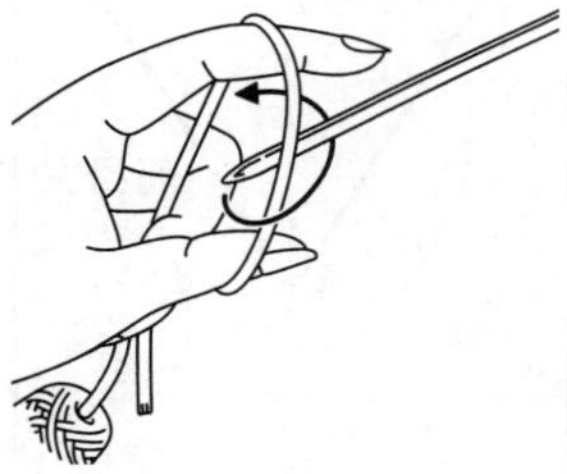

1 将棒针放在线的后侧，按照箭头的方向转动，起1针。

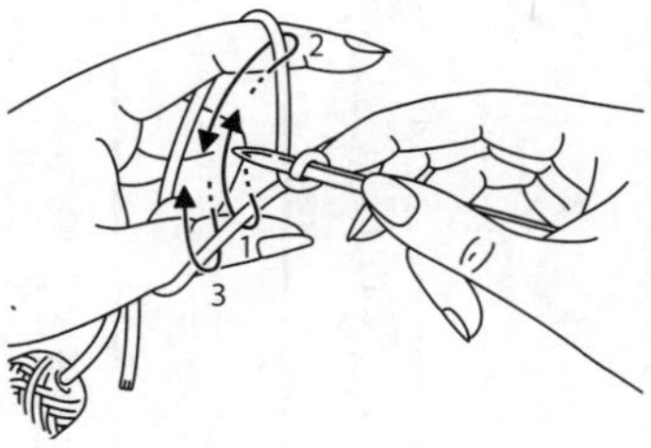

2 按照1、2、3的顺序移动针，起下一针。

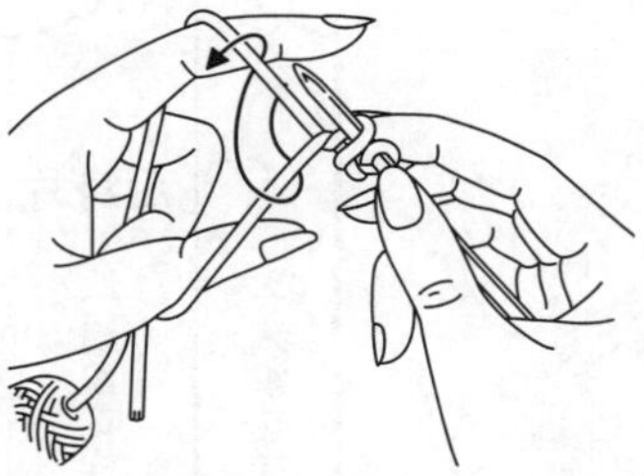

3 按照箭头的方向移动棒针，起第3针。重复步骤2、3，最后以步骤2结束。

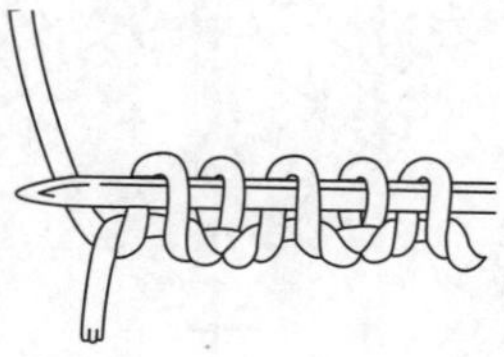

4 第1行左端的状态。

第2行

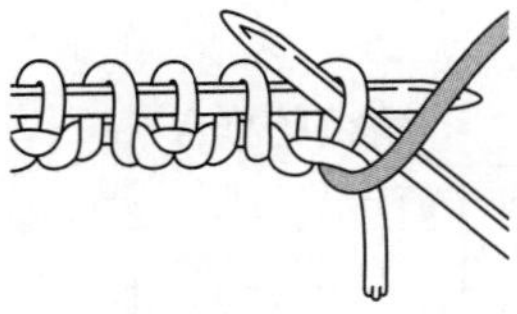

5 翻转织片。这一行只编织下针。右端的针目不编织，将线留在织片前侧，直接移至右棒针，成为浮针。

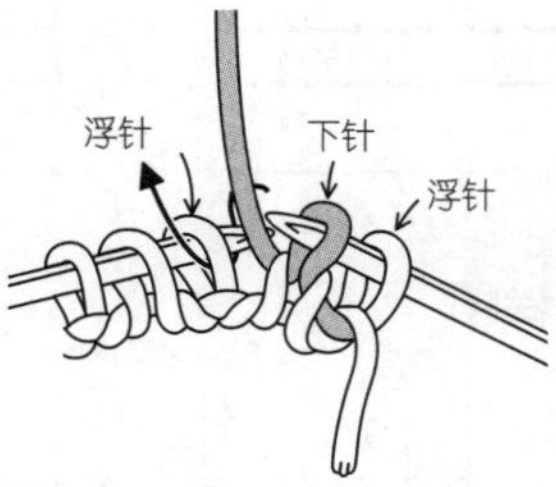

6 第2针编织下针，第3针编织浮针。

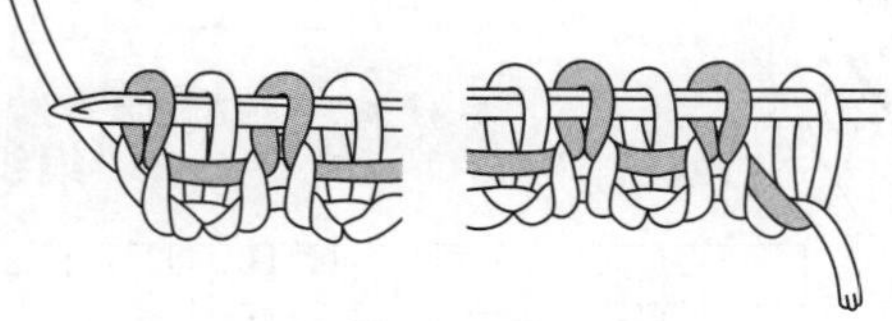

7 交替编织“1针下针、1针浮针”，到边缘为止。

8 翻转织片，第1针编织浮针。

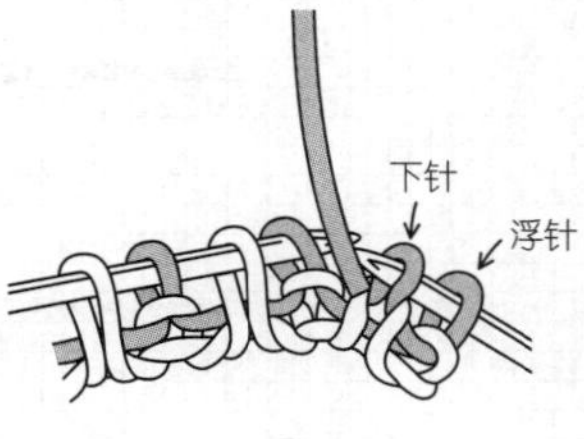

9 第2针编织下针。之后，交替编织“1针下针、1针浮针”，到边缘为止。

第3行

10 从边缘开始交替编织1针上针、1针下针。

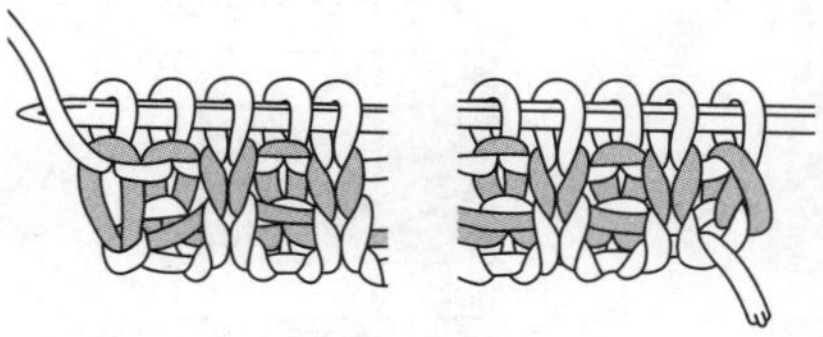

11 最后一针编织上针。第3行编织完成后的样子。

材料

和麻纳卡 Wash Cotton 白色（1）235g/6团，蓝色（12）30g/1团，红色（10）20g/1团

工具

棒针6号、4号、2号，钩针4/0号

成品尺寸

胸围90cm，衣长49.5cm，连肩袖长19cm

编织密度

10cm×10cm面积内：编织花样A 21.5针，29行；编织花样B 28针，29行

编织要点

●身片…另线锁针起针，做编织花样A、花样B。下摆拆开另线锁针，挑针编织双罗纹针。编织终点做双罗纹针收针。育克从身片和另外编织的双罗纹针的起针挑针，一边调整编织密度一边编织双罗纹针条纹。编织终点做双罗纹针收针。

●组合…胁部挑针缝合。袖窿编织1行引拔针，整理好形状。

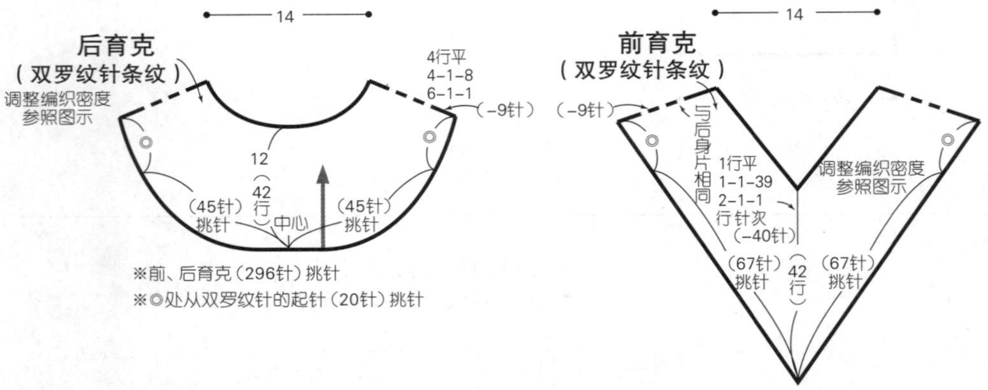

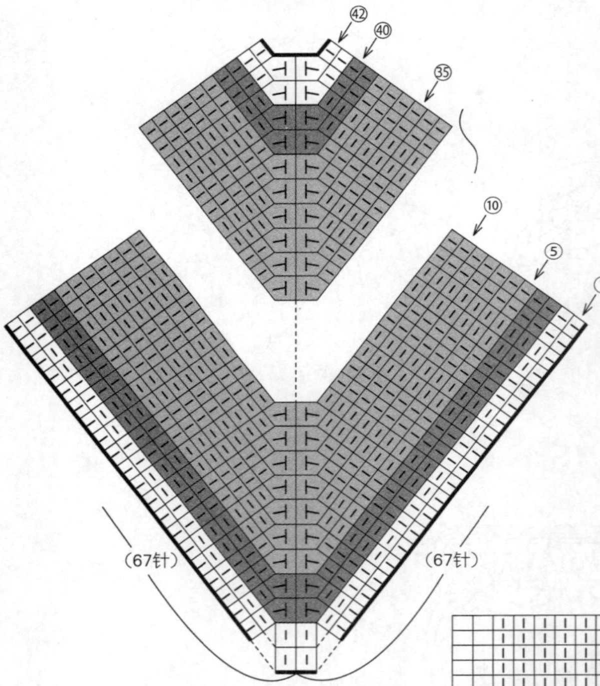

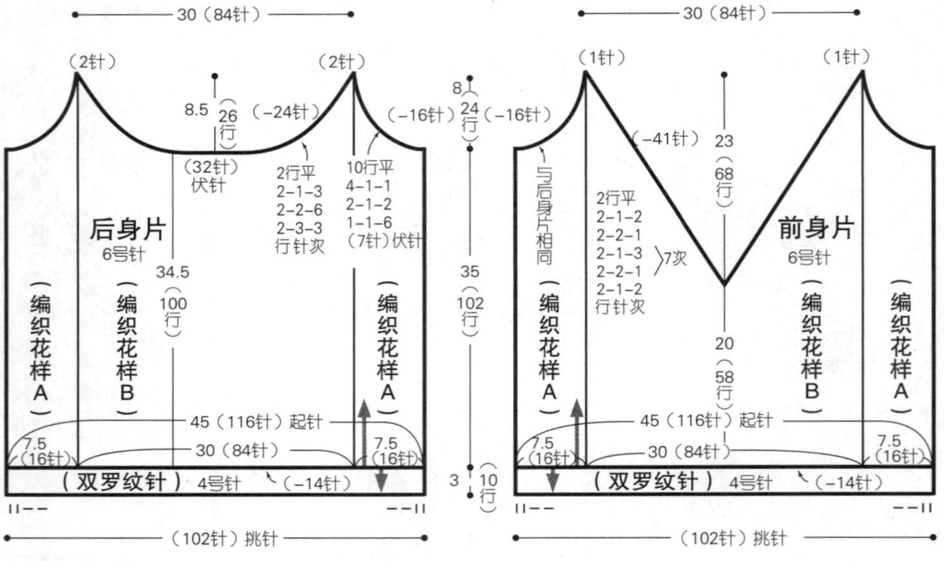

※除指定以外均用白色线编织

双罗纹针条纹的配色和密度调整

行	颜色	针号
第41、42行	白色	2号针
第39、40行	红色	2号针
第31～38行	蓝色	2号针
第29、30行	红色	2号针
第23～28行	白色	3号针
第21、22行	红色	3号针
第15～20行	白色	3号针
第13、14行	红色	4号针
第5～12行	蓝色	4号针
第3、4行	红色	4号针
第1、2行	白色	4号针

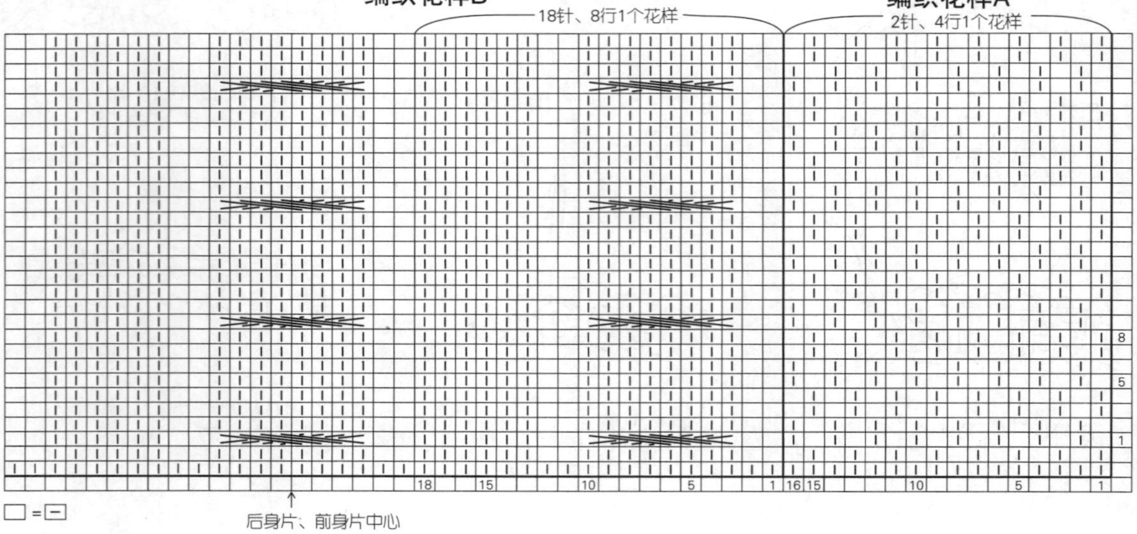

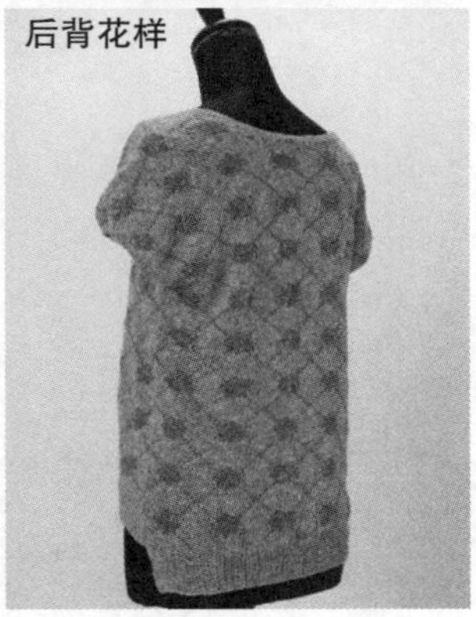
后背花样

材料

和麻纳卡 Flax S 灰色(24) 180g/8团，蓝色(27) 55g/3团，紫色(25) 30g/2团

工具

棒针5号、3号

成品尺寸

胸围98cm，衣长60.5cm，连肩袖长33.5cm

编织密度

10cm×10cm面积内：配色花样20针，29行

编织要点

●身片…另线锁针起针，编织配色花样。使用纵向渡线的方法编织配色花样。加针时，在1针内侧编织扭针加针。领窝减针时，2针以上时做伏针减针，1针时立起侧边1针减针。参照图示，做下针刺绣。下摆拆开锁针起针挑针，编织单罗纹针。编织终点做单罗纹针收针。

●组合…肩部盖针接合。胁部使用毛线缝针挑针缝合。衣领、袖口挑取指定数量的针数，编织单罗纹针。编织终点做单罗纹针收针。

配色花样

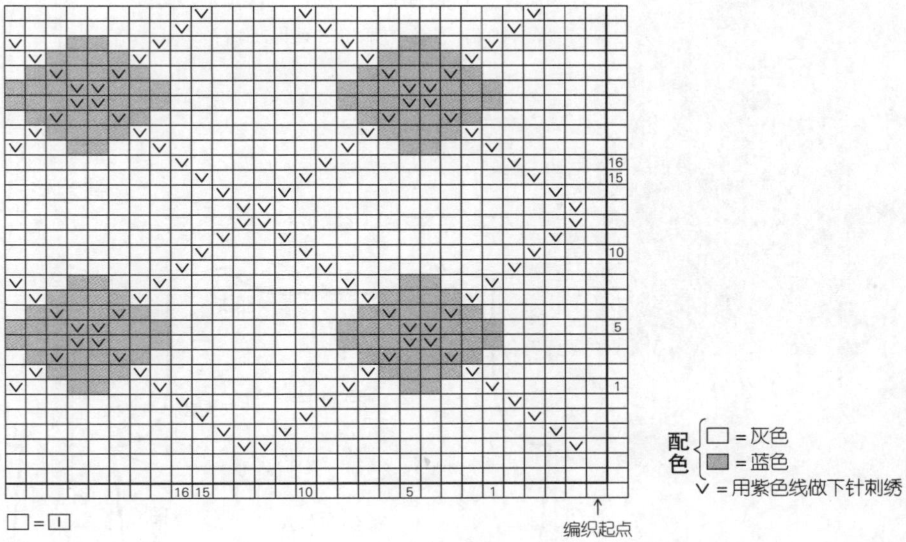

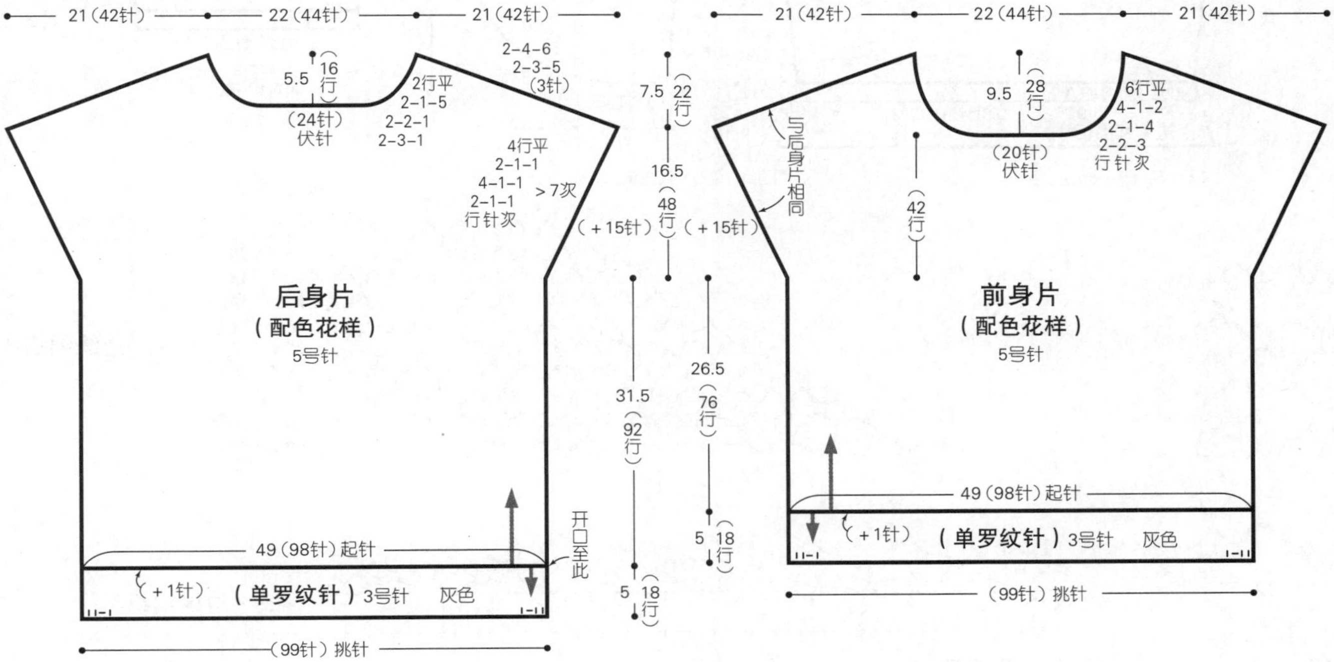

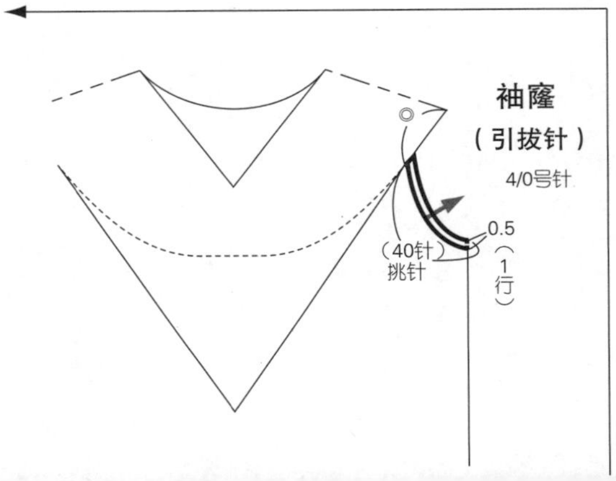

衣领、袖口(单罗纹针) 3号针 灰色

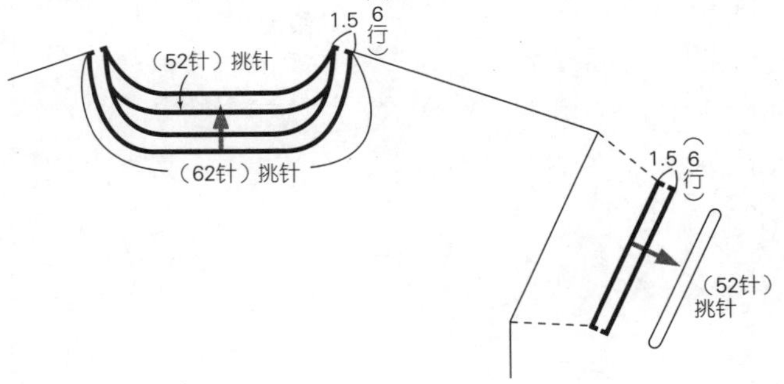

材料

[套头衫]

和麻纳卡 Cut Glass 粉色(4) 290g/15团；直径28mm的包扣扣芯1个

[背心]

和麻纳卡 Cut Glass 粉色(4) 250g/13团

工具

蕾丝针0号

成品尺寸

[套头衫] 胸围94cm，肩宽35cm，衣长49cm，袖长38cm

[背心] 胸围90cm，肩宽33cm，衣长50cm

编织密度

10cm×10cm面积内：编织花样A 4.5个花样，18行；编织花样B 38针，14行

编织要点

[套头衫]

●身片、袖…锁针起针，钩织编织花样A。肋部、袖窿、领窝、袖下、袖山参照图示加减针编织。

●组合…肩部卷针缝合，肋、袖下使用引拔的锁针缝合。下摆、前门襟、衣领钩织3行边缘编织A，然后在前门襟指定位置加线，钩织10行边缘编织B。袖口做边缘编织A。钩织扣襻和包扣，固定在指定位置。

[背心]

锁针起针，钩织编织花样B。领口的边缘编织B从反面挑取边缘编织A的第2行钩织。

套头衫

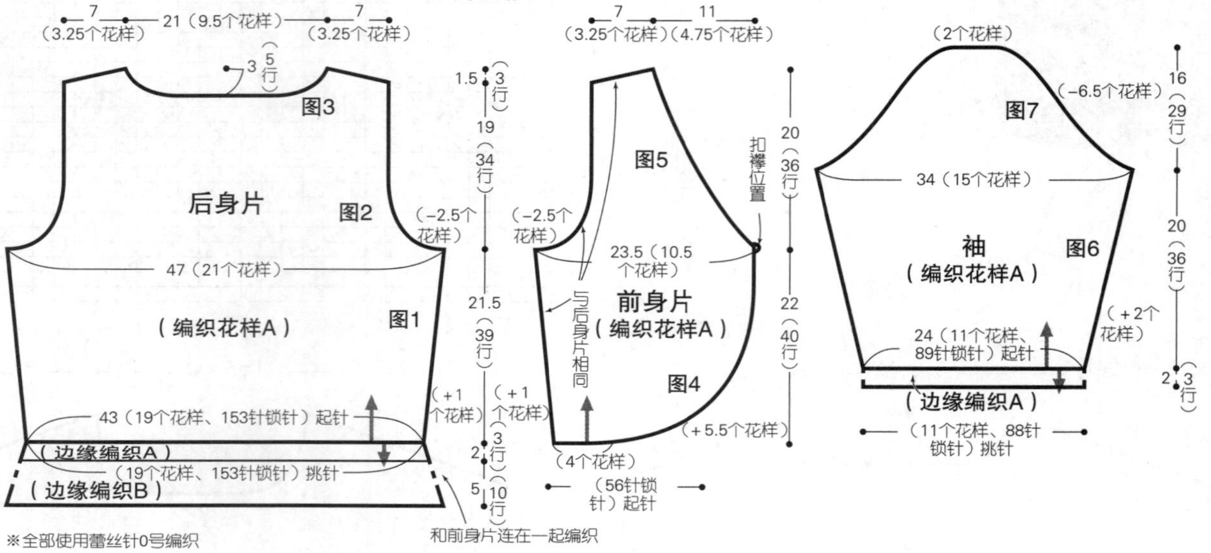

※全部使用蕾丝针0号编织

和前身片连在一起编织

编织花样A

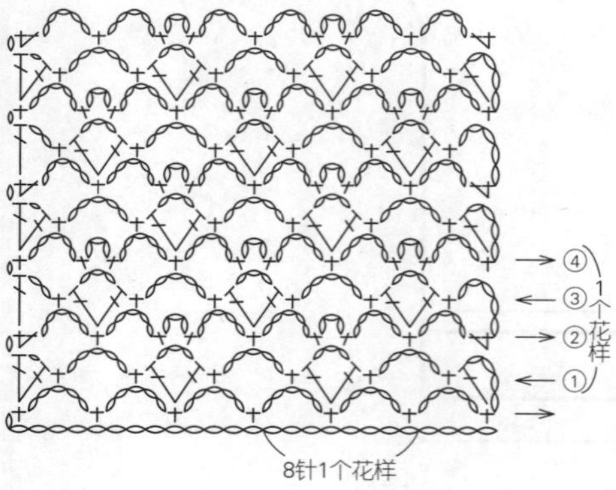

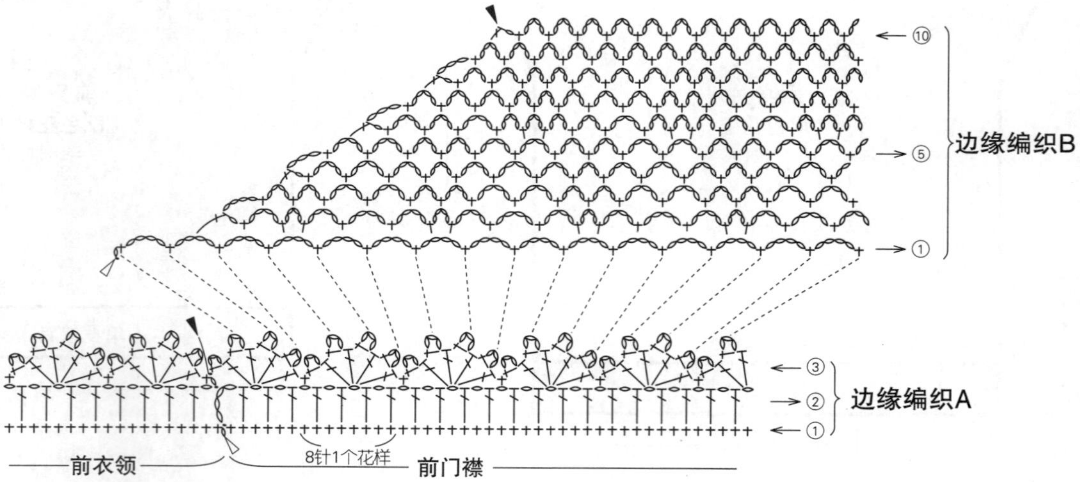

包扣 1个

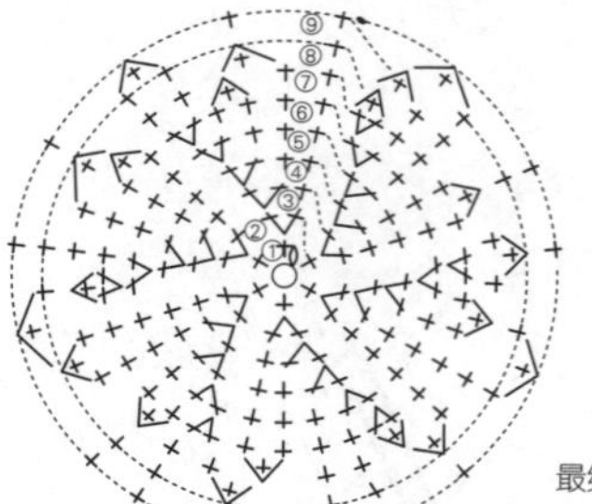

最终行的头部穿线，塞入包扣扣芯并收紧

扣襻

(双重锁针)

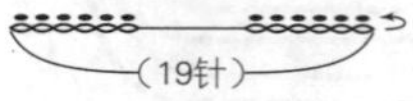

▷ =加线
▶ =剪线

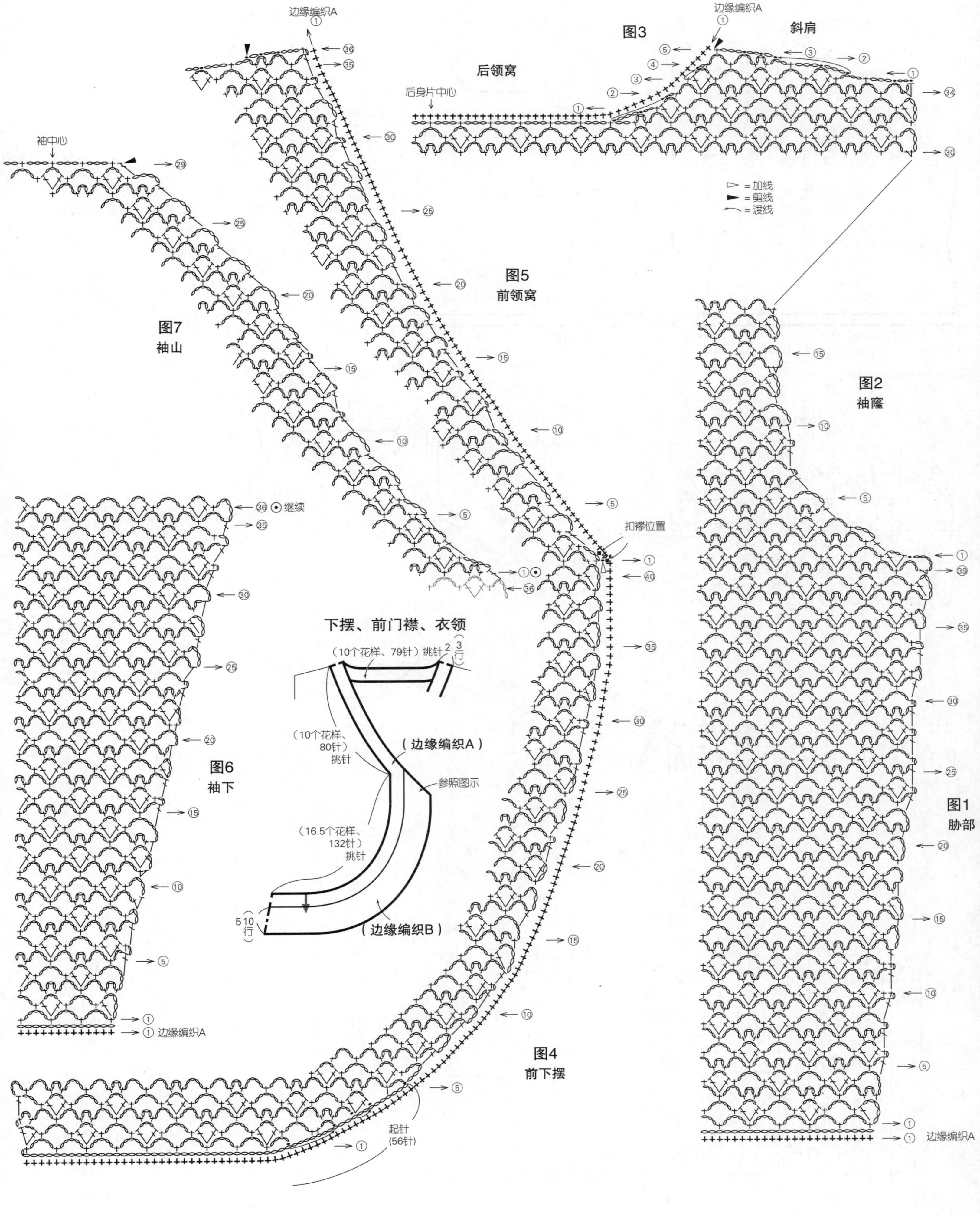

边缘编织A
图3
斜肩
后领窝
后身片中心
= 加线
= 剪线
= 渡线
袖中心
图5
前领窝
图7
袖山
图2
袖窿
36 ⊙ 继续
扣襻位置
1 ⊙
下摆、前门襟、衣领
（10个花样、79针）挑针
2（3行）
（10个花样、80针）挑针
（边缘编织A）
参照图示
（16.5个花样、132针）挑针
5（10行）
（边缘编织B）
图6
袖下
1 边缘编织A
图1
胁部
图4
前下摆
起针（56针）

背心

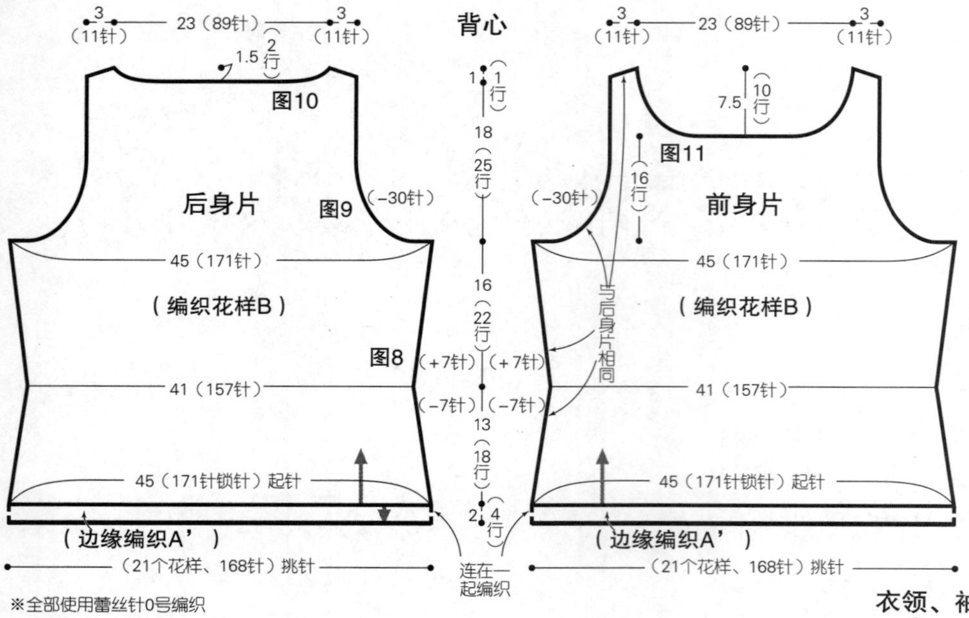

※全部使用蕾丝针0号编织

编织花样B

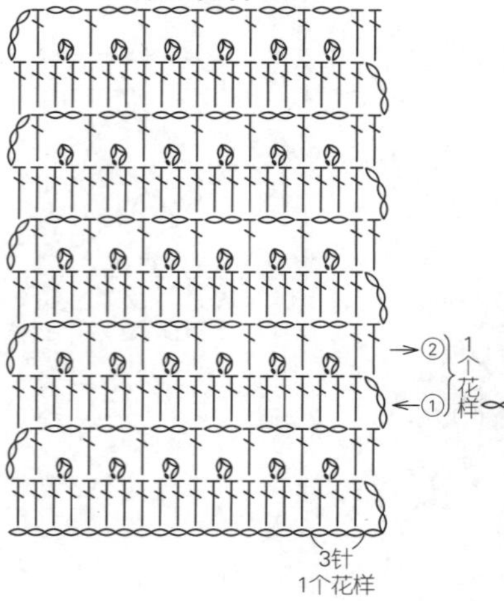

边缘编织

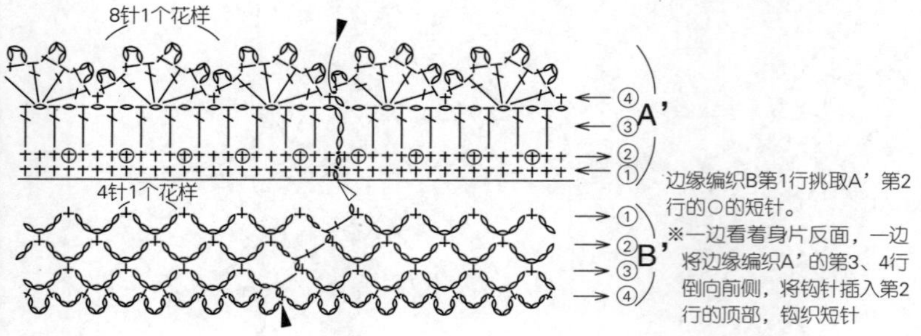

边缘编织B第1行挑取A'第2行的○的短针。

※一边看着身片反面，一边将边缘编织A'的第3、4行倒向前侧，将钩针插入第2行的顶部，钩织短针

衣领、袖窿（边缘编织A'）

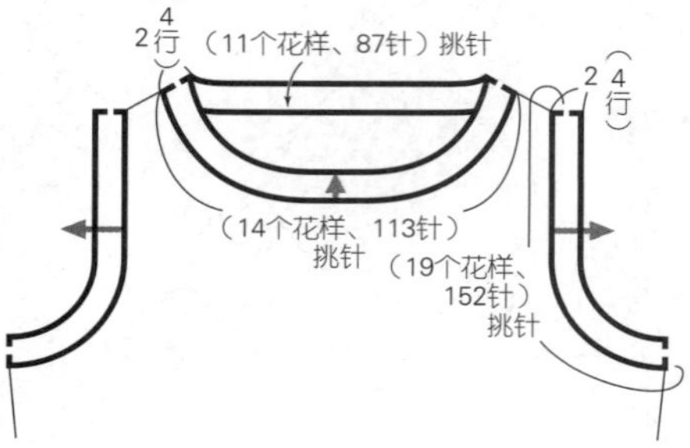

前领窝饰边（边缘编织B'）

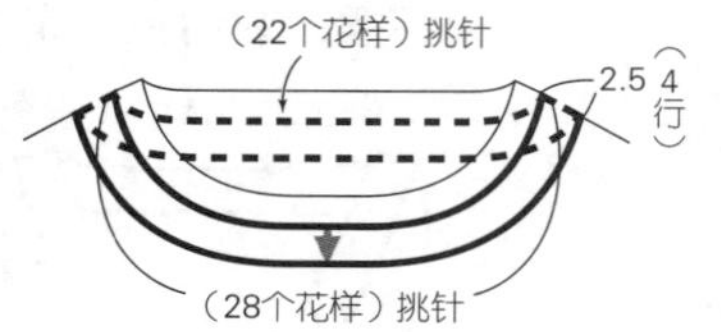

图10　后领窝

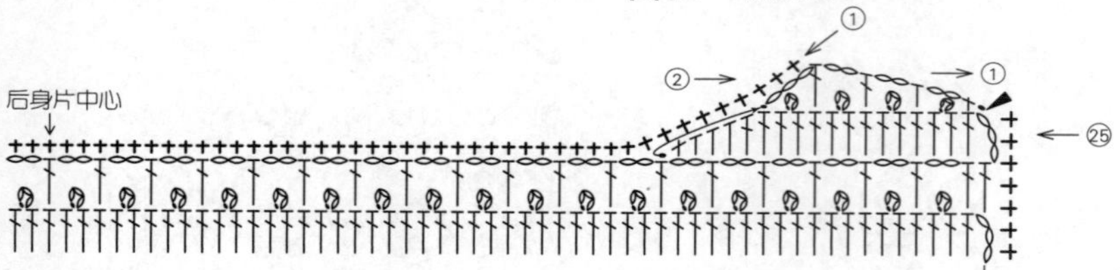

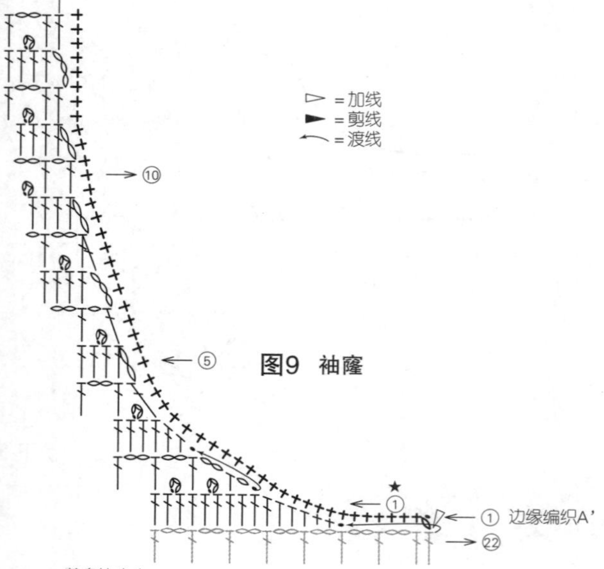

图9　袖窿

▷ =加线
◀ =剪线
⌒ =渡线

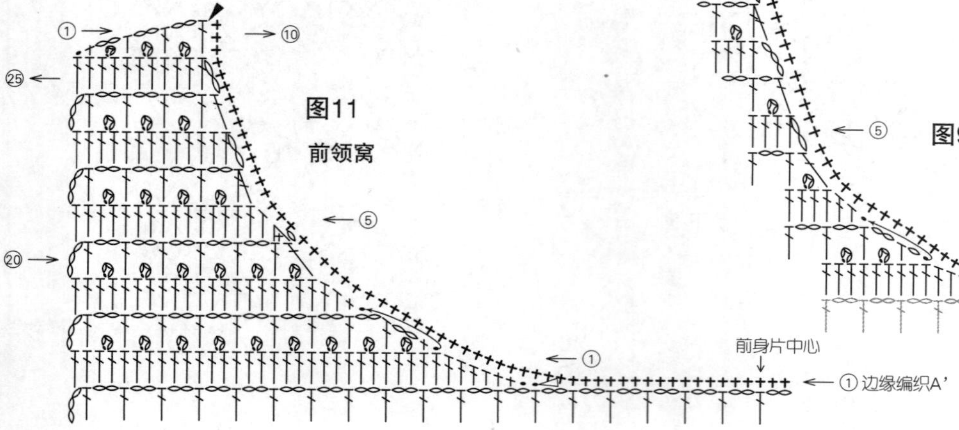

图11
前领窝

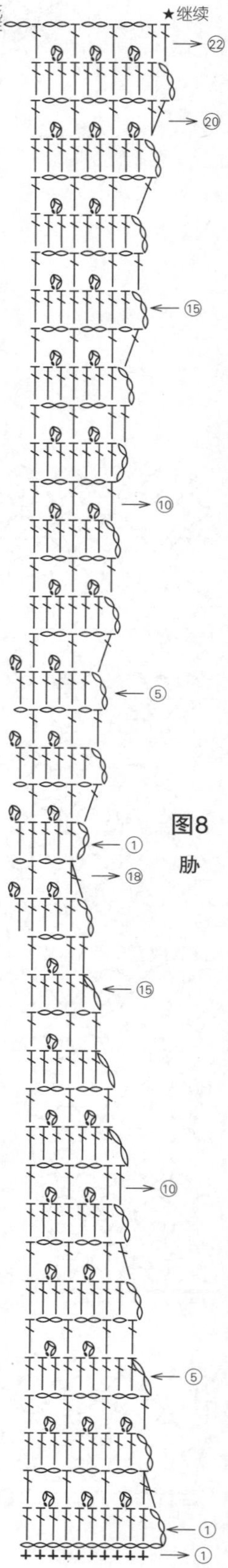

图8
胁

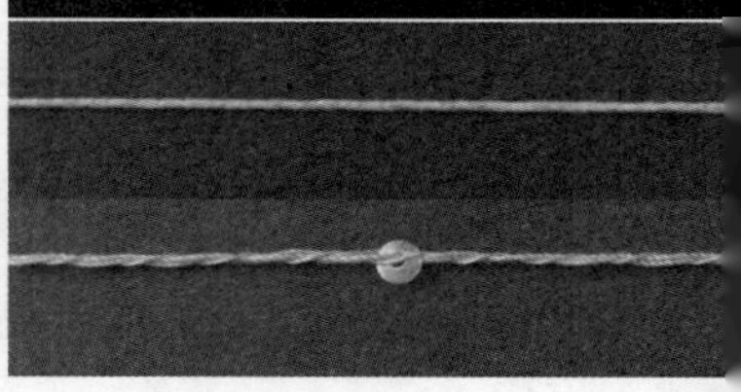

材料

[马甲] 芭贝 Saint Gilles 沙米色(103) 150g/6团；Spangle Cotton 沙米色(20) 160g/8团

[腰带] 芭贝 Saint Gilles 沙米色(103) 25g/1团；Spangle Cotton 沙米色(20) 30g/2团

工具

钩针6/0号

成品尺寸

[马甲] 胸围86cm，肩宽35cm，衣长71.5cm

[腰带] 宽6cm，长142cm

编织密度

10cm×10cm面积内：编织花样27针，8.5行

编织要点

[马甲]

●身片…锁针起针，钩织编织花样。Saint Gilles线和Spangle Cotton线各取1根并为1股编织。肋部、袖窿、领窝参照符号图减针编织。

●组合…肩部使用引拔的锁针接合，肋部也使用引拔的锁针接合。下摆、前门襟、衣领、袖窿环形做边缘编织。

[腰带]

锁针起针钩织长针，周围做边缘编织即完成。

马甲

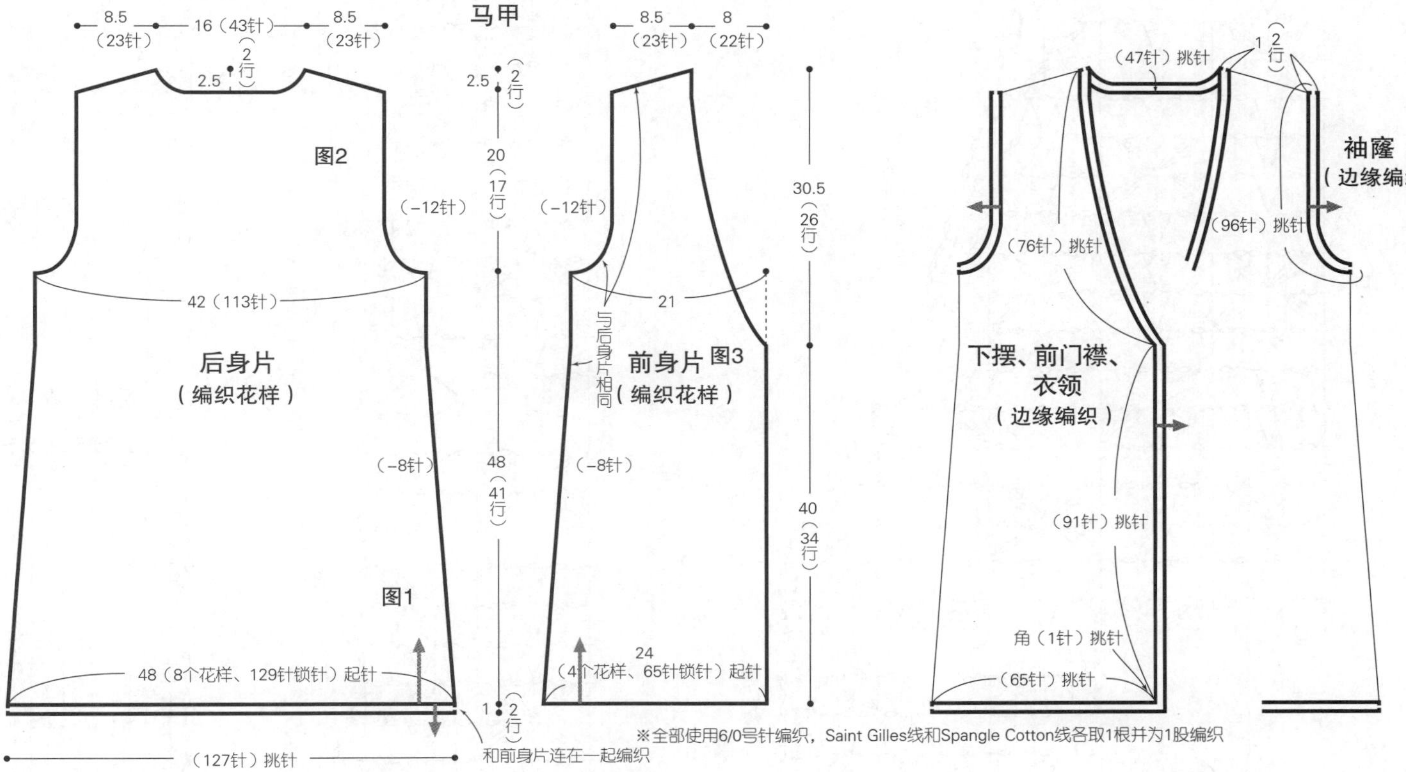

※全部使用6/0号针编织，Saint Gilles线和Spangle Cotton线各取1根并为1股编织

编织花样

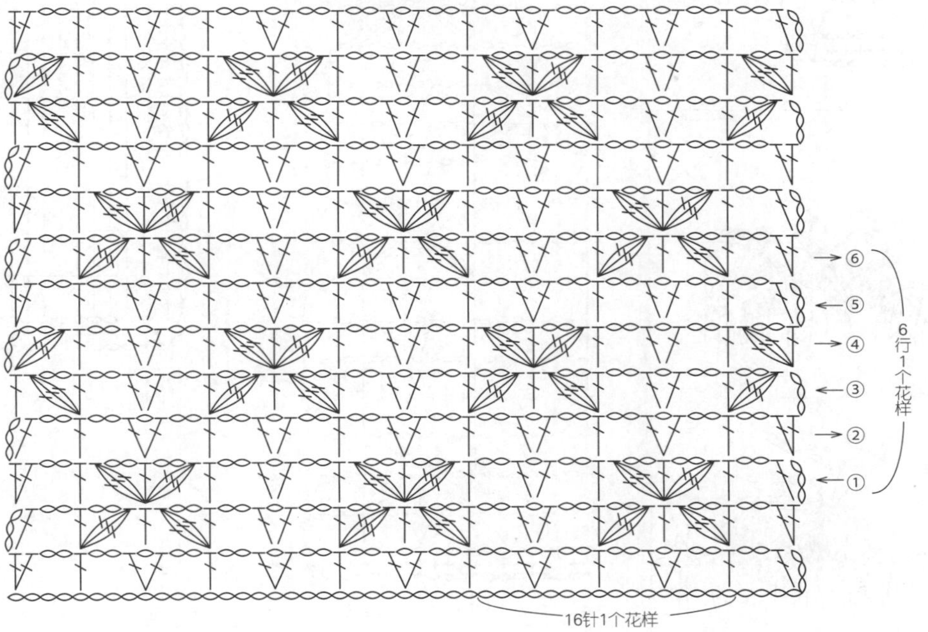

腰带 图4

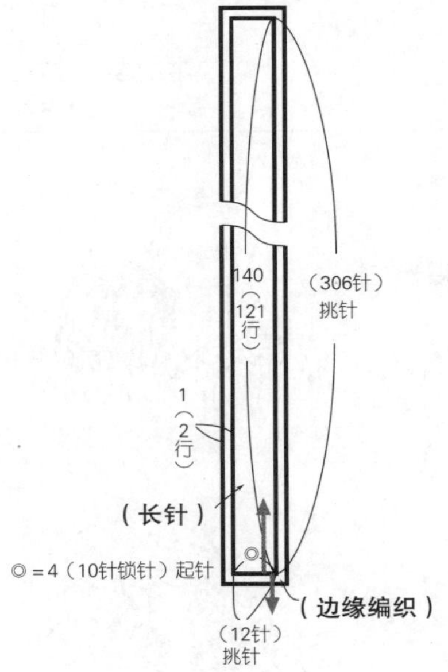

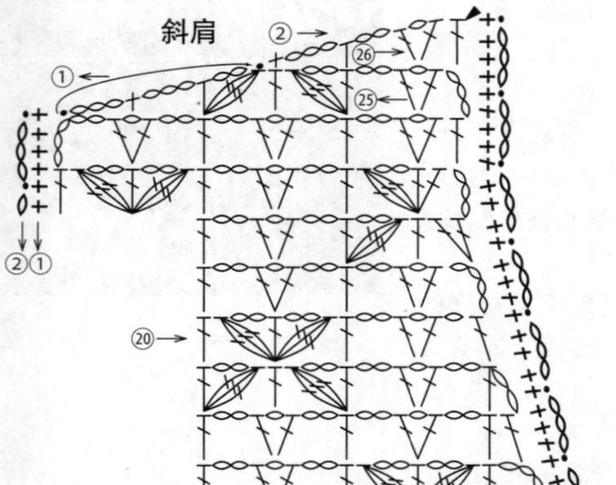
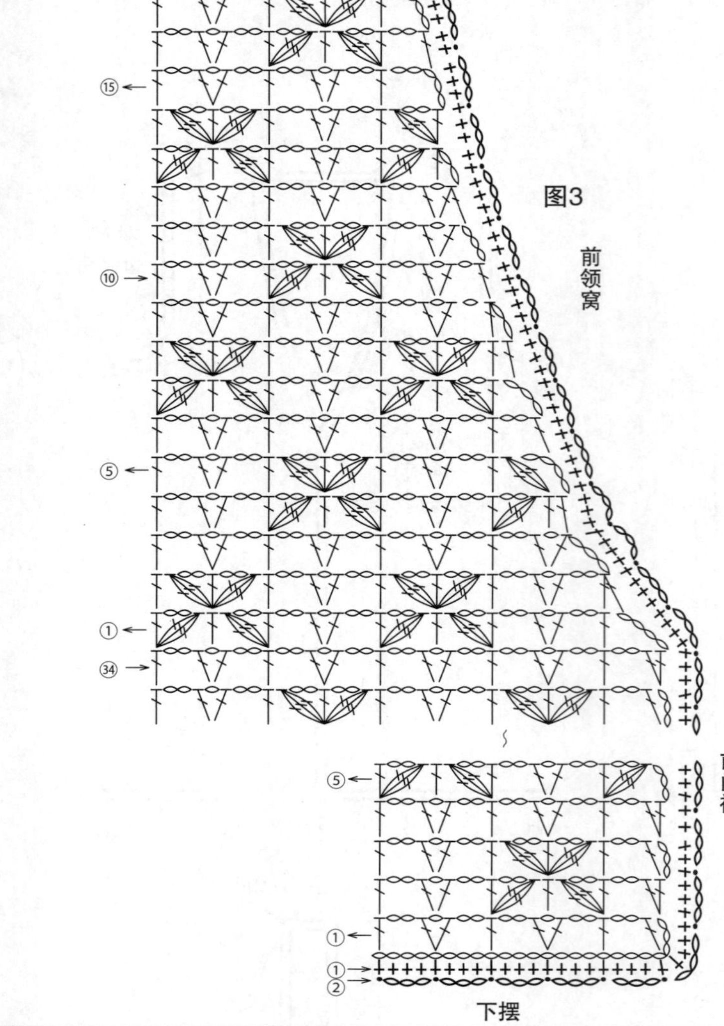

图3

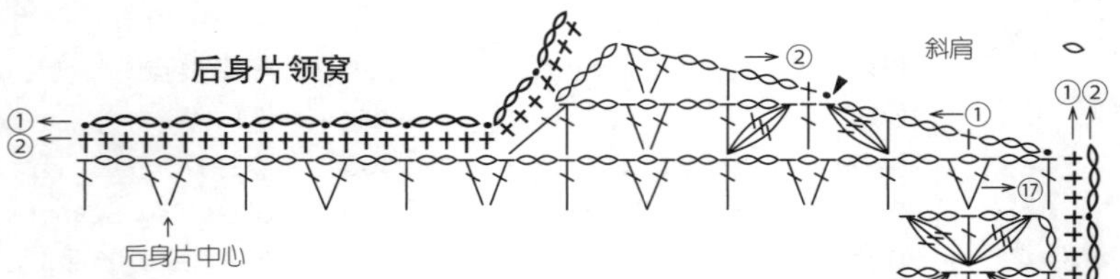

▷ = 加线
▶ = 剪线
⌒·⌒ = 渡线

边缘编织

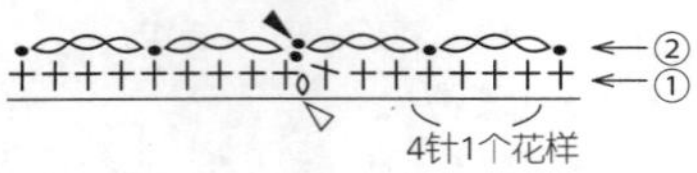

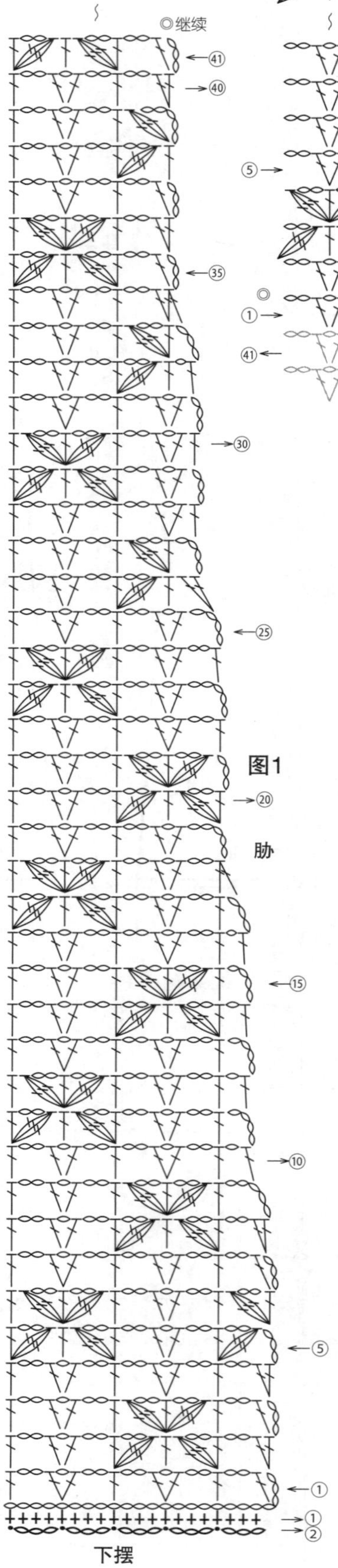

图1

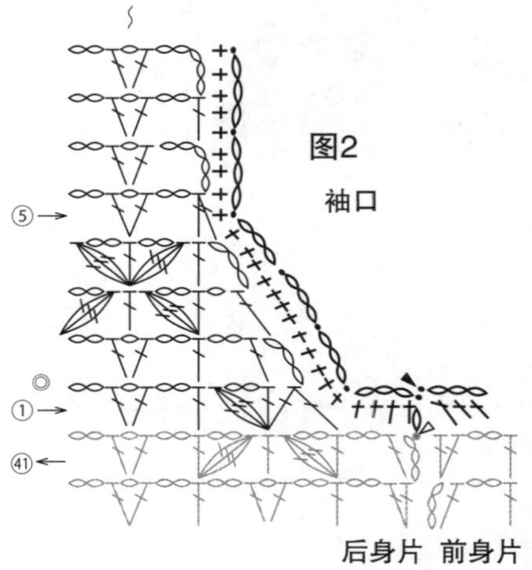

图2

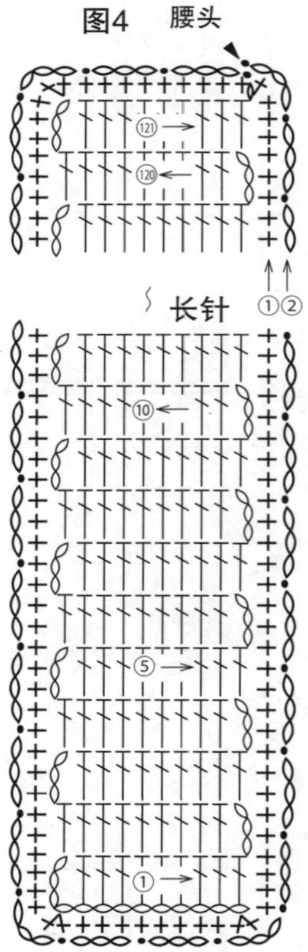

图4

1针放5针长针的爆米花针

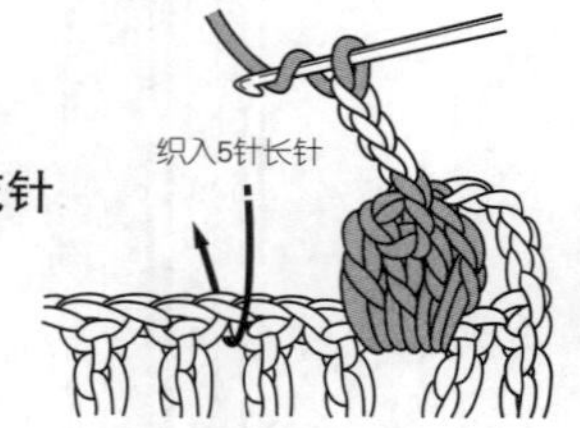

1 钩针挂线，按箭头方向入针，整段挑起前一行的锁针钩织。

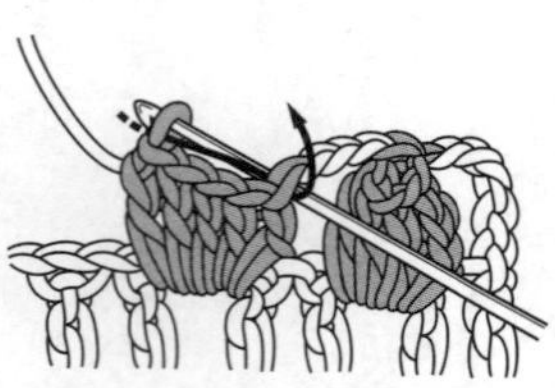

2 钩织5针长针，暂时取下钩针，将钩针重新插入长针的最初一针和第5针中。

3 将第5针拉出来，然后钩织1针锁针使其收紧。

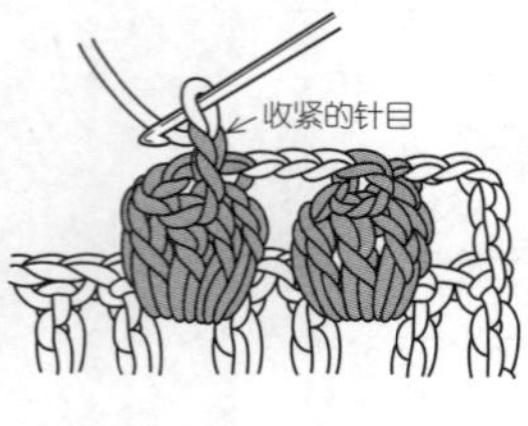

4 钩织完成2个整段挑起的爆米花针的情形。

材料

芭贝 Arabis 红色(8462)、粉色(1702)各115g/3团，蓝色(1523)85g/3团，黄色(1818)70g/2团，薰衣草色(1718)60g/2团，深紫色(1073)50g/2团，茶色(1718)、原白色(4001)各30g/1团，黄绿色(1516)20g/1团

工具

钩针3/0号

成品尺寸

胸围84cm，肩宽30cm，衣长81.5cm

编织密度

10cm×10cm面积内：中长针条纹26针，15.5行

编织要点

●身片、袖…锁针起针，钩织中长针条纹。中长针条纹每次换色都要剪线。胁部、袖窿、领窝、斜肩参照图示减针钩织。裙子部分从起针反面挑针，一边分散加针，一边钩织中长针条纹。最后钩织1行短针。袖参照符号图钩织袖山，从反面挑起锁针起针，钩织裙边。

●组合…肩部使用毛线缝针卷针缝缝合。胁部使用引拔的锁针接合。衣领环形编织3行短针。袖和身片使用引拔针接合。

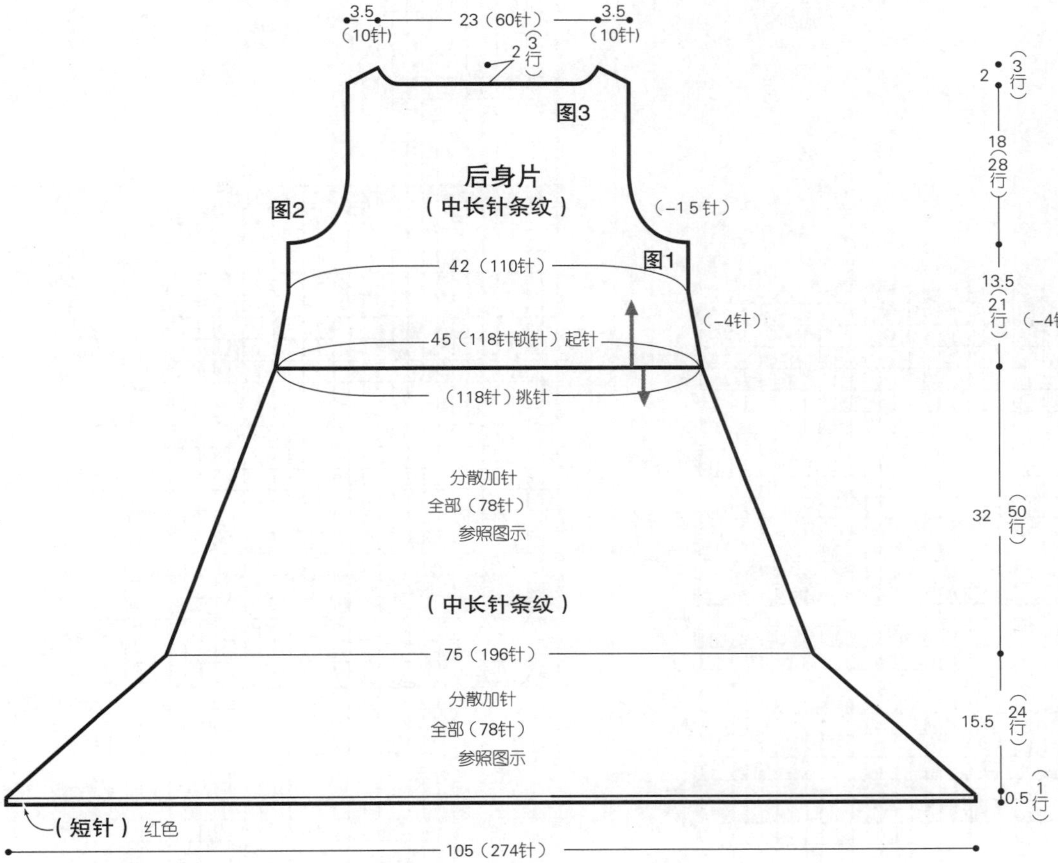

※ 全部使用3/0号针编织

中长针条纹的配色

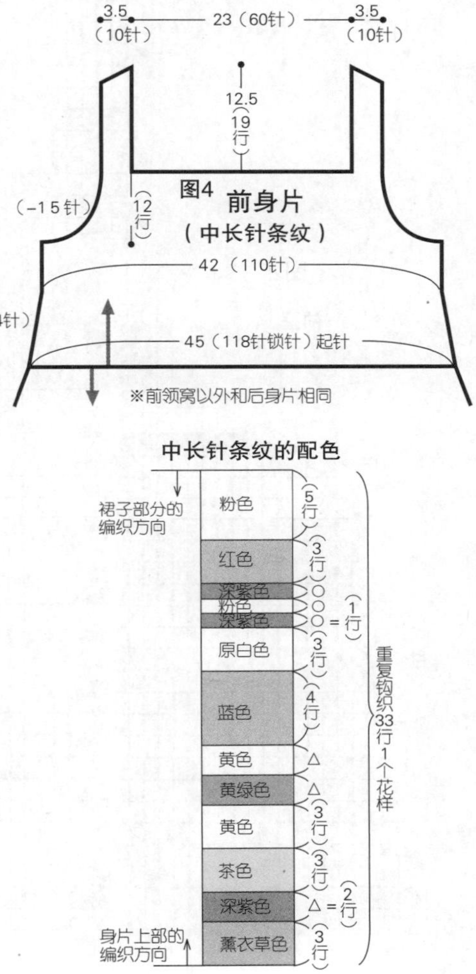

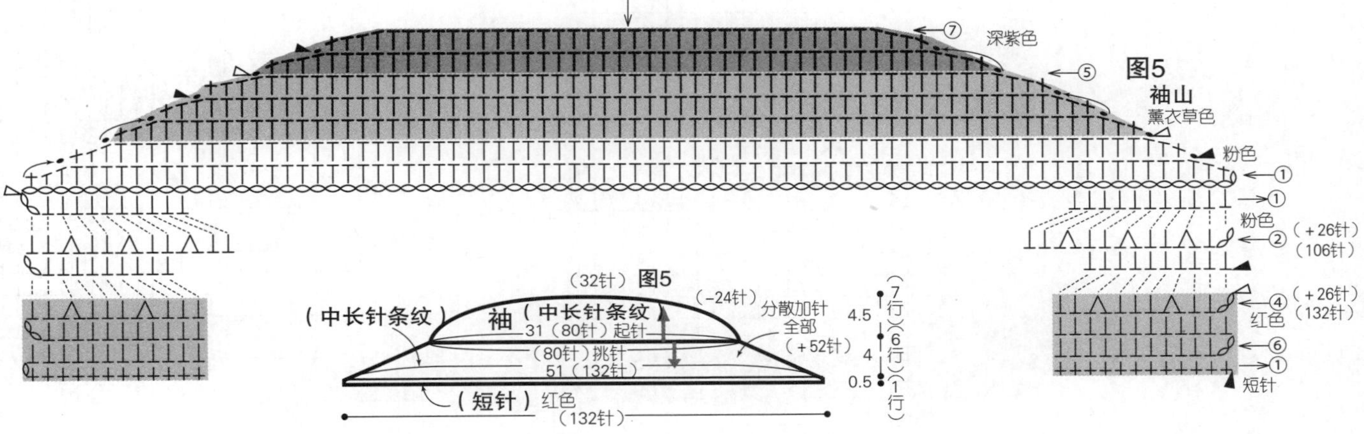

图3 后领窝
后身片中心
短针 红色
图1
袖窿
中长针条纹
肋
图2
袖窿
肋
▷ = 加线
▶ = 剪线
渡线
粉色
红色
深紫色
粉色
深紫色
原白色
蓝色
黄色
黄绿色
黄色
茶色
深紫色
薰衣草色
(118针)
粉色
(+13针)
(131针)
红色
深紫色
粉色
深紫色
(+13针)
(144针)
原白色
蓝色
黄色
(+13针)
(157针)
黄绿色
黄色
茶色
(+13针)
(170针)
★继续
深紫色
薰衣草色
(+13针)
(183针)
(+13针)
(196针)
(+39针)
(235针)
(+39针)
(274针)
短针

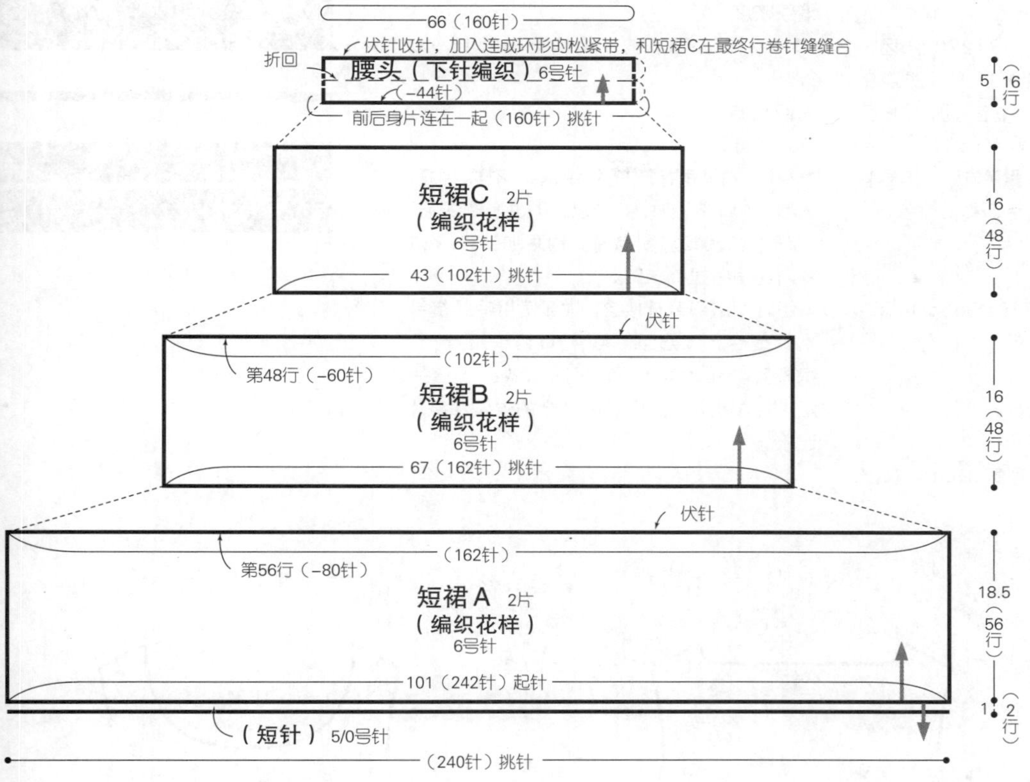

花片的刺绣位置

取12根刺绣线

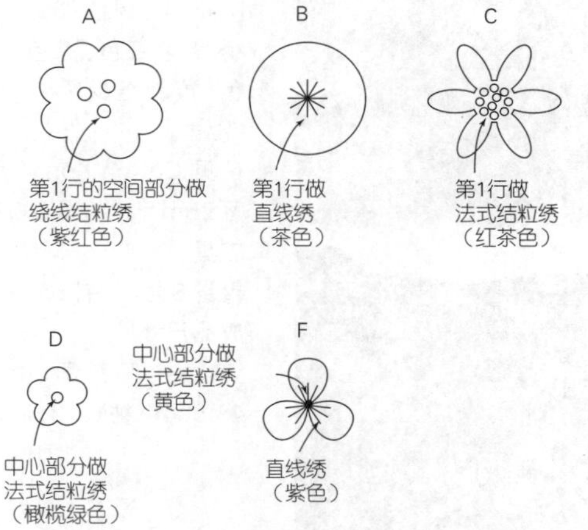

花片的配置图

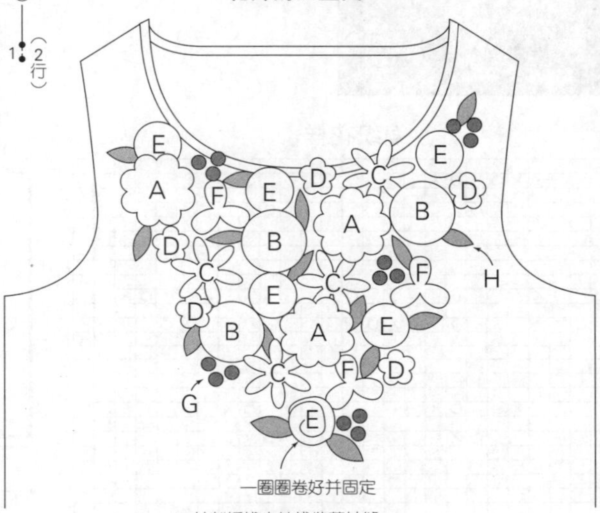

※从刺绣线中抽线做藏针缝

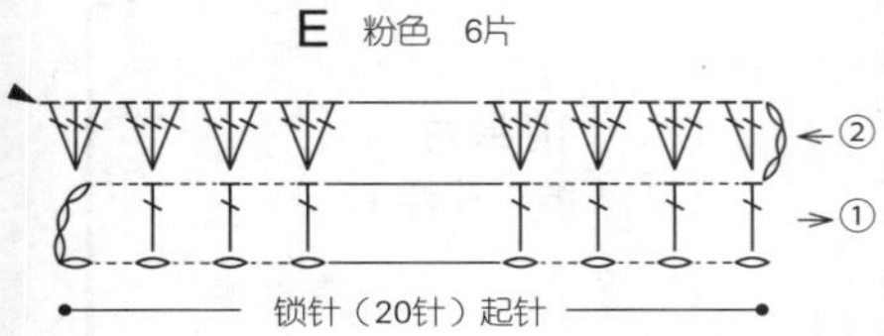

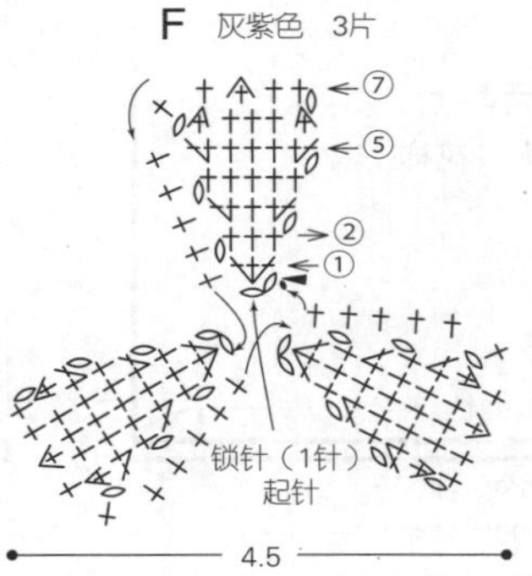

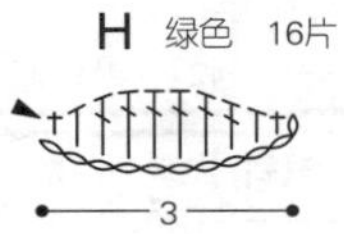

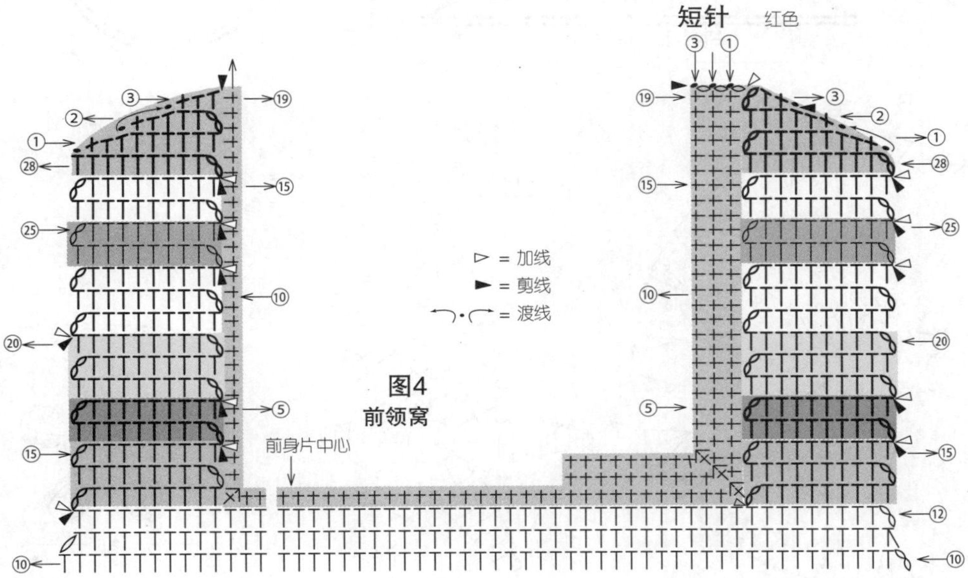

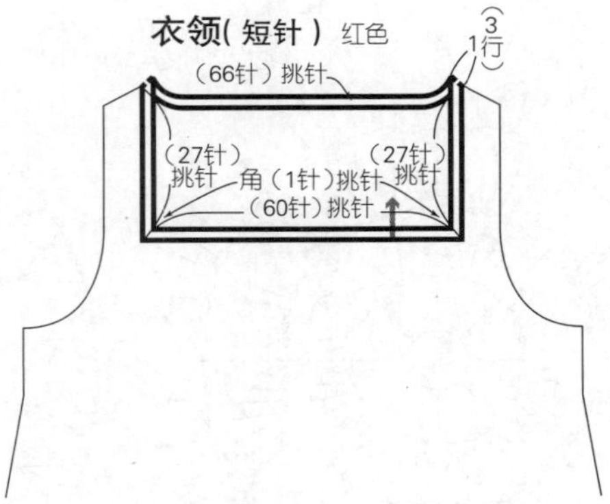

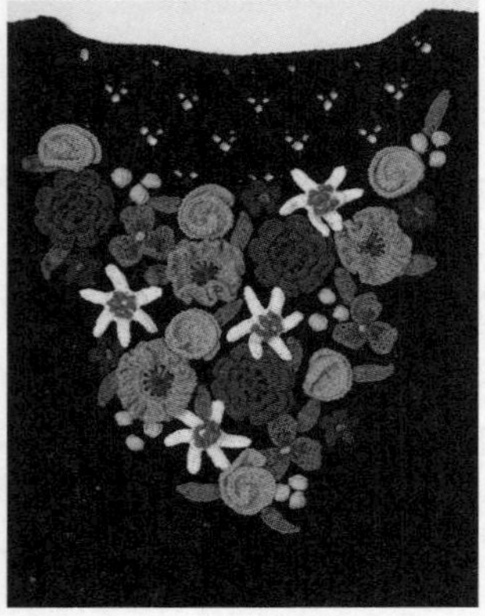

材料

[套头衫]

芭贝 Cotton Kona 黑色(18)220g/6团；Cotton Kona Fine 红色(329)、浅蓝色(343)、粉色(332)各10g/各1团，原白色(302)、蓝色(346)、灰紫色(334)、黄色(328)、绿色(336)各少量/各1团；25号刺绣线 紫红色、茶色、红茶色、橄榄绿色、紫色、黄色 各少量

[短裙]

芭贝 Cotton Kona 黑色(18) 385g/10团；宽25mm的松紧带67cm

工具

棒针6号，钩针5/0号、2/0号

成品尺寸

[套头衫] 胸围84cm，肩宽31cm，衣长49.5cm，袖长13.5cm

[短裙] 腰围66cm，长54cm

编织密度

10cm×10cm面积内：编织花样24针，30行

编织要点

[套头衫]

●身片、袖…手指起针，钩织编织花样。袖窿、领窝、袖山减针时，2针以上时做伏针减针，1针时立起侧边1针减针。袖窿加针时，在1针内侧编织扭针加针。

●组合…肩部盖针接合，胁部使用毛线缝针挑针缝合。下摆、领窝、袖口钩织短针。钩织指定数量的花片，参照图示做藏针缝固定。袖做出褶，使用引拔接合的方法和身片连接。

编织花样

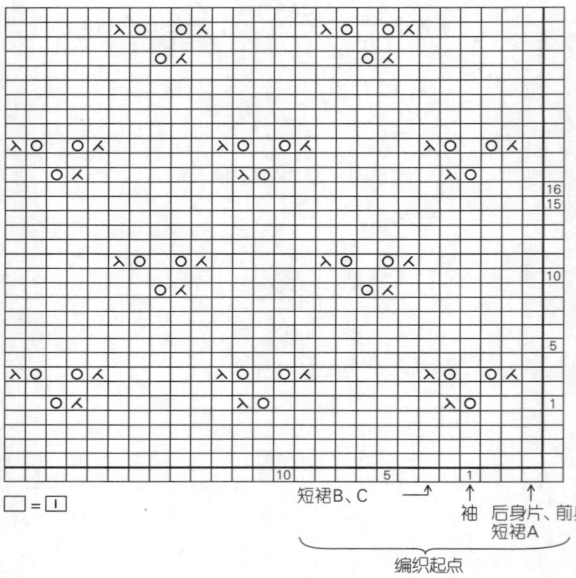

套头衫

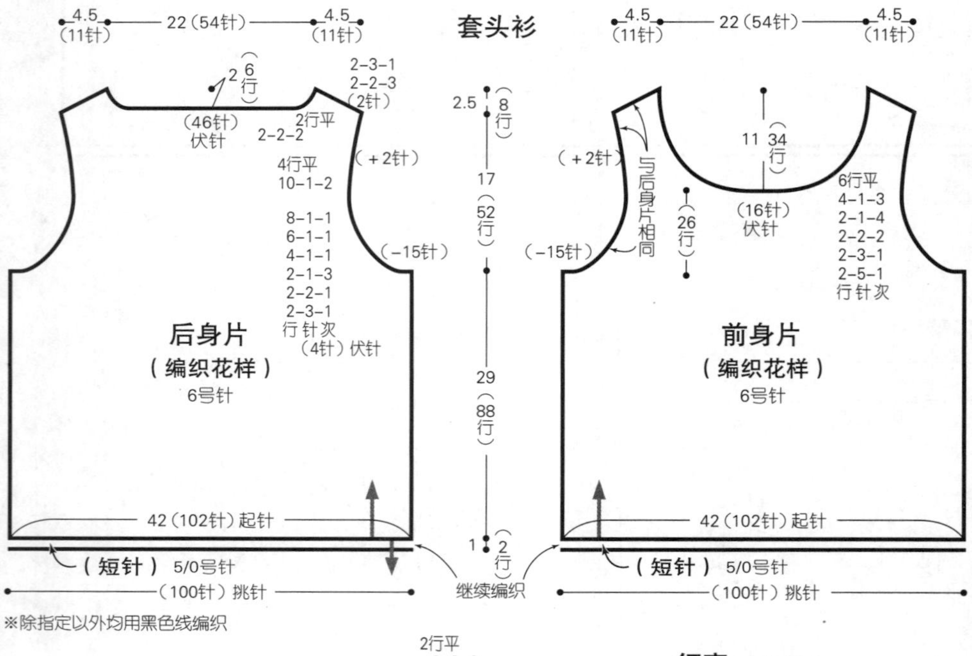

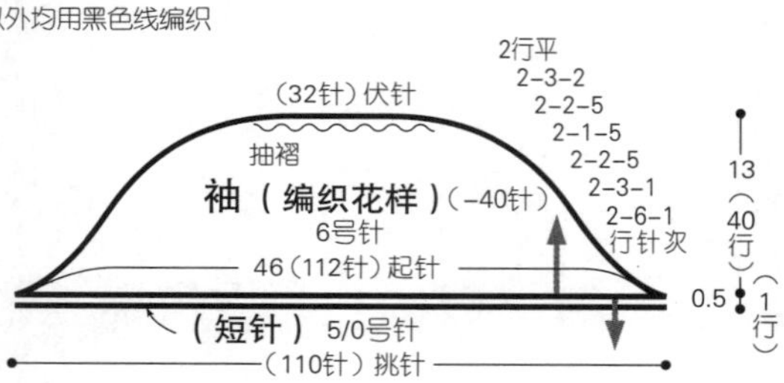

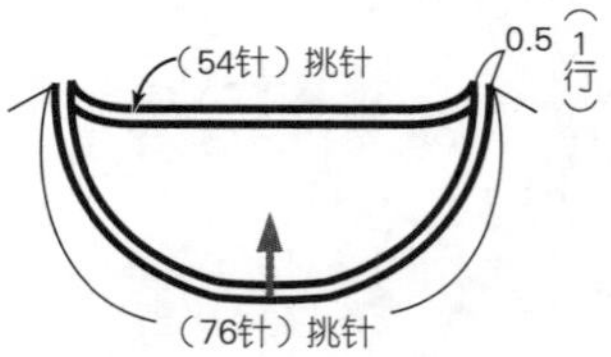

花片

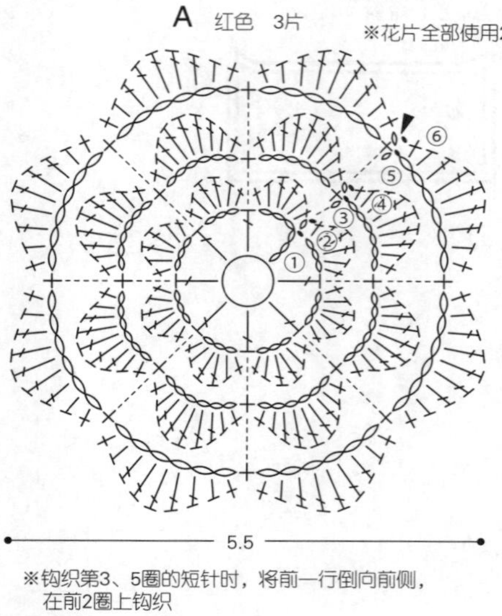

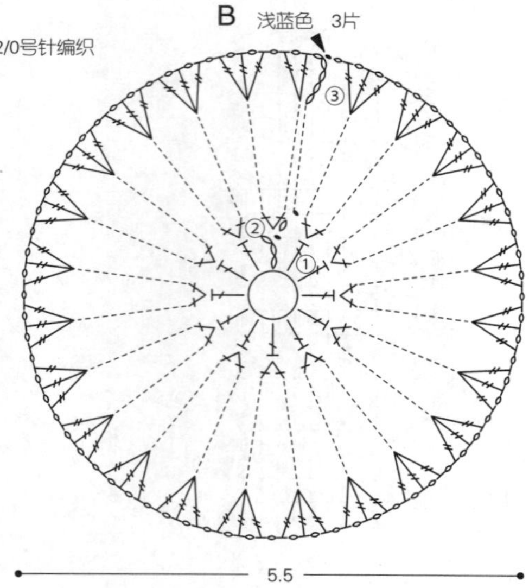

短针

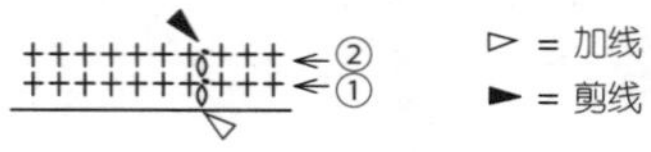

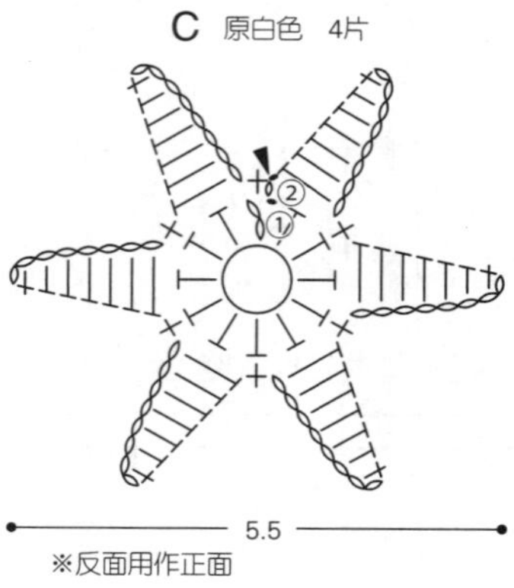

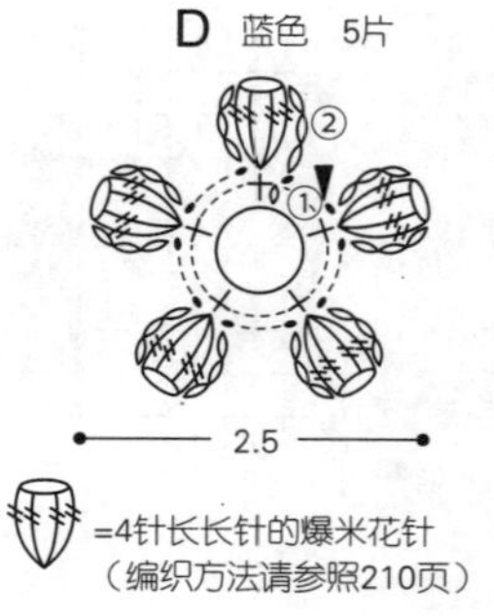

材料

芭贝 Roanne 米色(1585) 310g/8 团

工具

钩针 6/0 号

成品尺寸

胸围 92m，肩宽 65.5cm，连肩袖长 31.5cm

编织密度

10cm×10cm 面积内：编织花样 25.5 针，8.5 行

编织要点

●身片…锁针起针，钩织编织花样。胁部、领窝、肩部参照图示加减针钩织。

●组合…肩部使用引拔的锁针接合，胁部也使用引拔的锁针接合。下摆、袖口做边缘编织 A，衣领环形做边缘编织 B。

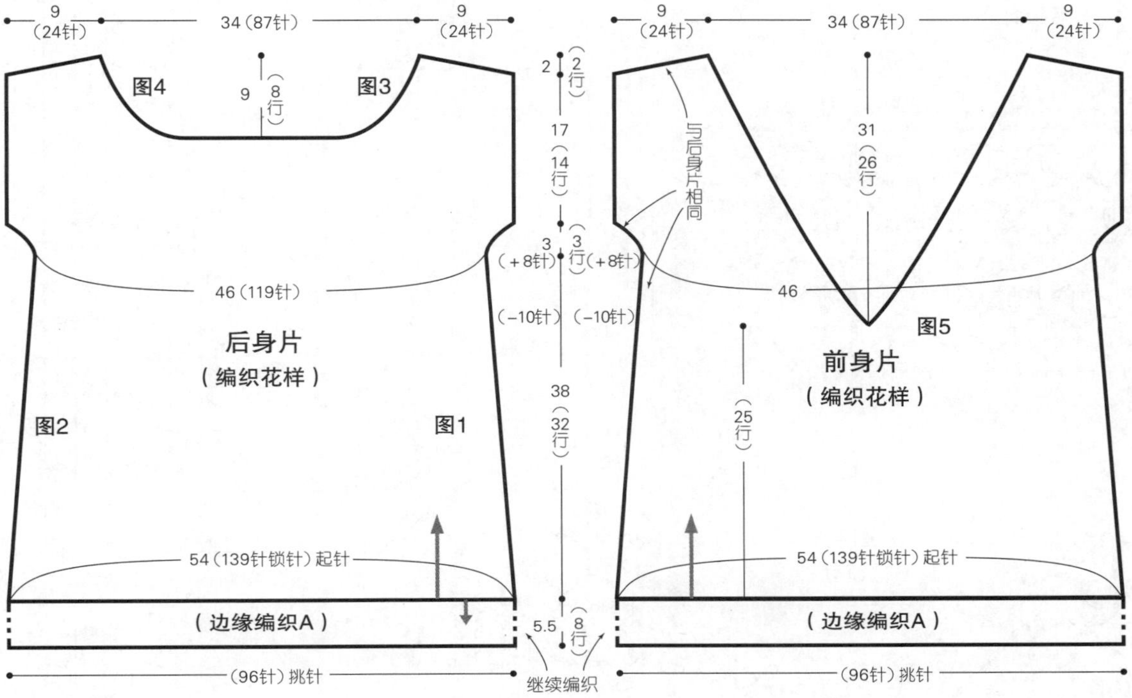

※ 全部使用6/0号针编织

边缘编织A

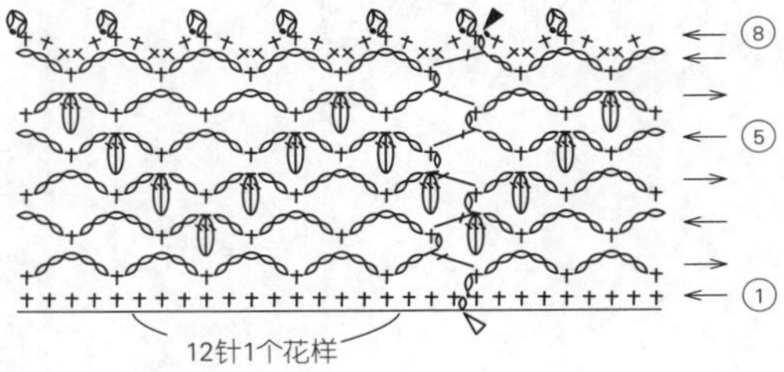

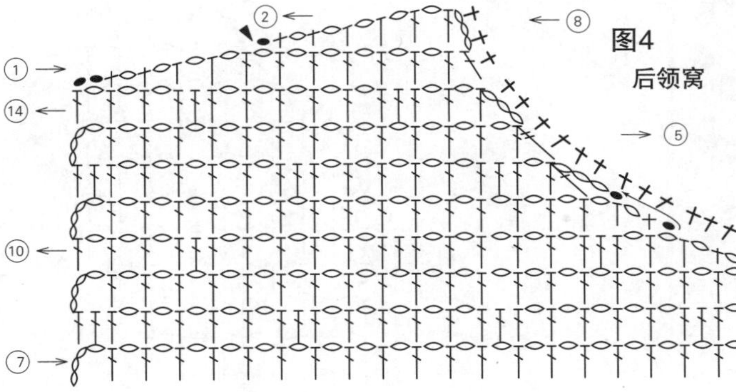
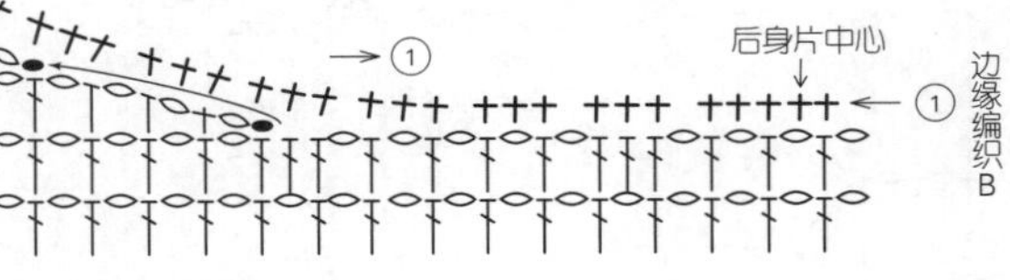

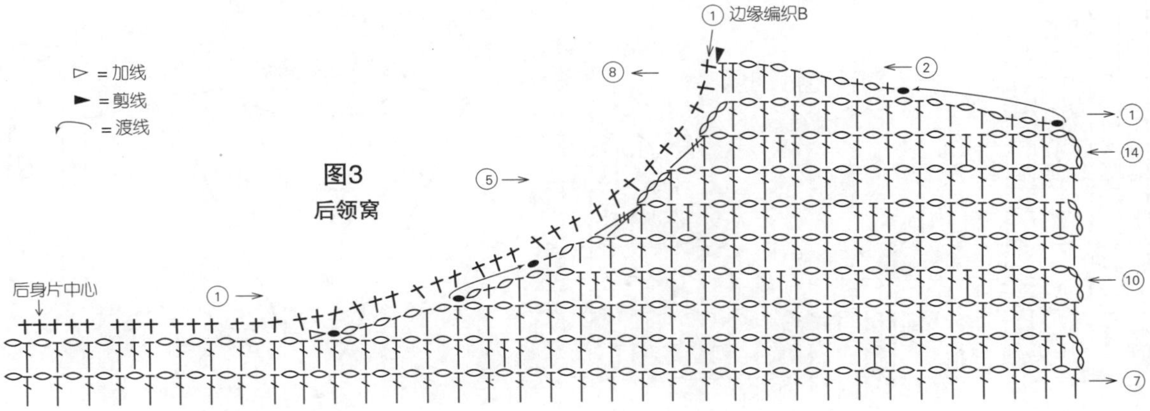

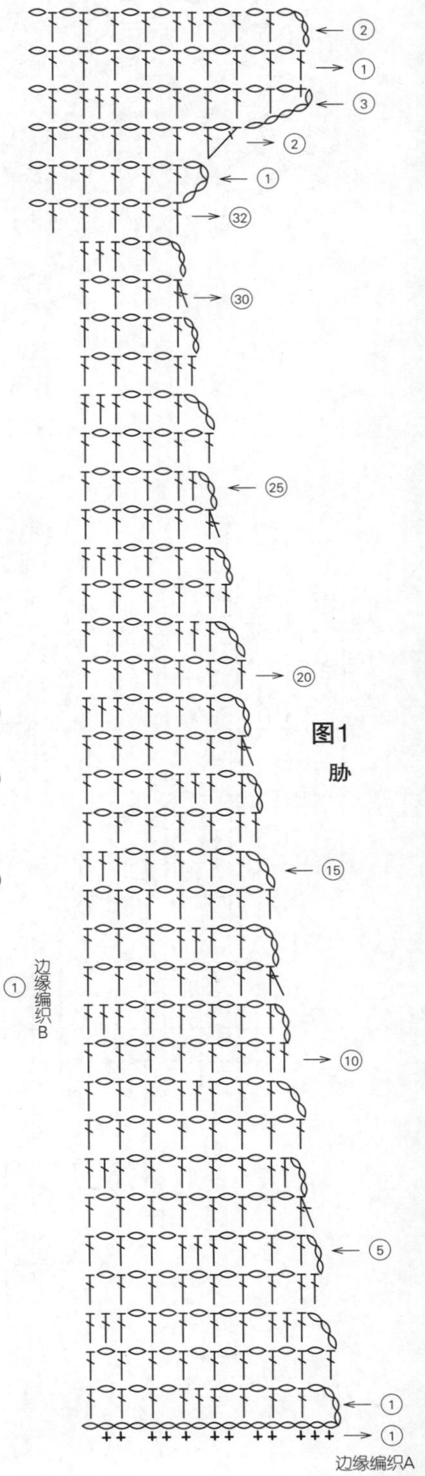

编织花样

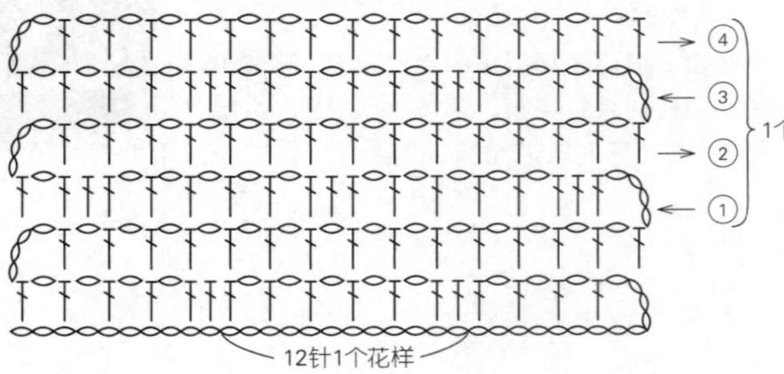

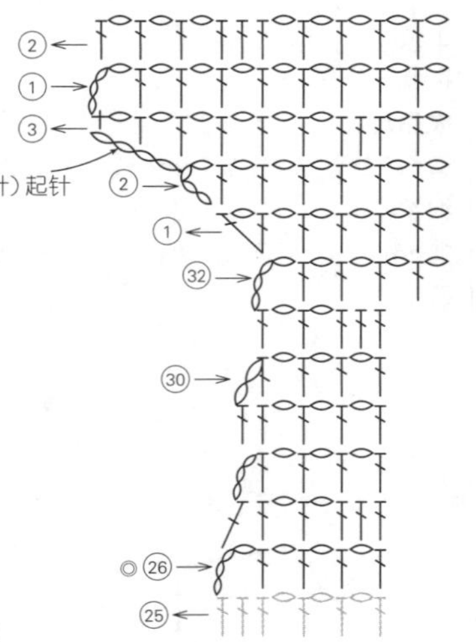

图2
胁

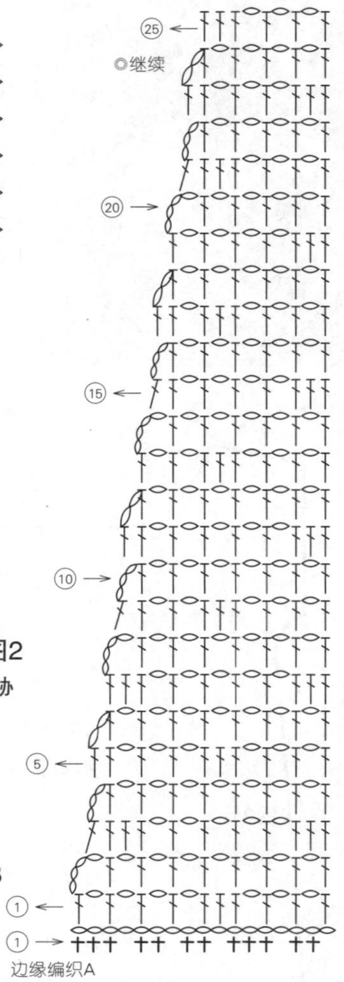

图6
后领窝

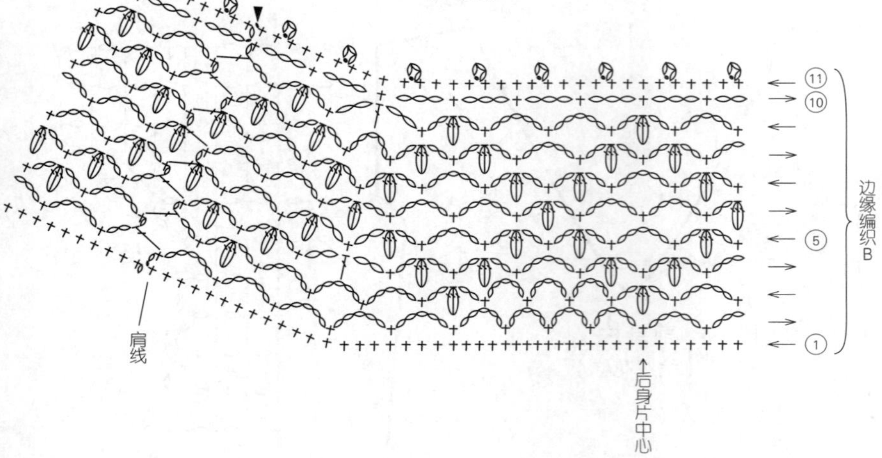

图7
前领窝

图5
前领窝

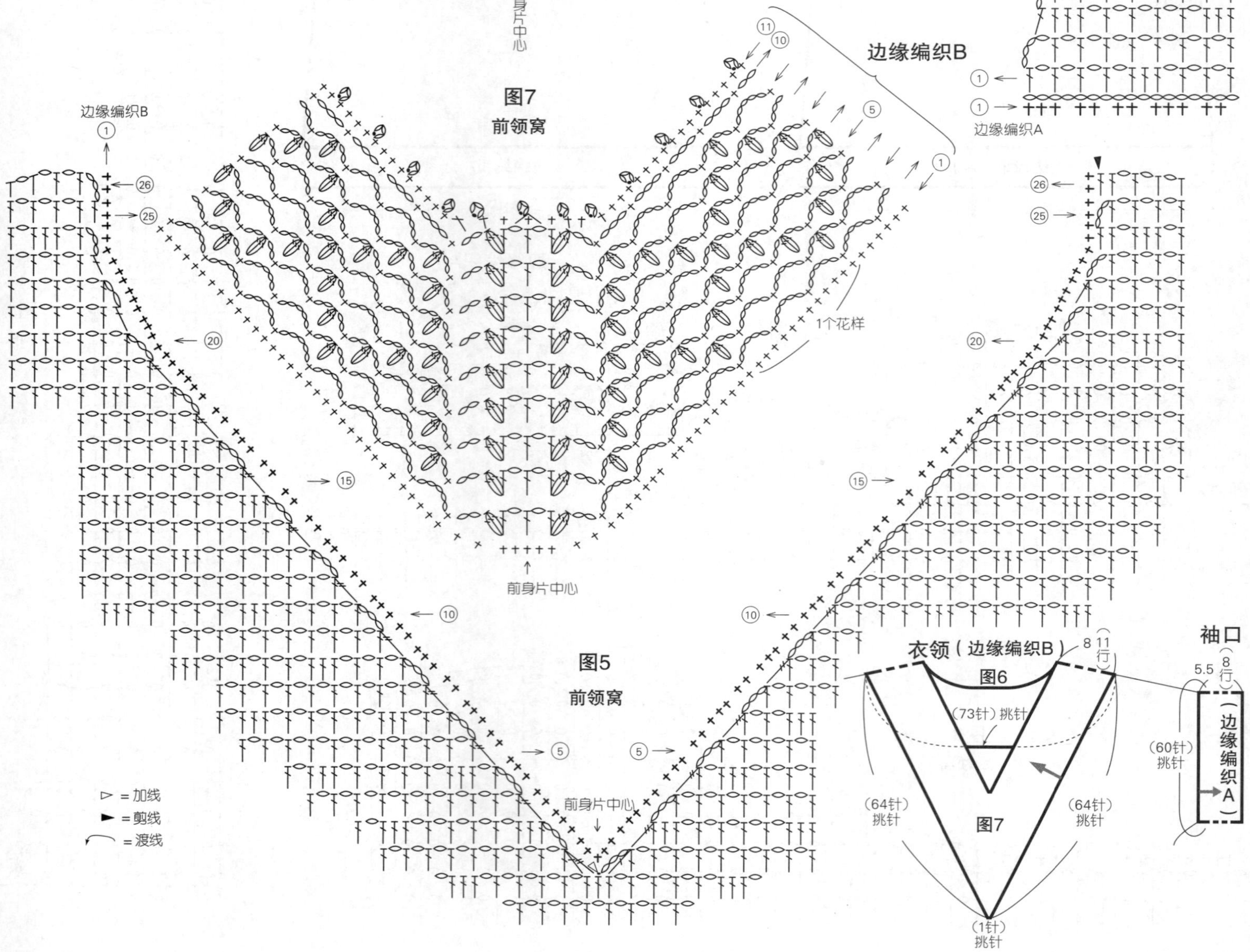

▷ = 加线
► = 剪线
⌒ = 渡线

材料

达摩手编线 Organic Cafe Cotton Blend 米色(2) 230g/6团

工具

钩针5/0号

成品尺寸

胸围94cm，衣长52cm，连肩袖长35cm

编织密度

1个花样7针2.8cm，12行为10cm

编织要点

●育克、身片…从领口开始钩织，育克、后身片、前身片连在一起，向下摆的边缘方向编织。锁针起针，一边参照图示分散加针，一边在育克部分钩织编织花样。后身片从指定位置挑针钩织，前、后身片相差6行。做腋下的起针，前、后身片连在一起钩织。下摆做边缘编织。

●组合…衣领做边缘编织，前门襟、袖窿做边缘编织。右前门襟一边开扣眼，一边钩织。钩织包扣，缝在指定位置。

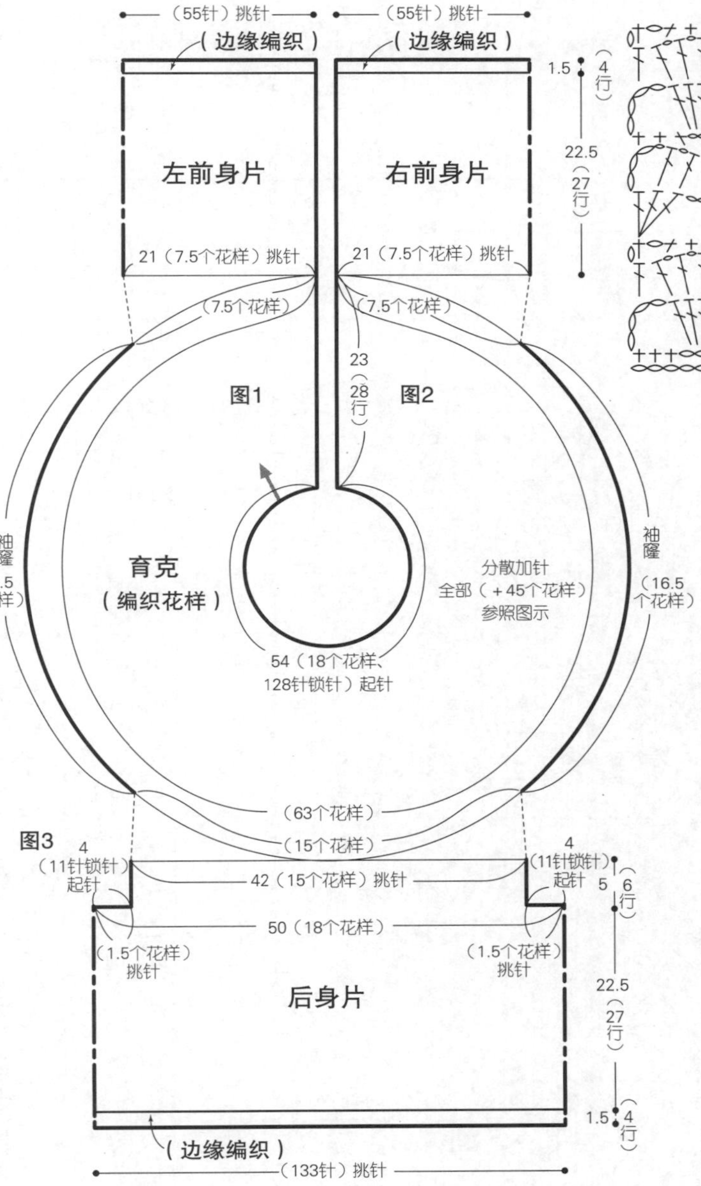

※全部使用5/0号针编织

编织花样

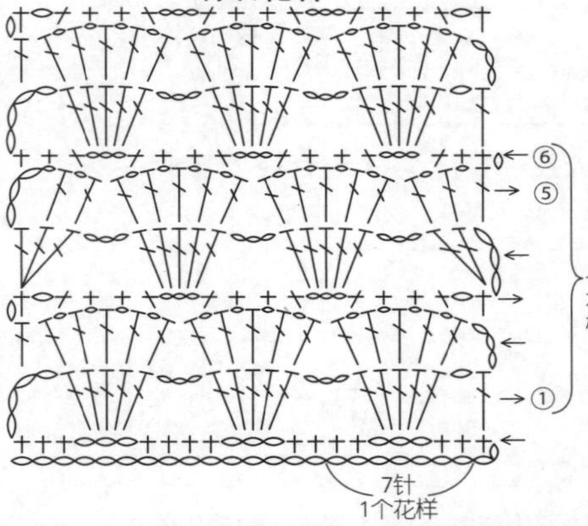

边缘编织

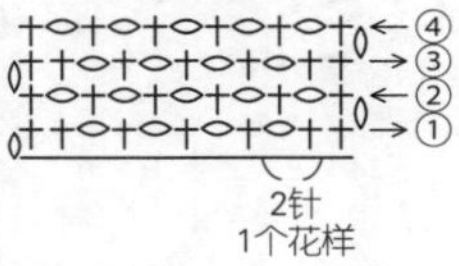

衣领、前门襟、袖窿(边缘编织)

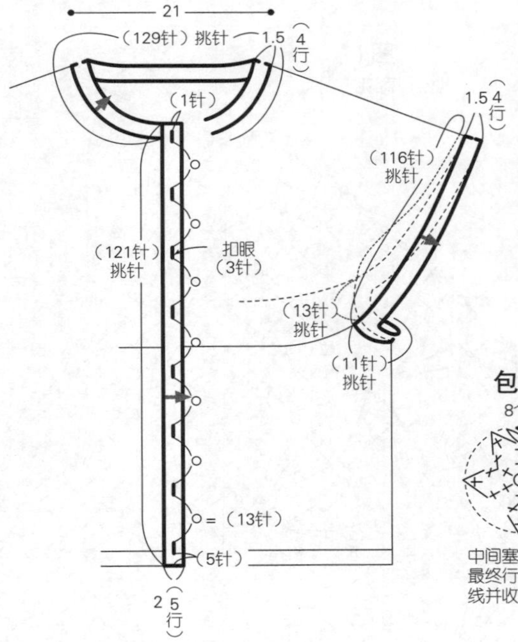

包扣

8个

中间塞入共线，最终行的5针穿线并收紧

扣眼 (右前门襟)

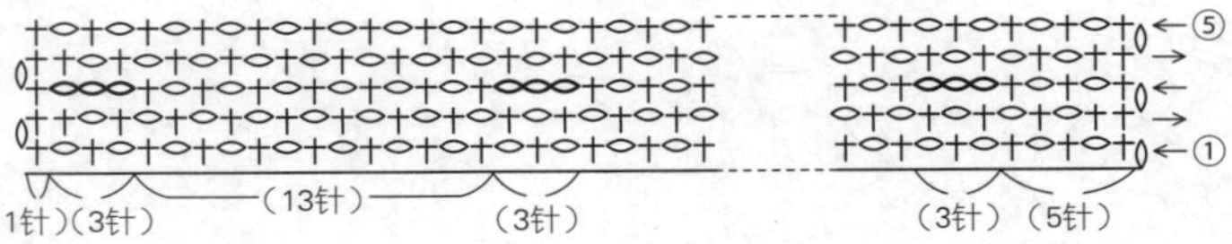

图3
后袖窿

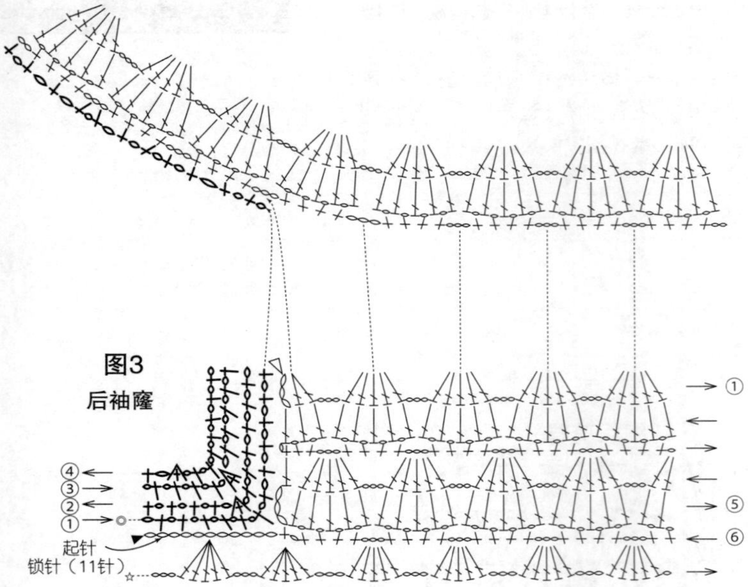

▷ = 加线
▶ = 剪线

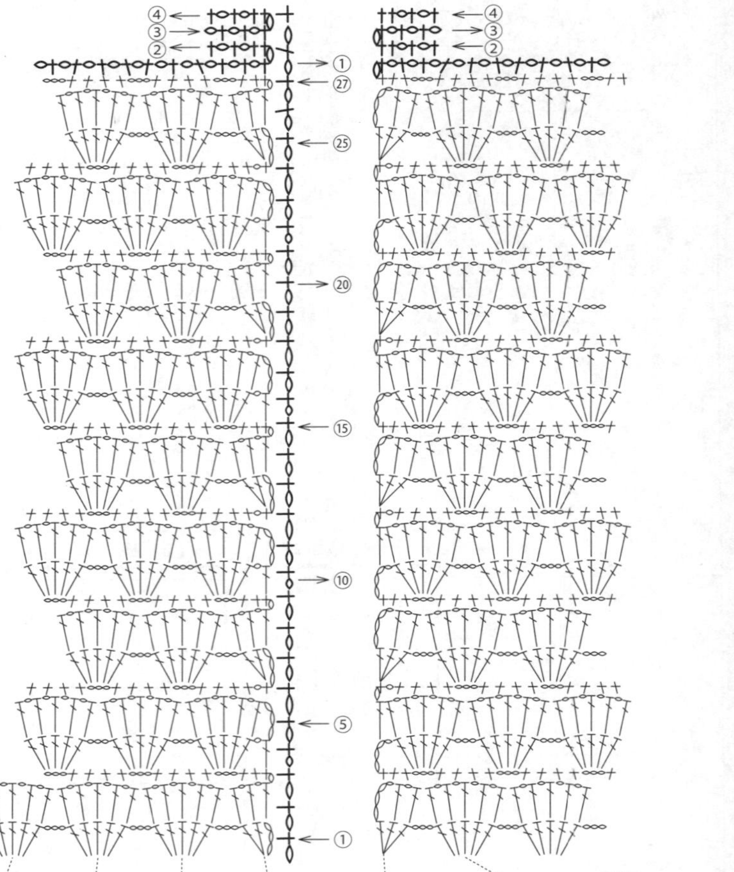

图1
育克

图2

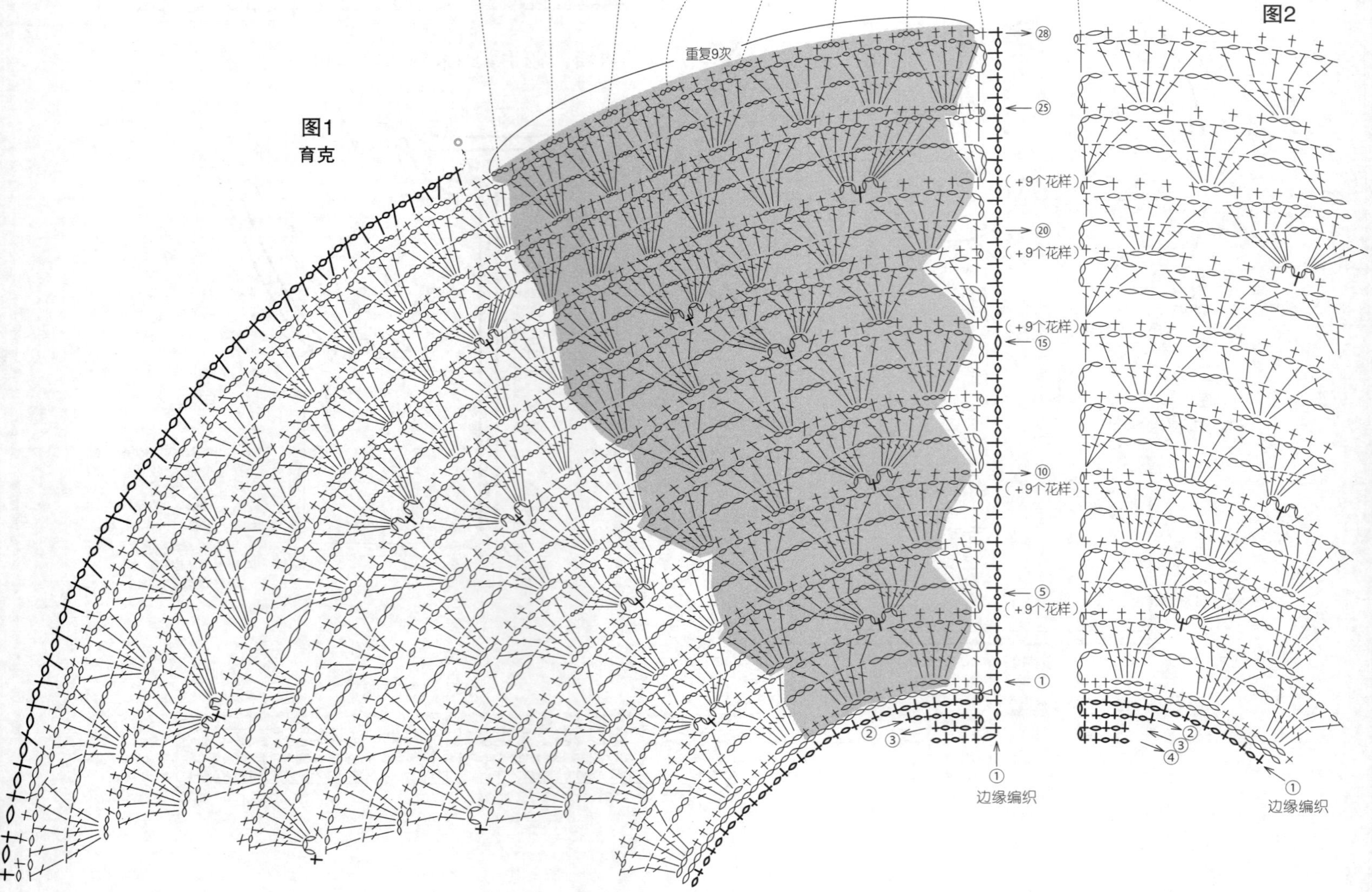

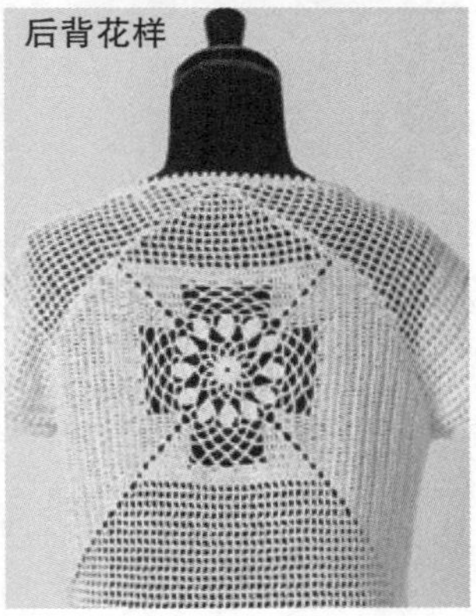

材料

达摩蕾丝线 金银丝线30# 白色(4) 220g/11团；麻线30# 白色(1) 370g/19团

工具

钩针3/0号、2/0号

成品尺寸

胸围94cm，衣长98.5cm，连肩袖长29cm

编织密度

10cm×10cm面积内：方眼编织、长针均为27针，13.5行；花片大小请参照图示

编织要点

●身片、袖…首先钩织花片A，参照图示从花片的各边挑针，做方眼编织、长针。袖锁针起针，参照图示做方眼编织。

●组合…插肩线使用引拔的锁针接合。胁部针目部分使用毛线缝针卷针缝合，行的部分和插肩线相同。下摆连接花片B，和身片之间的空白部分用网眼花样连接。边缘编织A和身片连接在一起，下摆侧做边缘编织B。袖口做边缘编织C。衣领环形做边缘编织D。

※ 除指定以外全部使用3/0号针编织，金银丝线和麻线各取1根并为1股钩织

※ 花片中的数字表示连接顺序

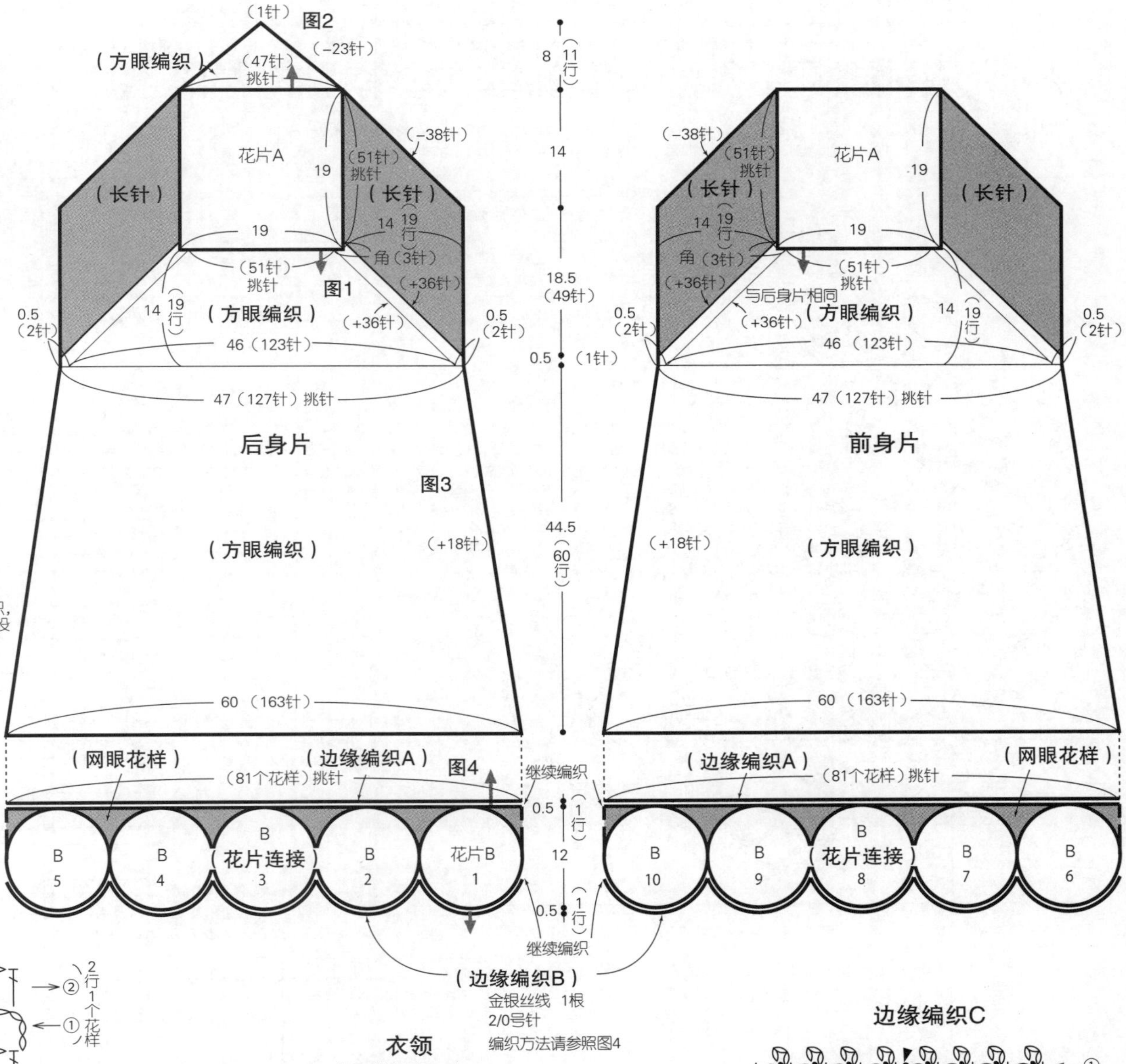

方眼编织

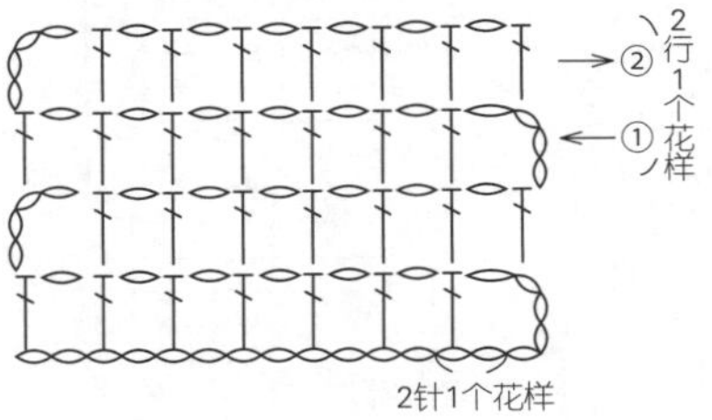

长针

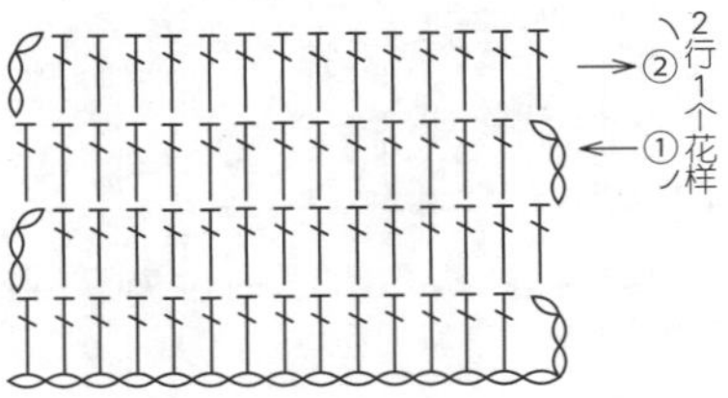

衣领

(边缘编织D)

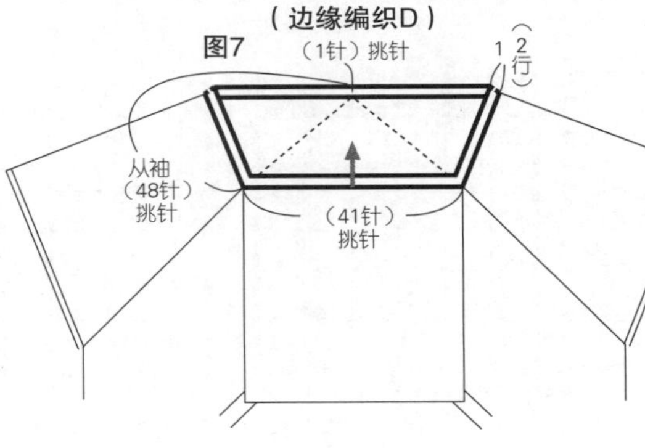

边缘编织C

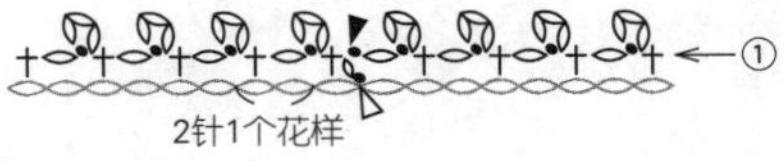

边缘编织D

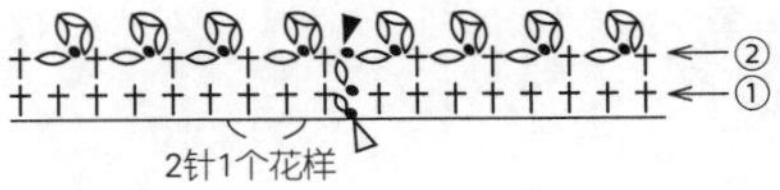

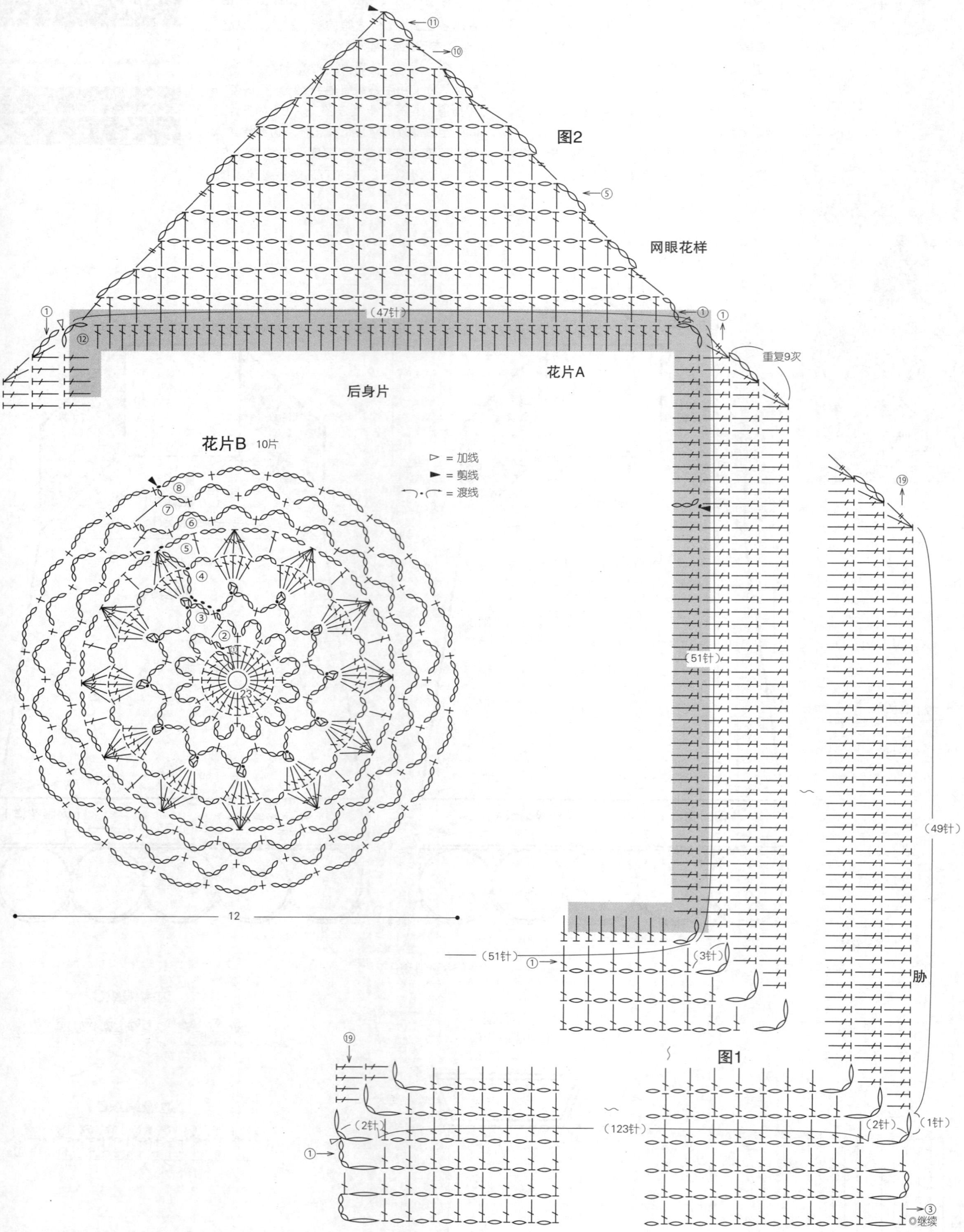

图2
网眼花样
(47针)
后身片
花片A
重复9次
(51针)
花片B 10片
▷ = 加线
◀ = 剪线
= 渡线
12
(51针)
(3针)
(49针)
胁
图1
(2针)
(123针)
(2针)
(1针)
→③
◎继续

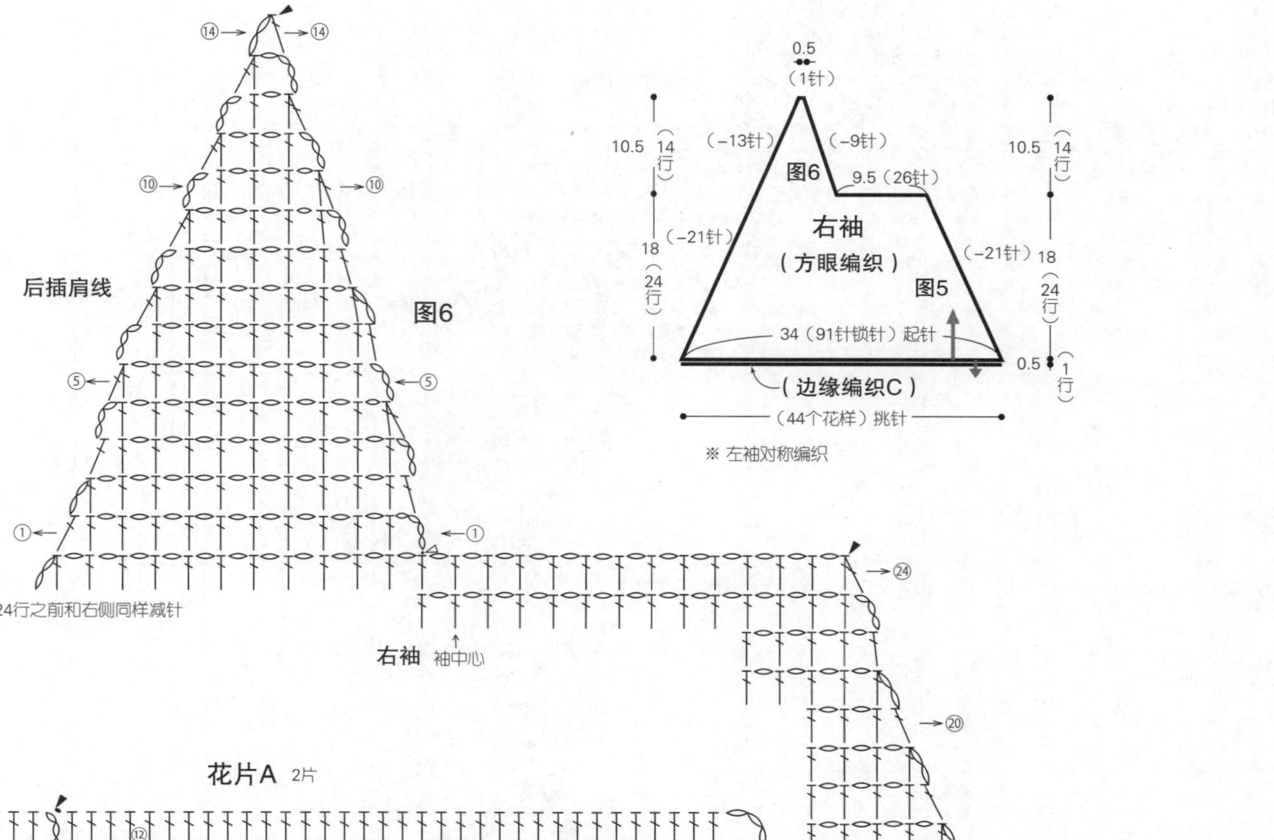

※ 左袖对称编织

※ 第24行之前和右侧同样减针

▷ = 加线
► = 剪线

花片A 2片

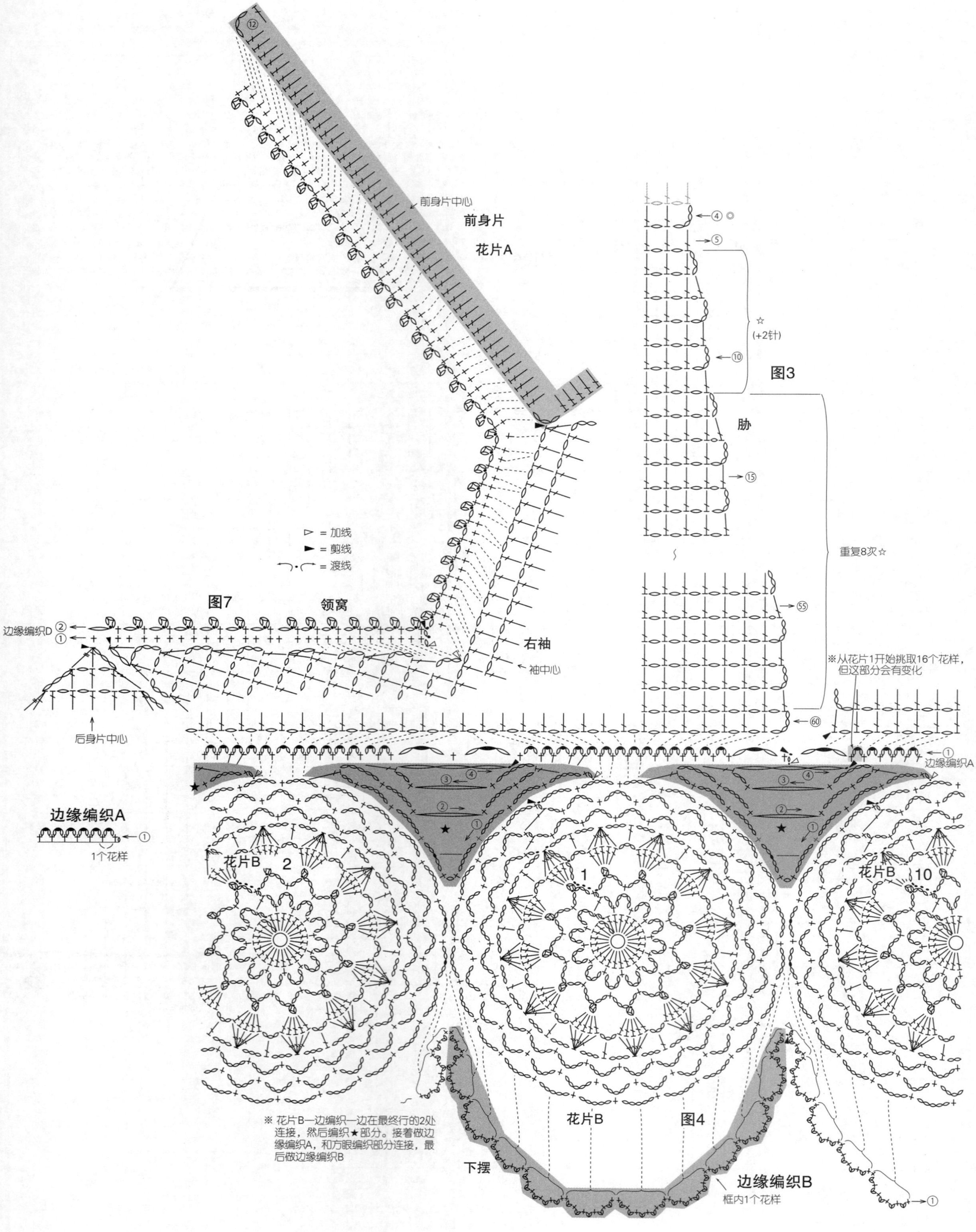
前身片中心
前身片
花片A
图3
☆
(+2针)
胁
重复8次☆
▷ = 加线
▶ = 剪线
渡线
图7
领窝
边缘编织D
右袖
袖中心
后身片中心
※从花片1开始挑取16个花样，
但这部分会有变化
边缘编织A
边缘编织A
1个花样
花片B
2
1
花片B
10
花片B
图4
下摆
边缘编织B
框内1个花样
※ 花片B一边编织一边在最终行的2处连接，然后编织★部分。接着做边缘编织A，和方眼编织部分连接，最后做边缘编织B

材料

[套头衫] 达摩蕾丝线 金银丝线30# 灰粉色(5) 310g/16团

[颈链] 达摩蕾丝线 金银丝线30# 灰粉色(5) 10g/1团；金属挂件 1组

工具

钩针5/0号、3/0号、6/0号

成品尺寸

[套头衫] 胸围90cm，肩宽35cm，衣长51.5cm，袖长33cm

[颈链] 长44cm

编织密度

10cm×10cm面积内：编织花样4针，19行

编织要点

[套头衫]

●身片、袖…全部取2根线并为1股钩织。锁针起针，钩织编织花样。袖窿、领窝、袖下、袖山参照图示加减针。

●组合…肩部使用引拔的锁针接合，胁部、袖下也使用引拔的锁针接合。下摆、袖口、衣领环形做边缘编织。袖使用引拔的锁针接合于身片。

[颈链]

取1根线钩织花朵。取3根线钩织带子，花朵编好后固定在带子上。连上金属挂件。

套头衫

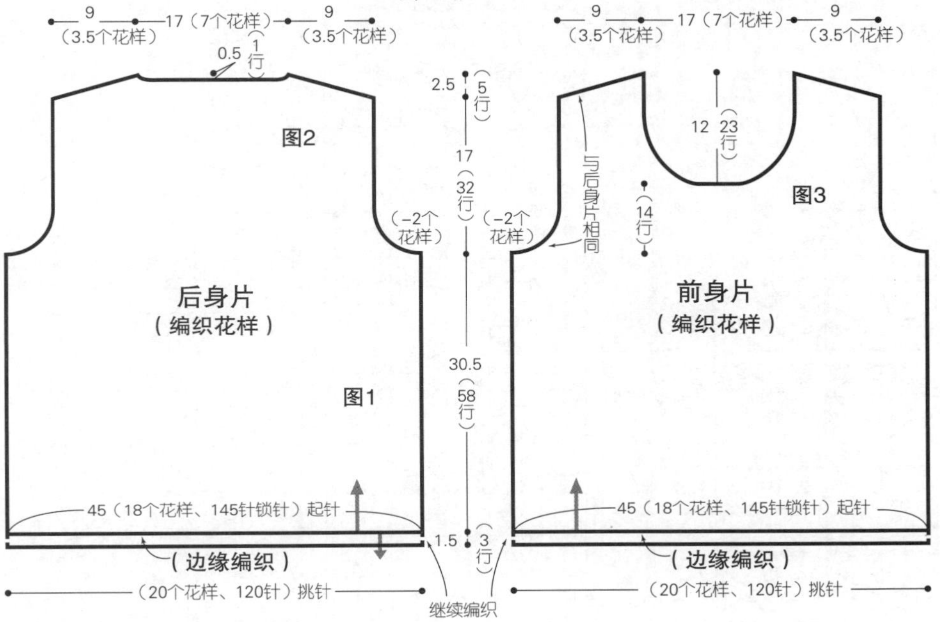

※ 套头衫取2根线并为1股，使用5/0号针编织

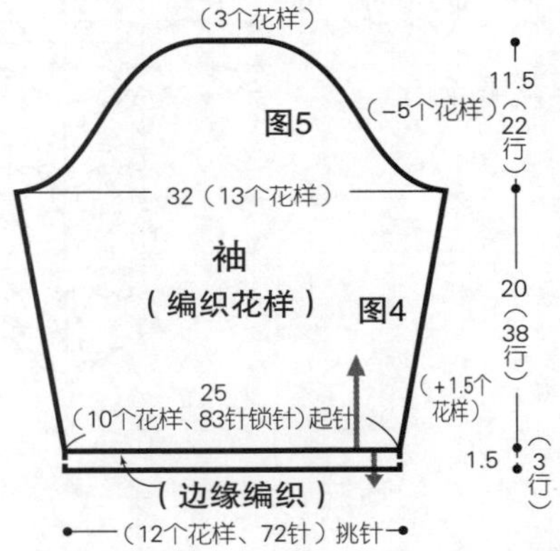

衣领（边缘编织）

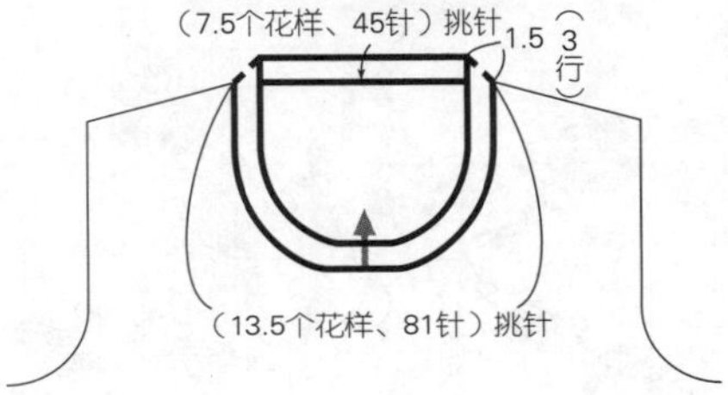

编织花样

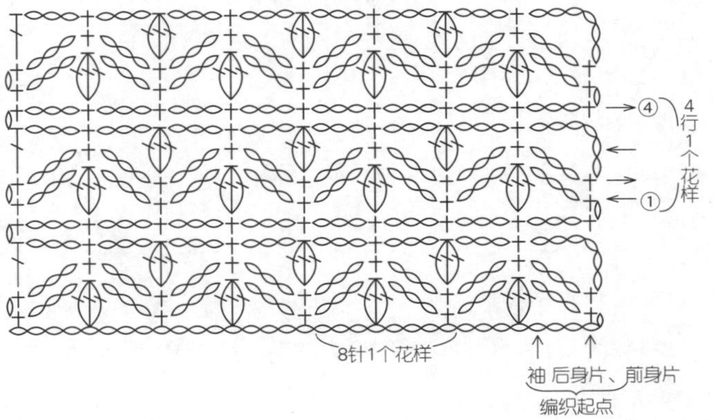

边缘编织

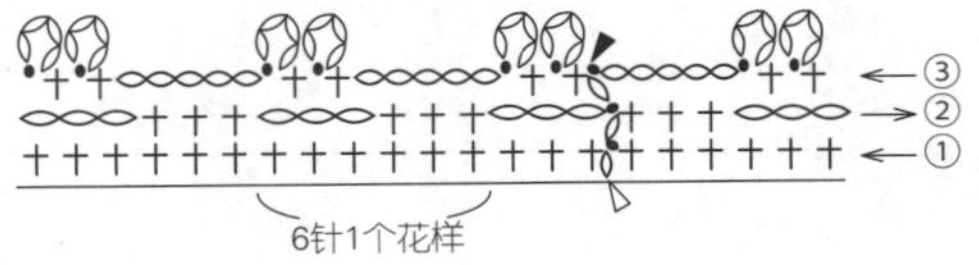

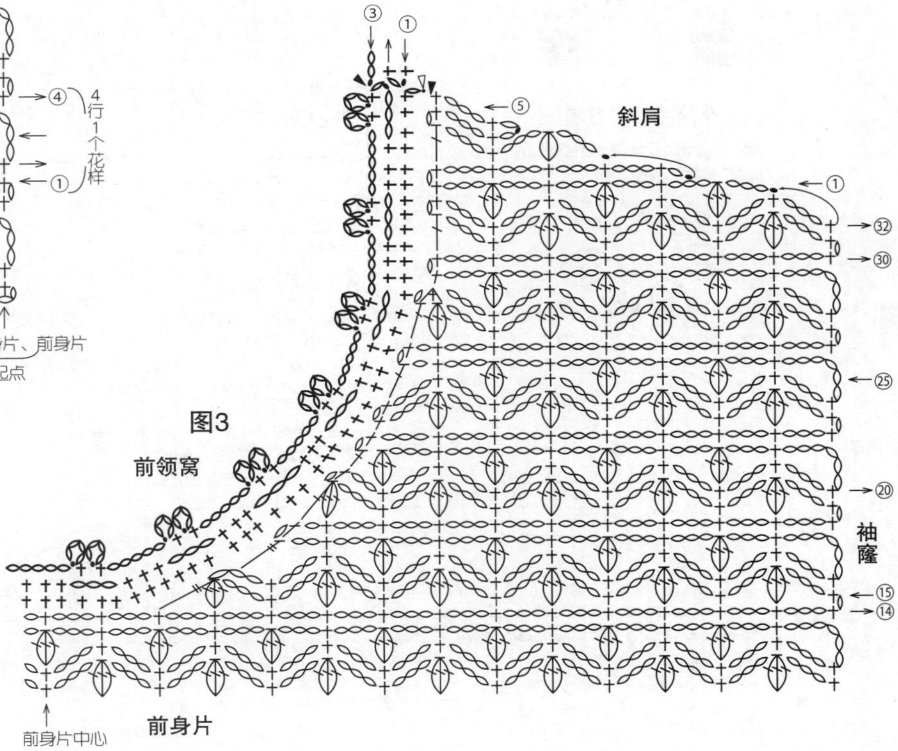

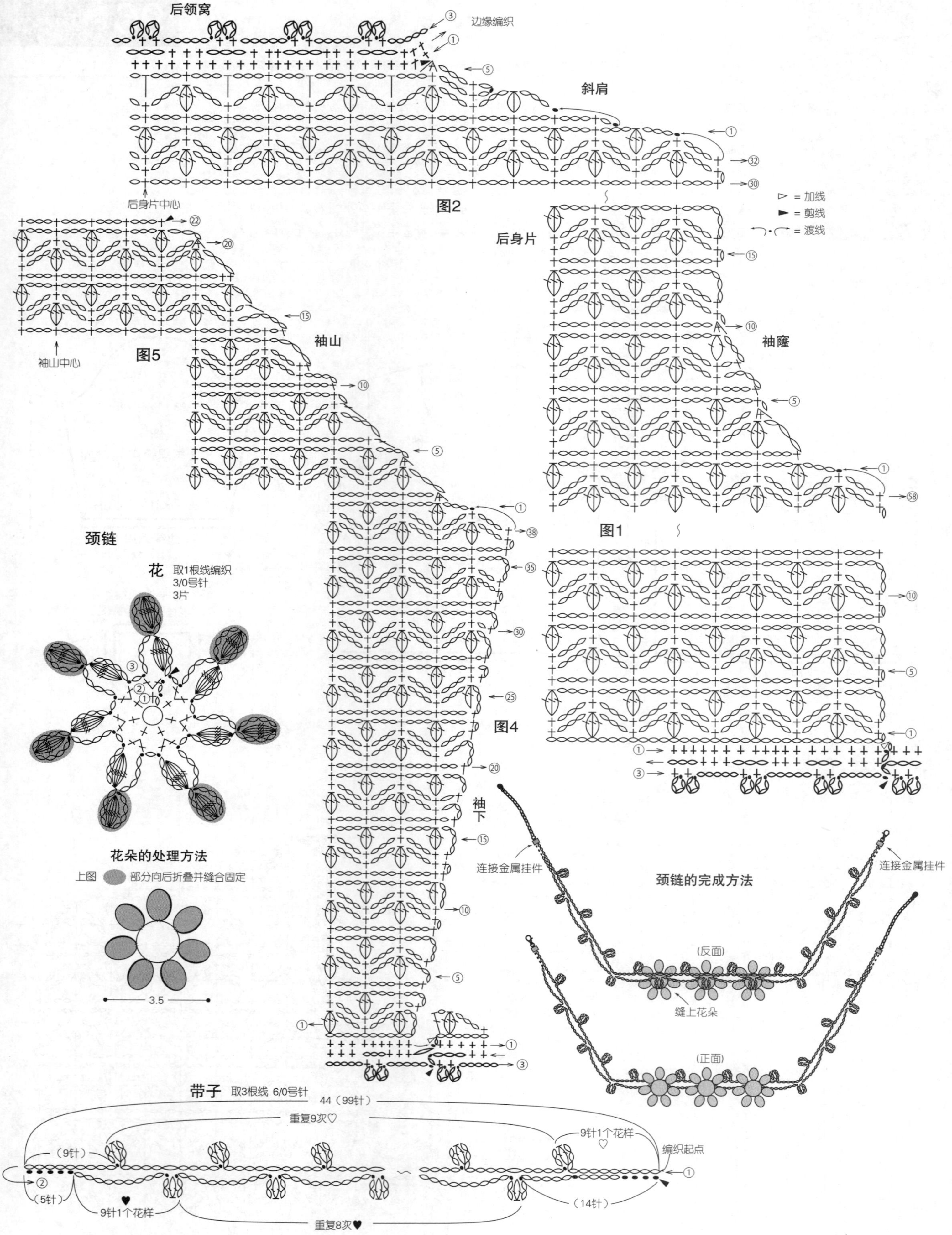
后领窝
边缘编织
斜肩
后身片中心
图2
后身片
⊳ = 加线
◀ = 剪线
= 渡线
袖窿
图1
图5
袖山中心
袖山
颈链
花 取1根线编织
3/0号针
3片
图4
袖下
花朵的处理方法
上图 部分向后折叠并缝合固定
3.5
连接金属挂件
颈链的完成方法
连接金属挂件
(反面)
缝上花朵
(正面)
带子 取3根线 6/0号针
44（99针）
重复9次♡
9针1个花样
♡
编织起点
（9针）
（5针）
9针1个花样
♥
（14针）
重复8次♥

材料

达摩手编线 Organic Cafe 亚麻混合 沙米色（3）345g/9团；直径25mm的包扣扣芯1个

工具

棒针4号，钩针3/0号

成品尺寸

衣长56cm

编织密度

10cm×10cm面积内：编织花样A 21针，35.5行；编织花样B 21针，30行；编织花样C 21针，32行

编织要点

●身片…右前身片、右后身片、左后身片、左前身片分开编织。手指起针，编织起伏针。然后，两端编织起伏针，中央部分搭配做编织花样A、B、C。编织花样立起边缘的针目减针编织。

●组合…参照图示，编织花样和起伏针使用毛线缝针挑针缝合，对齐针与行使用毛线缝针缝合。左前身片和右后身片、右后身片和左后身片使用毛线缝针挑针缝合。衣领挑取指定数量的针目，编织起伏针。编织终点做伏针收针。右前衣领编上扣襻。编织包扣，缝在指定位置。

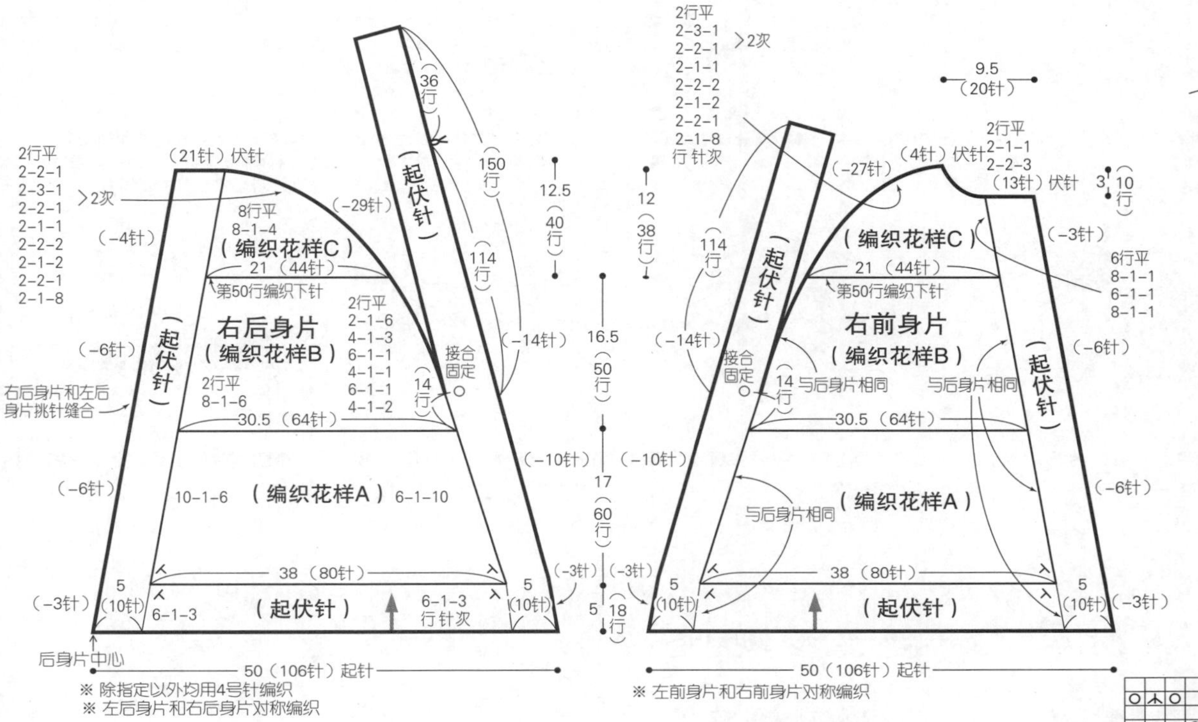

衣领（起伏针）

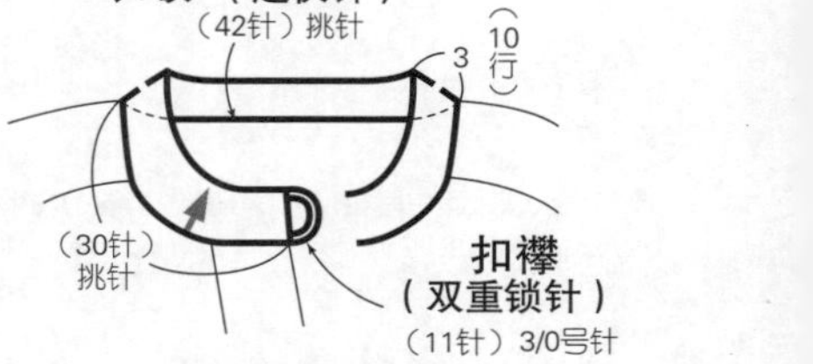

起伏针（衣领）

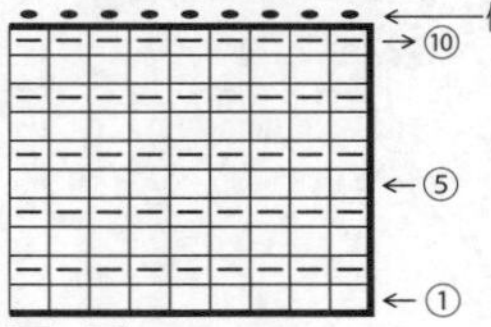

起伏针（后身片、前身片）

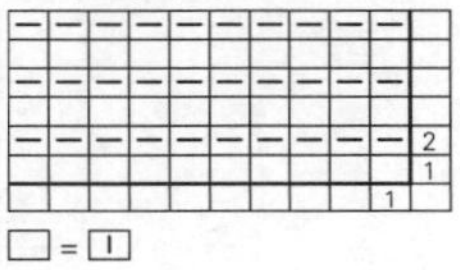

编织花样C

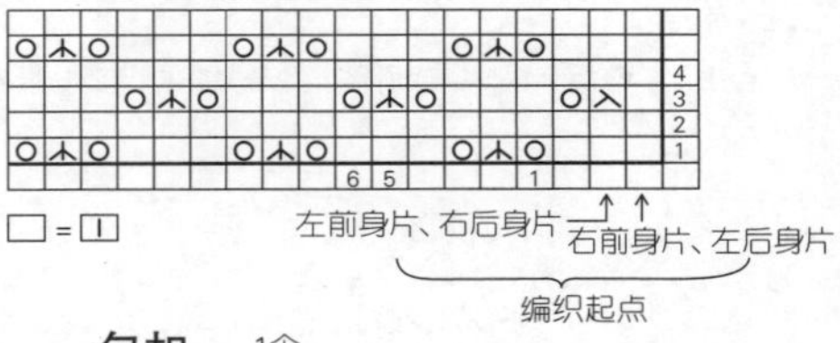

编织花样A

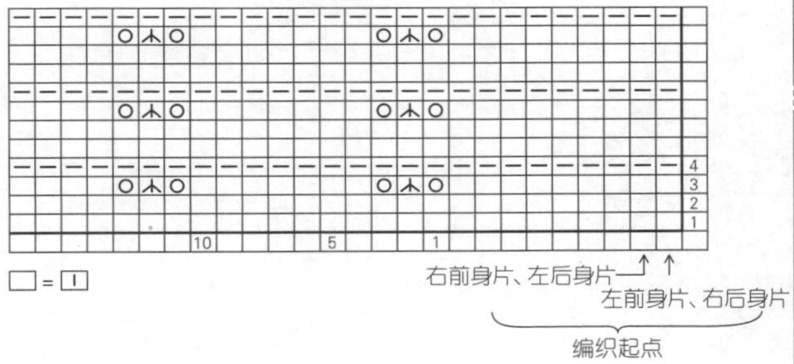

编织花样B

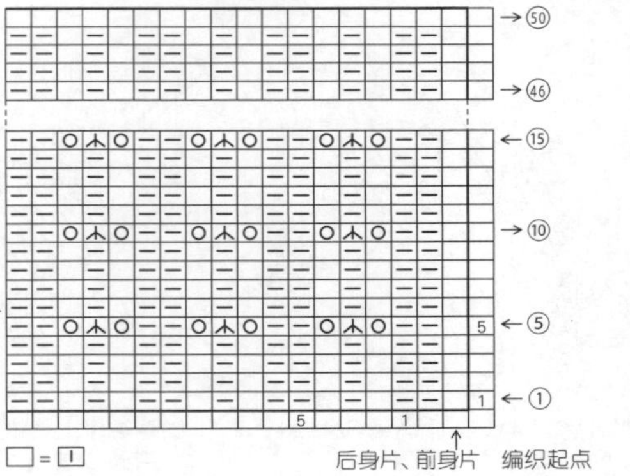

包扣

1个
3/0号针

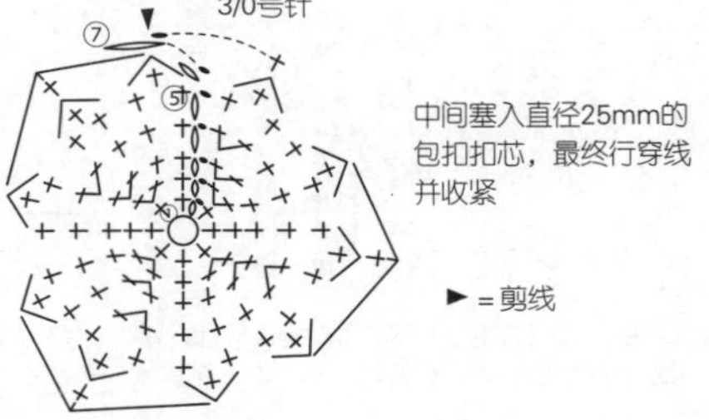

组织方法

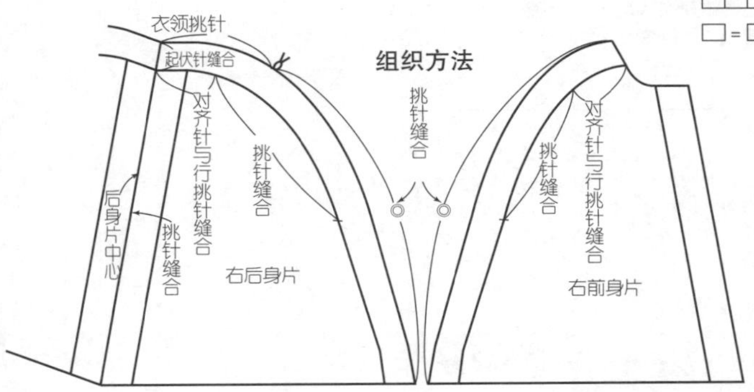

◀接第112页

短裙腰头的固定方法

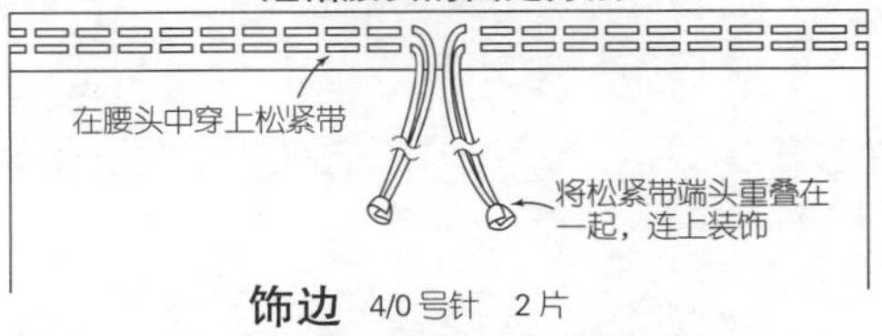

饰边 4/0号针 2片

系绳（双重锁针） 2条

棒针编织

起针

〈手指起针〉

直针编织

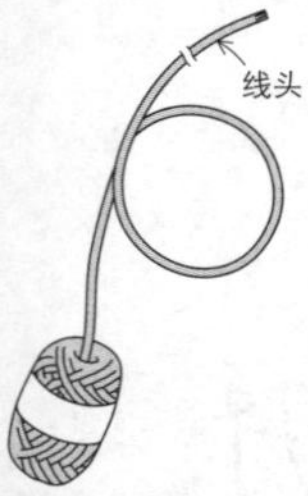

❶将线头从线团中间拉出来，拉出起针宽度的3倍长。

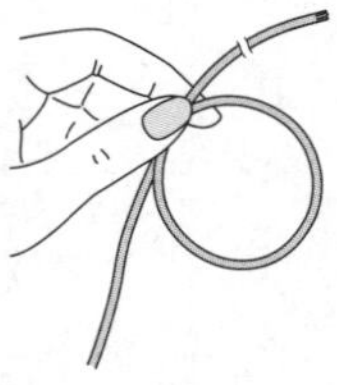

❷做个圈，左手拿着交叉点。

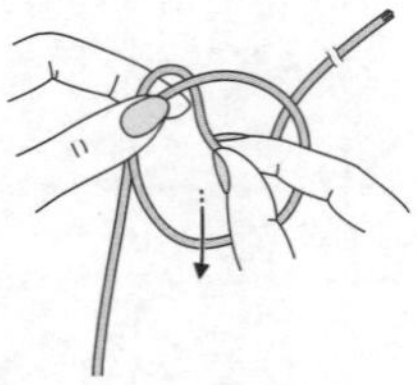

❸将线头从线圈中穿过。

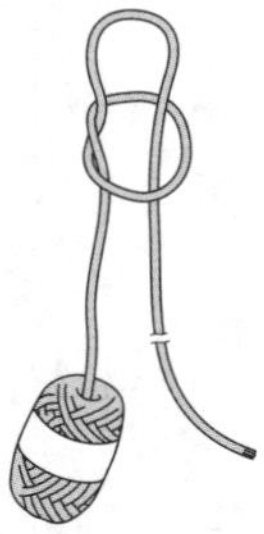

❹又做出一个线圈。

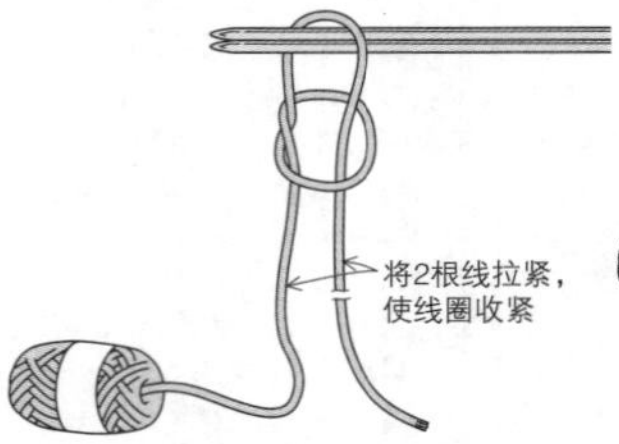

❺将2根棒针插入线圈。

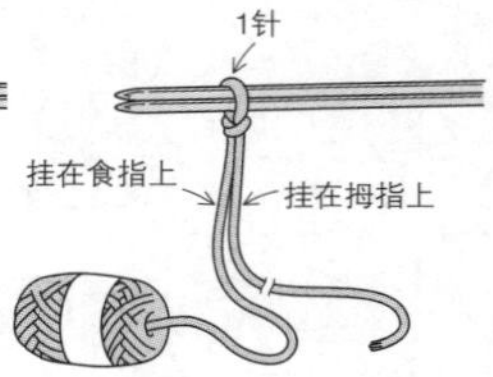

❻将2根线拉紧，使线圈收紧（第1针完成）。短线挂在拇指上，长线挂在食指上。

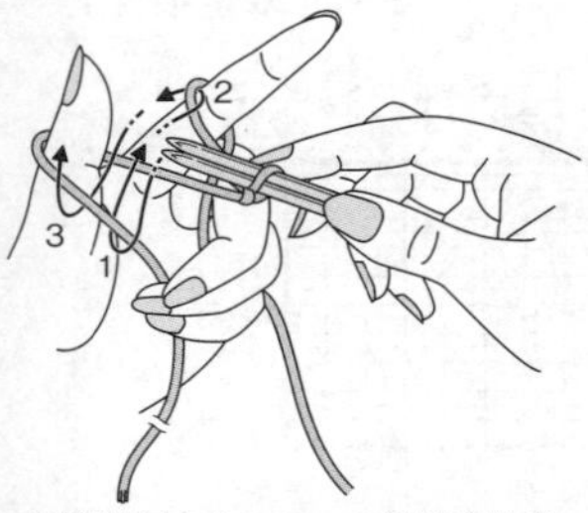

❼按照图中1、2、3的顺序转动针尖，给棒针挂线。

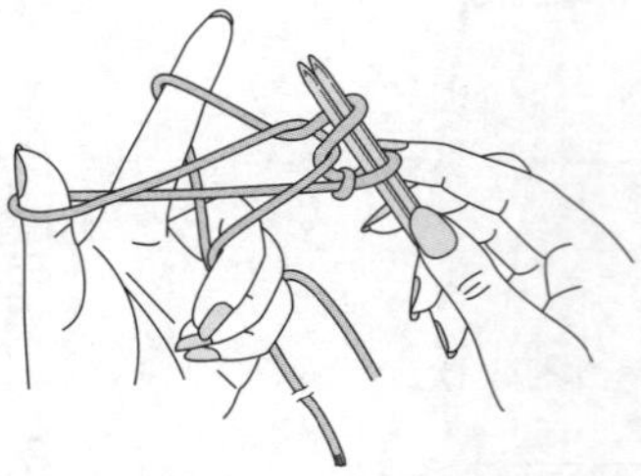

❽按照1、2、3的顺序，线挂在了棒针上。

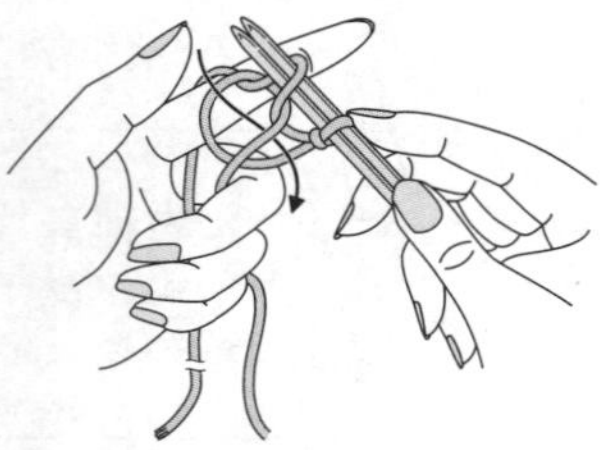

❾取下拇指上的线，再按照箭头所示插入拇指。

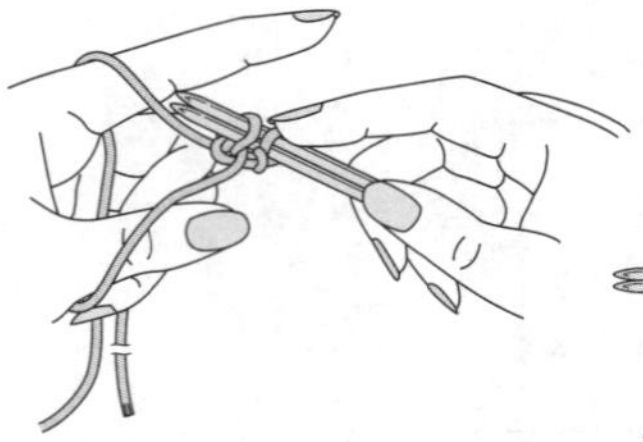

❿拇指向外伸，使针目收紧（第2针完成）。重复步骤❼~❿。

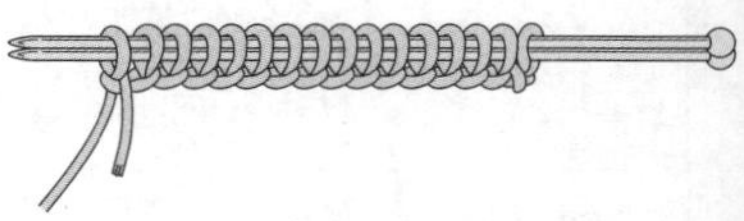

⓫起所需要的针数，抽出1根棒针。

环形编织

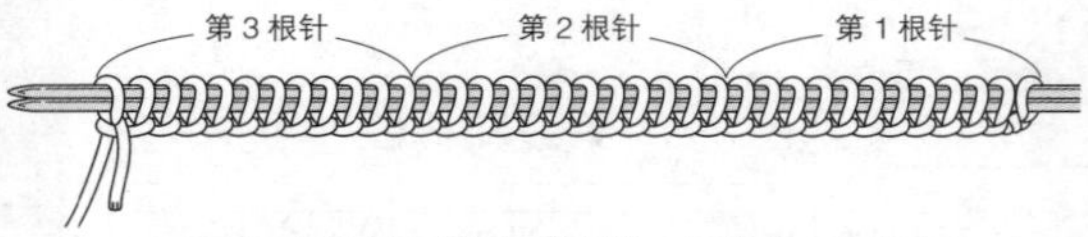

❶用2根棒针起所需要的针数，再分在3根棒针上。

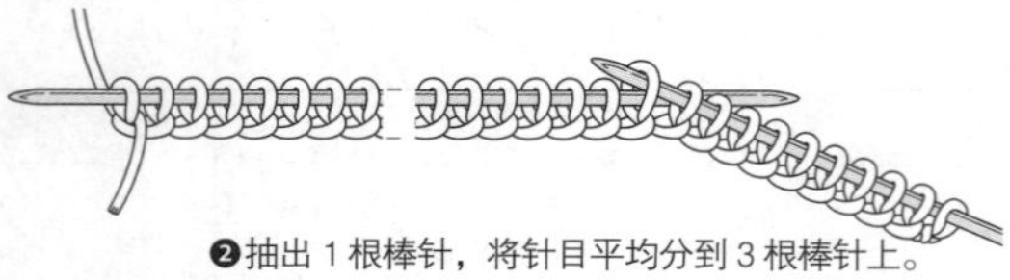

❷抽出1根棒针，将针目平均分到3根棒针上。

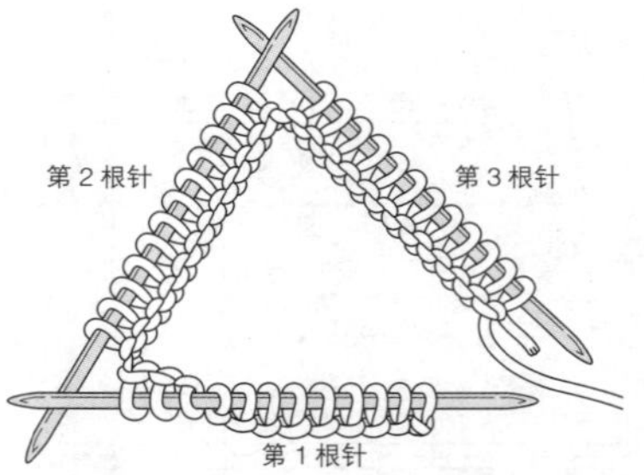

❸3根棒针呈三角形，注意不要将针目扭转。

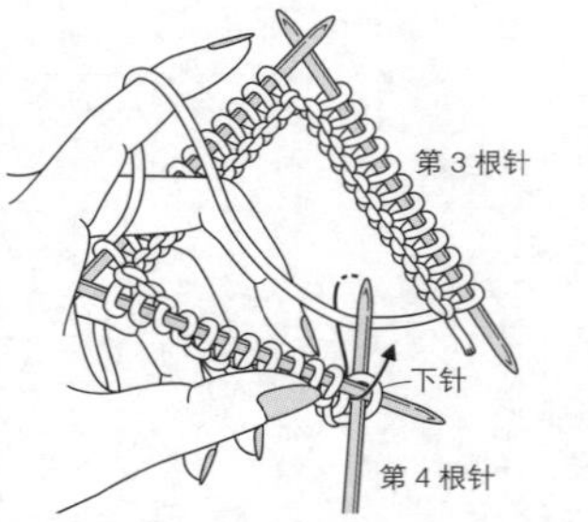

❹将编织线挂在左手上，将第4根棒针插入编织起点的针目，编织下针。

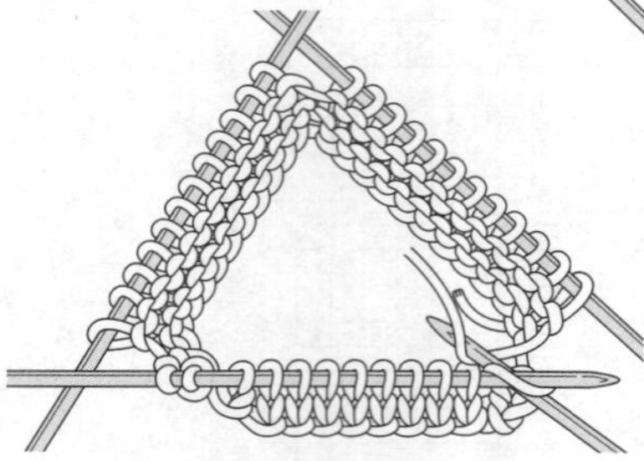

❺第3行也将第4根棒针插入编织起点的针目，编织下针。

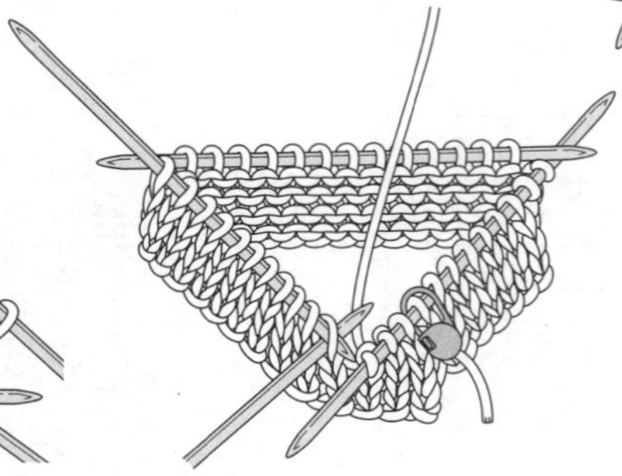

❻换棒针的位置错开几针编织。为避免弄错，在行的交界处，用行数圈做个记号。

〈挑取共线锁针的里山起针〉

正面　反面

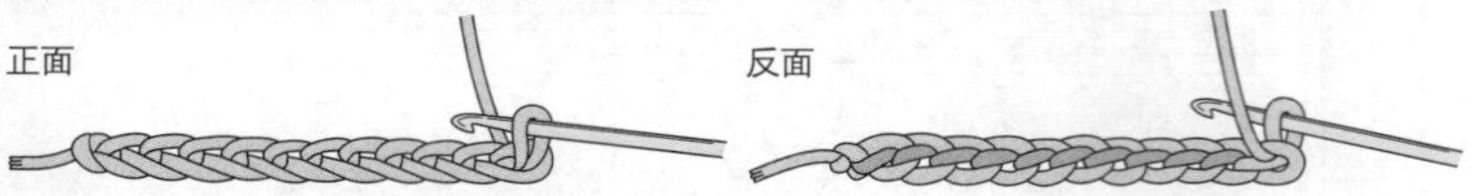

❶用钩针编织所需要的锁针数。

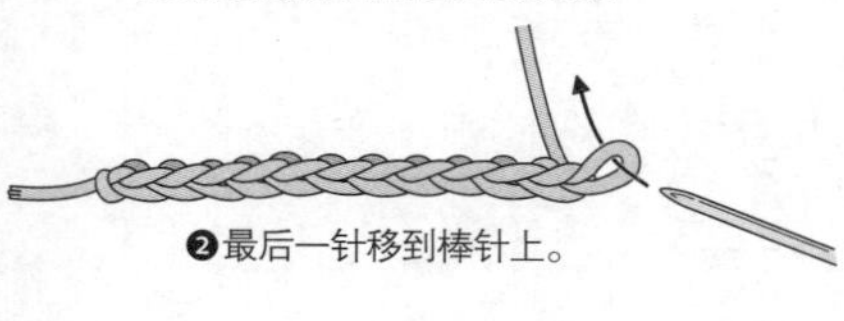

❷最后一针移到棒针上。

❸将棒针插入第2针锁针的里山，如箭头所示将线拉出来。端头形成一个角。

❹一针一针地挑取里山进行编织（第1行）。

〈挑取另线锁针的里山起针〉

锁针

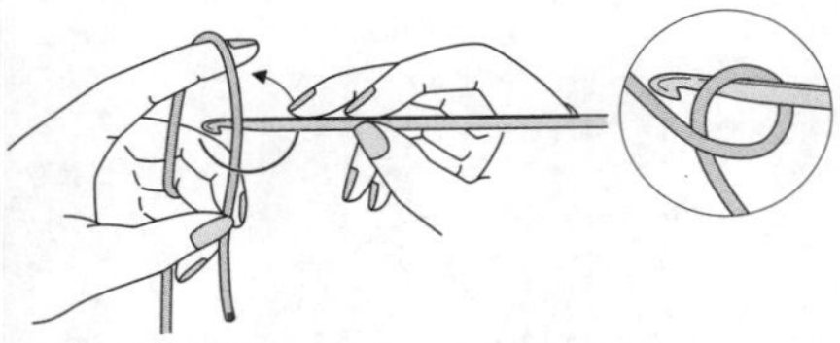

❶将钩针放在线的后面，如箭头所示绕 1 圈，将线绕到钩针上。

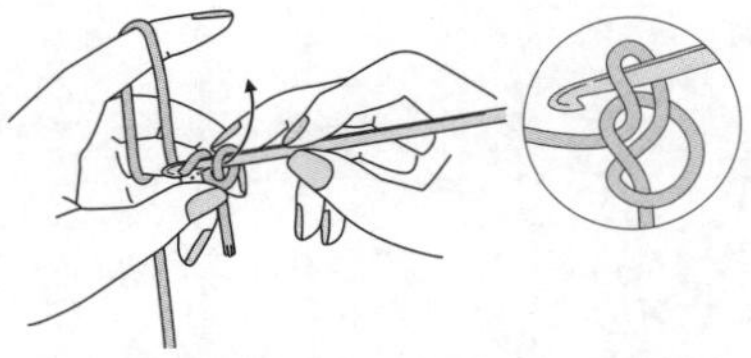

❷左手拇指和中指捏着线的交叉处，如箭头所示转动钩针挂线，从线圈中将线拉出来。

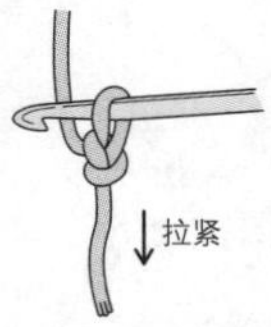

❸将线圈拉紧，完成最初的针目。这 1 针不计入起针的针数。

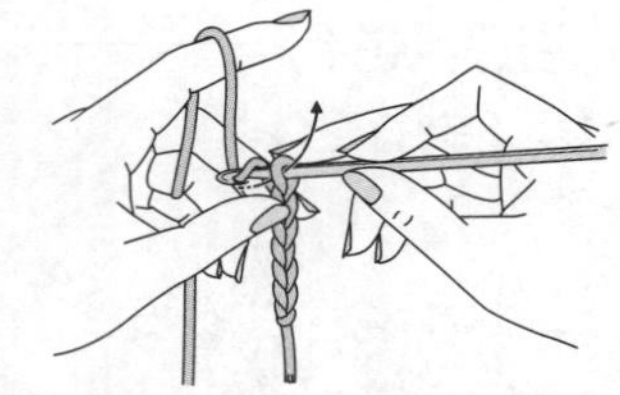

❹重复“挂线，从钩针上的线圈中拉出”，要比所需要的起针多钩针几针。

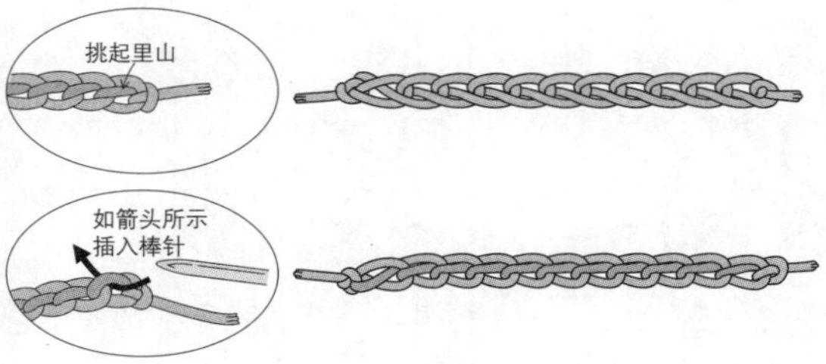

❺锁针分正面和反面。确认锁针里山的位置。

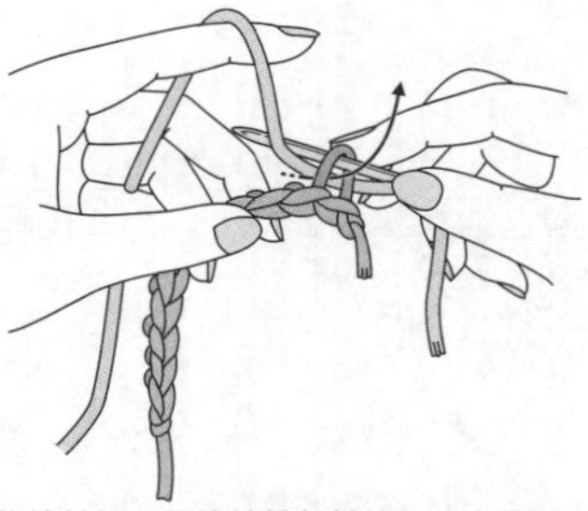

❻将棒针插入另线锁针起针编织终点的里山，如图所示挑起织片所用的线。

❼逐针挑起里山的针目（这是第 1 行）。

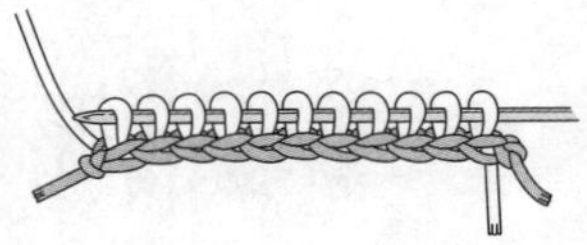

❽挑取所需要的针数。

减针

〈立起侧边 1 针减针〉

⋋ 右侧

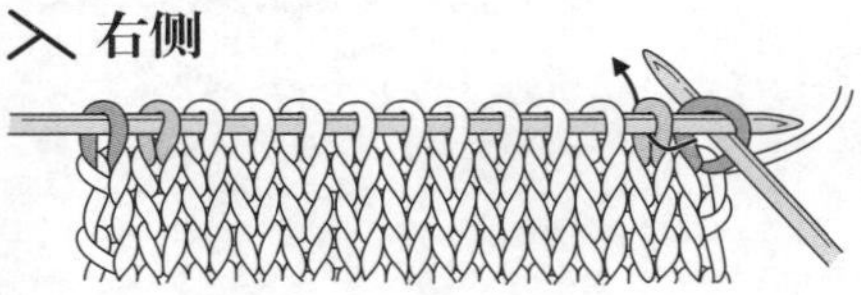

❶第 1 针不编织直接移至右棒针。将右棒针插入第 2 针。

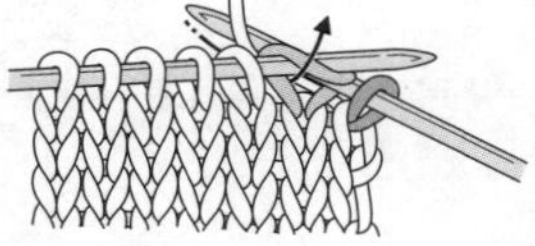

❷编织下针。

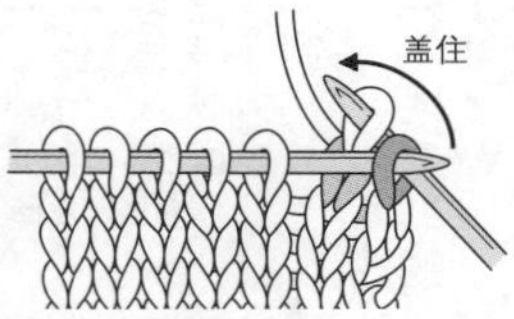

❸将左棒针插入移至右棒针的第 1 针，使其盖住第 2 针。

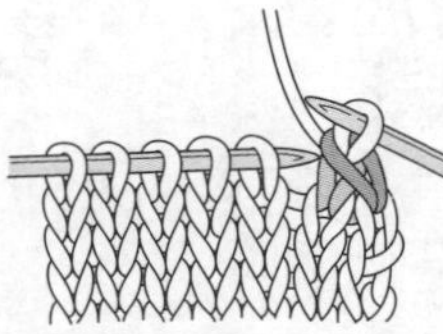

❹右侧的立起侧边 1 针减针完成。

⋌ 左侧

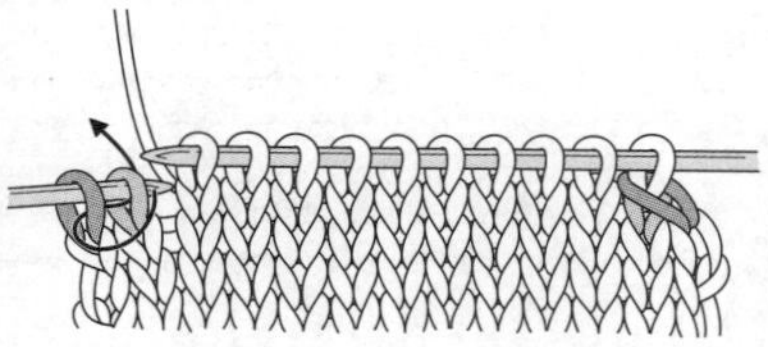

❶如箭头所示，将右棒针插入左棒针上的 2 个针目中。

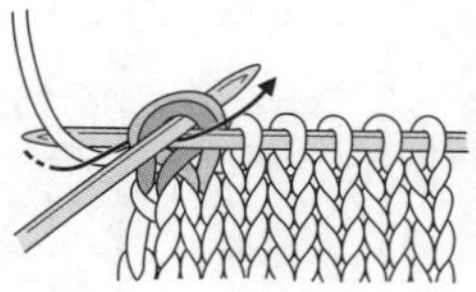

❷挂线并拉出。

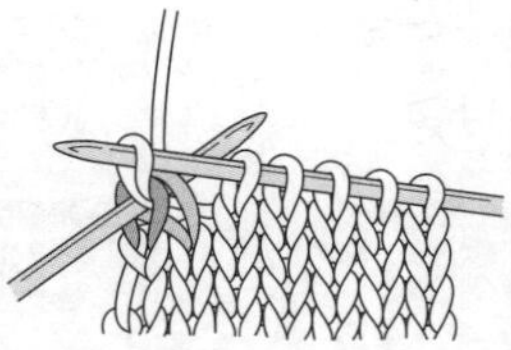

❸从 2 个针目中抽出左棒针。

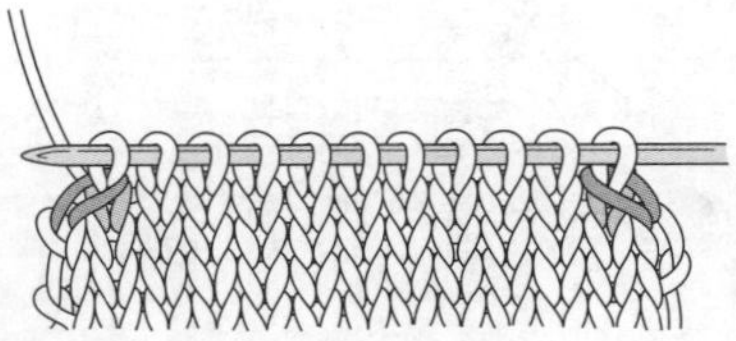

❹左侧的立起侧边 1 针减针完成。

〈伏针减针〉

右侧（下针行）

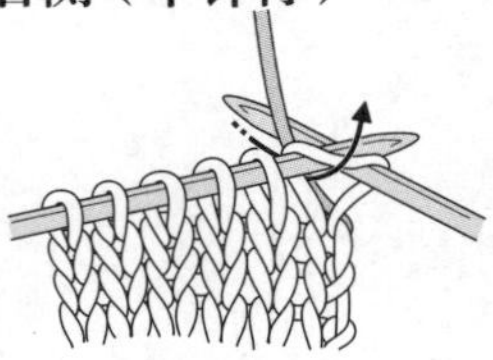

❶第 1 针编织下针。

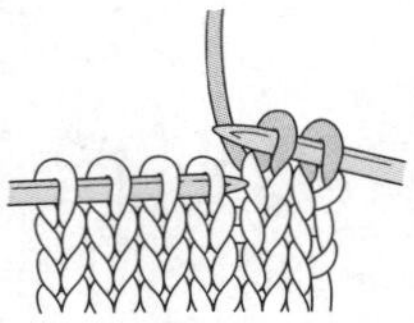

❷第 2 针也编织下针。

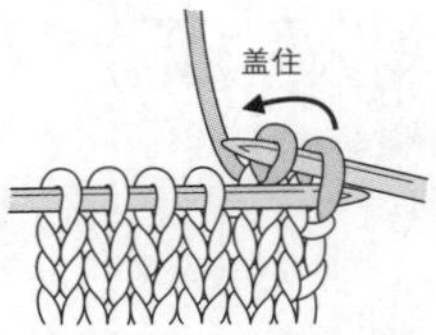

❸将左棒针插入右棒针上的第 1 针中，使其盖住第 2 针。完成第 1 针伏针。

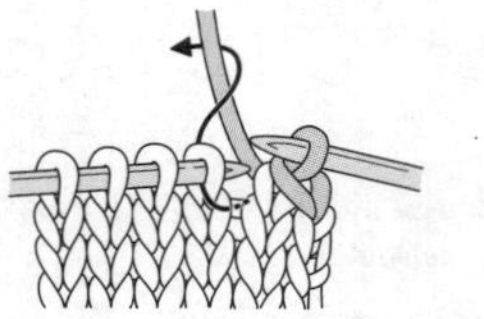

❹下一个针目编织下针。将左棒针插入右棒针上的第 2 针中，使其盖住刚刚编织的针目。

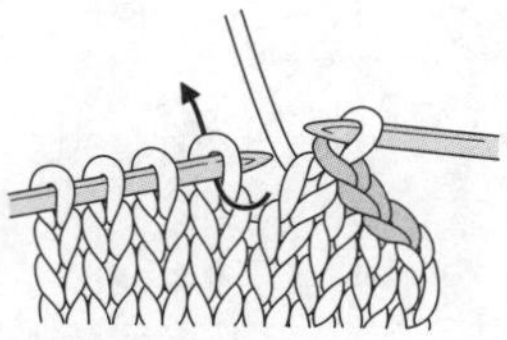

❺编织所需数量的伏针后，下一个针目编织下针。

左侧（上针行）

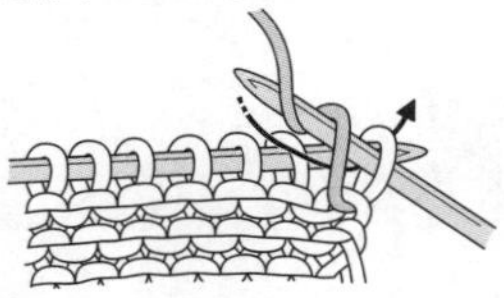

❶第 1 针编织上针。

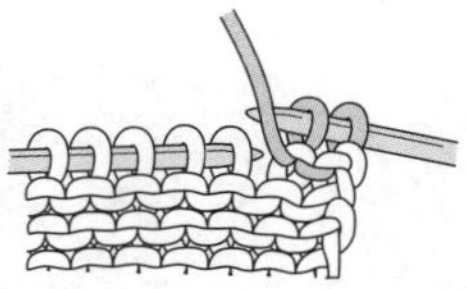

❷第 2 针也编织上针。

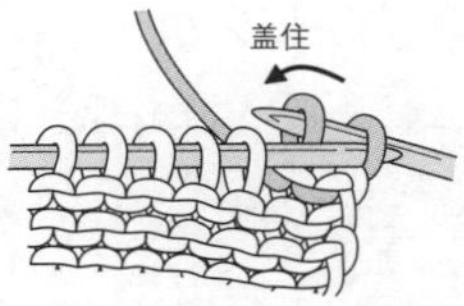

❸将左棒针插入右棒针上的第 1 针中，使其盖住第 2 针。完成第 1 针伏针。

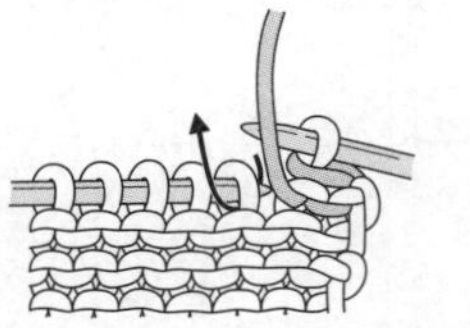

❹下一个针目编织上针。将左棒针插入右棒针上的第 2 针中，使其盖住刚刚编织的针目。

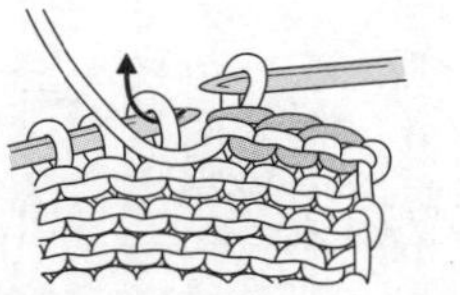

❺编织所需数量的伏针后，下一个针目编织上针。

加针

〈扭针加针〉

下针行

右侧

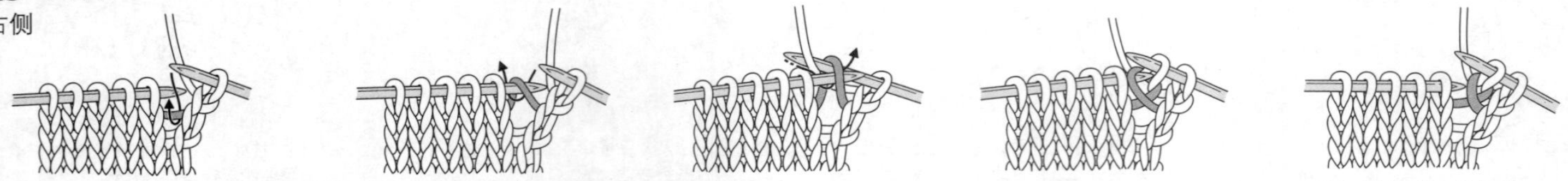

❶编织端头的 1 针，如箭头所示插入右棒针，将针目提起来移至左棒针。

❷将右棒针插入移至左棒针的针目。

❸挂线。

❹从前侧拉出。

❺下针的右侧扭针加针完成。

左侧

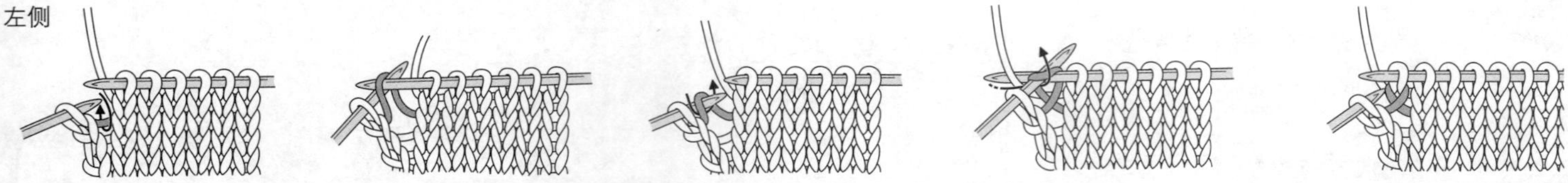

❶编织至端头 1 针的前侧，如箭头所示插入右棒针并将针目提起来。

❷将提起的针目移至左棒针。

❸将右棒针插入移至左棒针的针目。

❹挂线并从前侧拉出。

❺下针的左侧扭针加针完成。最终的针目编织下针。

上针行

右侧

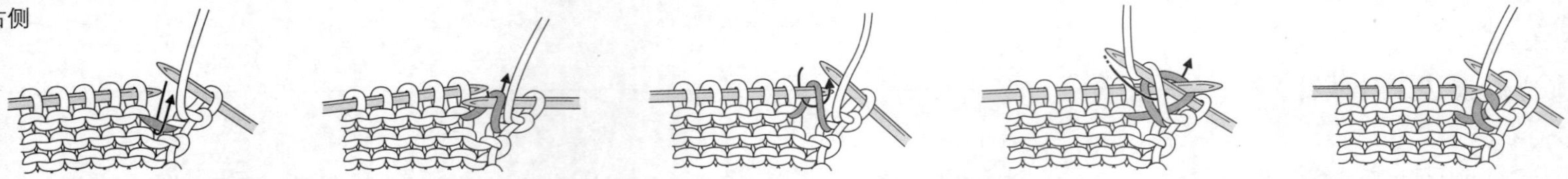

❶编织端头的 1 针，如箭头所示插入右棒针。

❷将针目提起来移至左棒针。

❸如箭头所示，将右棒针从后侧插入移至左棒针的针目。

❹挂线并从后侧拉出。

❺上针的右侧扭针加针完成。

左侧

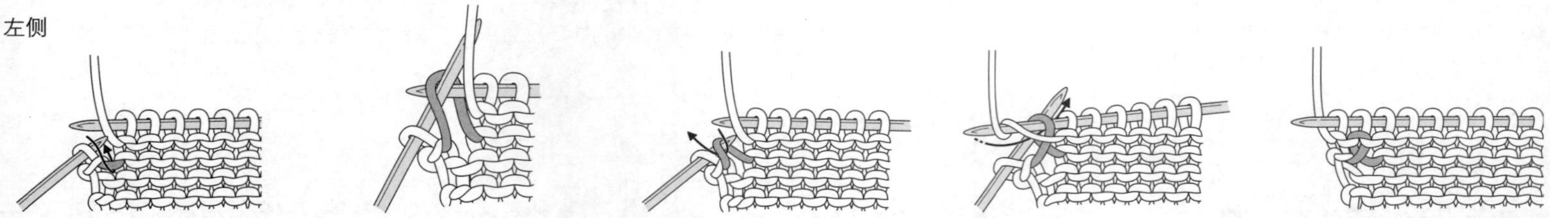

❶编织至端头 1 针的前侧，如箭头所示插入右棒针。

❷将针目提起来移至左棒针。

❸如箭头所示，将右棒针插入移至左棒针的针目。

❹挂线并从后侧拉出。

❺上针的左侧扭针加针完成。最终的针目编织上针。

卷针加针

卷针加针一定要在线头所在端的编织终点进行。

右侧

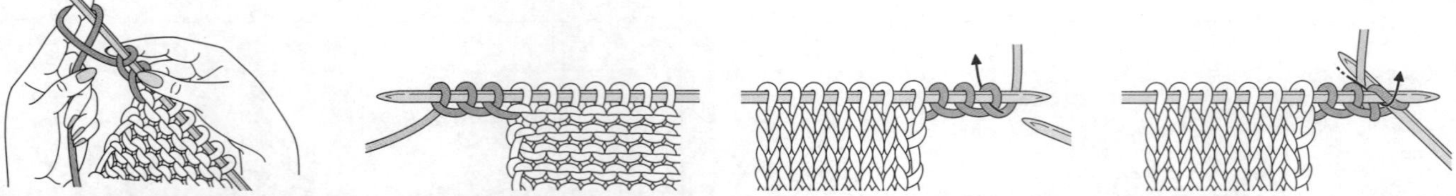

❶在上针行的编织终点加针。如图所示将棒针插入左手食指上的挂线，移开食指。

❷重复步骤❶。图为完成 3 卷加针的情形。

❸下一行（下针行）如箭头所示将右棒针插入左棒针端头的针目。

❹编织下针。持续加针的过程中，端头针目滑针。

左侧

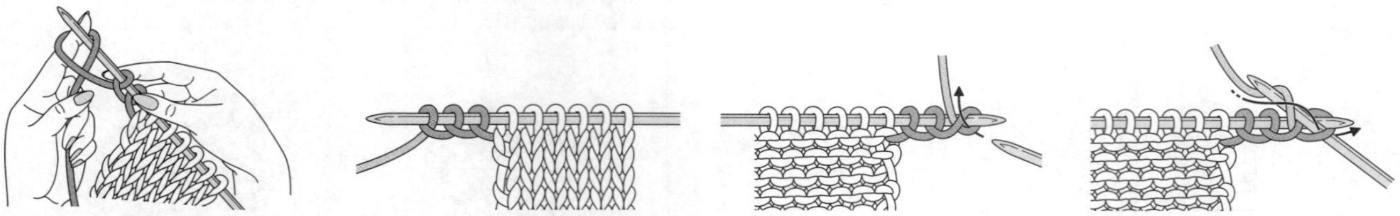

❶在下针行的编织终点加针。如图所示将棒针插入左手食指上的挂线，移开食指。

❷重复步骤❶。图为完成 3 卷加针的情形。

❸下一行（上针行）如箭头所示将右棒针插入左棒针端头的针目。

❹编织上针。持续加针的过程中，端头针目滑针。

卷针加针（加 1 针）

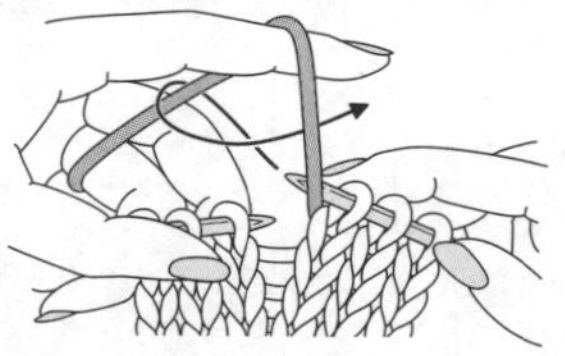

❶如箭头所示转动右棒针，将线绕在右棒针上。

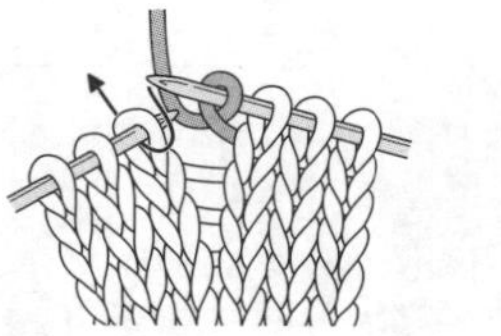

❷如箭头所示将右棒针插入左棒针上的针目。

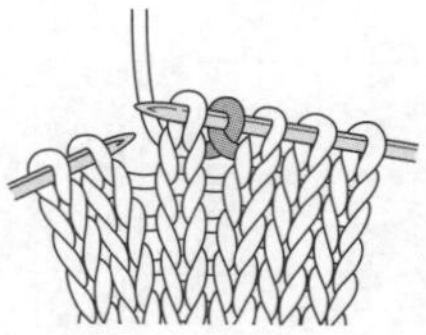

❸编织下针。

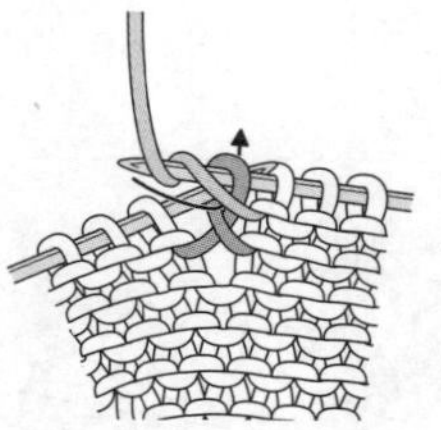

❹反面行的卷针加针编织上针。

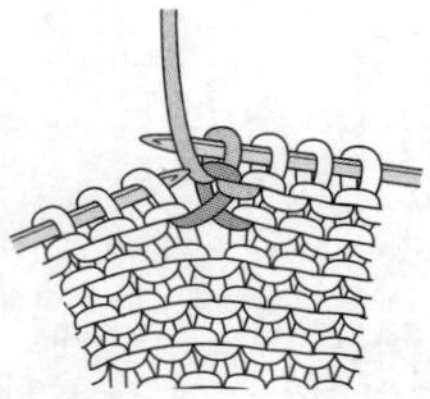

❺卷针加针完成。

减针的往返编织

右侧

第 1 行

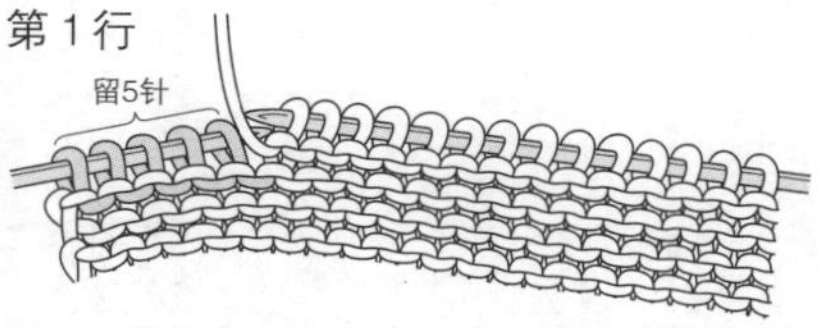

❶第 1 次的右侧（比左侧早一行开始）的往返编织。在反面行编织至剩余针数的前方。

第 2 行

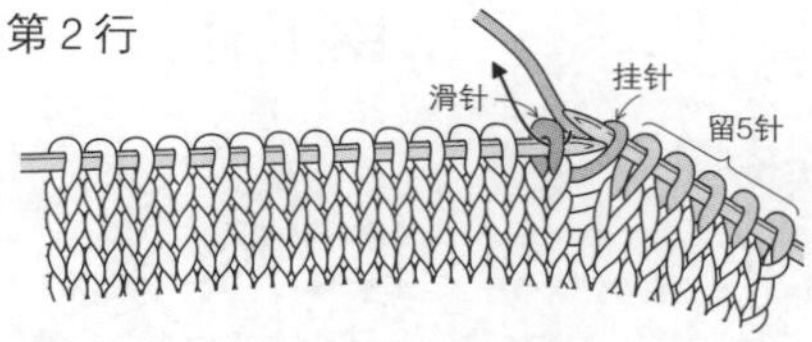

❷将织片翻过来，将线从前向后挂在右棒针上。下一针按照箭头方向，将右棒针从后面插入左棒针上的针目。

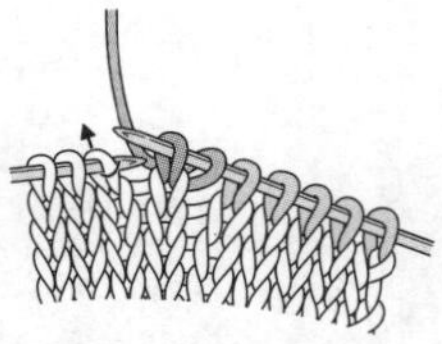

❸不编织移至右棒针（滑针），下一针编织下针。

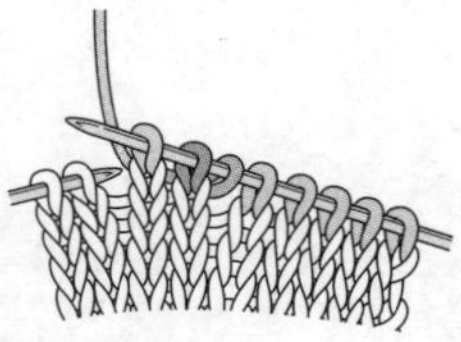

❹然后编织下针。

第 3 行以后

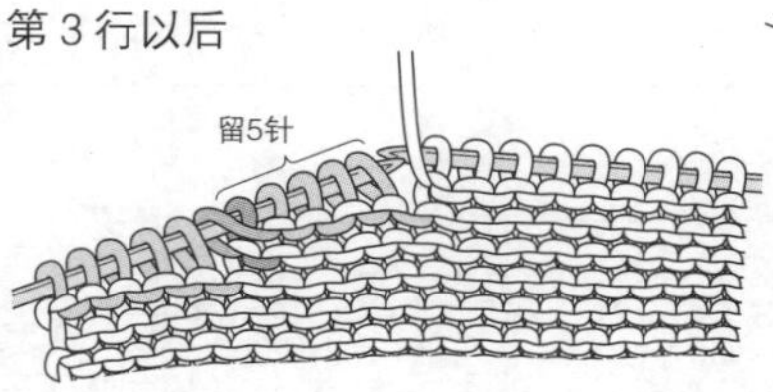

❺第 2 次的往返编织。和步骤❶相同，在左棒针上留下一定针数。在下一行的编织起点编织挂针、滑针。

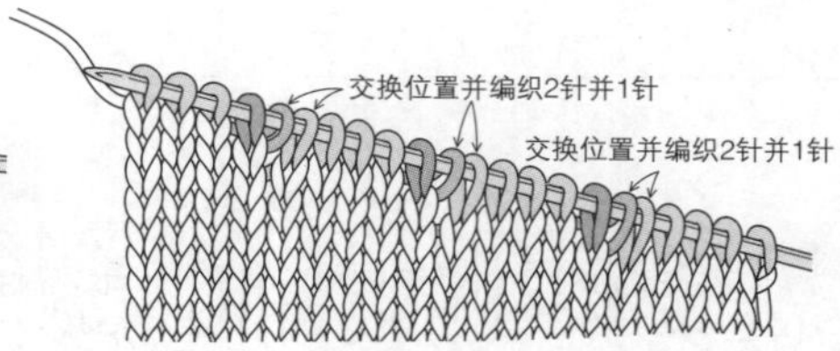

❻编织了 3 次往返编织。挂针和滑针在后面的消行中交换位置并编织 2 针并 1 针。

消行（从反面编织的行）

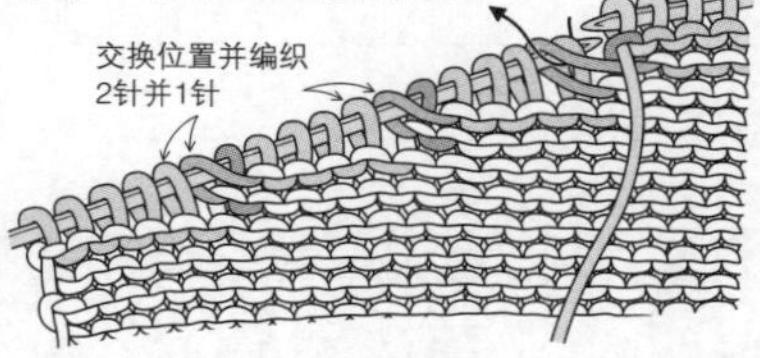

❼挂针和左边的针目交换位置，2 针并 1 针编织上针。

交换位置的方法（反面）

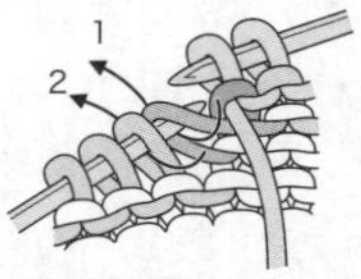

❶将线放在织片前面，依次将针目 1、针目 2 移至右棒针。

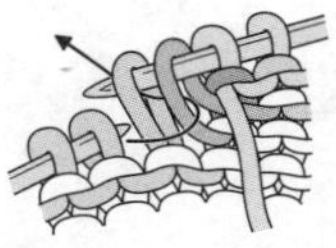

❷如箭头所示将左棒针插入移至右棒针上的针目。

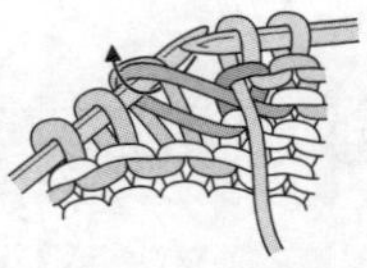

❸按照箭头方向，将右棒针插入移回左棒针的 2 个针目。

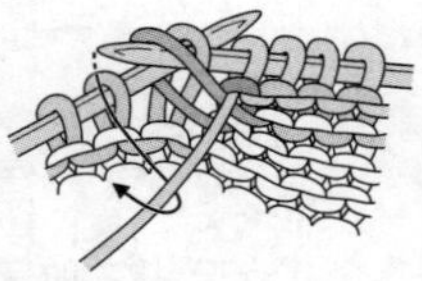

❹挂线并编织上针。

左侧

第 1 行

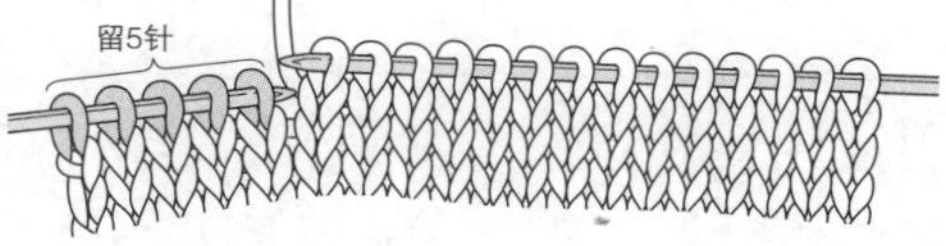

❶第 1 次的左侧的往返编织。在正面行编织至剩余针数的前方。

第 2 行

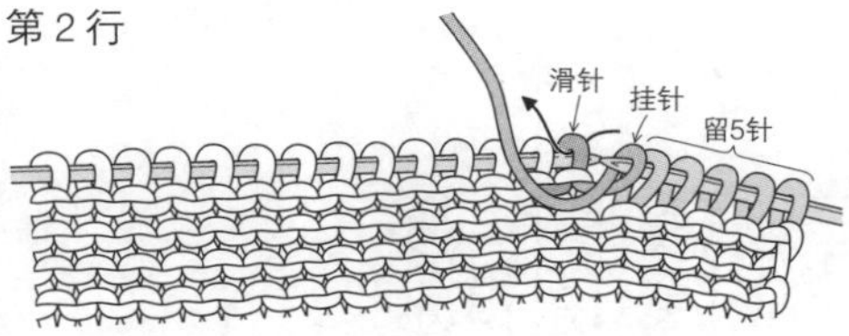

❷将织片翻过来，将线从前向后挂在右棒针上，线放在织片前面。下一针按照箭头方向，将右棒针从后面插入左棒针上的针目。

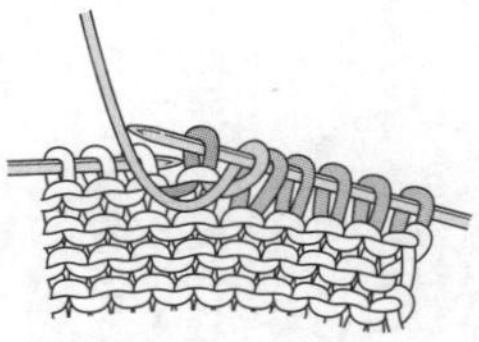

❸不编织移至右棒针（滑针），下一针编织下针。

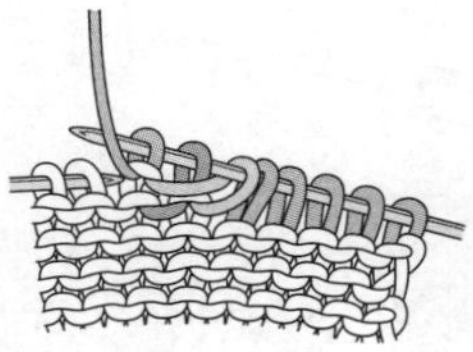

❹然后编织上针。

第 3 行以后

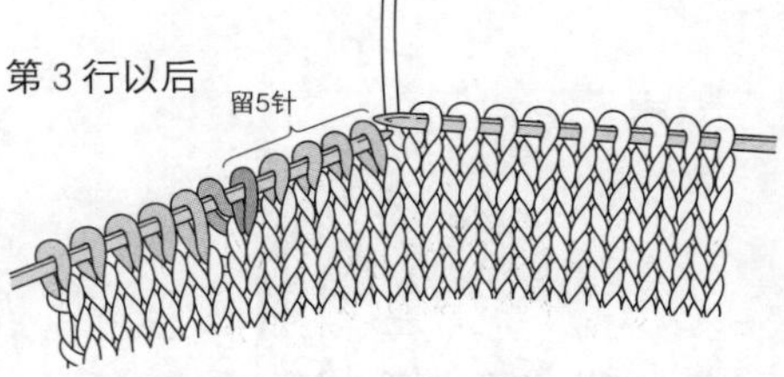

❺第 2 次的往返编织。和步骤❶相同，在左棒针上留下一定针数。在下一行的编织起点编织挂针、滑针。

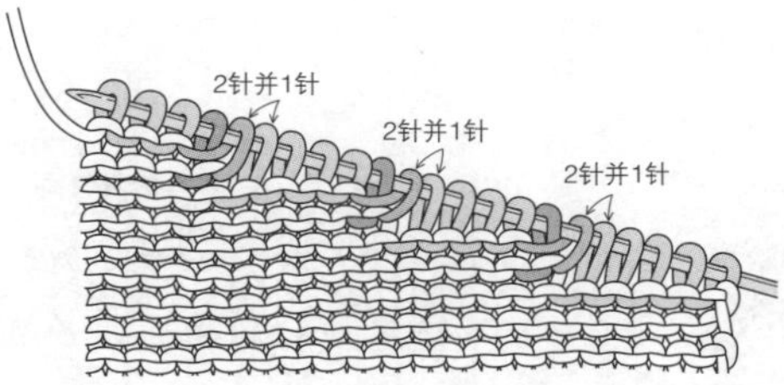

❻编织了 3 次往返编织。挂针和滑针在后面的消行中编织 2 针并 1 针。

消行（从反面编织的行）

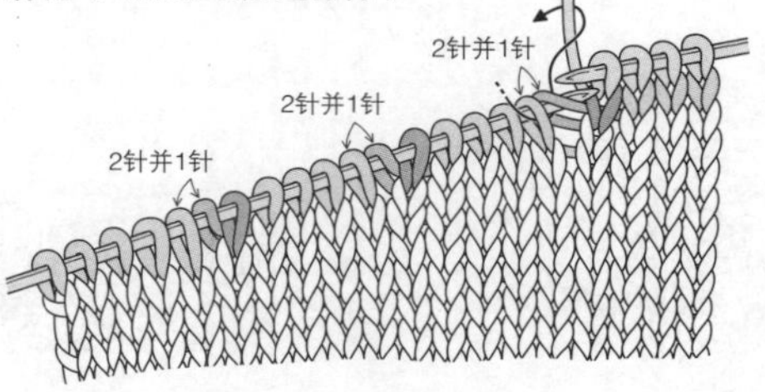

❼将右棒针同时插入挂针和左边的针目。

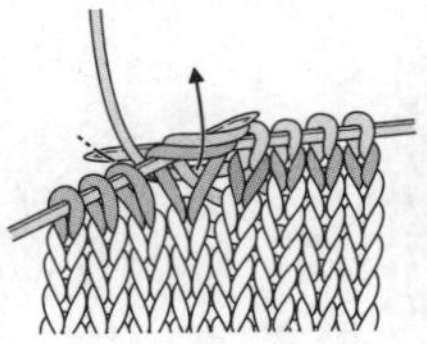

❽编织 2 针并 1 针。

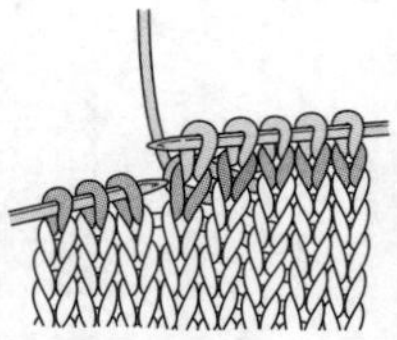

❾消行完成。挂针在反面。

收针

〈伏针收针〉

下针

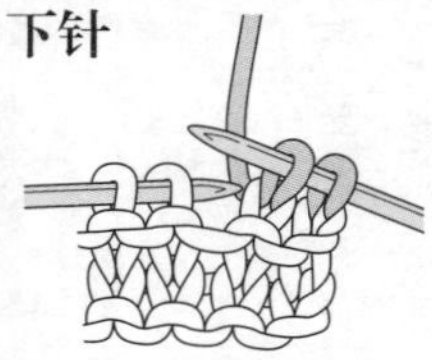

❶端头两针编织下针。

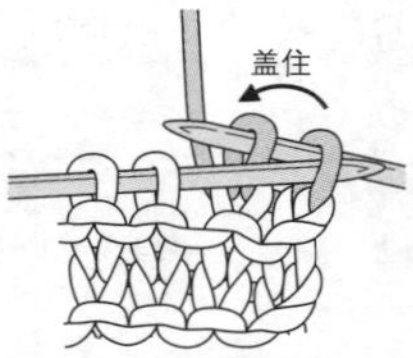

❷将左棒针插入右棒针上的第 1 针中，使其盖住第 2 针。

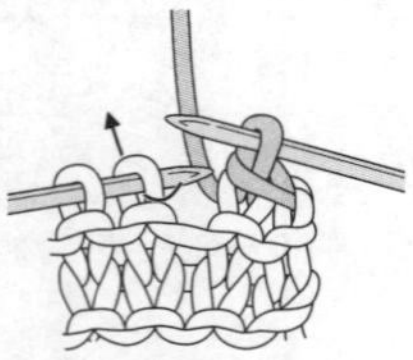

❸下一针也编织下针，将左棒针插入右棒针上的第 2 针中，使其盖住刚刚编织的针目。重复步骤❸。

上针

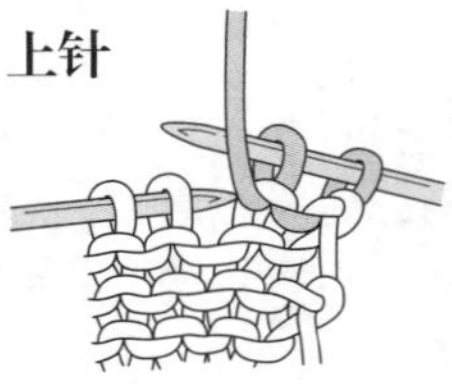

❶端头两针编织上针。

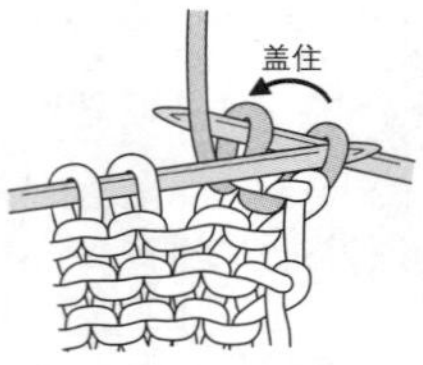

❷将左棒针插入右棒针上的第 1 针中，使其盖住第 2 针。

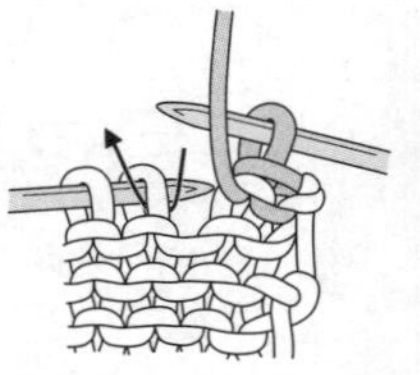

❸下一针也编织上针，将左棒针插入右棒针上的第 2 针中，使其盖住刚刚编织的针目。重复步骤❸。

单罗纹针

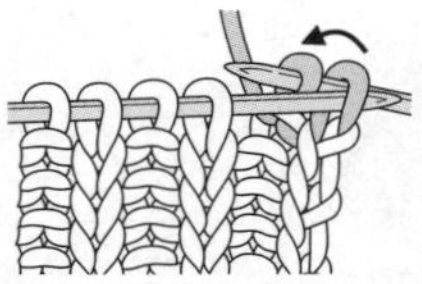

❶端头 1 针编织下针，第 2 针编织上针。将左棒针插入右棒针上的第 1 针中，使其盖住第 2 针。

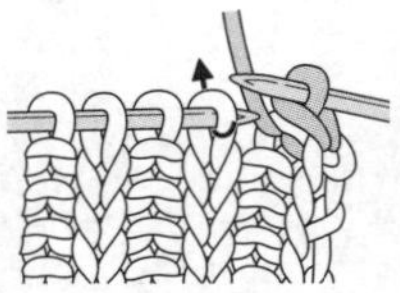

❷下一个针目编织下针。

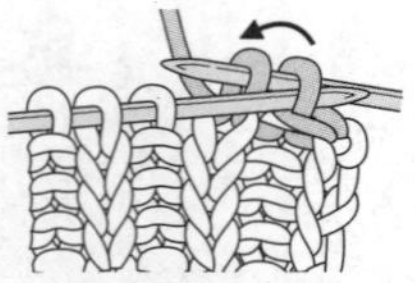

❸将左棒针插入右棒针上的第 2 针中，使其盖住刚刚编织的针目。重复编织下针织下针、上针织上针的伏针收针。

〈引拔收针〉

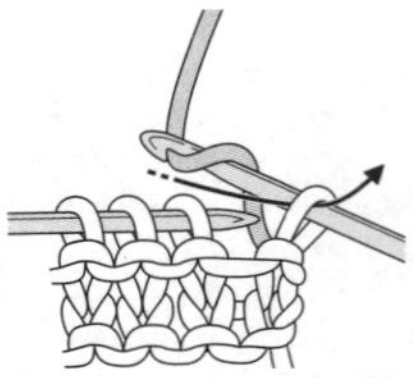

❶将端头的 1 针移至钩针，挂线并拉出。

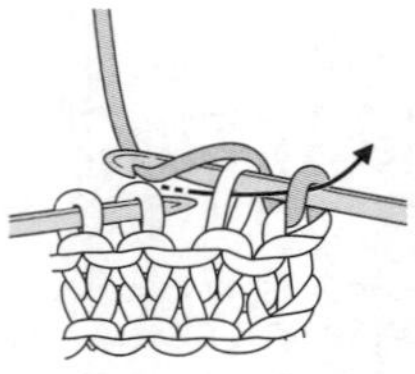

❷下一个针目也移至钩针，挂线并从 2 个线圈中拉出。

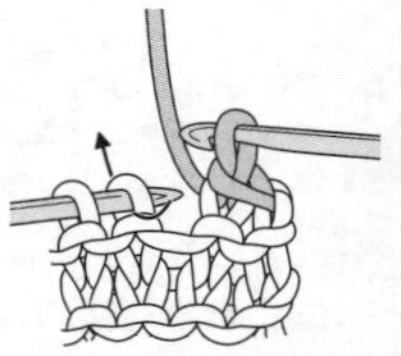

❸后面的针目重复步骤❷。

〈单罗纹针收针〉

右侧 2 针下针，左侧 1 针下针时

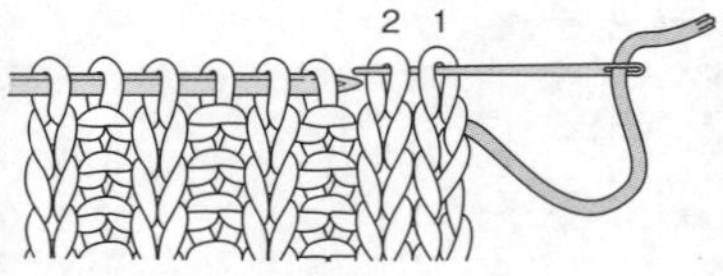

❶毛线缝针从针目 1 的前侧入针，从针目 2 的前侧出针，将线拉出。

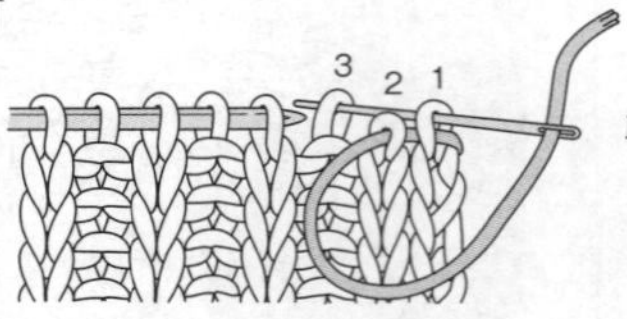

❷从针目 1 的前侧入针，从针目 3 的后侧出针。

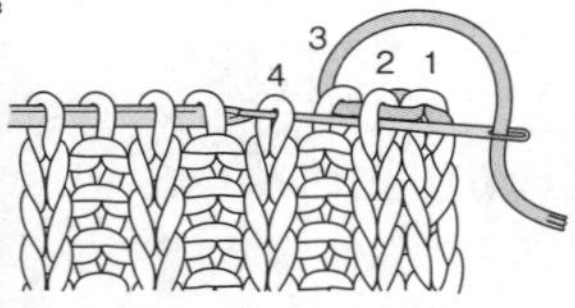

❸从针目 2 的前侧入针，从针目 4 的前侧出针（下针和下针）。

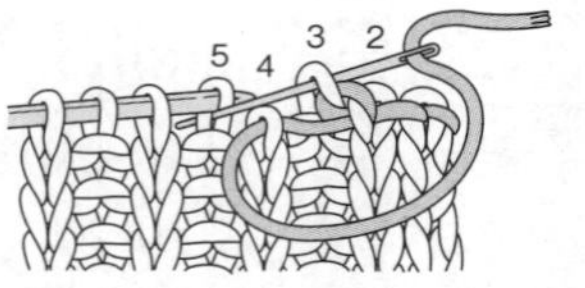

❹从针目 3 的后侧入针，从针目 5 的后侧出针（上针和上针）。

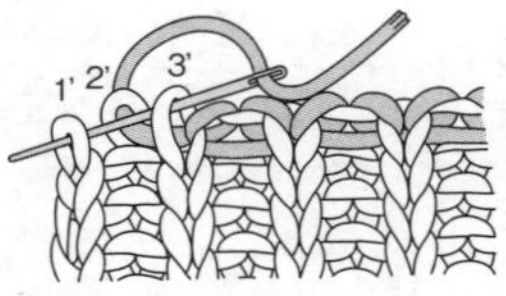

❺重复步骤❸、❹至左端。

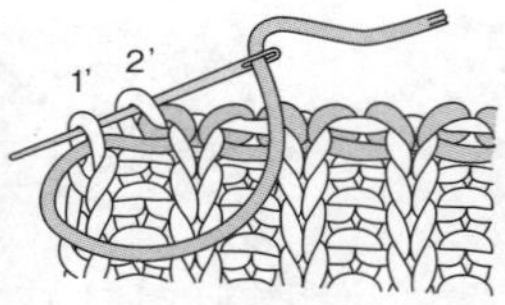

❻最后，从针目2'的后侧入针，从针目1'的前侧出针。

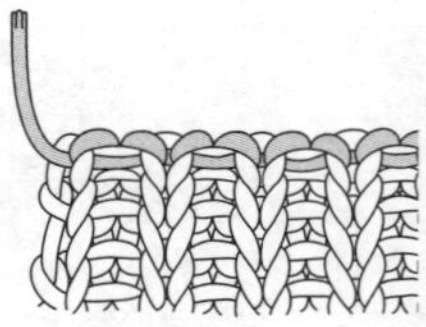

❼完成。

右侧 1 针下针时

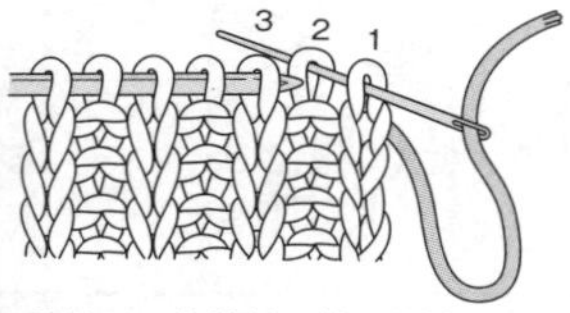

❶从针目 1 的前侧入针，从针目 2 的后侧出针，将线拉出。

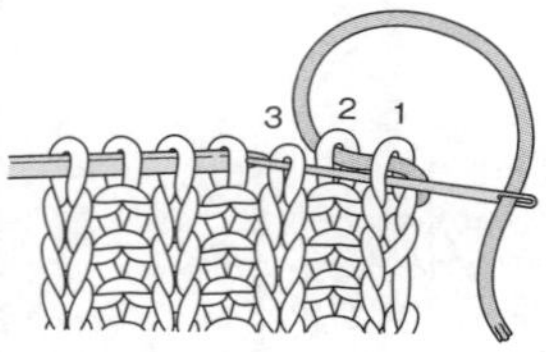

❷从针目 1 的前侧入针，从针目 3 的前侧出针。

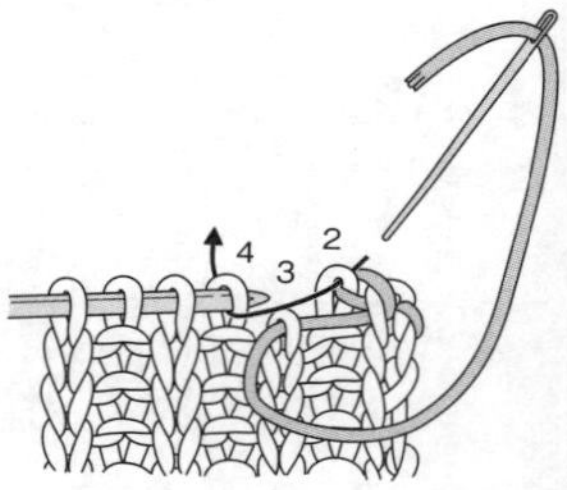

❸后面的针法和“右侧 2 针下针，左侧 1 针下针时”的步骤❹以后相同。

左侧 2 针下针时

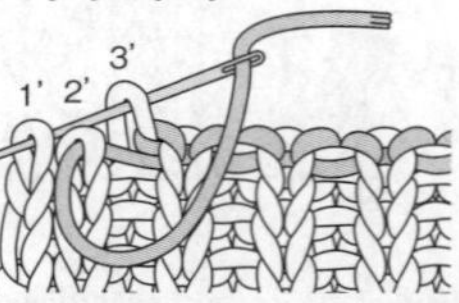

❶步骤❶~❹和“右侧 2 针下针，左侧 1 针下针时”相同。从针目 3'、针目 1'的后侧入针，从前侧出针（上针和下针）。

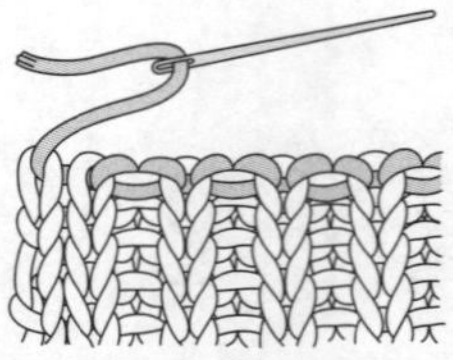

❷将线拉出。

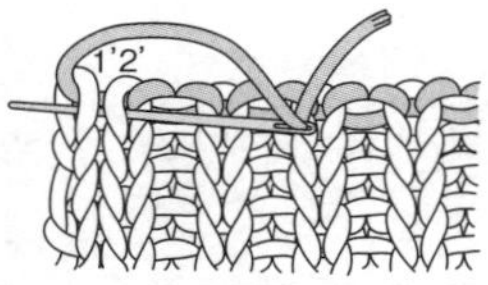

❸从针目 2'的前侧入针，从针目 1'的前侧出针。

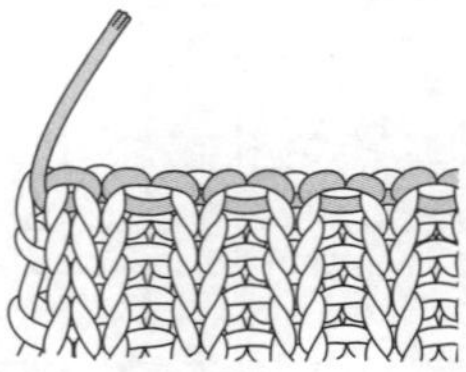

❹将线拉出。完成。

环形编织时　编织起点侧

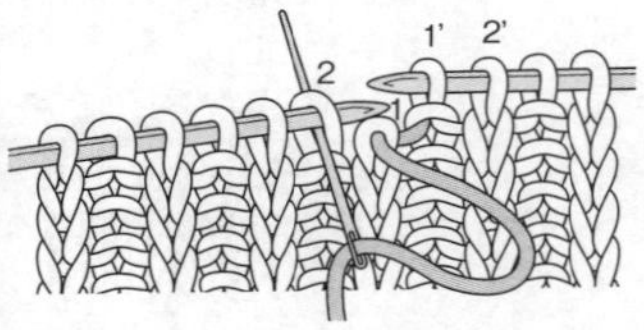

❶从针目 1 的后侧入针从前侧出针，从针目 2 的前侧入针从后侧出针。

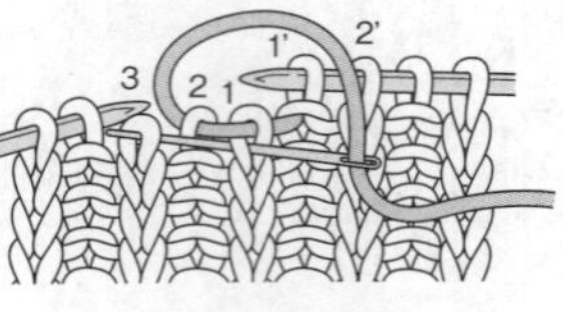

❷从针目 1 的前侧入针，从针目 3 的前侧出针。

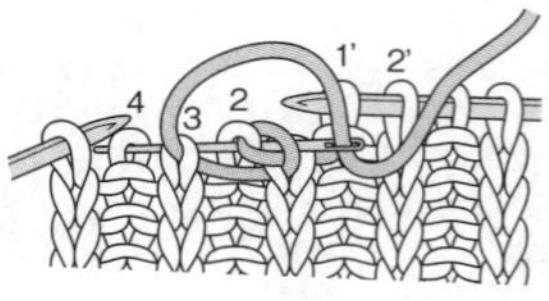

❸从针目 2 的后侧入针，从针目 4 的后侧出针（上针和上针）。

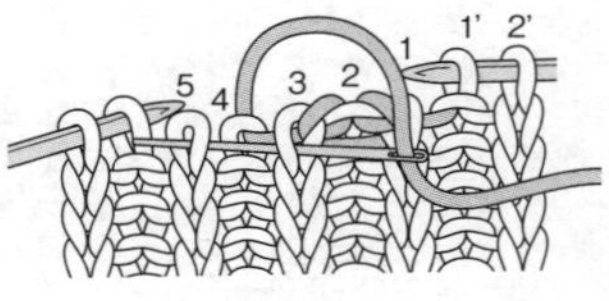

❹从针目 3 的前侧入针，从针目 5 的前侧出针（下针和下针）。重复步骤❸、❹。

环形编织时　编织终点侧

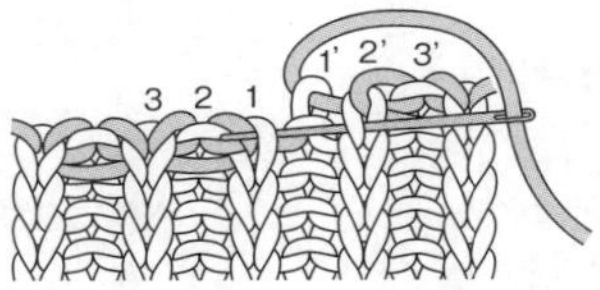

❺从针目2’的前侧入针，从针目1(最初的针目)的前侧出针(下针和下针)。

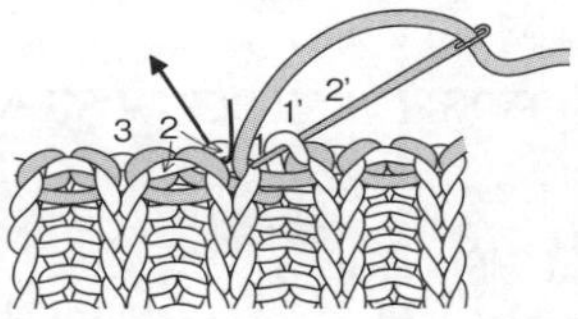

❻从针目1’(上针)的后侧入针，从针目2(最初的针目)的后侧出针。

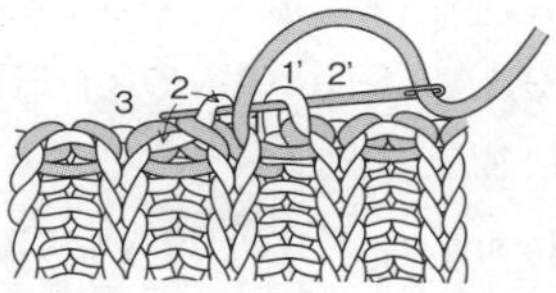

❼毛线缝针插入针目1’和针目2的情形。

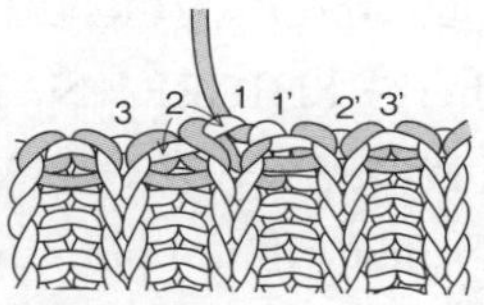

❽将线拉出来，完成。

缝合和接合

〈盖针接合〉

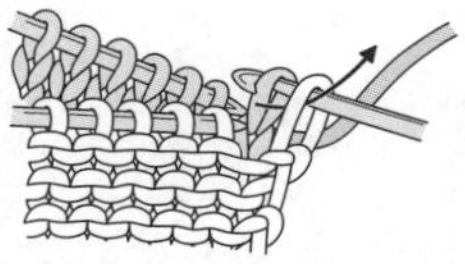

❶将钩针插入前侧的上针和后侧的下针针目中，将后侧的针目从前侧的针目中拉出。

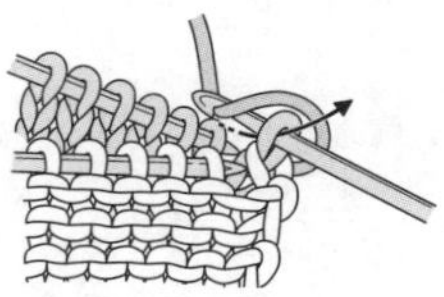

❷给钩针挂线，将线拉出。

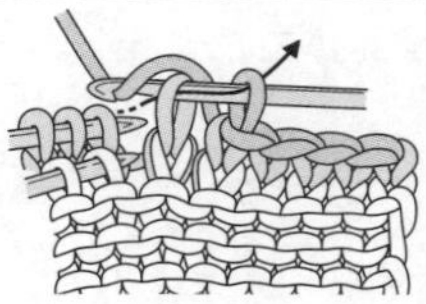

❸重复步骤❶、❷。

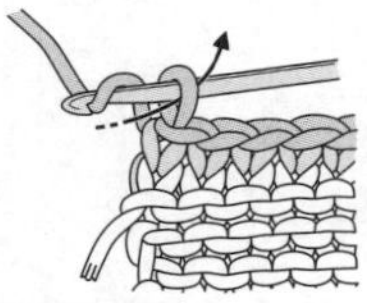

❹最后1针引拔。

〈下针缝合〉

织片均为编织中的针目

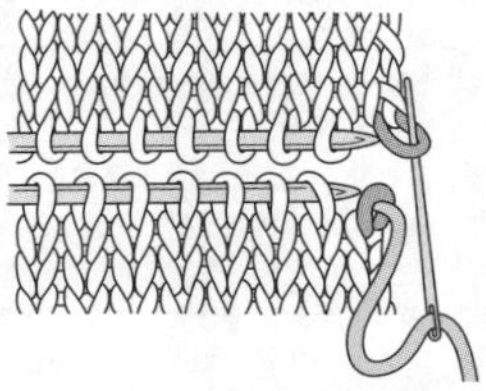

❶将2片织片正面朝外对齐并拿好。将毛线缝针从后侧插入下方织片和上方织片的端头针目。

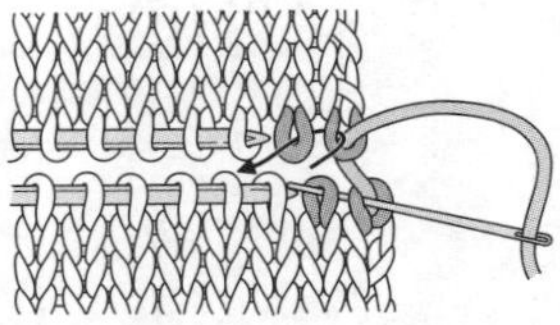

❷将线拉出来，然后将毛线缝针插入下方织片的2个针目，如箭头所示，再插入上方织片的2个针目。

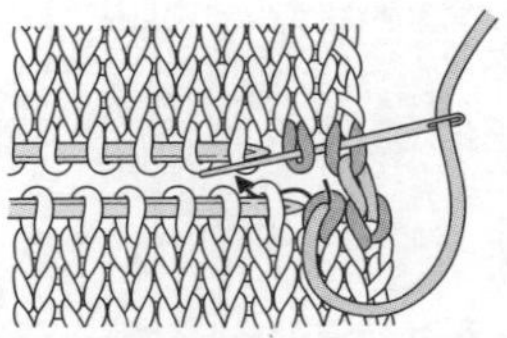

❸插入时的情形(每个针目均插入2次)。将线拉出来，然后如箭头所示插入下方织片的2个针目。

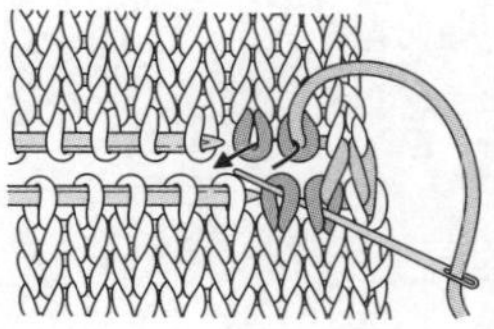

❹沿箭头方向插入上方织片的2个针目。重复步骤❷~❹。

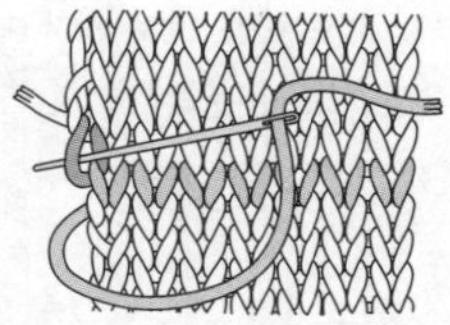

❺最后从织片前侧将毛线缝针插入上方织片的端头针目。织片错开半针。

一片织片为伏针收针

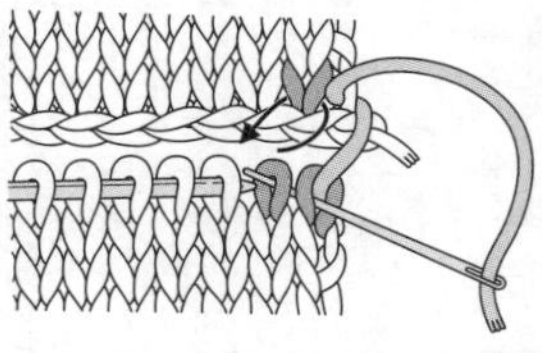

❶从编织中的织片的端头针目的反面入针，挑取伏针收针的织片的半针。如图所示，再将毛线缝针插入下方织片的2个针目，然后插入伏针收针的织片的2个针目。

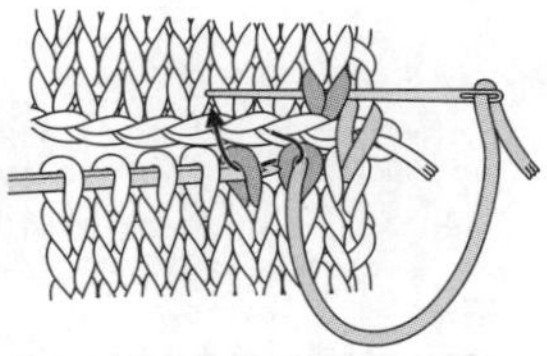

❷插入时的情形。将毛线缝针插入下方织片的2个针目。就这样交叉着插入毛线缝针。

织片均为伏针收针

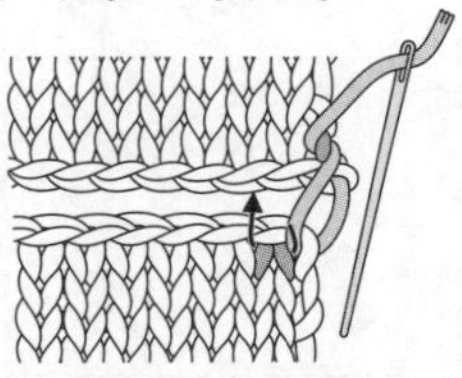

❶将毛线缝针从反面插入下方织片的端头针目，然后挑取上方织片的端头针目的半针。接着，按照箭头方向将毛线缝针插入下方织片的2个针目。

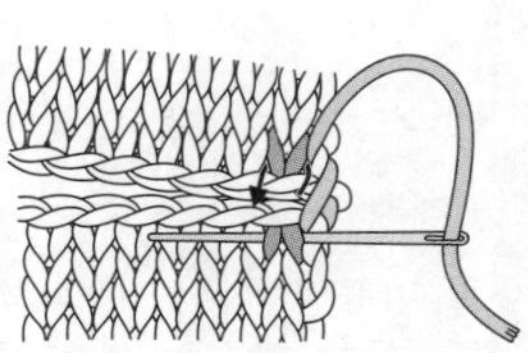

❷将线拉出来。按照箭头方向，将毛线缝针插入上方织片的针目。

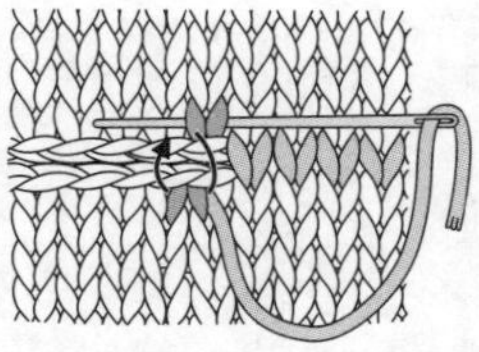

❸交叉着插入下方织片和上方织片的针目。拉紧缝合线，使其和织片上的针目大小一致。

〈上针缝合〉

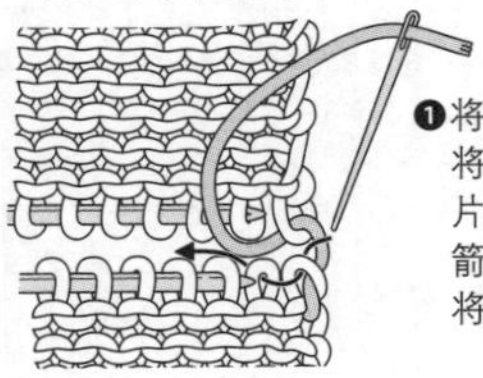

❶将2片织片反面朝上对齐并拿好。将毛线缝针插入下方织片、上方织片的端头针目，将线拉出来。按照箭头方向插入下方织片的2个针目，将线拉出来。

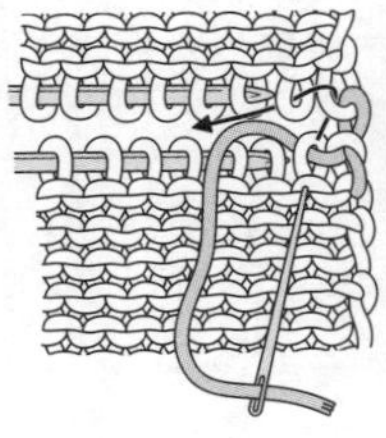

❷按照箭头方向插入上方织片的2个针目(每个针目均插入2次)，将线拉出来。交叉着插入下方织片和上方织片的针目。

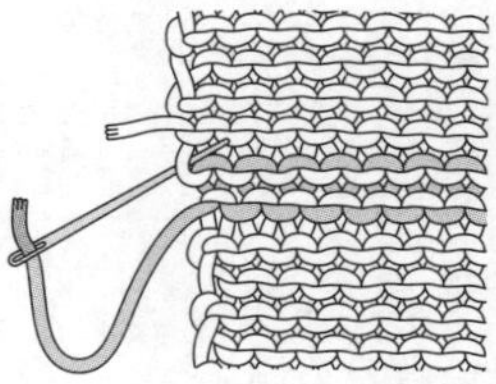

❸最后，从后侧将毛线缝针插入上方织片的端头针目。

〈针与行的缝合〉

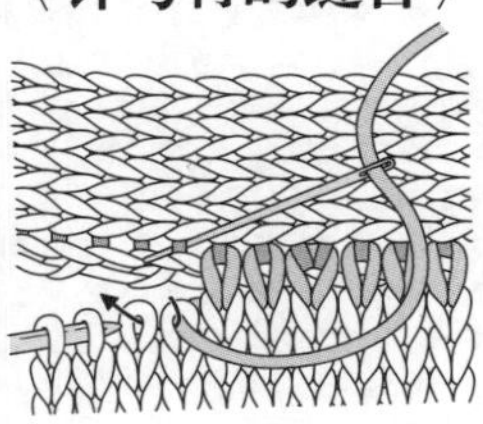

❶编织行挑取1针内侧的1行渡线，如图所示，将毛线缝针插入2个针目(每个针目插入2次)。

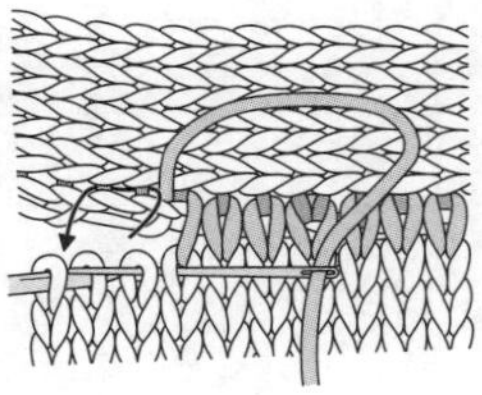

❷为了调整行与针(行数较多)，有时也会挑取2行渡线。

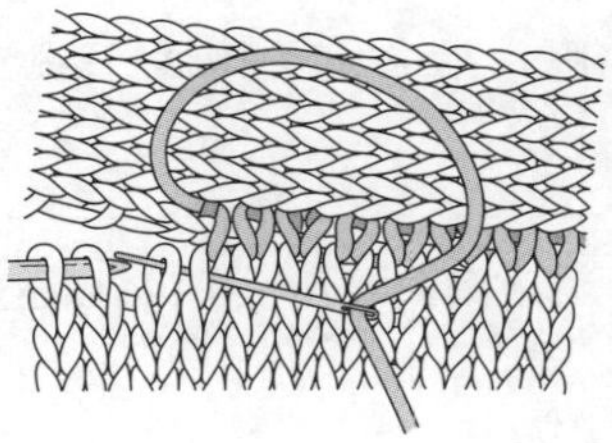

❸交叉着将毛线缝针插入针与行。拉紧缝合线，使其和织片上的针目大小一致。

Photographers：SHIGEKI NAKASHIMA、HIRONORI HANDA、TOSHIKATSU WATANABE、NORIAKI MORIYA、BUNSAKU NAKAGAWA
Original Japanese edition published in Japan by NIHON VOGUE CO., LTD.,
Simplified Chinese translation rights arranged with BEIJING BAOKU INTERNATIONAL CULTURAL DEVELOPMENT Co., Ltd.

日本宝库社授权河南科学技术出版社在中国大陆独家出版发行本书中文简体字版本。

备案号：豫著许可备字-2016-A-0112

图书在版编目（CIP）数据

毛线球. 20，传统编织的时尚回归/日本宝库社编著；风雨花译. —郑州：河南科学技术出版社，2017. 3（2022. 6重印）

ISBN 978-7-5349-8619-2

Ⅰ.①毛… Ⅱ.①日… ②风… Ⅲ.①绒线–手工编织–图集 Ⅳ.①TS935.52-64

中国版本图书馆CIP数据核字（2017）第019834号

出版发行：河南科学技术出版社
地址：郑州市郑东新区祥盛街27号　　邮编：450016
电话：（0371）65737028　　65788613
网址：www.hnstp.cn
策划编辑：刘　欣
责任编辑：张　培
责任校对：柯　姣
封面设计：张　伟
责任印制：张艳芳
印　　刷：北京盛通印刷股份有限公司
经　　销：全国新华书店
幅面尺寸：235 mm × 297 mm　　印张：14.5　　字数：450千字
版　　次：2017年3月第1版　　2022年6月第2次印刷
定　　价：69.00元

如发现印、装质量问题，影响阅读，请与出版社联系并调换。